国家科技重大专项
大型油气田及煤层气开发成果丛书
(2008—2020)

卷 57

鄂尔多斯盆地东缘煤系非常规气勘探开发技术与实践

温声明 郭炳政 周 科 等编著

石油工业出版社

内容提要

本书基于国家科技重大专项"大型油气田及煤层气开发"子项目"鄂东缘深层煤层气与煤系地层天然气整体开发示范工程"所取得的最新研究成果，系统总结了"十三五"期间我国在深层煤层气和煤系地层天然气整体开发领域取得的最新进展，以及相关新技术、新方法在勘探开发实践中取得的显著应用效果，主要内容包括鄂尔多斯盆地东缘煤系地层主要地质特征、煤系多目的层"甜点"评价技术、煤系多目的层钻完井技术、煤系多目的层增产改造技术、煤系多目的层多气合采技术及煤系多目的层生产优化技术。

本书可作为从事煤层气、煤系地层天然气研究的科研人员、工程技术人员和高等院校相关专业师生的参考用书。

图书在版编目（CIP）数据

鄂尔多斯盆地东缘煤系非常规气勘探开发技术与实践 / 温声明等编著 . —北京：石油工业出版社，2023.6

（国家科技重大专项·大型油气田及煤层气开发成果丛书：2008—2020）

ISBN 978-7-5183-6008-6

Ⅰ.①鄂… Ⅱ.①温… Ⅲ.①鄂尔多斯盆地—油气勘探—研究 Ⅳ.①TE1

中国国家版本馆 CIP 数据核字（2023）第 087117 号

责任编辑：张　贺　吴英敏
责任校对：刘晓婷
装帧设计：李　欣　周　彦

出版发行：石油工业出版社
（北京安定门外安华里 2 区 1 号　100011）
网　　址：www.petropub.com
编辑部：（010）64523546　图书营销中心：（010）64523633
经　　销：全国新华书店
印　　刷：北京中石油彩色印刷有限责任公司

2023 年 6 月第 1 版　2023 年 6 月第 1 次印刷
787×1092 毫米　开本：1/16　印张：21.25
字数：540 千字

定价：220.00 元

ISBN 978-7-5183-6008-6

（如出现印装质量问题，我社图书营销中心负责调换）
版权所有，翻印必究

《国家科技重大专项·大型油气田及煤层气开发成果丛书（2008—2020）》编委会

主　任： 贾承造

副主任：（按姓氏拼音排序）

　　常　旭　　陈　伟　　胡广杰　　焦方正　　匡立春　　李　阳
　　马永生　　孙龙德　　王铁冠　　吴建光　　谢在库　　袁士义
　　周建良

委　员：（按姓氏拼音排序）

　　蔡希源　　邓运华　　高德利　　龚再升　　郭旭升　　郝　芳
　　何治亮　　胡素云　　胡文瑞　　胡永乐　　金之钧　　康玉柱
　　雷　群　　黎茂稳　　李　宁　　李根生　　刘　合　　刘可禹
　　刘书杰　　路保平　　罗平亚　　马新华　　米立军　　彭平安
　　秦　勇　　宋　岩　　宋新民　　苏义脑　　孙焕泉　　孙金声
　　汤天知　　王香增　　王志刚　　谢玉洪　　袁　亮　　张　玮
　　张君峰　　张卫国　　赵文智　　郑和荣　　钟太贤　　周守为
　　朱日祥　　朱伟林　　邹才能

《鄂尔多斯盆地东缘煤系非常规气勘探开发技术与实践》

编写组

组　长：温声明

副组长：郭炳政　周　科

成　员：（按姓氏拼音排序）

曹振义	陈　刚	陈　强	邓钧耀	方惠军	高尔斯
郭宇翔	郭智栋	韩金良	何朋勃	侯淞译	李　兵
李　伟	李焕文	蔺景德	刘　凯	刘　莹	刘川庆
刘新伟	刘印华	鹿　倩	马文涛	孟令鹏	孟艳军
苗　强	聂志宏	邵林海	师　伟	孙龙飞	田丰华
田浩年	王　维	王成旺	王玉斌	王云飞	吴建军
武　男	辛　江	徐　栋	闫涛滔	晏　丰	杨　干
杨朝博	要惠芳	朱卫平			

丛书·序

能源安全关系国计民生和国家安全。面对世界百年未有之大变局和全球科技革命的新形势，我国石油工业肩负着坚持初心、为国找油、科技创新、再创辉煌的历史使命。国家科技重大专项是立足国家战略需求，通过核心技术突破和资源集成，在一定时限内完成的重大战略产品、关键共性技术或重大工程，是国家科技发展的重中之重。大型油气田及煤层气开发专项，是贯彻落实习近平总书记关于大力提升油气勘探开发力度、能源的饭碗必须端在自己手里等重要指示批示精神的重大实践，是实施我国"深化东部、发展西部、加快海上、拓展海外"油气战略的重大举措，引领了我国油气勘探开发事业跨入向深层、深水和非常规油气进军的新时代，推动了我国油气科技发展从以"跟随"为主向"并跑、领跑"的重大转变。在"十二五"和"十三五"国家科技创新成就展上，习近平总书记两次视察专项展台，充分肯定了油气科技发展取得的重大成就。

大型油气田及煤层气开发专项作为《国家中长期科学和技术发展规划纲要（2006—2020年）》确定的10个民口科技重大专项中唯一由企业牵头组织实施的项目，以国家重大需求为导向，积极探索和实践依托行业骨干企业组织实施的科技创新新型举国体制，集中优势力量，调动中国石油、中国石化、中国海油等百余家油气能源企业和70多所高等院校、20多家科研院所及30多家民营企业协同攻关，参与研究的科技人员和推广试验人员超过3万人。围绕专项实施，形成了国家主导、企业主体、市场调节、产学研用一体化的协同创新机制，聚智协力突破关键核心技术，实现了重大关键技术与装备的快速跨越；弘扬伟大建党精神、传承石油精神和大庆精神铁人精神，以及石油会战等优良传统，充分体现了新型举国体制在科技创新领域的巨大优势。

经过十三年的持续攻关，全面完成了油气重大专项既定战略目标，攻克了一批制约油气勘探开发的瓶颈技术，解决了一批"卡脖子"问题。在陆上油气勘探、陆上油气开发、工程技术、海洋油气勘探开发、海外油气勘探开发、非常规油气勘探开发领域，形成了6大技术系列、26项重大技术；自主研发20项重大工程技术装备；建成35项示范工程、26个国家级重点实验室和研究中心。我国油气科技自主创新能力大幅提升，油气能源企业被卓越赋能，形成产量、储量增长高峰期发展新态势，为落实习近平总书记"四个革命、一个合作"能源安全新战略奠定了坚实的资源基础和技术保障。

《国家科技重大专项·大型油气田及煤层气开发成果丛书（2008—2020）》（62卷）是专项攻关以来在科学理论和技术创新方面取得的重大进展和标志性成果的系统总结，凝结了数万科研工作者的智慧和心血。他们以"功成不必在我，功成必定有我"的担当，高质量完成了这些重大科技成果的凝练提升与编写工作，为推动科技创新成果转化为现实生产力贡献了力量，给广大石油干部员工奉献了一场科技成果的饕餮盛宴。这套丛书的正式出版，对于加快推进专项理论技术成果的全面推广，提升石油工业上游整体自主创新能力和科技水平，支撑油气勘探开发快速发展，在更大范围内提升国家能源保障能力将发挥重要作用，同时也一定会在中国石油工业科技出版史上留下一座书香四溢的里程碑。

在世界能源行业加快绿色低碳转型的关键时期，广大石油科技工作者要进一步认清面临形势，保持战略定力、志存高远、志创一流，毫不放松加强油气等传统能源科技攻关，大力提升油气勘探开发力度，增强保障国家能源安全能力，努力建设国家战略科技力量和世界能源创新高地；面对资源短缺、环境保护的双重约束，充分发挥自身优势，以技术创新为突破口，加快布局发展新能源新事业，大力推进油气与新能源协调融合发展，加大节能减排降碳力度，努力增加清洁能源供应，在绿色低碳科技革命和能源科技创新上出更多更好的成果，为把我国建设成为世界能源强国、科技强国，实现中华民族伟大复兴的中国梦续写新的华章。

中国石油董事长、党组书记
中国工程院院士　戴厚良

丛书·前言

石油天然气是当今人类社会发展最重要的能源。2020年全球一次能源消费量为 134.0×10^8 t 油当量，其中石油和天然气占比分别为 30.6% 和 24.2%。展望未来，油气在相当长时间内仍是一次能源消费的主体，全球油气生产将呈长期稳定趋势，天然气产量将保持较高的增长率。

习近平总书记高度重视能源工作，明确指示"要加大油气勘探开发力度，保障我国能源安全"。石油工业的发展是由资源、技术、市场和社会政治经济环境四方面要素决定的，其中油气资源是基础，技术进步是最活跃、最关键的因素，石油工业发展高度依赖科学技术进步。近年来，全球石油工业上游在资源领域和理论技术研发均发生重大变化，非常规油气、海洋深水油气和深层—超深层油气勘探开发获得重大突破，推动石油地质理论与勘探开发技术装备取得革命性进步，引领石油工业上游业务进入新阶段。

中国共有500余个沉积盆地，已发现松辽盆地、渤海湾盆地、准噶尔盆地、塔里木盆地、鄂尔多斯盆地、四川盆地、柴达木盆地和南海盆地等大型含油气大盆地，油气资源十分丰富。中国含油气盆地类型多样、油气地质条件复杂，已发现的油气资源以陆相为主，构成独具特色的大油气分布区。历经半个多世纪的艰苦创业，到20世纪末，中国已建立完整独立的石油工业体系，基本满足了国家发展对能源的需求，保障了油气供给安全。2000年以来，随着国内经济高速发展，油气需求快速增长，油气对外依存度逐年攀升。我国石油工业担负着保障国家油气供应安全，壮大国际竞争力的历史使命，然而我国石油工业面临着油气勘探开发对象日趋复杂、难度日益增大、勘探开发理论技术不相适应及先进装备依赖进口的巨大压力，因此急需发展自主科技创新能力，发展新一代油气勘探开发理论技术与先进装备，以大幅提升油气产量，保障国家油气能源安全。一直以来，国家高度重视油气科技进步，支持石油工业建设专业齐全、先进开放和国际化的上游科技研发体系，在中国石油、中国石化和中国海油建立了比较先进和完备的科技队伍和研发平台，在此基础上于 2008 年启动实施国家科技重大专项技术攻关。

国家科技重大专项"大型油气田及煤层气开发"（简称"国家油气重大专项"）是《国家中长期科学和技术发展规划纲要（2006—2020 年）》确定的 16 个重大专项之一，目标是大幅提升石油工业上游整体科技创新能力和科技水平，支撑油气勘探开发快速发展。国家油气重大专项实施周期为 2008—2020 年，按照"十一五""十二五""十三五"3 个阶段实施，是民口科技重大专项中唯一由企业牵头组织实施的专项，由中国石油牵头组织实施。专项立足保障国家能源安全重大战略需求，围绕"6212"科技攻关目标，共部署实施 201 个项目和示范工程。在党中央、国务院的坚强领导下，专项攻关团队积极探索和实践依托行业骨干企业组织实施的科技攻关新型举国体制，加快推进专项实施，攻克一批制约油气勘探开发的瓶颈技术，形成了陆上油气勘探、陆上油气开发、工程技术、海洋油气勘探开发、海外油气勘探开发、非常规油气勘探开发 6 大领域技术系列及 26 项重大技术，自主研发 20 项重大工程技术装备，完成 35 项示范工程建设。近 10 年我国石油年产量稳定在 2×10^8 t 左右，天然气产量取得快速增长，2020 年天然气产量达 $1925 \times 10^8 m^3$，专项全面完成既定战略目标。

通过专项科技攻关，中国油气勘探开发技术整体已经达到国际先进水平，其中陆上油气勘探开发水平位居国际前列，海洋石油勘探开发与装备研发取得巨大进步，非常规油气开发获得重大突破，石油工程服务业的技术装备实现自主化，常规技术装备已全面国产化，并具备部分高端技术装备的研发和生产能力。总体来看，我国石油工业上游科技取得以下七个方面的重大进展：

（1）我国天然气勘探开发理论技术取得重大进展，发现和建成一批大气田，支撑天然气工业实现跨越式发展。围绕我国海相与深层天然气勘探开发技术难题，形成了海相碳酸盐岩、前陆冲断带和低渗—致密等领域天然气成藏理论和勘探开发重大技术，保障了我国天然气产量快速增长。自 2007 年至 2020 年，我国天然气年产量从 $677 \times 10^8 m^3$ 增长到 $1925 \times 10^8 m^3$，探明储量从 $6.1 \times 10^{12} m^3$ 增长到 $14.41 \times 10^{12} m^3$，天然气在一次能源消费结构中的比例从 2.75% 提升到 8.18% 以上，实现了三个翻番，我国已成为全球第四大天然气生产国。

（2）创新发展了石油地质理论与先进勘探技术，陆相油气勘探理论与技术继续保持国际领先水平。创新发展形成了包括岩性地层油气成藏理论与勘探配套技术等新一代石油地质理论与勘探技术，发现了鄂尔多斯湖盆中心岩性地层大油区，支撑了国内长期年新增探明10×10^8t以上的石油地质储量。

（3）形成国际领先的高含水油田提高采收率技术，聚合物驱油技术已发展到三元复合驱，并研发先进的低渗透和稠油油田开采技术，支撑我国原油产量长期稳定。

（4）我国石油工业上游工程技术装备（物探、测井、钻井和压裂）基本实现自主化，具备一批高端装备技术研发制造能力。石油企业技术服务保障能力和国际竞争力大幅提升，促进了石油装备产业和工程技术服务产业发展。

（5）我国海洋深水工程技术装备取得重大突破，初步实现自主发展，支持了海洋深水油气勘探开发进展，近海油气勘探与开发能力整体达到国际先进水平，海上稠油开发处于国际领先水平。

（6）形成海外大型油气田勘探开发特色技术，助力"一带一路"国家油气资源开发和利用。形成全球油气资源评价能力，实现了国内成熟勘探开发技术到全球的集成与应用，我国海外权益油气产量大幅度提升。

（7）页岩气、致密气、煤层气与致密油、页岩油勘探开发技术取得重大突破，引领非常规油气开发新兴产业发展。形成页岩气水平井钻完井与储层改造作业技术系列，推动页岩气产业快速发展；页岩油勘探开发理论技术取得重大突破；煤层气开发新兴产业初见成效，形成煤层气与煤炭协调开发技术体系，全国煤炭安全生产形势实现根本性好转。

这些科技成果的取得，是国家实施建设创新型国家战略的成果，是百万石油员工和科技人员发扬艰苦奋斗、为国找油的大庆精神铁人精神的实践结果，是我国科技界以举国之力团结奋斗联合攻关的硕果。国家油气重大专项在实施中立足传统石油工业，探索实践新型举国体制，创建"产学研用"创新团队，创新人才队伍建设，创新科技研发平台基地建设，使我国石油工业科技创新能力得到大幅度提升。

为了系统总结和反映国家油气重大专项在科学理论和技术创新方面取得的重大进展和成果，加快推进专项理论技术成果的推广和提升，专项实施管理办公室与技术总体组规划组织编写了《国家科技重大专项·大型油气田及煤层气开发成果丛书（2008—2020）》。丛书共62卷，第1卷为专项理论技术成果总论，第2~9卷为陆上油气勘探理论技术成果，第10~14卷为陆上油气开发理论技术成果，第15~22卷为工程技术装备成果，第23~26卷为海洋油气理论技术装备成果，第27~30卷为海外油气理论技术成果，第31~43卷为非常规油气理论技术成果，第44~62卷为油气开发示范工程技术集成与实施成果（包括常规油气开发7卷，煤层气开发5卷，页岩气开发4卷，致密油、页岩油开发3卷）。

各卷均以专项攻关组织实施的项目与示范工程为单元，作者是项目与示范工程的项目长和技术骨干，内容是项目与示范工程在2008—2020年期间的重大科学理论研究、先进勘探开发技术和装备研发成果，代表了当今我国石油工业上游的最新成就和最高水平。丛书内容翔实，资料丰富，是科学研究与现场试验的真实记录，也是科研成果的总结和提升，具有重大的科学意义和资料价值，必将成为石油工业上游科技发展的珍贵记录和未来科技研发的基石和参考资料。衷心希望丛书的出版为中国石油工业的发展发挥重要作用。

国家科技重大专项"大型油气田及煤层气开发"是一项巨大的历史性科技工程，前后历时十三年，跨越三个五年规划，共有数万名科技人员参加，是我国石油工业史上一项壮举。专项的顺利实施和圆满完成是参与专项的全体科技人员奋力攻关、辛勤工作的结果，是我国石油工业界和石油科技教育界通力合作的典范。我有幸作为国家油气重大专项技术总师，全程参加了专项的科研和组织，倍感荣幸和自豪。同时，特别感谢国家科技部、财政部和发改委的规划、组织和支持，感谢中国石油、中国石化、中国海油及中联公司长期对石油科技和油气重大专项的直接领导和经费投入。此次专项成果丛书的编辑出版，还得到了石油工业出版社大力支持，在此一并表示感谢！

中国科学院院士 贾承造

《国家科技重大专项·大型油气田及煤层气开发成果丛书（2008—2020）》

分卷目录

序号	分卷名称
卷1	总论：中国石油天然气工业勘探开发重大理论与技术进展
卷2	岩性地层大油气区地质理论与评价技术
卷3	中国中西部盆地致密油气藏"甜点"分布规律与勘探实践
卷4	前陆盆地及复杂构造区油气地质理论、关键技术与勘探实践
卷5	中国陆上古老海相碳酸盐岩油气地质理论与勘探
卷6	海相深层油气成藏理论与勘探技术
卷7	渤海湾盆地（陆上）油气精细勘探关键技术
卷8	中国陆上沉积盆地大气田地质理论与勘探实践
卷9	深层—超深层油气形成与富集：理论、技术与实践
卷10	胜利油田特高含水期提高采收率技术
卷11	低渗—超低渗油藏有效开发关键技术
卷12	缝洞型碳酸盐岩油藏提高采收率理论与关键技术
卷13	二氧化碳驱油与埋存技术及实践
卷14	高含硫天然气净化技术与应用
卷15	陆上宽方位宽频高密度地震勘探理论与实践
卷16	陆上复杂区近地表建模与静校正技术
卷17	复杂储层测井解释理论方法及CIFLog处理软件
卷18	成像测井仪关键技术及CPLog成套装备
卷19	深井超深井钻完井关键技术与装备
卷20	低渗透油气藏高效开发钻完井技术
卷21	沁水盆地南部高煤阶煤层气L型水平井开发技术创新与实践
卷22	储层改造关键技术及装备
卷23	中国近海大中型油气田勘探理论与特色技术
卷24	海上稠油高效开发新技术
卷25	南海深水区油气地质理论与勘探关键技术
卷26	我国深海油气开发工程技术及装备的起步与发展
卷27	全球油气资源分布与战略选区
卷28	丝绸之路经济带大型碳酸盐岩油气藏开发关键技术

序号	分卷名称
卷 29	超重油与油砂有效开发理论与技术
卷 30	伊拉克典型复杂碳酸盐岩油藏储层描述
卷 31	中国主要页岩气富集成藏特点与资源潜力
卷 32	四川盆地及周缘页岩气形成富集条件、选区评价技术与应用
卷 33	南方海相页岩气区带目标评价与勘探技术
卷 34	页岩气气藏工程及采气工艺技术进展
卷 35	超高压大功率成套压裂装备技术与应用
卷 36	非常规油气开发环境检测与保护关键技术
卷 37	煤层气勘探地质理论及关键技术
卷 38	煤层气高效增产及排采关键技术
卷 39	新疆准噶尔盆地南缘煤层气资源与勘查开发技术
卷 40	煤矿区煤层气抽采利用关键技术与装备
卷 41	中国陆相致密油勘探开发理论与技术
卷 42	鄂尔多斯盆缘过渡带复杂类型气藏精细描述与开发
卷 43	中国典型盆地陆相页岩油勘探开发选区与目标评价
卷 44	鄂尔多斯盆地大型低渗透岩性地层油气藏勘探开发技术与实践
卷 45	塔里木盆地克拉苏气田超深超高压气藏开发实践
卷 46	安岳特大型深层碳酸盐岩气田高效开发关键技术
卷 47	缝洞型油藏提高采收率工程技术创新与实践
卷 48	大庆长垣油田特高含水期提高采收率技术与示范应用
卷 49	辽河及新疆稠油超稠油高效开发关键技术研究与实践
卷 50	长庆油田低渗透砂岩油藏 CO_2 驱油技术与实践
卷 51	沁水盆地南部高煤阶煤层气开发关键技术
卷 52	涪陵海相页岩气高效开发关键技术
卷 53	渝东南常压页岩气勘探开发关键技术
卷 54	长宁—威远页岩气高效开发理论与技术
卷 55	昭通山地页岩气勘探开发关键技术与实践
卷 56	沁水盆地煤层气水平井开采技术及实践
卷 57	鄂尔多斯盆地东缘煤系非常规气勘探开发技术与实践
卷 58	煤矿区煤层气地面超前预抽理论与技术
卷 59	两淮矿区煤层气开发新技术
卷 60	鄂尔多斯盆地致密油与页岩油规模开发技术
卷 61	准噶尔盆地砂砾岩致密油藏开发理论技术与实践
卷 62	渤海湾盆地济阳坳陷致密油藏开发技术与实践

本卷·前言

煤层气是一种非常规天然气资源，其开发利用对增加清洁能源供应、保障煤矿安全生产、减少温室气体排放、实现低碳发展等战略目标具有重要意义。我国煤层气资源丰富，全国42个盆地（群）埋深2000m以浅煤层气地质资源量为$36.81×10^{12}m^3$，与我国陆上常规天然气资源量$38×10^{12}m^3$基本相当。2000m以深煤层气资源尚未开展系统评价，从目前初步评价看，资源量十分可观。鄂尔多斯盆地是我国重要的含煤和含油气盆地，煤层既是烃源岩，也是储层，区内发育石炭系本溪组和二叠系山西组两套主力煤层，其上下发育多套煤系含气地层，包括致密砂岩气、页岩气等，具有典型的煤层气和煤系地层天然气多气叠置赋存特征，叠置厚度近1000m，煤层气和煤系地层天然气资源十分丰富，是煤系多目的层多气综合开发非常有利的领域。

我国煤层气地面开发始于20世纪90年代初。在"十一五"末期，中石油煤层气有限责任公司在鄂尔多斯盆地东缘启动了煤层气产业化基地建设，重点对埋深小于1000m的中浅层煤层气勘探开发技术开展攻关和示范应用，在"十二五"末取得重大进展，形成了中低阶煤中浅层煤层气勘探开发技术系列，初步建成了鄂尔多斯盆地东缘煤层气产业化基地。"十三五"期间，中石油煤层气有限责任公司在鄂尔多斯盆地东缘大宁—吉县区块将煤层气与致密砂岩气、页岩气作为一个整体目标，开展煤系多目的层多气立体勘探开发的示范研究，对深层煤层气、煤系地层天然气整体开发技术进行攻关研发、集成创新和推广应用。

在攻关研究过程中，中石油煤层气有限责任公司依托国家和中国石油天然气集团有限公司（简称中国石油）煤层气科技重大专项持续开展科技攻关，深层煤层气和煤系地层天然气勘探开发技术取得了重大进展。创新形成了深层煤层气、煤系致密气和海陆过渡相页岩气"甜点"评价技术，深层煤层气开发主体技术，煤层顶板水平井定向射孔体积酸压工艺技术，煤系多目的层增产改造技术，煤系多目的层整体开发生产技术五项创新技术成果。攻关形成了深部煤系储层"甜点"评价技术、煤系地层钻完井技术、煤系多目的层改造技术、煤系多目的层分压合采技术、煤系多目的层生产优化技术五项重大技术，建立起了鄂尔多斯盆地东缘煤系多目的层整体开发技术体系，提高了资源综合利用率，实现综合效益最大化，为鄂尔多斯盆地东缘深层煤层气、煤系地层天然气资源的整体开发提供了技术支撑。完成了示范区 $10×10^8m^3/a$ 产能建设，建成了鄂尔多斯盆地东缘大宁—吉县深层煤层气、致密气、海陆过渡相页岩气整体开发的示范基地，支撑提交国内首个 2200~2400m 深度煤层气探明储量 $762×10^8m^3$，有效支撑了大宁—吉县示范区深层煤层气和海陆过渡相页岩气的开发，对鄂尔多斯盆地和其他盆地同类资源开发起到了示范和引领作用。

深层煤层气、煤系地层天然气勘探开发技术的快速发展，使中石油煤层气有限责任公司的煤层气勘探和开发取得了一系列重大突破，储量规模持续增长，产能规模不断扩大，产量快速攀升。"十三五"期间，新增探明储量 $3252×10^8m^3$，新增产能 $13.5×10^8m^3/a$，新增日产气量 $401×10^4m^3$，新增年产气量 $15.68×10^8m^3$，较"十二五"末分别增长162%、104%、100%和168%。2020年中石油煤层气有限责任公司年产气量 $25.03×10^8m^3$，油气当量突破 $200×10^4t$，有效带动了鄂尔多斯盆地东缘煤层气产业的快速发展，为鄂尔多斯盆地东缘国家煤层气产业基地建设做出了突出贡献。"十三五"末，鄂尔多斯盆地东缘煤层气产业基地累计探明地质储量 $6747.74×10^8m^3$，实现年产气量 $38.26×10^8m^3$，较"十二五"末分别增长165%、245%，推动了鄂尔多斯盆地东缘煤系多目的层多气的综合规模开发，对中国煤层气产业快速发展起到了重要的推动作用。

本书是《国家科技重大专项·大型油气田及煤层气开发成果丛书（2008—2020）》的一个分册，全面反映了"十三五"期间国家和中国石油科技重大专项在深层煤层气和煤系地层天然气整体开发领域取得的最新进展，以及相关新技术、新方法在勘探开发实践中取得的显著应用效果。在内容安排上，本书没有按照传统的煤层气勘探开发所涉及的学科内容进行编写，而是依托五年来承担和组织的煤层气领域的国家级、省部级重大科技攻关项目所取得的最新研究成果为基础进行编写。因此，本书给读者呈现的是广大煤层气勘探开发科技工作者勇于创新和大胆探索的智慧结晶，是煤层气勘探开发技术不断丰富的具体写照。

本书由温声明、郭炳政和周科提出编写思路和内容框架，并对核心观点和技术内涵的表述进行审定，负责全书统稿审核工作。

全书共六章。第一章介绍鄂尔多斯盆地东缘煤系地层主要地质特征，由聂志宏、刘莹、要惠芳等编写；第二章介绍煤系多目的层"甜点"评价技术，由刘莹、邵林海、晏丰等编写；第三章介绍煤系多目的层钻完井技术，由韩金良、邓钧耀、苗强等编写；第四章介绍煤系多目的层增产改造技术，由吴建军、朱卫平等编写；第五章介绍煤系多目的层合采技术，由郭智栋、刘新伟等编写；第六章介绍煤系多目的层生产优化技术，由刘印华、蔺景德等编写。

国家能源局、中国石油科技管理部（煤层气国家科技重大专项实施管理办公室）、中国石油勘探与生产分公司、中石油煤层气有限责任公司、中国石油集团东方地球物理勘探有限责任公司、太原理工大学、石油工业出版社等单位在本书编写过程中给予了大力支持和帮助，在此一并向为本书的编写付出辛勤工作的同仁表示感谢。

由于水平有限，书中难免出现不妥之处，敬请广大读者斧正。

目 录

第一章　鄂尔多斯盆地东缘煤系地层主要地质特征　1
第一节　沉积特征　1
第二节　煤系多目的层分布特征　31
第三节　构造特征　40
第四节　气藏特征　41

第二章　煤系多目的层"甜点"评价技术　94
第一节　深部煤层气储层"甜点"评价技术　94
第二节　煤系地层致密气"甜点"评价技术　105
第三节　海陆过渡相页岩气地质"甜点"评价技术　121

第三章　煤系多目的层钻完井技术　130
第一节　技术攻关背景　130
第二节　井身结构优化设计　131
第三节　井眼轨迹优化设计与控制　136
第四节　钻井参数分析与优化　149
第五节　钻井液技术　159
第六节　下套管固井技术　168
第七节　井下复杂处理技术　174
第八节　应用成效　188

第四章　煤系多目的层增产改造技术　189
第一节　技术攻关背景　189
第二节　煤系多目的层低伤害压裂液体系　190

第三节	深层煤层气、煤系地层天然气储层改造技术	200
第四节	压裂裂缝诊断及评价技术	216
第五节	应用成效	225

第五章 煤系多目的层多气合采技术 — 227

第一节	技术攻关背景	227
第二节	煤系多目的层多气合采技术思路	227
第三节	两气合采工艺	228
第四节	配套设备及工具	250
第五节	技术推广应用前景	273

第六章 煤系多目的层生产优化技术 — 275

第一节	技术攻关背景	275
第二节	生产制度优化	275
第三节	采气工艺优化	291
第四节	应用成效	313

参考文献 — 315

第一章　鄂尔多斯盆地东缘煤系地层主要地质特征

鄂尔多斯盆地位于华北板块西部，是华北板块的次一级构造单元，其以不整合面为重要基础界限，为多构造体系、多演化阶段、多沉积体系、多原型盆地叠加的复合克拉通盆地，面积约为 $25×10^4 km^2$。

大宁—吉县区块（以下简称大吉区块）位于鄂尔多斯盆地东缘的晋西挠褶带南部。晋西挠褶带东隔离石断裂，与吕梁断隆相接；西越黄河，与陕北坳陷为邻；北抵偏关、南达吉县，南北长 450km，东西宽 50km，范围 $2.3×10^4 km^2$。区域构造向东翘升，向西倾伏，呈阶状跌落，构造线呈近南北走向，呈现东陡西缓态势。

大吉区块为中国石油所辖的油气、煤层气矿权区，其面积为 $5784.175 km^2$。

第一节　沉 积 特 征

鄂尔多斯盆地经历了与周边地体之间的反复拉张、裂解与离散，挤压、聚敛与造山，伴以交替的走滑变形与变位，其中包括前寒武纪的阜平、吕梁、晋宁3个造盾期和8次重要的构造运动，以及显生宙以来的加里东、海西、印支、燕山、喜马拉雅五大构造旋回和多阶段的拉张—扭动及其反转作用，它们各自具有相当一致的构造样式和沉积格架，但在不同时期和不同地域亦表现出明显的差异，反映了鄂尔多斯盆地形成与演化的复杂特点。盆地基底为前寒武纪结晶变质岩系，沉积过程大体经历了中—新元古代拗拉谷、早古生代陆表海、晚古生代海陆过渡、中生代内陆湖盆及新生代周边断陷五大阶段，形成了下古生界陆表海碳酸盐岩、上古生界海陆过渡相煤系碎屑岩及中—新生界内陆湖盆碎屑岩沉积的三层结构。

现今，鄂尔多斯盆地总体为近南北走向、西翼陡东翼缓的大向斜，其镶边依次为活动的褶皱山系和地堑系所环绕，为稳定地块被活动构造带所环绕的构造格局。盆地内结构简单、构造平缓、沉积稳定、地层"整合"、断裂较少、活动微弱。盆地四周皆以断裂带与周缘构造单元相邻，其构造单元可划分为伊盟隆起、渭北隆起、西缘前陆冲断带、天环坳陷、晋西挠褶带及陕北斜坡。

鄂尔多斯盆地东缘地层为典型的华北地区地层，从老到新有太古宇，元古宇，下古生界中—上寒武统、中—下奥陶统，上古生界中石炭统和二叠系，中生界中—下侏罗统和新生界古近系、新近系及第四系（表1-1-1）。其晚古生代岩石地层单位划分，自中奥陶统顶部侵蚀面开始，由下而上划分为本溪组、太原组、山西组、下石盒子组、上石盒子组、石千峰组（图1-1-1）。盆地内石炭系—二叠系为海相、海陆交替相、陆相沉积，厚度为500～700m，厚度变化较大。上古生界石炭系—二叠系海陆过渡相地层自下而上划分为石炭系本溪组、太原组，二叠系山西组。大吉区块地层发育齐全，主力煤层发育5号、8号煤层，本溪组、山2段、山1段和盒8段等多套致密砂岩以及页岩地层。

表 1-1-1 大吉区块上古生界地层划分

地层				主要标志层特征	岩性组合	厚度/m
二叠系	中统	石盒子组	下石盒子组	盒5段、盒6段、盒7段、盒8段	桃花泥岩、浅色砂岩（K$_5$砂岩）、骆驼脖子砂岩（K$_4$砂岩）	浅灰色、灰白色及灰黄色块状含砾粗—中砂岩夹紫棕色、棕褐色及灰绿色泥岩，砂岩中高岭石含量较高	130～160
	下统	山西组	山1段	铁磨沟砂岩	灰白色及浅灰色块状含粗砂岩，中—细砂岩与灰黑色泥岩、碳质泥岩、煤层、煤线的不等厚互层	25～60，厚度稳定
			山2段	上煤组（1号、2号、3号煤层）、中煤组（4号、5号煤层）、北岔沟砂岩（K$_3$砂岩）		65～90，厚度稳定
		太原组	太1段	东大窑灰岩、6号煤层、七里沟砂岩（K$_2$砂岩）	灰白色、浅灰色块状含砾石英砂岩，灰黑色、深灰色泥岩、碳质泥岩、煤层的不等厚互层，中上部常夹微晶灰岩	15～37，一般30左右
			太2段	斜道灰岩、7号煤层、毛儿沟灰岩、庙沟灰岩、西铭砂岩（局部）		
石炭系	上统	本溪组	本1段	下煤组（8号、9号煤层）扒楼沟灰岩、吴家峪灰岩（钙质页岩）、晋祠砂岩（火山凝灰岩或K$_1$砂岩）	海相沉积，由铝土岩、石灰岩、砂岩、煤层组成	14～60，一般在35左右
			本2段	畔沟灰岩、山西式铁矿、G层铝土矿（铁铝岩层）		

鄂尔多斯盆地东缘所处的华北地台在早古生代末遭受风化剥蚀后，晚石炭世下降遭受海侵，上石炭统发育海陆交替相煤系地层，二叠系以陆相沉积为主。石炭系—二叠系各组岩性主要是陆相和过渡相的砂泥岩含煤沉积夹海相层。过渡相及海相灰岩主要发育于下部的本溪组和太原组，上部以陆相砂泥岩为主，沉积岩总厚度为500～1100m，自北而南逐渐增厚。在纵向上，自下而上海相或过渡相的暗色沉积逐渐为陆相灰绿色或杂色砂泥质沉积所取代，粒度变粗，砂质沉积增多；横向上，由南而北海相或过渡相沉积逐渐减少，其中太原组和山西组的石灰岩明显变少。按沉积特征，华北地区上古生界可分为6个层段，即本溪组、太原组、山西组、下石盒子组、上石盒子组及石千峰组。

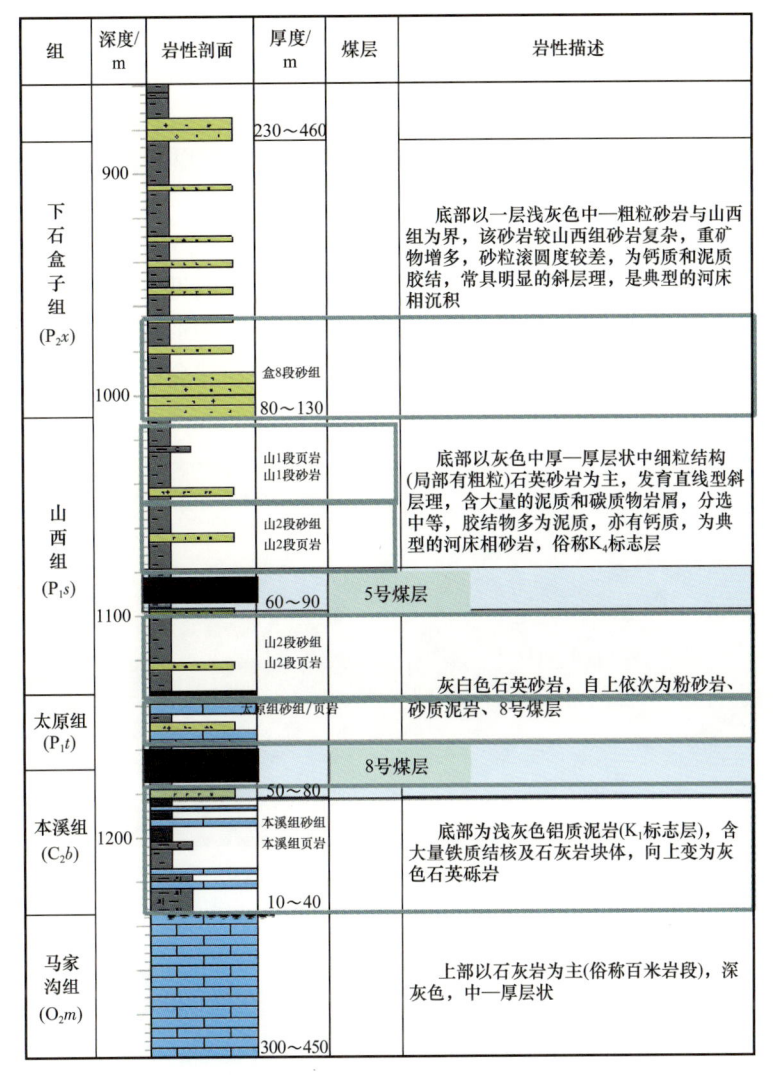

图 1-1-1　研究区地层综合柱状图

一、大吉区块上古生界沉积相地质特征

1. 本溪组沉积特征

上石炭统本溪组沉积期，海水主要从东和东南方向侵入该区，形成以障壁岛—潮坪潟湖沉积体系为主的陆表海环境。本溪组、太原组沉积期，为含煤的障壁岛—潟湖沉积环境。发育8号、9号、10号煤层，本溪组沉积厚度不大，沼泽化的程度较弱，泥岩厚度一般为20~40m。

2. 太原组沉积特征

太原组晚期开始，由于构造抬升，在盆地北部和西南部有三角洲沉积进入陆表海的潮坪环境中，形成海陆交错的沉积格局。太原组上、下段岩性以石灰岩与泥页岩为主。

太原组泥页岩厚度一般为5～20m。从早二叠世晚期开始，盆地发生海退，以辫状河（河道和洪泛平原）、泥炭沼泽沉积为主。太原组主要发育灰黑色泥岩、灰色细砂岩，岩体颜色基本都比较深，并且其中发育水平层理和小型波状层理等，反映了这些岩体形成于一个水动力较弱并且安静的沉积环境；部分煤层上直接覆盖巨厚层灰岩（图1-1-2），这表明在泥炭堆积之后迅速被陆表滨海—浅海相的石灰岩所覆盖，这是碳酸盐岩台地的典型沉积相特征，并且在上覆石灰岩中可见硅质结核（图1-1-3），这是重要的水下沉积标志，并且反映了沉积环境水体的加深；煤层中夹有暗色泥岩，偶见有黄铁矿结核，主要发育水平层理，煤主要在水动力条件弱、被水淹没的低洼地区中形成，在陆表海环境中，当基底平缓、坡度极低时，只要发生规模不大的海退，潮坪就会在区域内大面积分布，这一环境就为煤的形成提供良好的古地理条件。

图1-1-2　燕家河煤矿太原组露头

图1-1-3　太原组石灰岩中的硅质结核

依据太原组露头的详细勘探与分析，认为潮坪—潟湖和碳酸盐岩台地沉积是大吉区块太原组的重要沉积环境。其中，潮坪—潟湖相分布广泛，是太原组的主要沉积环境；而碳酸盐岩台地相则发育次之，主要出现在太原组底部，典型地层表现为巨厚层灰岩。

3. 山西组沉积特征

太原组沉积后，区域构造环境和沉积格局发生了显著变化。因华北地台整体抬升，海水从鄂尔多斯盆地东西两侧迅速退出，盆地性质由陆表海盆演变为近海湖盆，沉积环境由海相转变为陆相，东西差异基本消失，而南北差异沉降和相带分异增强，总体沉积面貌以浅水三角洲沉积为特征，盆地北部乌达—东胜一带为冲积扇和冲积平原分布区，冲积平原内主要为河道和河漫滩沉积，向南依次主要发育宽广的上三角洲平原沉积及过渡—下三角洲平原沉积。

山西组在沉积期间，受河道和海平面变化的共同影响，形成了以三角洲为主的沉积环境。在河控浅水三角洲体系中，三角洲前缘是三角洲的水下部分，该种沉积环境下主要形成砂岩；三角洲平原以分流河道为骨架，在河道两侧分布着决口扇和天然堤，沉积物以粉砂岩为主，而分流间湾和泥炭沼泽则分布在河道间的低洼地区，常形成煤。山西组富有机质泥页岩较为发育，厚度普遍较大，一般为70～100m。总体上，海陆过渡相泥页岩单层厚度较小，与煤层、致密砂岩层交互频繁，沉积旋回性特征显著，但是泥页岩层系之间叠置距离短，累计总厚度较大。

山西组主要发育深灰色—黑灰色泥质岩，常见有水平层理、脉状层理和砂纹层理，层面可见植物根、茎化石及夹有少量黄铁矿，这些泥质岩主要类型有铝质泥岩、碳质泥岩、泥岩和砂质泥岩，主要出现在水体较深、能量较弱的泥炭沼泽和分流间湾等环境中。部分山西组泥岩中还夹有砂岩透镜体，这表明水动力条件的改变；砂岩中常见有均匀层理、交错层理和水平或波状层理。均匀层理常形成于河口坝、分流河道等沉积环境中，代表了一个沉积过程中沉积物下沉速度快、水动力减弱的环境；交错层理一般出现在分流河道等环境中，代表了河道、水动力较强的沉积；水平或波状层理经常出现在细砂岩中，指示了一个天然堤、决口扇等水动力相对较弱的沉积环境。山西组煤层内生裂隙较发育，主要形成于植物茂盛的泥炭沼泽和分流间洼地沉积环境中，煤层呈黑色，为亮—半亮煤，黑龙关地区山西组可见0.3m厚的煤层，上覆有灰色泥岩、厚层砂岩；粉砂岩颜色为灰色—灰黑色，主要发育有水平层理、板状交错层理，这反映了该种粉砂岩形成于水动力条件较弱的环境中，可能出现在天然堤、决口扇等沉积环境中。野外露头揭示，山西组发育滨浅海—三角洲—滨浅湖沉积序列，发育多套灰黑色页岩，页理发育，含硅质结核，一般发育有薄层砂岩夹层，具有典型的海陆过渡相沉积特征（图1-1-4）。

山2段沉积时期，鄂尔多斯盆地处于海盆向湖盆转化和区域构造活动的重新分化与组合的过渡时期，区域构造活动较为强烈。与太原组沉积期相比，伴随着盆地性质的转化，沉积盆地中心向南有较大迁移，由海相逐渐转变为陆相沉积环境，湖泊沉积分布于东南部的绥德一带；山1段沉积时期总的岩相古地理格局为发育分流河道、泛滥平原和浅水湖泊沉积。研究区在这一时期，主要为滨浅海沉积环境。

4.下石盒子组沉积特征

进入中二叠世，气候由温暖潮湿变为干旱炎热，植被大量减少，从而沉积一套灰白色—黄绿色纯的陆源碎屑岩。初期，北部古陆进一步抬升，物源丰富，季节性水系异常活跃，沉积物供给充分，相对湖平面下降，河流—三角洲体系向南推进，河流相沉积较山西组更为发育。伴随着北部物源区抬升的再次减弱，沉积物补给能量减小，河流作用减弱。

(a) 山西组煤层上覆泥岩—厚层砂岩

(b) 山西组砂岩透镜体(黑龙关地区山西组下部)

(c) 山西组顶部厚层骆驼脖子砂岩

(d) 骆驼脖子砂岩放大图

图 1-1-4　山西组野外照片

5. 小结

基于上述沉积相特征，结合区域地质资料和相关文献，认为大吉区块本溪组—石盒子组含煤岩系地层主要发育三种沉积体系（表1-1-2），包括陆棚浅海沉积体系、三角洲沉积体系和河流沉积体系，其中本溪组和太原组为障壁潟湖—碳酸盐岩台地复合相，山西组为三角洲相，石盒子组为河流相。大吉区块的上古生界沉积古地理特征体现在以下两个方面：

（1）沉积物从北部阴山古陆经大同入沉积盆地，工区受北部物源影响。

（2）大吉区块二叠系是在稳定的克拉通盆地内的沉积，地形平缓，水体较浅。总体上是在不断海退的过程中沉积而成的，在时空上表现为自下而上陆相沉积不断增强。上古生界沉积演化经历了由海洋到陆地的演化过程，从陆表海沉积体系—障壁海岸沉积体系—海陆过渡三角洲沉积体系—湖泊沉积体系—冲积沉积体系。

表 1-1-2　大吉区块主要层位沉积相划分方案

主要层位	沉积相	沉积亚相	沉积微相
石盒子组	河流、湖泊体系	河流相、浅湖三角洲相	曲流河、辫状河；席状砂；分流间湾；滨浅湖
山西组、太原组	三角洲体系	三角洲平原、三角洲前缘	分流河道、席状砂、滨浅湖、泥炭沼泽
			水下分流河道、分流间湾、泥炭沼泽
本溪组	陆棚浅海沉积体系	障壁岛相	障壁岛
		潟湖相	泥炭沼泽
		潮坪相	沙坪、泥坪、泥炭坪、混合坪
		碳酸盐岩台地相	局限台地相、开阔台地相

二、典型测井沉积微相特征

1. 测井沉积相解释曲线选择

砂岩层中泥质含量的高低与沉积环境密切相关，在高能环境中沉积物受到较强烈的冲洗，分选性较好，泥质颗粒很难沉淀下来。而在低能环境中水流停滞，泥质颗粒将大量沉积，于是一般认为高能环境下形成了砂岩，低能环境下形成了泥岩。自然伽马测井曲线和自然电位曲线能够较准确灵敏地反映沉积物中的泥质含量及其粒度变化，而利用自然电位曲线划分沉积相带，对于碎屑岩沉积，不会有太大的困难，但对于碳酸盐岩层段，自然电位解释效果不好。

此外，碎屑岩有鲜明的重力分异特点，使岩石按粒度自下而上有序排列，这种有序排列在自然伽马和电阻率上有明显的专属测井响应，二者能清晰反映这种有序排列构成碎屑岩的沉积旋回特征，所以主要采用自然伽马，辅以视电阻率曲线和声波时差曲线组合来划分沉积相。曲线特征参数包括形态及其组合、幅度、顶底突变及齿化等。研究区不同层序下相应的典型沉积相及曲线特征如图 1-1-5 所示。

2. 障壁潟湖—碳酸盐岩台地测井沉积微相

1）障壁岛相

障壁岛是平行海岸高出水面的狭长型砂体，以其对海水的遮挡作用而构成潟湖的屏障。障壁岛相的岩石类型主要为细粒石英砂岩、中—细砂岩和粉砂岩，重矿物较富集，颗粒的分选性和磨圆度较好，主要发育楔状交错层理、板状交错层理；在测井曲线上表现为中高幅微齿钟形或箱形（图 1-1-6）；在相序上，常与潟湖相、潮坪相共生。

2）潟湖相

潟湖是被障壁岛所遮挡的浅水盆地，它以潮汐水道与广海相通或与广海呈半隔绝状态，其岩性以深灰色泥岩、碳质泥岩、砂质泥岩和铝土质泥岩等为主，含有少量的粉砂岩和细砂岩，其中铝土质泥岩、菱铁质泥岩是其主要标志。发育有水平层理，常见植物化石碎片和少量动物化石；在测井曲线上表现为指形尖峰或中低幅锯齿（图 1–1–7）；在相序上，常与障壁岛相、潮坪相共生。

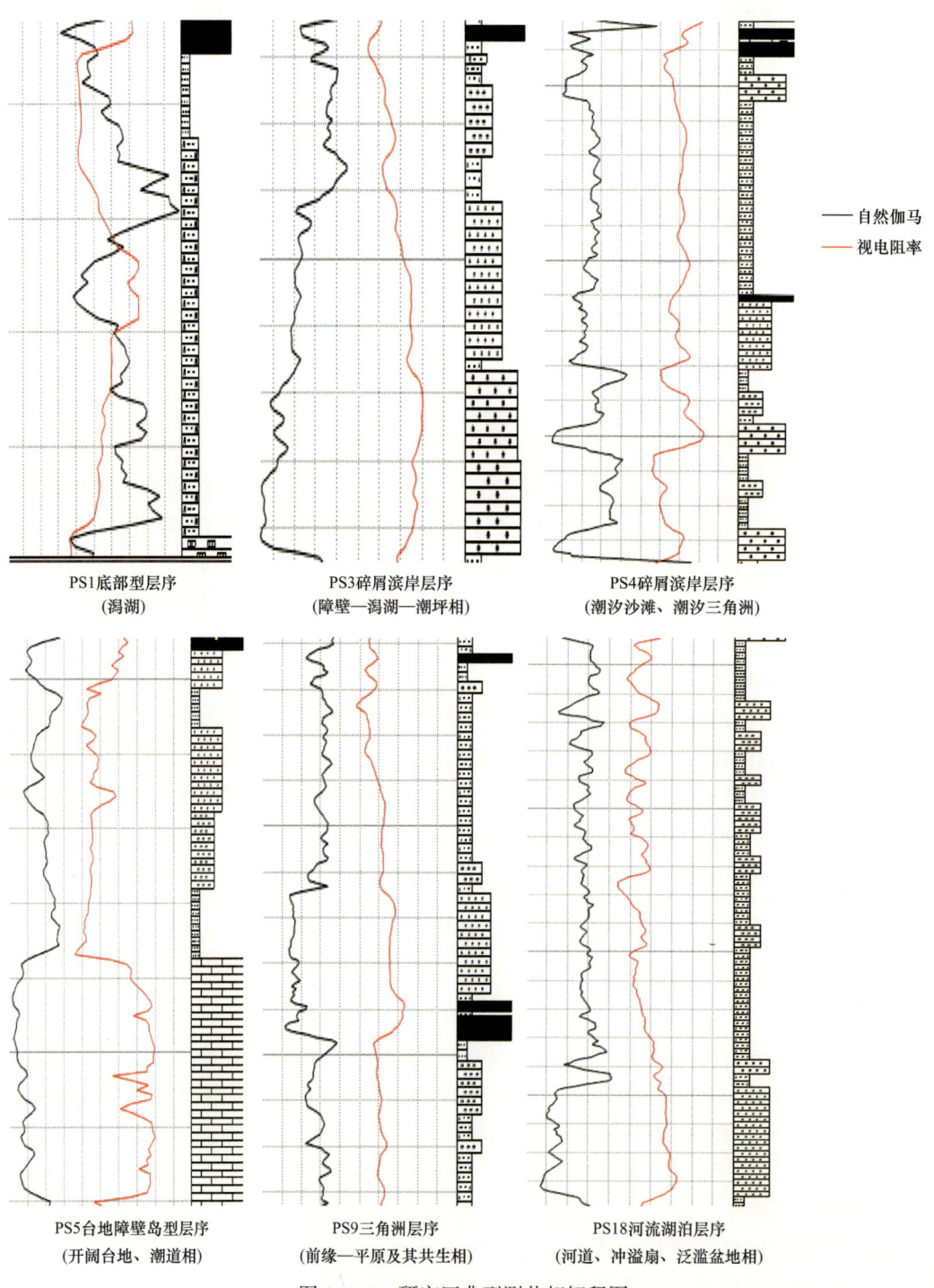

PS1底部型层序
（潟湖）

PS3碎屑滨岸层序
（障壁—潟湖—潮坪相）

PS4碎屑滨岸层序
（潮汐沙滩、潮汐三角洲）

PS5台地障壁岛型层序
（开阔台地、潮道相）

PS9三角洲层序
（前缘—平原及其共生相）

PS18河流湖泊层序
（河道、冲溢扇、泛滥盆地相）

图 1–1–5　研究区典型测井相解释图

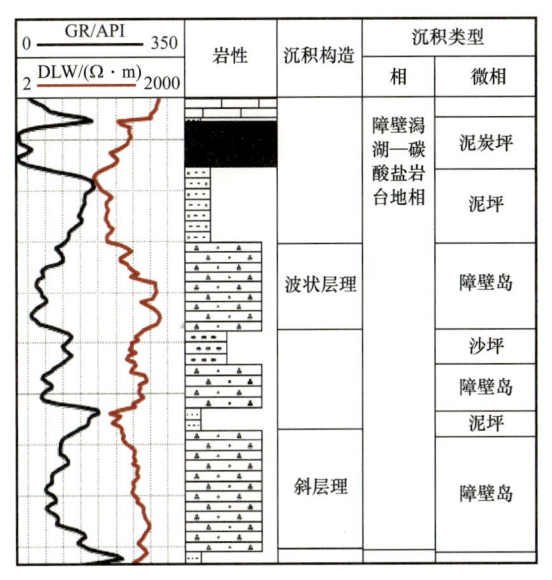

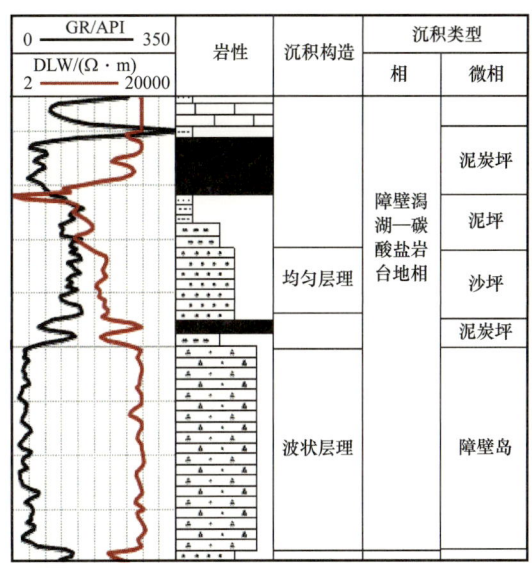

图 1-1-6 障壁岛相测井解释图

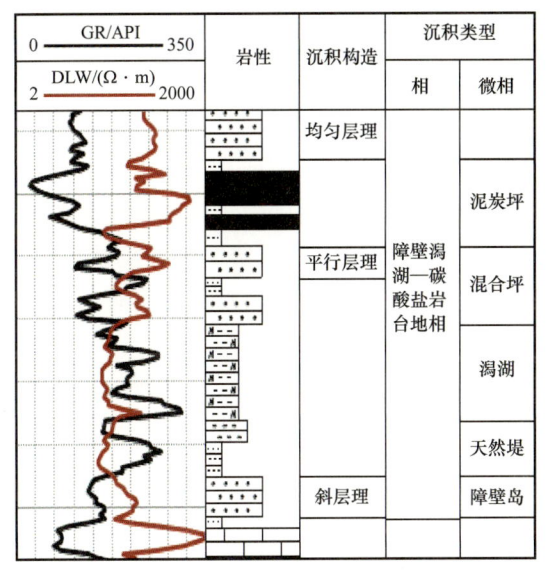

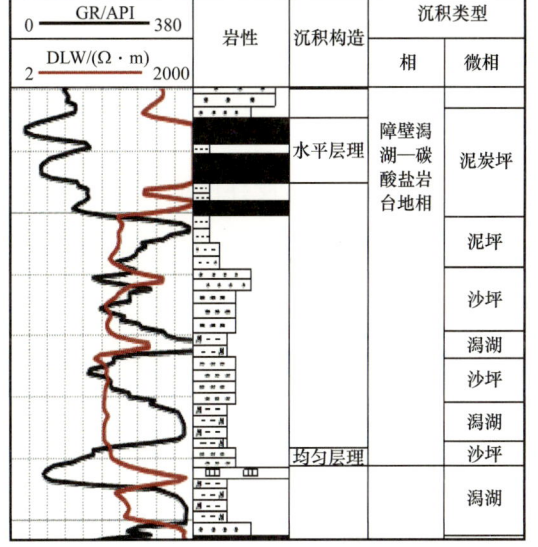

图 1-1-7 潟湖相测井解释图

3）潮坪相

潮坪相是研究区太原组主要的沉积类型，主要的岩石组合为细砂岩、粉砂岩、泥岩及煤层。根据其沉积特征，将碎屑岩潮坪划分为沙坪、泥坪、泥炭坪和混合坪四种微相（图 1-1-8）。

在低潮线附近与潮坪较高部位活动比较强，作用时间较长，主要沉积砂质，称为沙坪；在高潮线附近，波浪活动较弱，主要为泥质沉积，称为泥坪；泥炭坪为泥坪中煤形成环境；在高潮线与低潮线之间，由于波浪作用时强时弱，为砂泥质混合沉积带，称为混合坪。各沉积微相的特征如下：

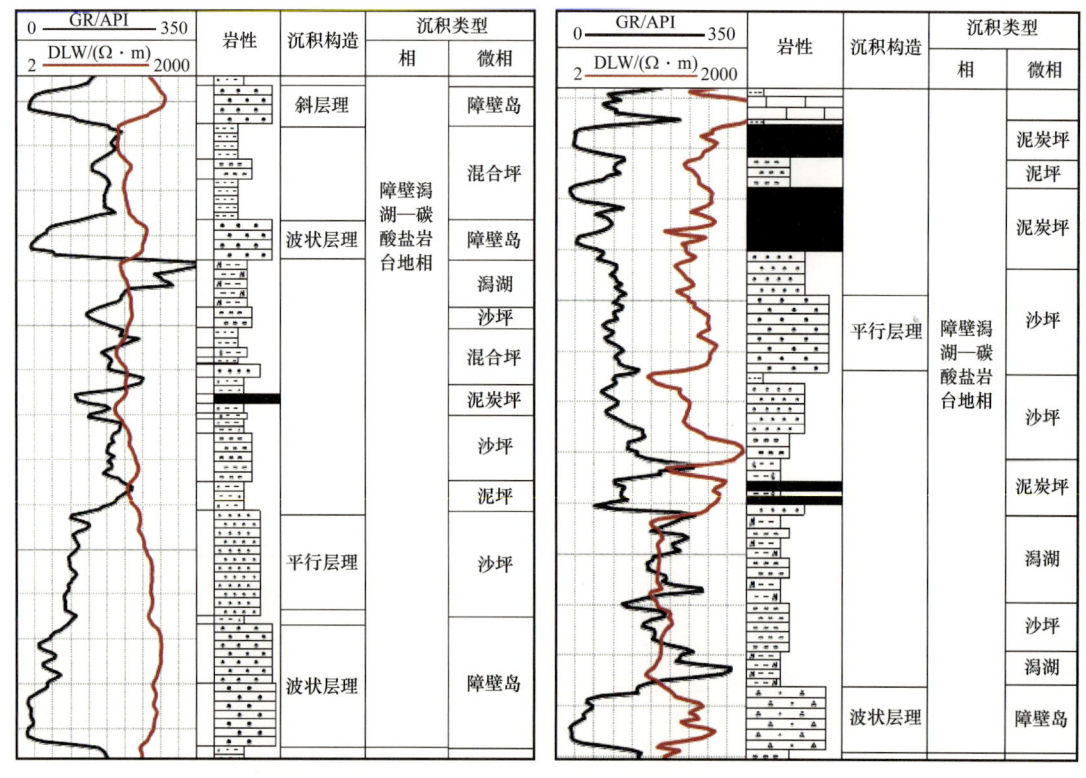

图 1-1-8 潮坪相测井解释图

（1）沙坪。研究区沙坪沉积的岩性主要由灰白色细砂岩、粉砂岩等组成，分选性和磨圆度较好，成分成熟度与结构成熟度较高。主要发育小型流水交错层理和羽状层理；在测井曲线上表现为中—低幅钟形或箱形；在相序上，与泥坪、泥炭坪、混合坪等微相共生。

（2）泥坪。研究区泥坪沉积的岩性以深灰色泥岩、砂质泥岩及含煤层或煤线的碳质泥岩为主，局部夹有薄层粉砂岩、细砂岩。发育水平层理，含有植物化石；在测井曲线上表现为低幅微齿；在相序上，与沙坪、泥炭坪、混合坪等微相共生。

（3）泥炭坪。研究区太原组属于海相成煤环境，煤层层位稳定，分布面积广，厚度变化较大，分叉现象明显。煤层结构较复杂，灰分、硫分含量高，含有黄铁矿结核；薄层在测井响应上表现为大段低幅偶见指形尖峰，厚层表现为高幅微齿钟形或箱形；在相序上，与沙坪、泥坪、混合坪等微相共生。

（4）混合坪。研究区混合坪沉积主要为灰白色细砂岩、粉砂岩与深灰色泥岩、砂质泥岩的薄互层。发育有压扁层理、波状层理和透镜状层理等；在测井曲线上表现为中幅多齿；在相序上，与沙坪、泥坪、泥炭坪等微相共生。

4）碳酸盐岩台地相

太原组主要发育有多套石灰岩，如庙沟灰岩、毛儿沟灰岩、斜道灰岩和东大窑灰岩等。主要分为开阔台地相和局限台地相（图 1-1-9）。

（1）开阔台地相。开阔台地环境形成的石灰岩距陆源碎屑源区相对较远，陆源碎屑成分混入较少，水体较清澈。岩性主要为生物碎屑泥晶灰岩和泥晶生物碎屑灰岩等，为高自然伽马、高电阻率的测井响应，发育有块状层理、波状层理等，生物化石种类繁多。

（2）局限台地相。局限台地相指受一定陆源碎屑影响的碳酸盐岩沉积，为开阔台地相与潟湖相的过渡类型。岩性主要为泥晶灰岩和含泥灰岩等，为中—低自然伽马、高电阻率的测井响应，发育块状层理和波状层理等，生物化石种类较单调。

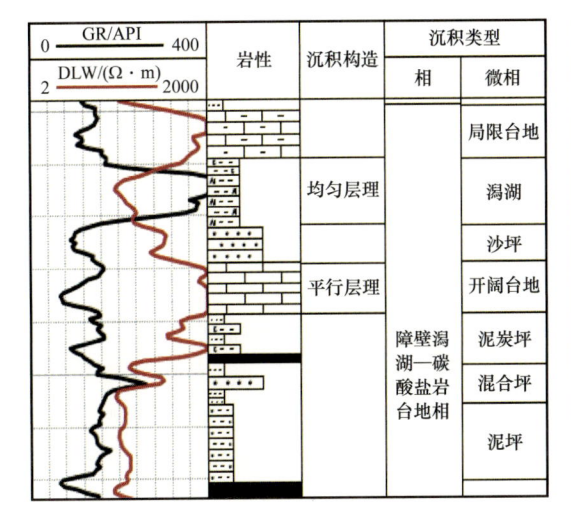

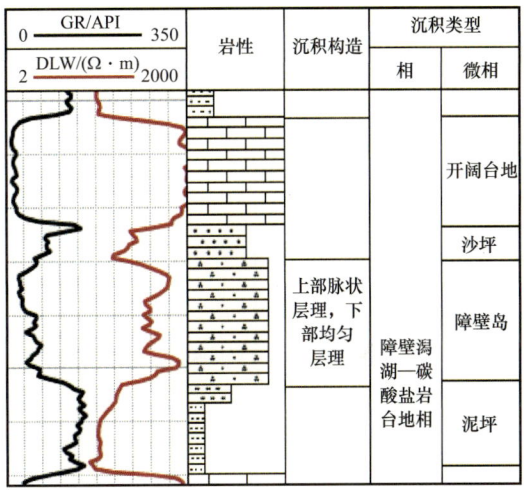

图 1-1-9　碳酸盐岩台地测井解释图

3. 三角洲平原沉积微相

1）分流河道相

分流河道是河流三角洲平原中的格架部分，具有一般河流沉积的特征，即以砂质沉积为主、向上变细的层序特征，分选性较差，磨圆度好，但它们较中上游河流沉积的粒度细，分选性较好。一般底部为中—细粒砂，常含泥砾、植物干茎等残留沉积物，向上变为粉砂、砂质泥岩、泥岩等。砂岩层具有槽状或板状交错层理和波状交错层理，而且其规模向上变小，其底界与下伏岩层呈侵蚀冲刷接触。在测井曲线上反映为高幅齿化钟形／箱形；在相序上，常与天然堤和分流间湾相共生（图 1-1-10）。

2）天然堤相

天然堤位于分流河道的两侧，向河道一侧较陡，向外一侧较缓，主要为泥岩、粉砂岩和砂质泥岩，垂向上显示砂泥薄互层，由洪水期洪水漫出淤积而成，通常比分流河道的砂岩粒度细，发育有水平纹理和波状交错纹理。在测井曲线上表现为中—低幅的微齿／多齿化或低幅钟形；在相序上，常与分流河道相、分流间湾相共生。

3）分流间湾

分流间湾是三角洲平原上分流河道间低洼地带的沉积。岩性以深灰色泥岩、粉砂质泥岩等为主，含有薄层细砂岩、煤及碳质泥岩，发育有水平层理。在测井曲线上表现为大段低幅平直／微齿化或大段低幅偶见中幅指形尖峰；在相序上，常与分流河道相、天然堤相共生。

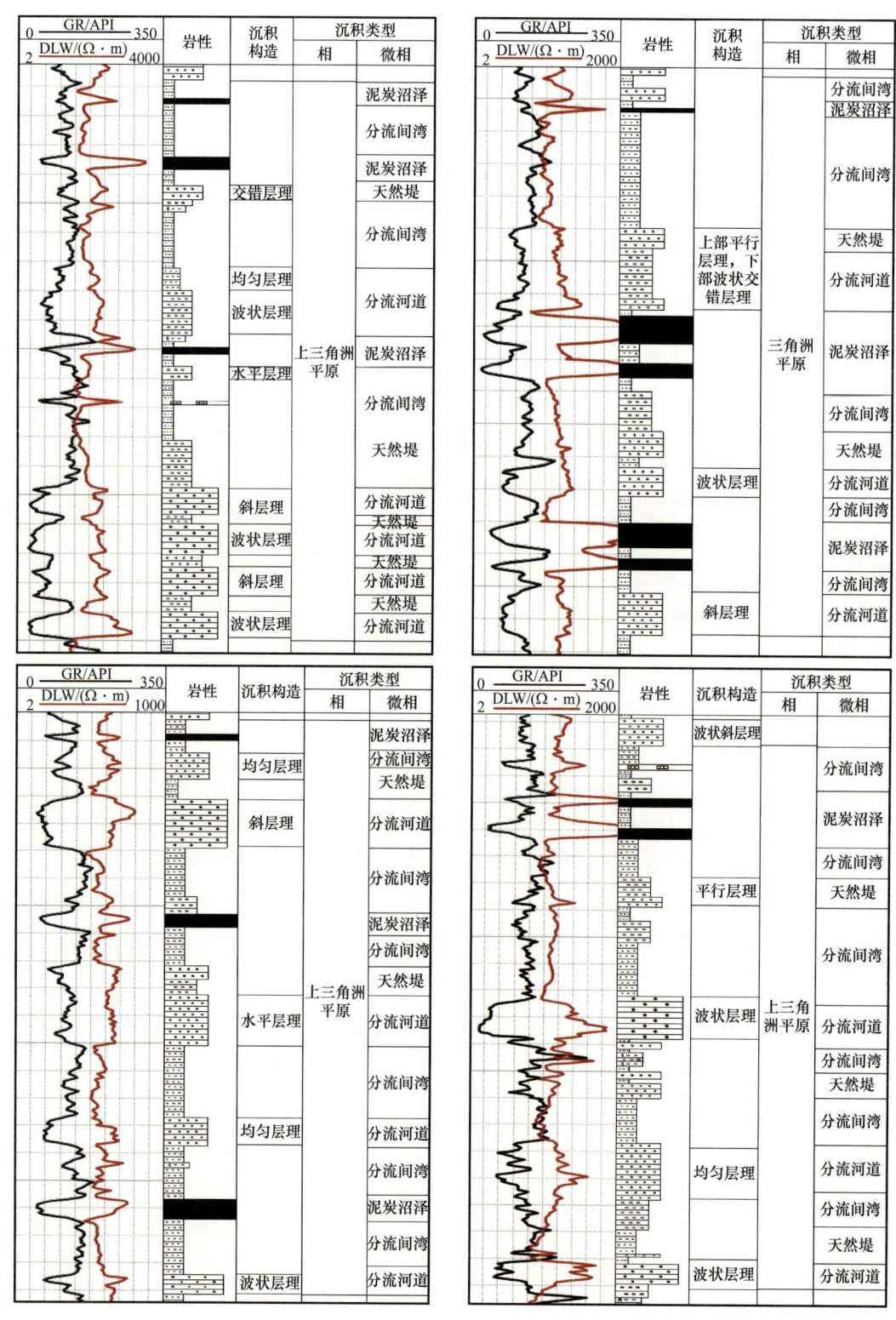

图 1-1-10 三角洲平原测井微相单井解释图

4）泥炭沼泽

泥炭沼泽水面与平均高潮面接近，处于被水周期性淹没的低洼区，该环境中植物繁茂，为一停滞的弱还原或还原环境，主要由暗色泥岩、砂质泥岩、碳质泥岩和煤等组成，发育均匀层理和水平层理；在测井曲线上表现为指状尖峰，厚层表现为高幅微齿箱形/钟形；在相序上，常与分流河道、分流间湾相伴生。

4. 河流湖泊沉积微相

根据前人研究成果和研究区岩心、录井资料分析，区内河道沉积特征为发育河床滞留沉积，表现为以河道砂岩为主，泥质含量较少，是河流水动力较强时沉积的产物，河道砂通常表现为定向排列，多为叠瓦状，最大扁平面指示水流方向，形成的沉积体一般厚度较薄，呈叠瓦状分布在河道最底部，向上粒度变细，逐渐过渡到以细粒泥质为主的河漫沉积。

湖泊沉积常年处在水面以下，以还原环境为主，沉积岩颜色较深，以灰绿色、浅灰色或深灰色为主，水动力较弱，不同区域水体深度不同。河流湖泊体系的主要沉积相（图1-1-11）简述如下。

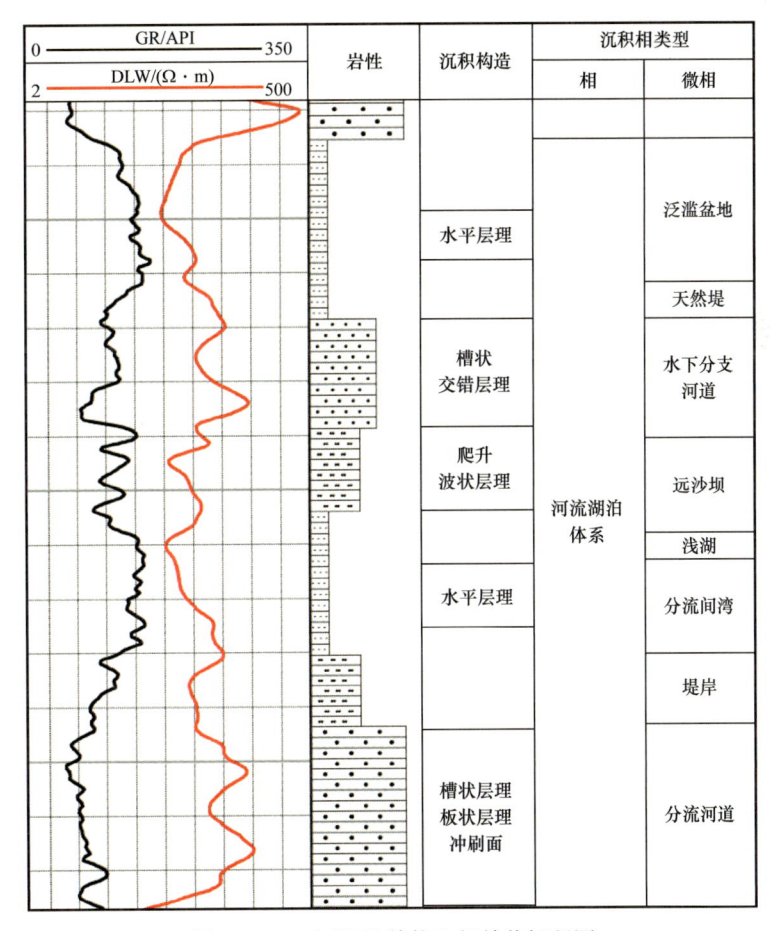

图1-1-11 河流及其伴生相单井解释图

1）河道充填沉积微相

主要发育灰色中—细砂岩，以板状交错层理为主，厚度变化差异较大，可由多期河道叠加形成。河床滞留沉积上部也可以发育心滩沉积，沉积物颗粒较粗，以含砾砂岩为主，呈现灰白色或灰绿色，垂向上也可像河床充填沉积一样堆叠，厚度变化差异较大，主要发育槽状、板状等大型交错层理。河道沉积整体来看，曲线为箱形或钟形，整体表现为强水动力条件。

2）堤岸亚相

主要发育天然堤微相和决口扇微相。天然堤微相主要是由于洪水期河床内水位上涨，河水溢出河床，所携带的粉砂、泥等沉积物沿河床快速堆积而成，所以天然堤微相中砂体分选性差，形成粉砂、砂、泥互层的沉积模式，能形成小型交错层理，发育有钙质结合，泥岩中常见雨痕、干裂等暴露环境下的构造，偶见生物遗迹化石。曲线上表现为反旋回，呈齿化漏斗形。决口扇微相是由洪水期河水冲开天然堤形成，由于水动力较强，沉积物的颗粒较天然堤略粗，通常情况下为粉砂或细砂岩，发育冲刷充填构造，物源供给不稳定，砂体主要呈透镜状分布，夹于泥质沉积中，可以发育小型交错层理，整体上呈现正粒序，曲线上表现为正旋回。

3）河漫亚相

主要发育在天然堤外侧地势低洼的区域，成因是洪水期河水冲破天然堤后，在广阔平原堆积而成，漫过河床的洪水携带泥沙向平原扩散。河漫亚相主要为粉砂或泥等细粒沉积为主，水动力较弱，发育水平层理。由于河漫亚相只有在洪水期才处于水面以下，故泥岩中常见干裂、雨痕等暴露成因的构造，也可发育石膏等蒸发岩，生物遗迹化石较丰富。测井曲线上表现为自然伽马接近泥岩基线且相对平滑，自然电位曲线常呈钟形、箱形。

4）浅湖泥

浅湖泥微相入湖水动力较弱，灰白色泥岩与黑色页岩在纵向上互层，偶见粉砂质泥岩或泥质粉砂岩薄层，砂体不发育。常见水平层理，自然伽马曲线呈低幅齿状，自然电位曲线低幅微齿化。

5）滩坝

滩坝多发育于滨浅湖区，主要受波浪和沿岸流控制，几乎不受河流水动力影响，经过波浪和沿岸流的作用，砂体呈席状或带状分布于湖岸，粒度较细，以细砂或粉砂为主，分选性较好，磨圆度高。粒度一般以反粒序为主，偶见少量正或先反后正粒序。测井曲线上一般表现为指状或齿化指状。

三、研究区平面沉积相分析方法

常见的沉积参数是砂厚与含砂率（广义上讲，可称为砂岩百分比），它们的使用本身则是依据不同层次储层研究所提出的反映沉积格局的定量指标。严格意义上讲，在宏观层次上砂厚最大的地区只反映沉积中心、沉积物的主要走向或水流方向，而地层厚度则反映沉降中心或地形地貌的变化特征，两者在地质意义上含义通常是有差别的。沉积相与储层研究中比较常用的参数有地层厚度、砂岩厚度、含砂率、砂地比、砂岩密度及净毛比等。

沉积物的粒度分布主要受搬运介质、搬运方式和沉积环境等因素的控制。因此，通过对沉积物粒度分布研究可了解沉积物所处的沉积环境，其研究是基于这样的假设：相同粒径的沉积物分布指示的沉积环境是相对等的。

泥岩是细粒沉积，在水体较深、水体能量较弱时的沉积形成；砂岩粒径相对大，反映水体能量相对强。砂地比是某层位砂岩的厚度与地层厚度的比值，由于其对沉积微相具有较为敏感的反映，不同的砂地比能反映不同的沉积环境，因此，本次主要采用砂地比、砂厚、石灰岩和煤层厚度来研究沉积环境。

目前，虽然砂地比已被广泛运用于沉积环境分析中，但粉砂岩和泥岩粒度差异较小，测井岩性解释过程中也难以区分。需进一步明确总砂厚（砂岩与粉砂岩之和）、纯砂厚（不含粉砂）及骨架砂厚（不含不能反映格局的砂，即通常不含厚度小于0.5~1m的砂）的统计方法，进而明确砂地比、含砂率及有效含砂率的不同，这样进行沉积相平面分析时，才能确定主要沉积体最主要的成因砂体分布的位置，进而明确它们具体对沉积相平面展布起到的约束作用。

1. 去粉砂砂地比法

影响沉积物粒度分布的主要因素包括搬运介质、搬运方式、沉积环境等。因此，在"相同粒径的沉积物分布指示的沉积环境相对等"的假设条件下，可借助沉积物粒度分布来了解沉积物所处的沉积环境。

利用Sinolog软件的二次开发平台和已有的岩性解释结果，通过编制程序，统计了粗砂岩、中砂岩、细砂岩、粉砂岩、砂质泥岩、泥岩、石灰岩、煤和铝土质泥岩的测井响应，进而利用交会分析确定各种岩性的数值界限，可实现对测井岩性快速的解释。重点针对不同粒度的砂岩和泥岩的测井响应特征进行分析，为后续砂泥比、砂地比等数据的计算提供依据。

研究区各种岩性的自然伽马—电阻率（GR—LLD）、自然伽马—密度（GR—DEN）、自然伽马—声波时差（GR—AC）的交会分析结果（图1-1-12）表明，煤、石灰岩、铝土质泥岩和砂泥岩（各类砂岩和泥岩）有明显不同的电性响应特征，分区性很好，但不同粒度的砂岩和泥岩的样点混杂在一起，需要进一步细分。为表述方便，暂且将各种砂岩和泥岩统称为砂泥岩，则研究区各种岩性对应的测井响应见表1-1-3。

为进一步区分不同粒度的砂岩和泥岩，重点对粗砂岩、中砂岩、细砂岩、粉砂岩、砂质泥岩和泥岩的响应进行了交会分析[图1-1-13（a）]，发现这几种岩性难以区分，特别是粉砂岩、砂质泥岩和泥岩重叠现象严重，但从图1-1-13（b）中可以发现，粗砂岩、中砂岩、细砂岩和粉砂岩、砂质泥岩、泥岩的界限比较明显。GR—DEN、GR—AC交会分析图（图1-1-14）对粉砂岩、砂质泥岩和泥岩进行区分的效果也不好。因此，将粗砂岩、中砂岩和细砂岩分为一类，称为粗—细砂岩；将粉砂岩、砂质泥岩和泥岩分为一类，称为粉砂—泥岩，进行交会分析，由此统计出砂、泥岩的测井数值范围（表1-1-4）。

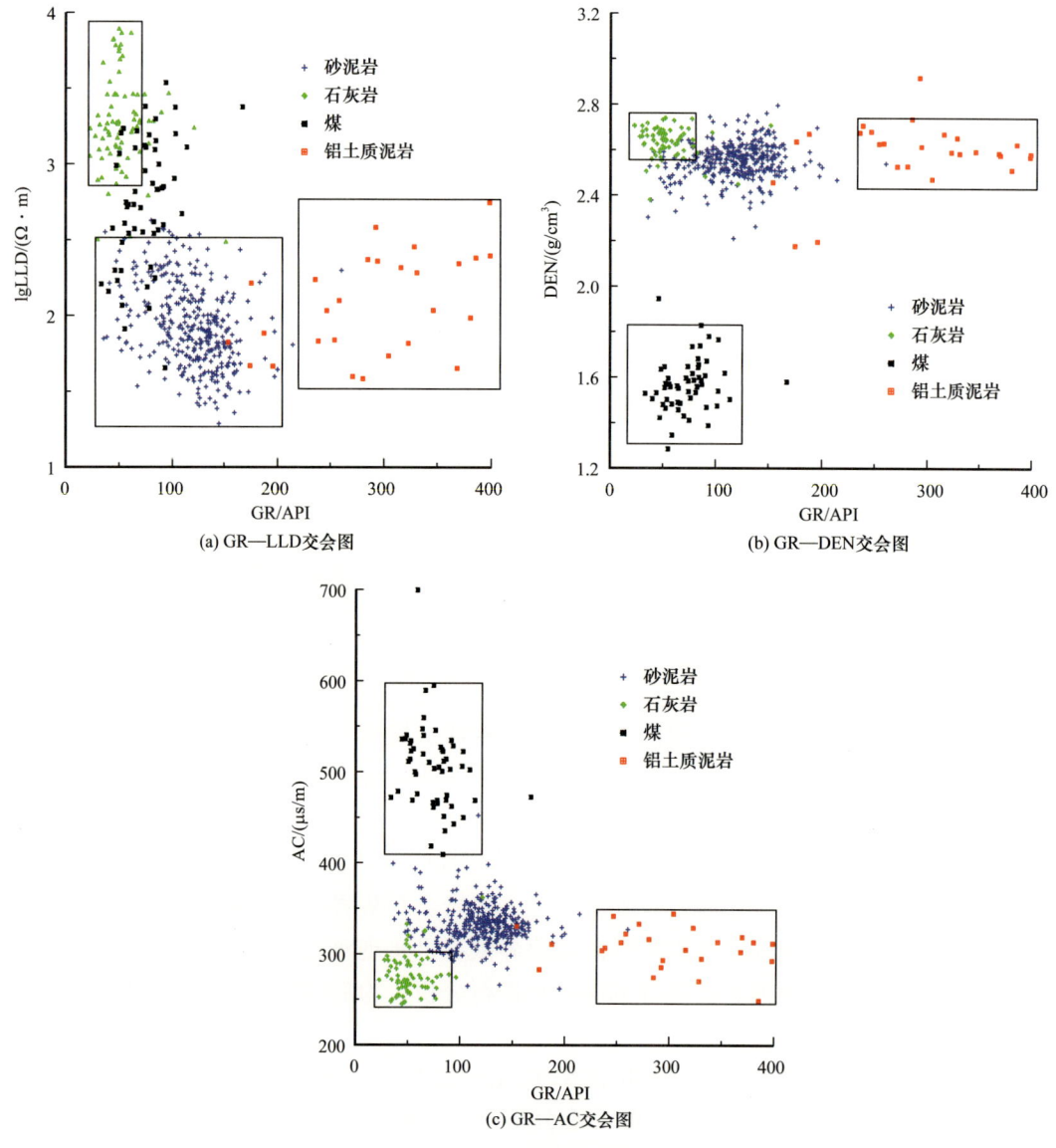

图 1-1-12　区块各岩性交会分析图

表 1-1-3　各岩性测井数值

GR/API	LLD/(Ω·m)	DEN/(g/cm³)	AC/(μs/m)	岩性
GR＞200	40＜LLD＜380	2.45＜DEN＜2.73	245＜AC＜350	铝土质泥岩
20＜GR＜60	600＜LLD＜20000	2.55＜DEN＜2.73	240＜AC＜300	石灰岩
40＜GR＜110	70＜LLD＜4000	1.3＜DEN＜1.8	AC＞410	煤
45＜GR＜165	20＜LLD＜600	2.3＜DEN＜2.75	280＜AC＜400	砂泥岩

表 1-1-4　砂、泥岩测井响应特征值

GR/API	LLD/（Ω·m）	岩性
106＜GR＜165	20＜LLD＜100	粉砂—泥岩
45＜GR＜106	20＜LLD＜600	粗—细砂岩

(a) 不同粒径下粗砂岩—泥岩交会分析图

(b) 按不同粒径分类后的交会分析图

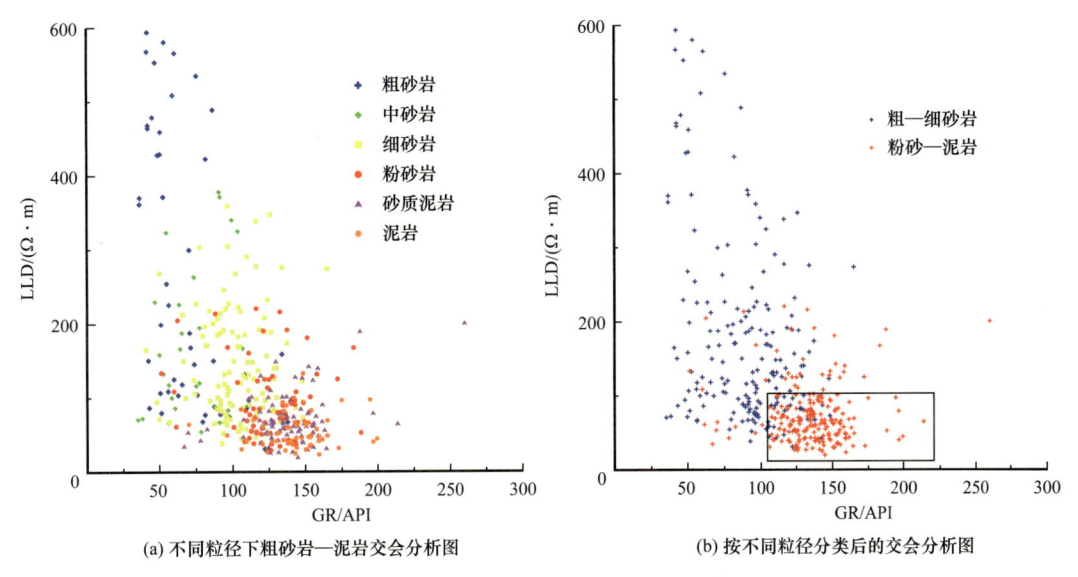

图 1-1-13　砂岩、泥岩 GR—LLD 交会分析图

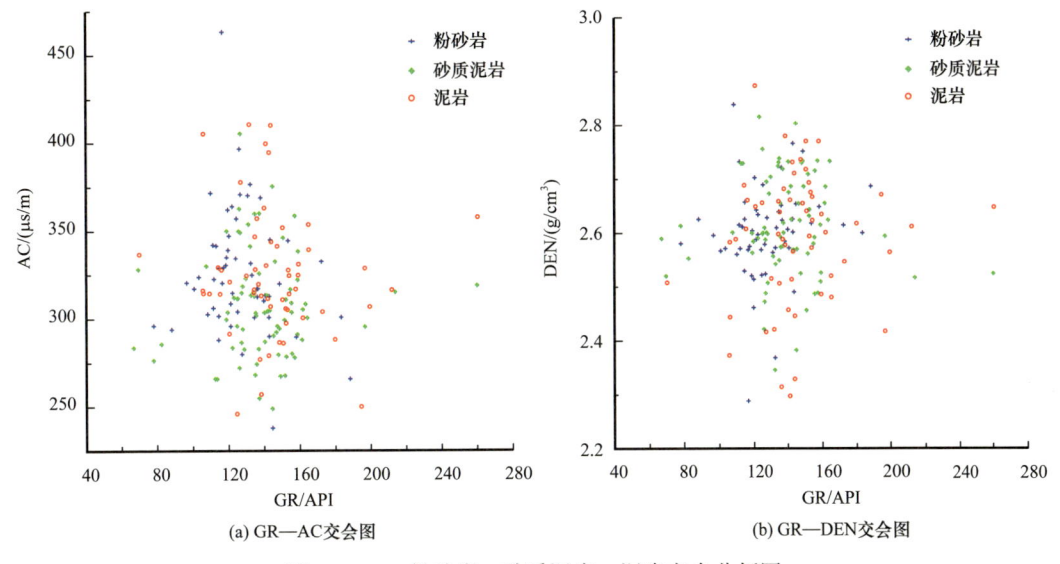

(a) GR—AC 交会图

(b) GR—DEN 交会图

图 1-1-14　粉砂岩—砂质泥岩—泥岩交会分析图

根据交会分析得到的各岩性数值范围，自编程序对其中某口井进行快速粒度分析，将得到的解释结果与取心岩性对比，发现二者对比性较好，因此采用去粉砂的砂地比，作为后续沉积相分析的基础数据。

2. 古地理分析方法

古地形是地质历史时期的地形状况和地质历史时期形成并残留到如今或埋在地下的某种地形类型，古地形图的绘制有助于分析当时的地形地貌，进而为聚煤规律以及储层分布分析提供依据。

如果简单地用该时期的高程图表示古地形显然是不准确的，从所研究历史时期到现在，可能发生过多期构造运动，高程图已经不能反映当时的地形地貌，因此应选一个与研究时期较近的一个等时面，以该等时面为基准，得到古地貌图。

四、研究区主要层序沉积相及其演化特征

层序地层格架可将同一时期沉积的岩层按照一定规律纳入相关的年代—地层对比格架中，在此基础上进行等时地层对比和描述地层叠置样式的地层学研究。通过建立层序地层格架，为古地理环境分析、沉积相演化分析提供比较科学的解释，对储层进行准确预测和评价。

根据大吉区块层序界面特性，结合测井曲线和取心岩性，首先对单井进行层序地层单元的识别和划分，然后通过连井剖面层序对比，建立了大吉区块四级高分辨率层序地层格架，为沉积相研究打下了基础。

本次将大吉区块上古生界本溪组—石盒子组划分为14个三级层序，其中本溪组两个（SQ1—SQ2），太原组2个（SQ3—SQ4），山西组2个（SQ5—SQ6），下石盒子组4个（SQ7—SQ10），上石盒子组4个（SQ11—SQ14）。在此基础上，共划分了32个四级层序，其中本溪组4个（PS1—PS4），太原组4个（PS5—PS8），山西组5个（PS9—PS13），下石盒子组10个（PS14—PS23），上石盒子组9个（PS24—PS32），见表1-1-5和图1-1-15。

表1-1-5 大吉区块三级、四级层序及其界面

地层系	地层组	地层段	地层时代/Ma	三级层序	四级层序	层序底界面及接触关系
二叠系	上石盒子组	盒1段	250	SQ14	PS32	
					PS31	
					PS30	
		盒2段		SQ13	PS29	
					PS28	
		盒3段		SQ12	PS27	
					PS26	
					PS25	
		盒4段		SQ11	PS24	

续表

地层			地层时代 /Ma	三级层序	四级层序	层序底界面及接触关系
系	组	段				
二叠系	下石盒子组	盒 5 段	272	SQ10	PS23	
^	^	^	^	^	PS22	
^	^	^	^	^	PS21	
^	^	盒 6 段	^	SQ9	PS20	
^	^	盒 7 段	^	SQ8	PS19	
^	^	^	^	^	PS18	K_9,整合
^	^	盒 8 段	^	SQ7	PS17	
^	^	^	^	^	PS16	
^	^	^	^	^	PS15	
^	^	^	^	^	PS14	K_8,整合
^	山西组	山 1 段	280	SQ6	PS13	
^	^	^	^	^	PS12	
^	^	山 2 段	^	SQ5	PS11	
^	^	^	^	^	PS10	
^	^	^	^	^	PS9	K_7,整合
^	太原组	太 1 段	285	SQ4	PS8	K_5,整合
^	^	^	^	^	PS7	K_4,整合
^	^	太 2 段	295	SQ3	PS6	
^	^	^	^	^	PS5	K_2,K_3,整合
石炭系	本溪组	本 1 段	302	SQ2	PS4	
^	^	^	^	^	PS3	K_1,整合
^	^	本 2 段	308	SQ1	PS2	K_0,整合
^	^	^	^	^	PS1	平行不整合
奥陶系	马家沟组		310			

1. 本溪组沉积相及其演化特征

1）本 2 段 SQ1 层序沉积相

本 2 段 SQ1 层序由 PS1 和 PS2 两个四级层序组成，总体为海退期沉积的一套层序，后期有短时、局部的海进（图 1-1-16）。

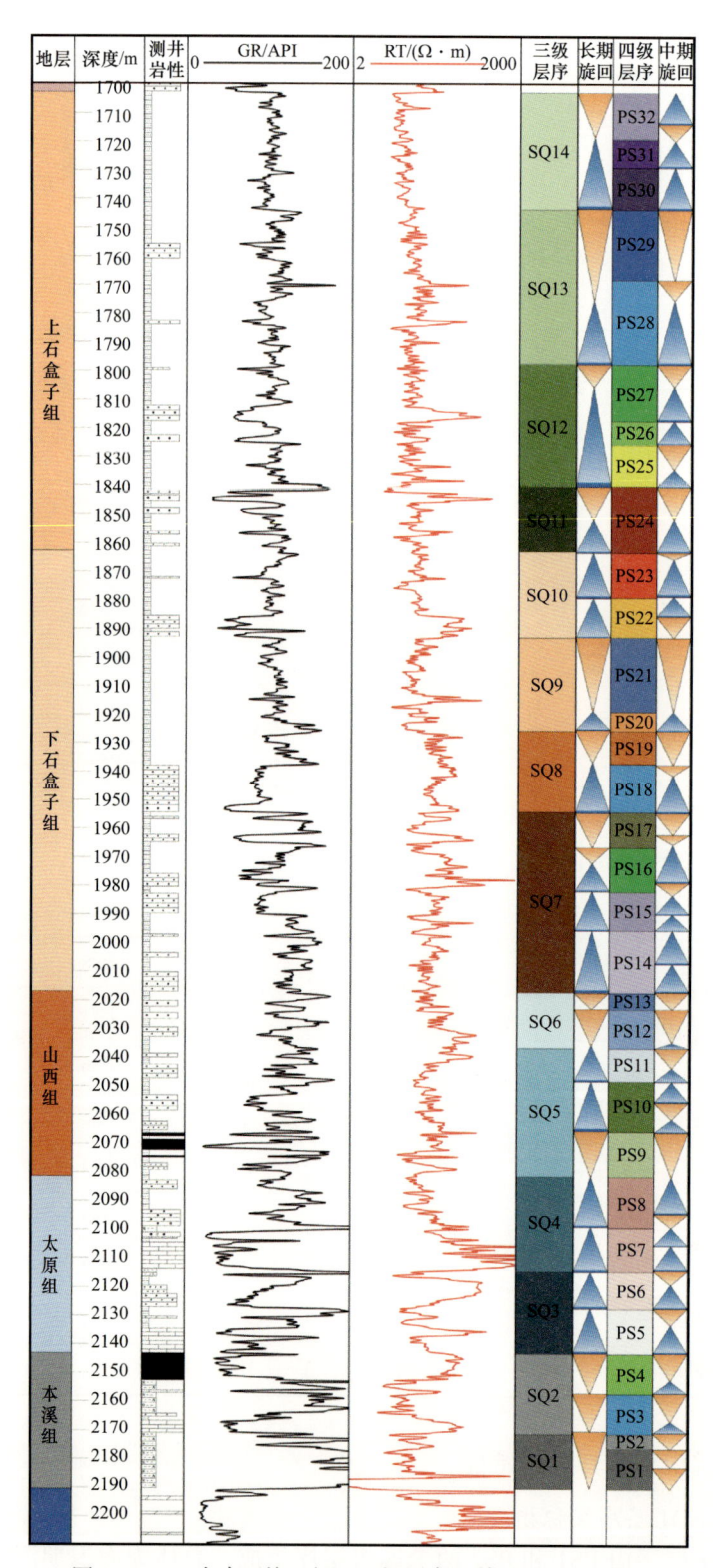

图 1-1-15 大吉区块三级、四级层序及其界面（JT2 井）

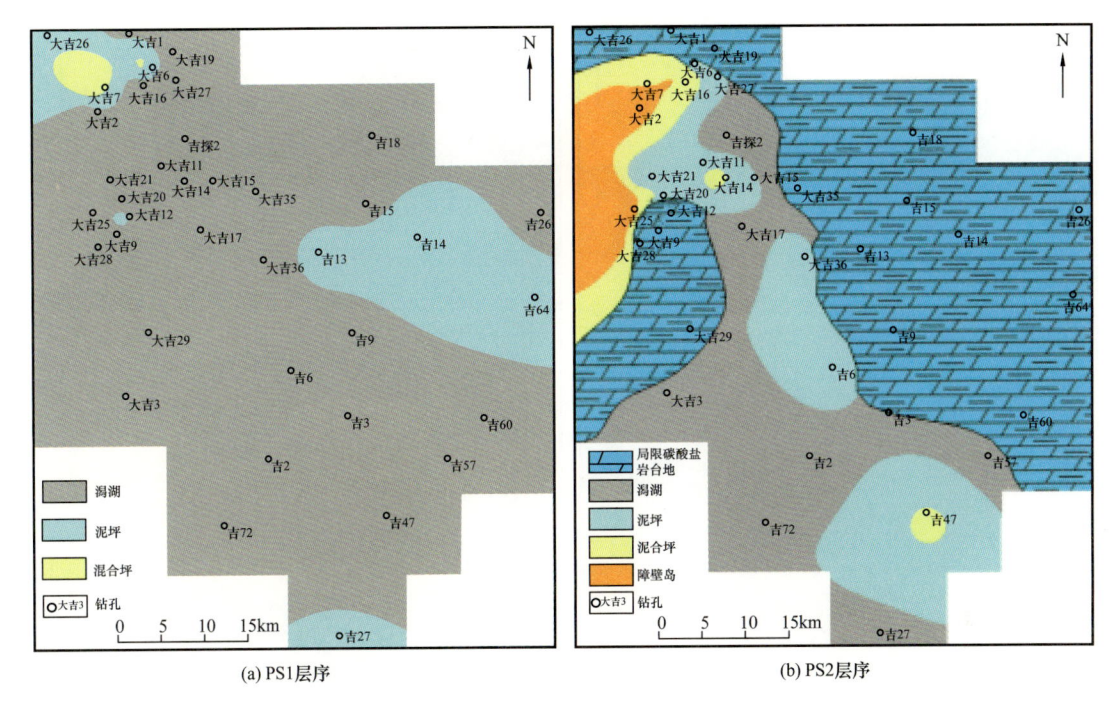

图 1-1-16　大吉区块 PS1、PS2 四级层序沉积相图

PS1 层序主要沉积相为潟湖、潮坪相，岩性以灰黑色泥岩、砂质泥岩为主，底部为灰色铝土质泥岩，间有薄层灰白色细砂岩。

PS2 层序期，海水从东部进入，主要沉积相为障壁、潟湖、潮坪及局限台地相，其垂向上依次发育障壁岛、沙坪、混合坪和潟湖等微相。零星有泥炭沼泽发育，形成薄煤线。

2）本 1 段 SQ2 层序沉积相

SQ2 层序由 PS3 和 PS4 两个四级层序组成，总体为海退期沉积的一套层序，垂向上依次发育障壁岛、沙坪、混合坪和潟湖、泥炭沼泽等微相（图 1-1-17）。

PS3 层序期以障壁岛、局限台地、潟湖、潮坪相为主，障壁砂和石灰岩均以北西向展布，平行于海岸线。

PS4 层序期，海水向东南退出本区，由于障壁岛的稳定阻隔作用，潟湖—泥炭坪相在区块北部发育，从而形成 8+9 号煤层大面积沉积；东南部潮汐、波浪作用增强，发育有平行岸线的障壁砂，而且潮汐沙坪、混合坪相对发育，煤层明显变薄。

2. 太原组沉积相及其演化特征

大吉区块太原组沉积环境类型主要有潮坪—潟湖、碳酸盐岩台地、潮汐三角洲、沙坝四种。太原组上段形成于局限碳酸盐岩台地环境中，下段则以开阔台地为主。

1）太 2 段 SQ3 层序沉积相

SQ3 层序由 PS5 和 PS6 两个四级层序组成。PS5 层序总体为海进期沉积的一套层序，以开阔碳酸盐岩台地相为主要特征（图 1-1-18），沉积厚度一般为 15~25m，岩性以中厚层的毛儿沟（K_2）灰岩、庙沟（K_3）灰岩为主。

(a) PS3层序

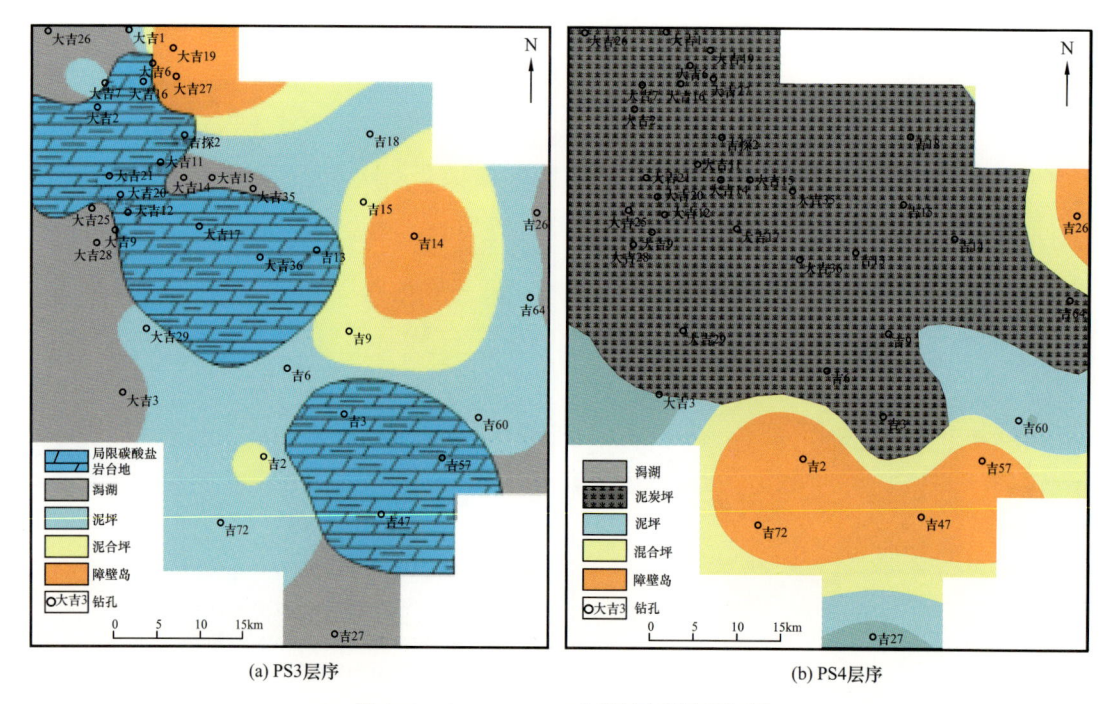

(b) PS4层序

图 1-1-17　PS3、PS4 四级层序沉积相图

PS6 层序同样以开阔碳酸盐岩台地相为主（图 1-1-19），其间沉积了斜道（K_4）灰岩，但厚度受细砂级及以上粒度的碎屑岩沉积范围影响，尤其是吉探 2 井、大吉 11 井、大吉 12 井一线，出现了 K_4 无沉积被潮道相砂岩替代的现象。此外，在碳酸盐岩台地的基础上还零星发育了潟湖、泥炭坪（7 号薄煤层）。

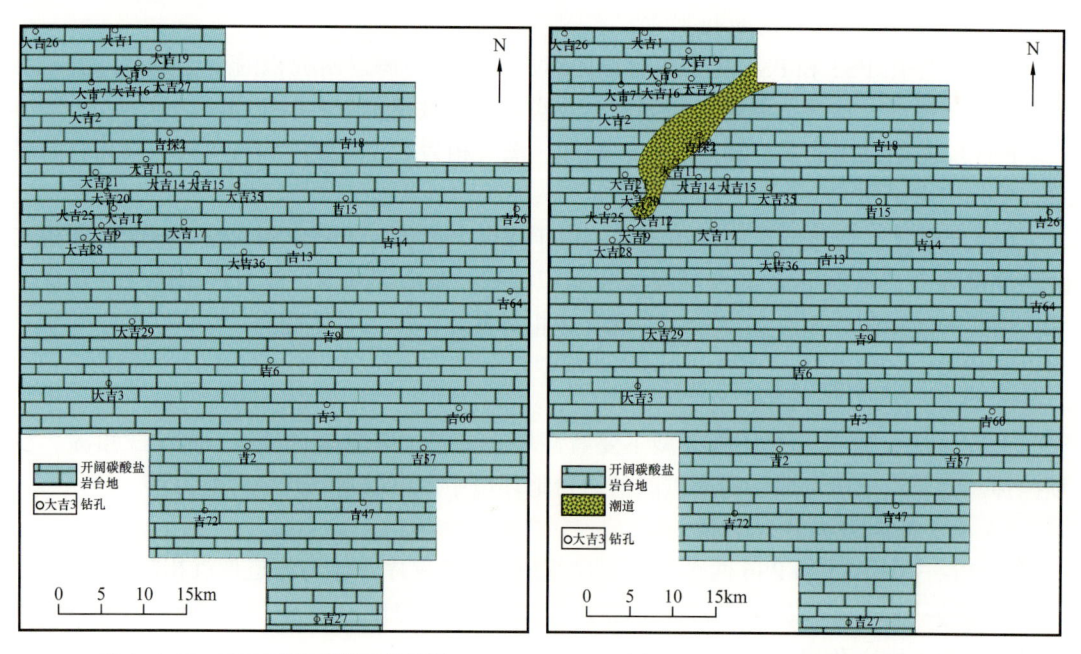

图 1-1-18　PS5 四级层序沉积相图

图 1-1-19　PS6 四级层序沉积相图

2）太 1 段 SQ4 层序沉积相

SQ4 层序由 PS7 和 PS8 两个四级层序组成。PS7 层序主要为河控三角洲前缘相，水下分流河道砂最大厚度可达 16m，物源来自西北，由于波浪作用较强，南部远沙坝在波浪的改造下重新分配，形成一平行于岸线的海滩—障壁沙坝（图 1-1-20），障壁后还发育有局限的碳酸盐岩台地，沉积了东大窑灰岩。

PS8 层序以滨浅湖及三角洲前缘为主（图 1-1-21），物源来自西北，北部水下分流河道发育，最大厚度可达 14m，共生相包括天然堤、分流间湾以及非常局限的泥炭沼泽，6 号煤层零星赋存在其中，一般均为煤线。

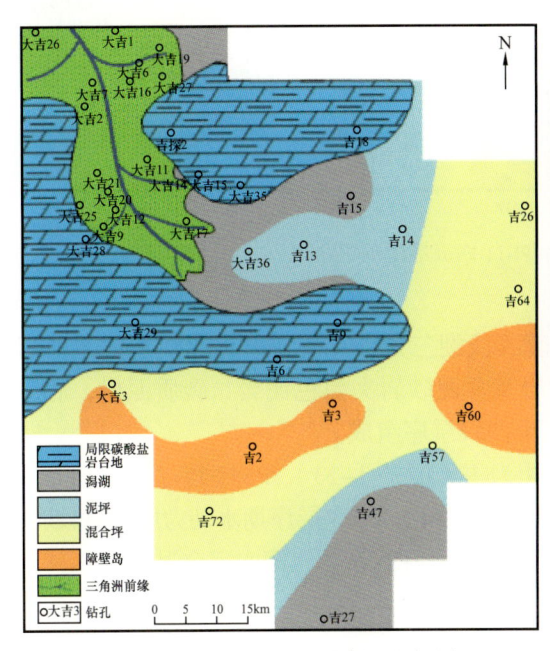

图 1-1-20　PS7 四级层序沉积相图 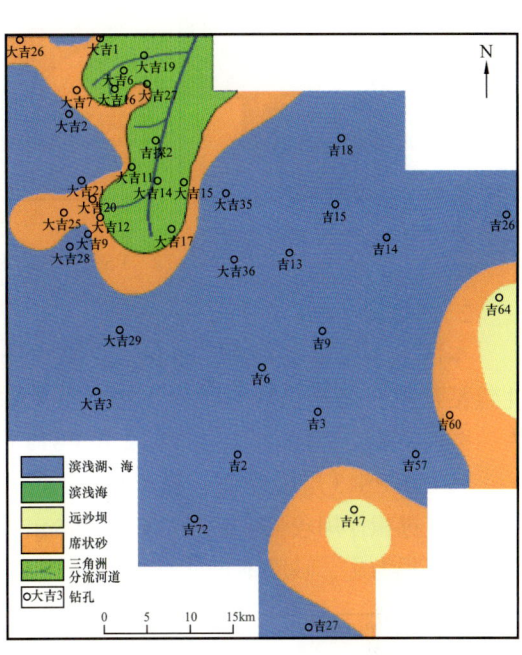　　　　图 1-1-21　PS8 四级层序沉积相图

3. 山西组沉积相及其演化特征

大吉区块山西组沉积环境类型有三角洲和浅湖，以三角洲相为主。该地区的北部和南部区域有充足的物源供给，因此有利于泥炭沼泽的发育，在适宜的环境下煤层发育较厚。山西组煤层的厚煤带分布范围与经过潮汐作用强烈改造下的下三角洲砂体朵叶的分布范围基本一致，这表明大吉区块山西组的煤层主要还是形成于比较靠近海的受河控三角洲影响的沉积环境中。

1）山 2 段 SQ5 层序沉积相

山 2 段沉积厚度为 40～50m，主要为一套浅湖—三角洲煤系地层，从北向南煤层厚度增加。主要岩性包括灰色、灰白色含砾中—粗粒岩屑砂岩、石英砂岩夹薄粉砂岩、黑色泥岩及 4 号、5 号煤层，底部为北岔沟砂岩，山 2 段由 PS9、PS10 和 PS11 三个四级层序组成。

PS9、PS10 层序主要发育三角洲前缘相，沉积微相主要有水下分支河道、席状砂、泥炭沼泽等（图 1-1-22）。物源来自北方，南北方向砂地比较高，自下而上粒度逐渐变粗，沉积中心砂岩厚度为 11～16m。PS11 层序则主要发育三角洲平原相，自下而上逐渐变细的典型分流河道微相较为发育，砂岩最大厚度超过了20m。此外，泥炭沼泽微相发育于三角洲前缘和分流间湾内，为4号、5号煤层大面积沉积提供了有利条件。

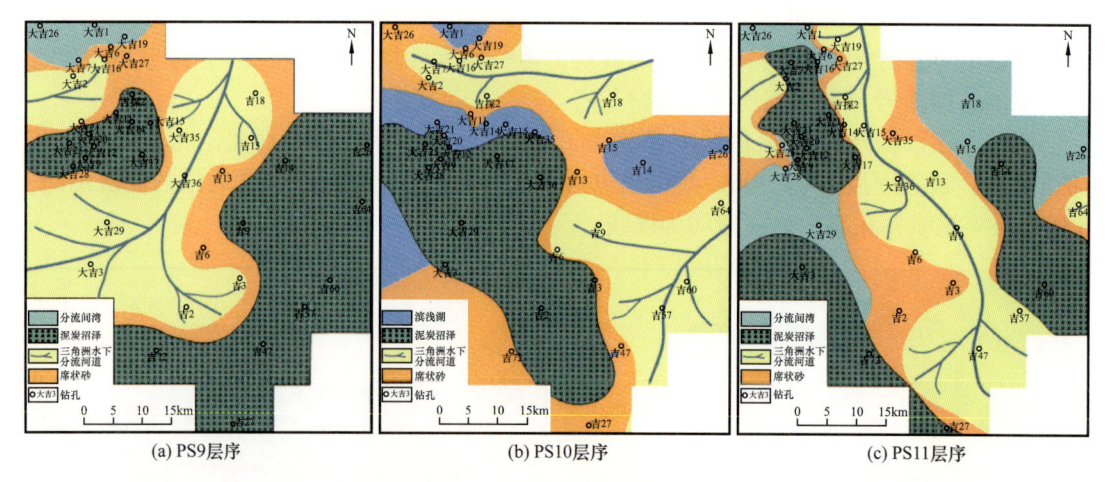

图1-1-22　PS9、PS10和PS11四级层序沉积相图

2）山1段SQ6层序沉积相

本区山1段厚度为40~60m，主要为一套滨浅湖三角洲环境的砂泥岩沉积，主要岩性包括灰色—灰黑色岩屑砂岩、岩屑石英砂岩及含泥砂岩夹黑色泥岩、碳质泥岩，底部为铁磨沟砂岩。SQ10层序由PS12和PS13两个四级层序组成。

PS12、PS13层序仍以三角洲相、滨浅湖相为主（图1-1-23），PS12层序期水动力较强，河流进积作用较强（砂厚一般大于5m，最大约12m）；PS13层序期水动力则相对较弱，以泥质沉积为主，砂厚不超过5m。至此时期以后，再无泥炭沉积，海水完全退出本区。

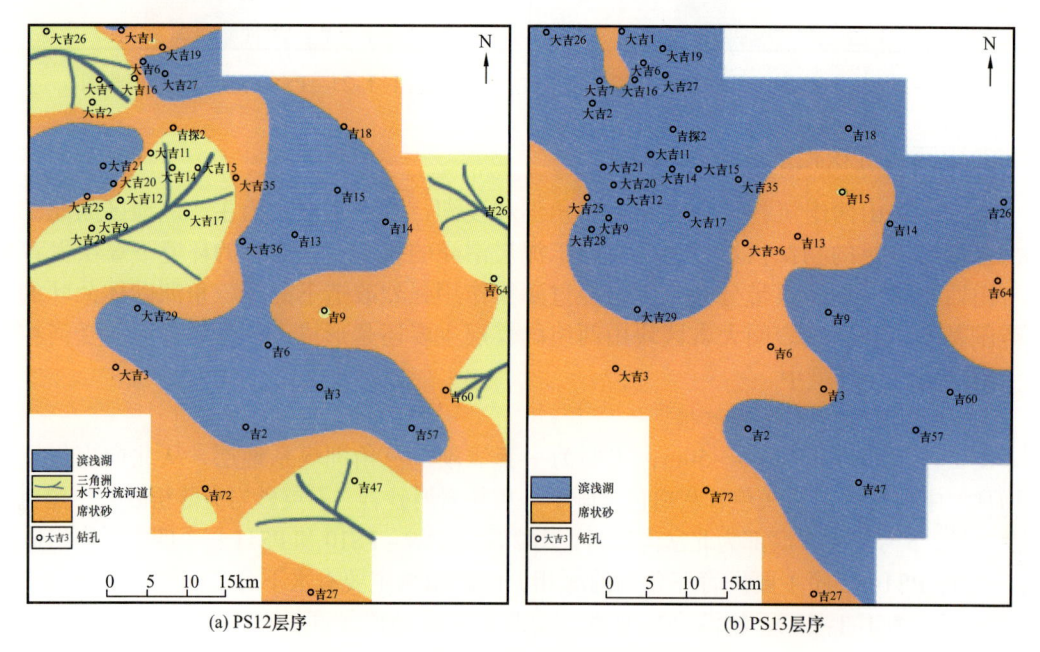

图1-1-23　PS12、PS13四级层序沉积相图

4. 石盒子组沉积相及其演化特征

1）盒8段SQ7层序沉积相

SQ7层序由PS14—PS17四个四级层序组成，表现为两个明显变深的旋回，从河流相相变为浅湖三角洲或湖泊相（图1-1-24）。盒8段分流河道微相发育，除北部PS14层序和PS15、PS16层序的河道砂与三角洲前缘砂有明显叠置外（累计砂厚最大可达24m左右），其他位置不同层序间河道迁移幅度较大，多以单层砂为主（一般不超过8m）。

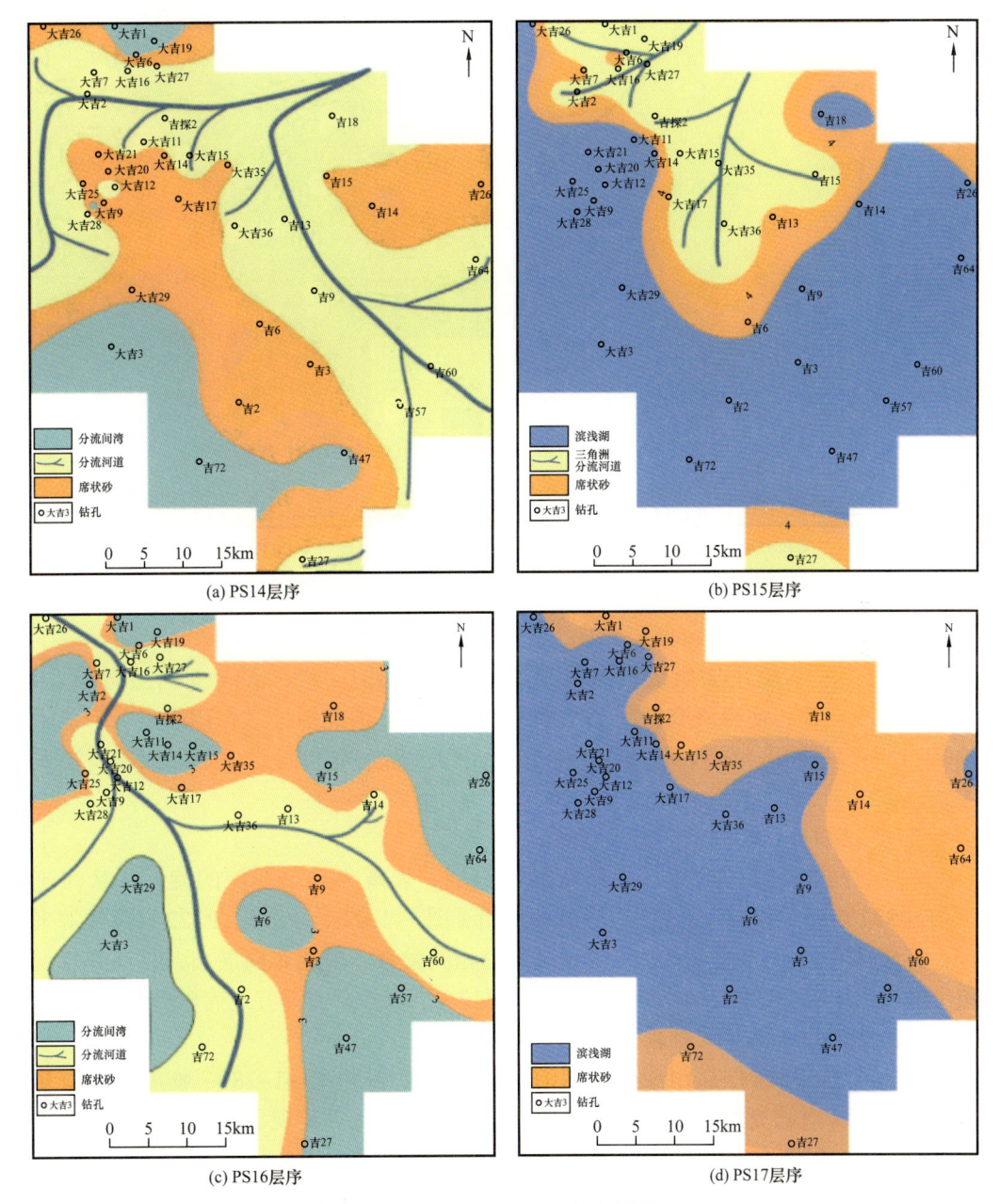

图1-1-24 PS14—PS17四级层序沉积相图

2）盒 7 段 SQ8 层序沉积相

SQ8 层序由 PS18 和 PS19 两个四级层序组成，表现为一个变深的旋回，从河流相相变为湖泊相（图 1-1-25）。物源全部来自北部，PS18 层序以河流及其伴生相为主，分流河道微相相对发育，砂体呈北东和南北向展布，最大厚度接近 16m；而 PS19 层序则以湖泊泥为主，局部有砂质条带，以粉砂岩居多。

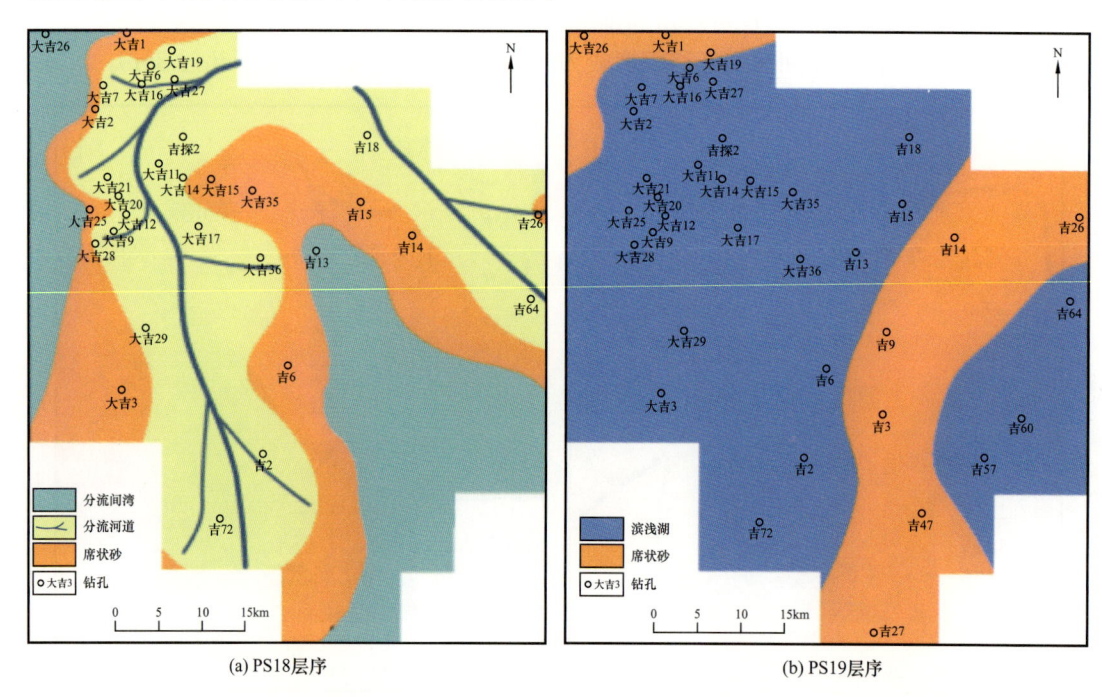

(a) PS18 层序　　　　　　　　　　　(b) PS19 层序

图 1-1-25　PS18、PS19 四级层序沉积相图

3）盒 6 段 SQ9 层序沉积相

SQ9 层序由 PS20 层序组成，为浅湖三角洲相（图 1-1-26），分支河道微相发育，物源主要来自南部，使得研究区南部和中部砂体发育，向北部推进作用明显，形成了对湖泊较强的充填作用，砂体最大厚度在 10m 左右；而东部和西北部则以细碎屑泥质岩为主。

4）盒 5 段 SQ10 层序沉积相

SQ10 层序由 PS21—PS23 三个四级层序组成，表现为一个变深的旋回，从河流相（PS21、PS22 层序）相变为 PS23 层序的湖泊相（图 1-1-27）。PS21、PS22 层序物源来自北部，其整体在向东南推进过程中，分流河道相间发育，呈北东向展布，相互叠置，河流填平取齐作用明显。PS23 层序期粗碎屑物源较少，仅东部有薄互层席状砂发育。

5）盒 4 段 SQ11 层序沉积相

SQ11 层序由 PS24 层序组成，以湖泊三角洲相为主（图 1-1-28），物源来自南北两个方向，南部碎屑物充填范围更大，北部河道相对稳定，洪泛现象不明显。中部以浅湖相泥沉积为主，局部有 1～2m 的薄砂层与泥岩互层。

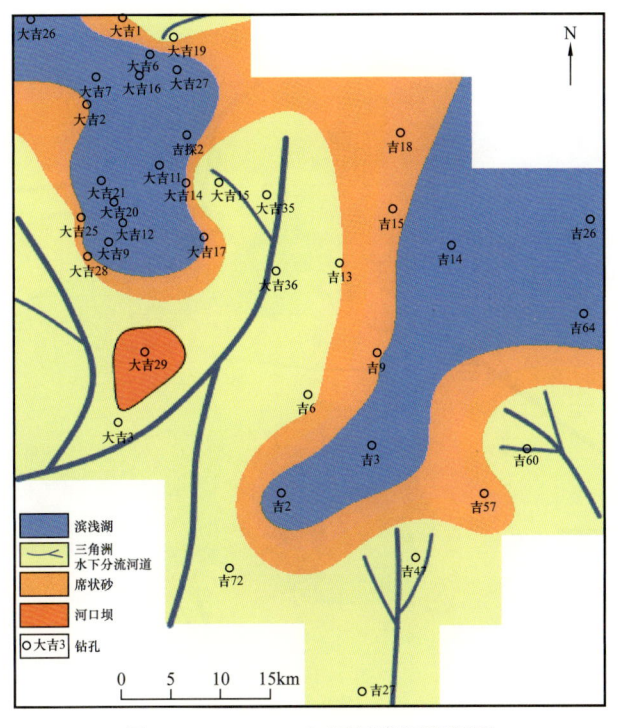

图 1-1-26　PS20 四级层序沉积相图

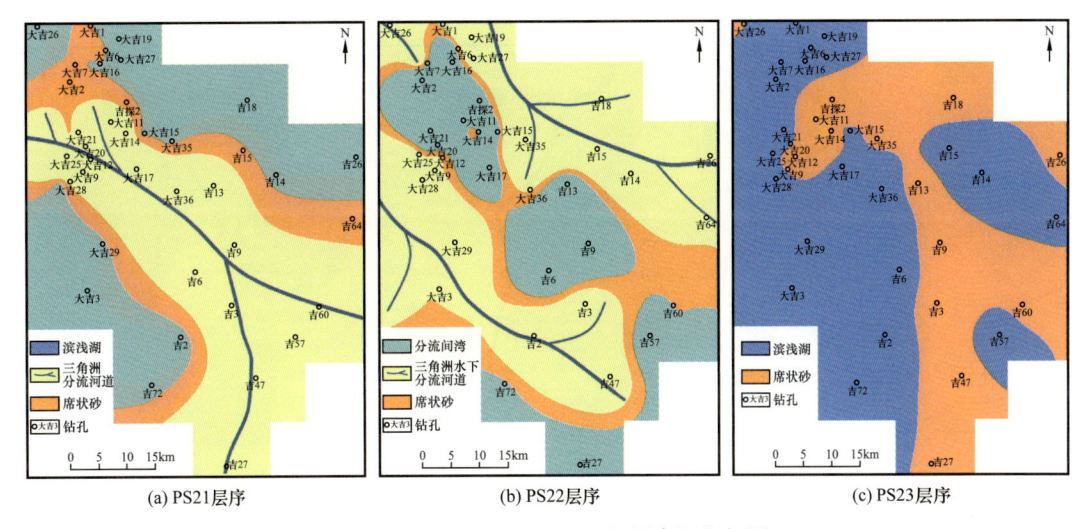

(a) PS21层序　　　(b) PS22层序　　　(c) PS23层序

图 1-1-27　PS21—PS23 四级层序沉积相图

6）盒 3 段 SQ12 层序沉积相

SQ12 层序由 PS25—PS27 三个四级层序组成，表现为一个明显变深的旋回，从河流相相变为浅湖三角洲（图 1-1-29），PS25 和 PS26 层序期，北部物源在相对较强的水动力条件下大量砂岩被搬运至本区而卸载，河道微相发育，洪泛作用强，而且不同层序间河道位置的摆动较大，河流的泛滥充填作用明显，三角洲体系发育规模受限。而 PS27 层序则以湖泊泥为主，西部有砂质条带。

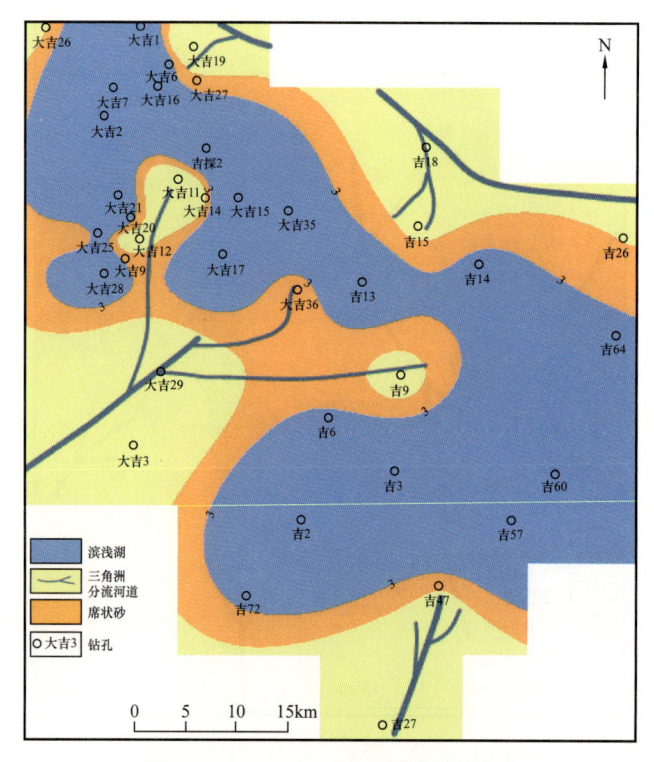

图 1-1-28　PS24 四级层序沉积相图

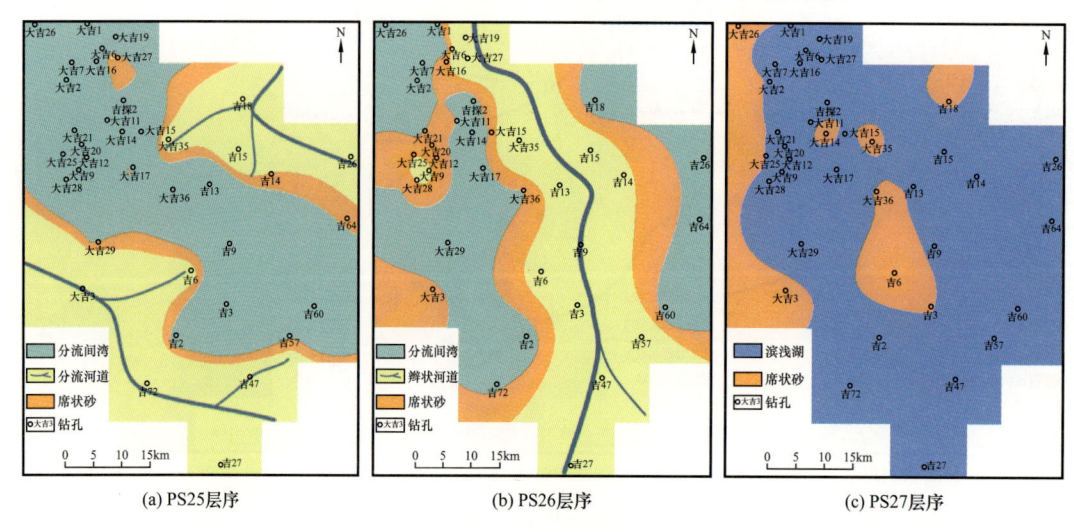

(a) PS25 层序　　(b) PS26 层序　　(c) PS27 层序

图 1-1-29　PS25—PS27 四级层序沉积相图

7）盒 2 段 SQ13 层序沉积相

SQ13 层序由 PS28 和 PS29 两个四级层序组成，表现为一个变深的旋回，从河流相相变为湖泊相（图 1-1-30），PS28 物源层序主要来自北方，河道微相发育，砂体较厚，河流的泛滥充填作用明显。PS29 层序则以湖泊泥为主，但有大面积的席状薄砂层发育。

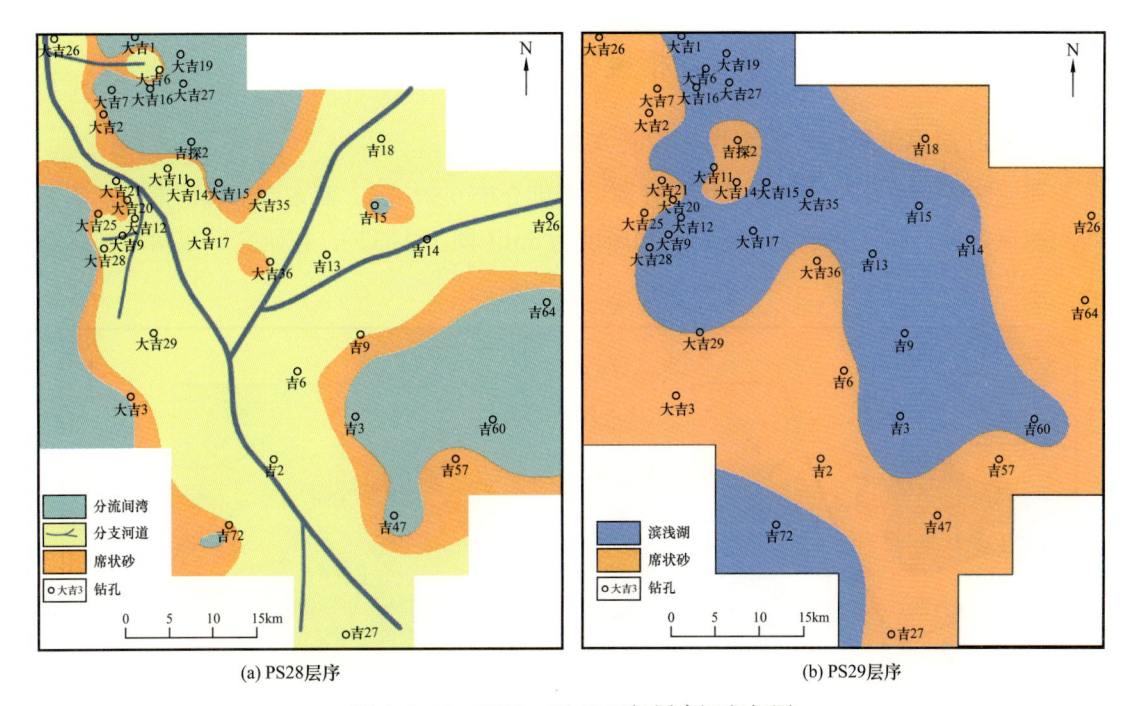

图 1-1-30　PS28、PS29 四级层序沉积相图

8）盒 1 段 SQ14 层序沉积相

SQ14 层序由 PS30—PS32 三个四级层序组成，表现为一个明显变深的旋回，北部和南部均有物源，整体上从河流相渐变为湖泊三角洲相（图 1-1-31）；PS30 层序内河道微相发育，河道位置摆动不大，河流的泛滥现象不明显；PS31、PS32 层序内湖泊三角洲体系发育规模较大，三角洲朵叶体从各个方向向中部湖泊延伸，充填作用较强。

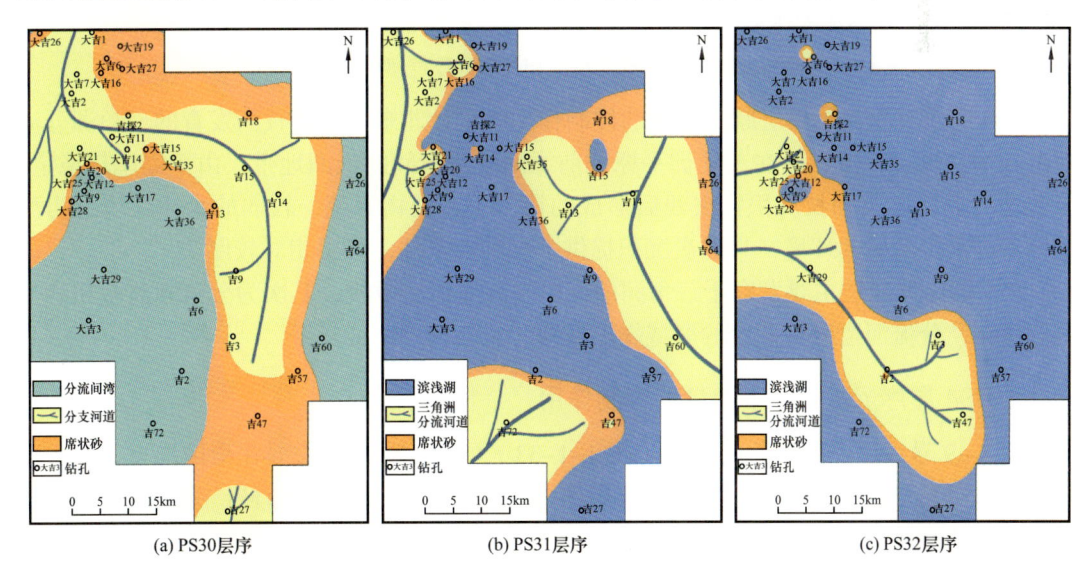

图 1-1-31　PS30—PS32 四级层序沉积相图

五、主要煤组聚煤期沉积相控煤作用

1. PS9 层序沉积相对上组煤的控制作用

研究区的北部及西南部 5 号煤层较薄，厚度介于 0.5～3m，而东南部和西部局部区域煤层明显增厚，厚度介于 4～7m，平均厚度为 5m（图 1-1-32），在研究区东南局部发育了 5m 以上的厚煤区。

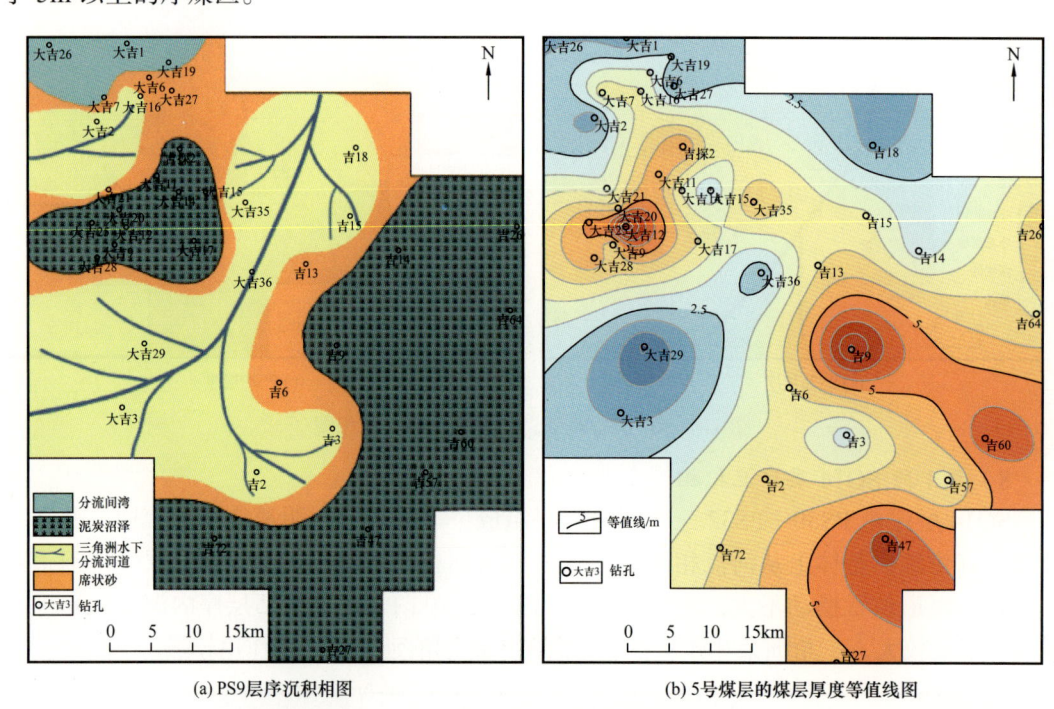

(a) PS9层序沉积相图　　(b) 5号煤层的煤层厚度等值线图

图 1-1-32　PS9 层序沉积相与 5 号煤层厚度对比图

PS9 层序沉积相对煤层厚度变化的控制作用突出：北东向砂体较为发育的三角洲分流河道相中，煤层较薄；而在三角洲平原和前缘网结河道间的低凹地带，由于堤岸较稳定，分流间湾泥或砂质细粒沉积物淤浅后形成的沼泽中，植物繁茂，较弱的水体环境也为泥炭堆积提供了较好的环境，为泥炭沉积提供了有利的条件，煤层相对较厚。

PS9 层序厚煤层主要发育于三角洲前缘中的泥炭沼泽微相，其次为分流间湾微相和牛轭湖微相，分流河道微相发育的区域煤层最薄。

2. PS4 层序沉积相对下组煤的控制作用

由 8+9 号煤层厚度变化趋势图（图 1-1-33）可知，8+9 号煤层在全区均有分布，西北方向煤层总厚度大部分介于 5～7m，局部出现 7m 以上的煤层分布区，为全区煤层最厚区域，其他区域煤层厚度介于 1～3.0m。

对比 PS4 层序沉积相图和 8+9 号煤层厚度变化趋势图可知，障壁岛后长期发育潟湖相，障壁岛的阻挡作用使得潟湖内部水体相对低能安静，其淤浅后形成的泥炭沼泽是成煤作用发生的有利环境，因而，煤层相对较厚，介于 5～7.0m；障壁岛外波浪和潮汐作用增强，砂质沉积物增加，煤层最薄，煤层厚度介于 1～2m，不利于成煤作用的发生；但在沙嘴内半开放潟湖水体较安静，泥炭坪中煤层相对较厚，一般介于 3～4.0m。可见下组厚煤层主要发育于障壁岛后的潟湖环境，其次是潮坪环境中的泥炭坪环境。

(a) PS4层序沉积相图

(b) 8+9号煤层的煤层厚度等值线图

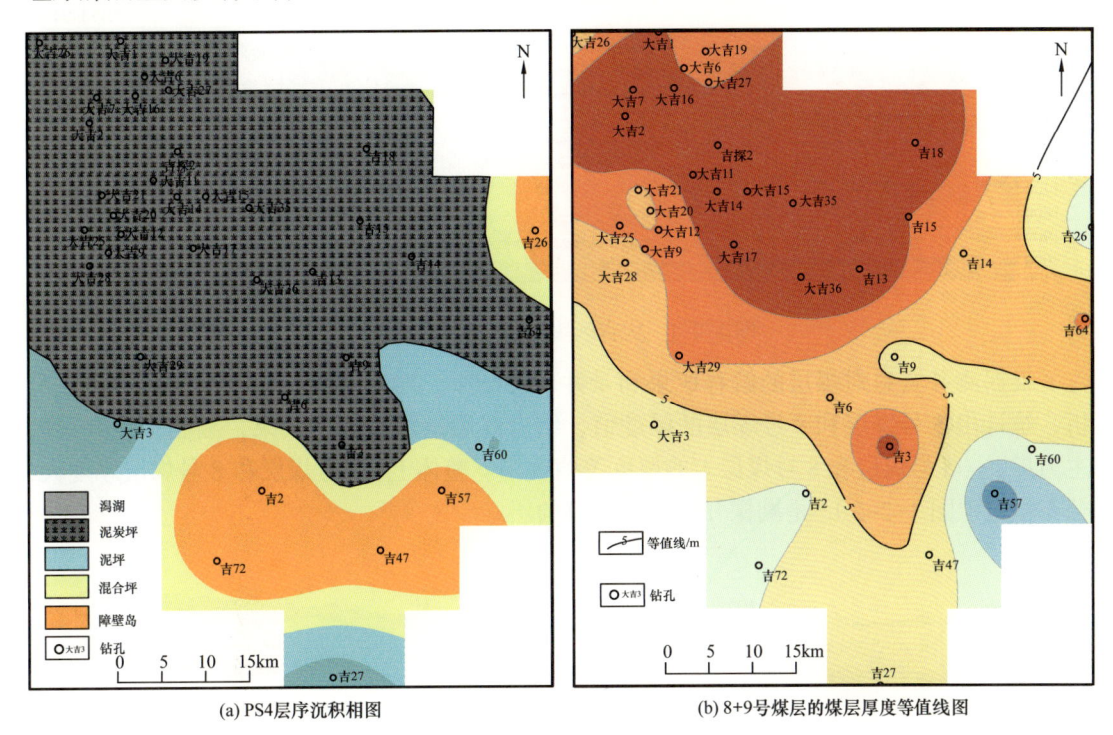

图 1-1-33　PS4 层序沉积相与 8+9 号煤层厚度对比图

第二节　煤系多目的层分布特征

一、煤层气储层分布特征

根据区内的钻录测成果综合分析，钻遇的地层由老至新依次为古生界石炭系（C_2b）、二叠系（P_1t、P_1s、P_2s、P_3s），中生界三叠系（T_1l），新生界第四系（Q）。区块主要的含煤层系是山西组和太原组，在本地区分布广泛，保存完整。通过对区块内已有的钻井资料（包括煤田钻孔以及煤层气井），结合煤层取心结果和完钻测井成果的研究表明，本区山西组 5 号煤和本溪组 8 号煤层厚度较大，平面分布稳定，是主要的勘探开发目的层。从测井资料中还可以识别出 3 号、4 号、6 号、7 号、9 号煤层，但通过对比研究发现，其在本区分布范围不连续，整体上厚度不大，目前暂不作为主要的勘探目的层。

区内实施了 2km×2km～2km×4km 的二维地震测网，西南部完成了 370km² 三维地震，从地震剖面上看，5 号、8 号煤层的反射波能量较强，全区同向轴连续，易标定和追踪。5 号煤层底对应于波峰反射，反射层连续，全区能很好地对比追踪，说明煤层具有

- 31 -

一定厚度,且稳定性好;8号煤层的反射层对应于波峰反射,其底部对应于波峰或波峰靠上,近零位,其反射波在各地震时间剖面上均存在。利用钻井资料进行地震地质层位标定后,可以较好地确定两套主力煤层的分布(图1-2-1)。

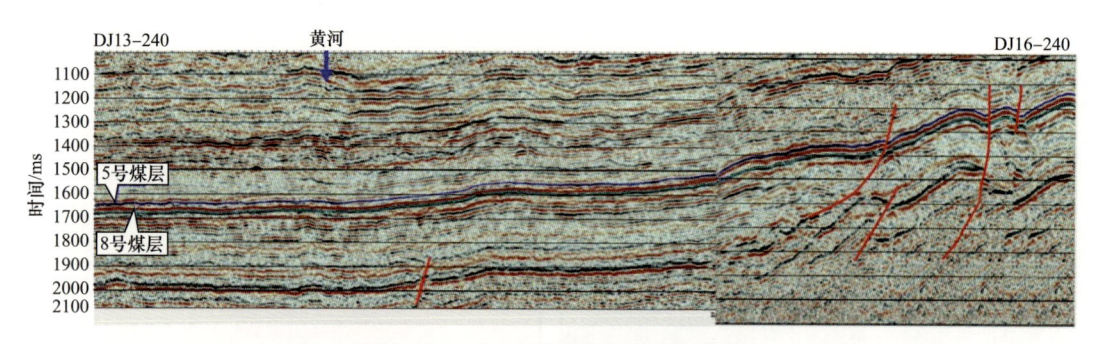

图1-2-1 大吉区块东西向地震剖面图

根据测井资料对煤层的解释成果和录井取心结果,对煤层的纵向、横向进行对比分析,统计出5号煤层和8号煤层的厚度值,结合煤层地震反演的成果,编制了研究区的主力煤层(5号煤层和8号煤层)的厚度等值线图。整体上,5号煤层和8号煤层厚度大,分布稳定(图1-2-2),是勘探开发的主要目的层。

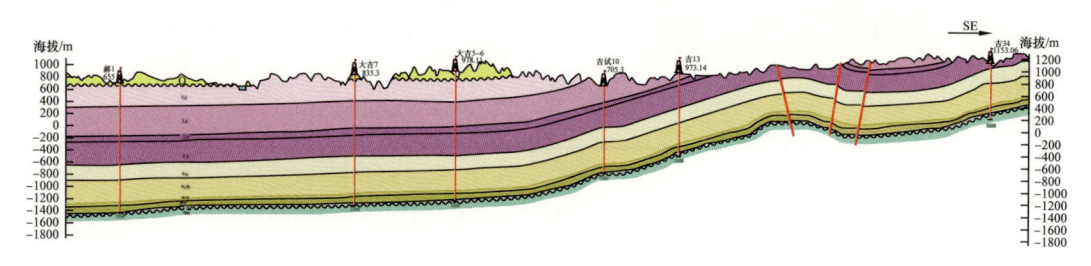

图1-2-2 大吉区块地质剖面图(标注构造单元A—A′)

1.5号煤层的分布

5号煤层厚度较大,厚度为3.9~9.35m,全区平均厚度达到5.8m,分布稳定,整体表现为中北部厚,西南部有一定减薄。5号煤层大部分区域厚度大于4.0m,其面积为2011.19km^2,占区块面积的32%,部分区域超过6.0m,尤其在回宫井区5号煤层厚度达到9.35m。总体发育4个厚煤带,呈北北东—南南西展布,分别是西部的郝6—高3井区、中部的大吉3-7向2井区和吉4—吉10井区以及东南部的吉34—吉27井区,其中大吉3-7向2井区是重点的勘探开发区带,5号煤层厚度主体大于5m,呈北东向展布(图1-2-3)。

2.8号煤层的分布

8号煤层整体较厚,分布稳定,厚度介于2.4~8.8m,平均厚度为5.6m。8号煤层主体厚度大于4m,平面上8号煤层厚度大于4m的面积为3514.4km^2,占区块面积的占61%,仅在区块东部、西南部煤层厚度有所减薄。其中,厚度最大的大吉3-7向2井区位于区块中部,8号煤层厚度主体大于8m,是重点的勘探开发区带(图1-2-4)。

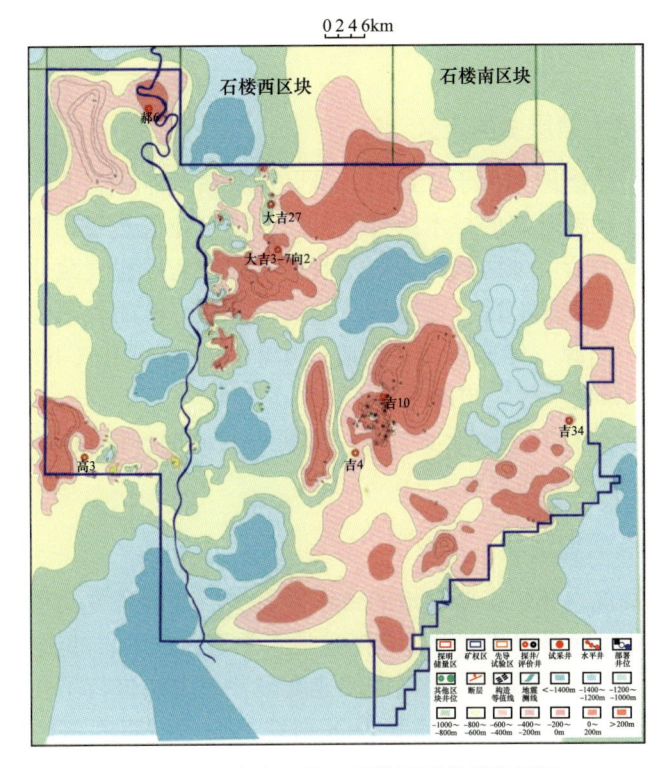

图 1-2-3 大吉区块 5 号煤层厚度等值线图

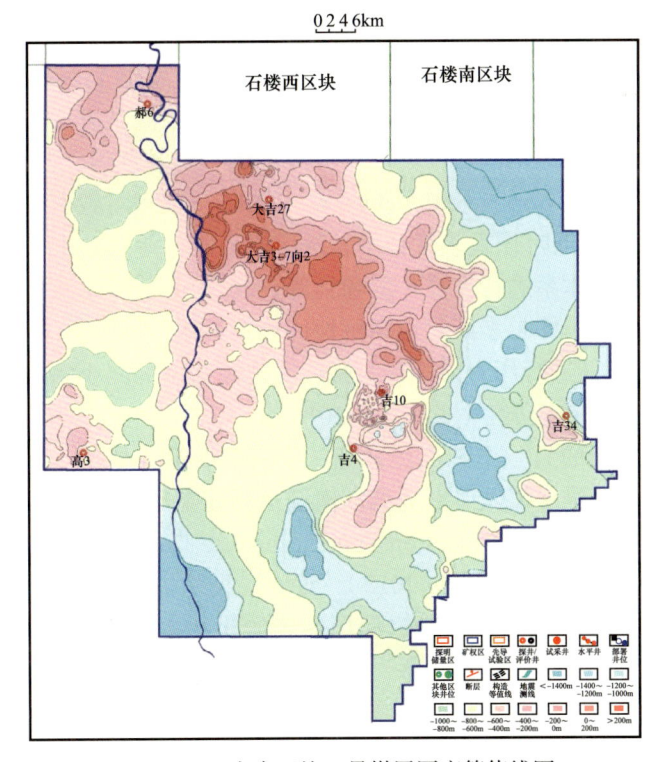

图 1-2-4 大吉区块 8 号煤层厚度等值线图

二、致密气储层分布特征

1. 致密砂岩气藏（储层）的定义

致密砂岩气储层是渗透率低于 0.1mD，单口气井在自然状态下的产出低于工业气流规定的最小值，但在某种既定的技术条件下可以获得工业天然气产出数量的储层。按照其储层特点、储量多少及所处区域构造位置高低，把致密砂岩气藏分为连续型致密砂岩气藏和圈闭型致密砂岩气藏，前者通常位于构造低部位，圈闭界限模糊，无统一气水界面，往往气水倒置，储源一体或近源；后者位于圈闭高处，上气下水，储量规模较小，但是产能相对较高（戴金星等，2012）。

由于致密砂岩所具有的不同地质特征，需要对其储层特征和成因机制等进行研究，这对致密砂岩气资源显得尤为重要。

2. 致密砂岩储层研究现状

通过调研文献发现，鄂尔多斯盆地的致密砂岩储层基础研究比较充分。根据相关测井数据，使用人工神经网络方法对鄂尔多斯盆地大牛地致密砂岩的岩石特性开展了辨认，利用中子密度测井、岩性密度测井和纵横波速度测井等方法进行了孔隙度的预测（赵彦超等，2003），使用岩石薄片、扫描电镜及 X 射线衍射资料将鄂尔多斯盆地塔巴庙区块大牛地致密砂岩储层中异常高孔隙带分为高渗和低渗两种类型（赵彦超等，2006）。通过使用多元统计分析、散点图和孔隙度对比图精确地确定鄂尔多斯盆地北部下二叠统下石盒子组的孔隙度（董建刚等，2006）。通过砂岩非宏观模子进行分析，探索了鄂尔多斯盆地泾川区域的微观非均质性，很可能因为是低渗透砂岩发生了一定的溶蚀（刘林玉等，2008）。通过薄片鉴定、扫描电镜、铸体薄片、压汞等分析测试方法对鄂尔多斯盆地苏里格气田致密储层的微观孔隙结构特征开展了深入剖析（樊爱萍等，2011）。运用广义回归神经网络（General Regression Neural Network，GRNN）模型对致密砂岩储层孔隙度进行预测（刘畅等，2013）。通过图像表征技术、数字岩心技术等对致密砂岩储层中的微米级与纳米—亚微米级孔喉体系进行表征（罗顺社等，2013）。通过压实作用、胶结作用等不同的成岩作用定量评价了鄂尔多斯盆地高桥地区储集砂岩的孔隙生成和损失（张兴良等，2014）。对致密砂岩样品进行压力敏感性实验，发现渗透率的减小幅度远大于孔隙度，且对渗透率损害系数进行相应研究（王飞等，2016）。

致密砂岩储集空间的另一个类型是裂缝。利用常规组合测井、电成像、声音成像与地层倾角测井等资料，建立了储层裂缝识别模型（郑佳奎等，2010）。通过使用古地磁岩心定向和电子自旋共振测年法（Electron Spin Resonance Dating），对研究区构造裂缝的发育和形成期次开始了探索（白斌等，2012）。对储层裂缝进行系统调研，从地质、测井、地震及实验等方面详细论述了致密砂岩储层裂缝的识别方法（丁文龙等，2015）；基于野外露头、岩心及薄片观察、构造曲率、常规及特殊测井等方法可以获得储层裂缝密度、张开度、产状、组系及方向等主要特征参数；地质分析、构造曲率估算、纵波各向异性分析、地震相干体及倾角非连续性裂缝检测、构造应力场模拟等是裂缝分布预测的有效技术方法。通过有限元数值模拟的方法对裂缝的类型、产状以及不同方向裂缝的密度进行了定量预测（高帅等，2015）。

众多学者认为鄂尔多斯盆地上古生界致密砂岩储层具有低孔渗、孔隙结构非均质性强等特点。由于受到成岩作用的影响，储集空间以溶孔和微孔为主，裂缝较为发育，但是不同区域的致密砂岩在成岩机制、沉积相划分等方面存在一定的不同。

在调研大量的文献之后，认为储层孔渗特征的研究方法主要包括岩心薄片技术、常规压汞法、半渗透隔板法、核磁法和光学方法等；通过进行压汞实验而获得的毛细管压力曲线可以用来探讨储层孔隙结构特征。

3. 研究区致密气藏特征

本溪组、太原组发育障壁沙坝，砂体呈点状不连续分布；山西组—石盒子组发育多期水下分流河道，纵向上砂体多层叠置，横向上河道迁移，河道间发育分流间湾沉积。上古生界致密气藏主要是由山 2 段、山 1 段和盒 8 段气藏叠置而成，但是各层段间有较厚层泥岩分隔，山 2 段、山 1 段和盒 8 段为相互独立的含气单元，各单元内气层的发育程度和分布范围受砂体展布及储层物性控制，同一层段内部多期砂体复合叠置形成的大型复合储集体在横向和纵向上都存在一定非均质性。西部缓坡带致密气发育，中部斜坡带以东保存条件差，致密气不发育。

勘探开发实践证实，研究区盒 8 段、山 1 段、山 2 段、本溪组是该区主力目的层，石千峰组、上石盒子组、盒 5 段、盒 6 段、盒 7 段、太原组也有一定的勘探开发潜力（图 1-2-5、图 1-2-6）。

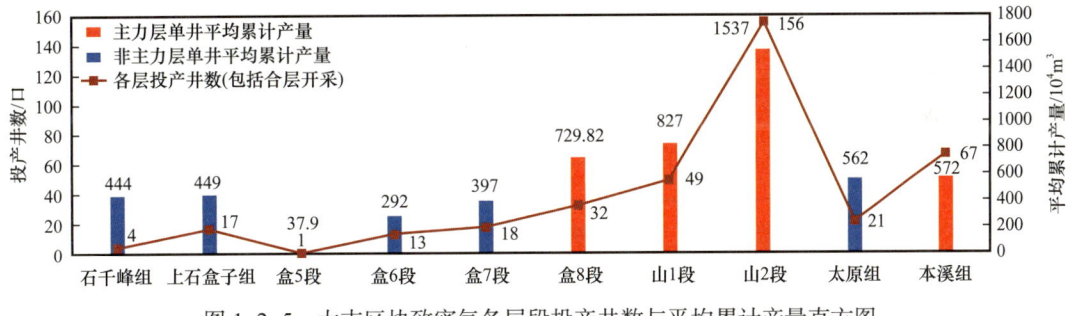

图 1-2-5 大吉区块致密气各层段投产井数与平均累计产量直方图

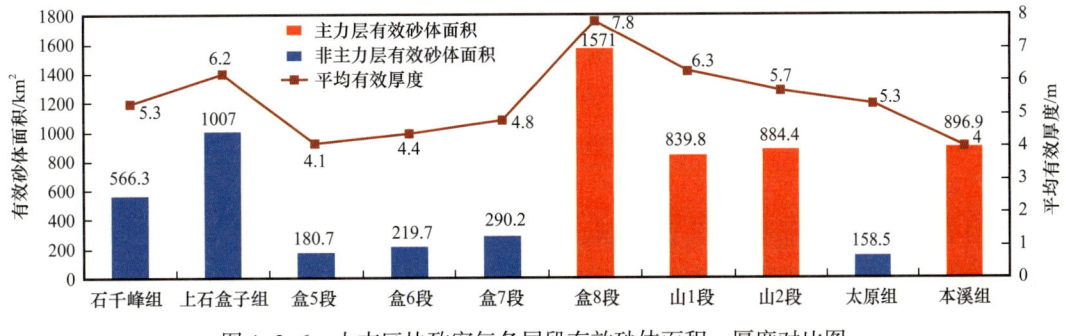

图 1-2-6 大吉区块致密气各层段有效砂体面积、厚度对比图

1）山 2 段

山 2 段气层的平面分布受沉积作用控制，沿河道方向总体上呈条带状分布，砂带主体呈近南北向展布，在大吉 4-7 向 5 井和大吉 6-8 井附近存在分叉现象，向北分为三支砂带，向西砂体厚度有减薄趋势；大吉 7 井西北方向发育一条由石楼西区块永和 17 井延伸而来的厚砂带，厚度为 16～22m，宽度在 4km 左右。另外，西南部大吉 12 井区发育一厚砂带，最厚达 20.6m，宽度为 2～4km（图 1-2-7）。

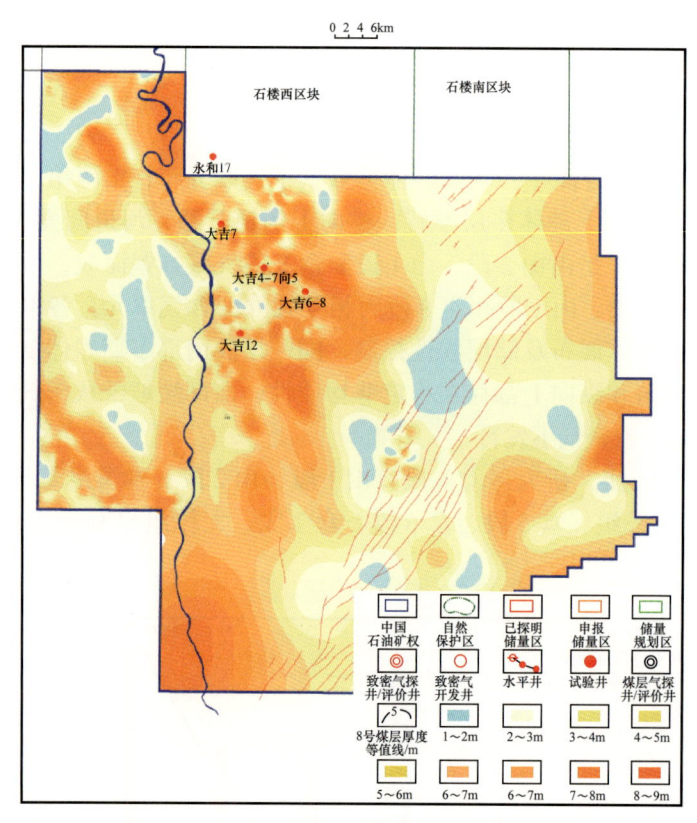

图 1-2-7　大吉区块山 2 段砂体厚度等值线图

山 2 段砂体纵向发育不稳定，三个小层中山 2^3 亚段砂体发育最好，砂带分布稳定，厚度多为 2～13m，最厚在 18m 以上，为山 2 段主力开发层系，主要受控于北部物源的沉积相展布，南北向连片稳定发育，东西向叠置发育。

山 2^1 亚段和山 2^2 亚段气层局部发育，除山 2^2 亚段个别单井有效砂体厚度达到 11.9m 和 6.2m 外，山 2^2 亚段其他井区有效砂体厚度均低于 5m；山 2^1 亚段个别单井有效砂体厚度大于 8m 外，其余井区有效砂体厚度低于 4m（图 1-2-8）。

2）山 1 段

山 1 段主要受北部物源沉积控制，分布较稳定，厚度多为 2～9m，单井最厚达 15.6m，在区块西部和中部厚度较大且分布相对集中，呈南北向条带状分布，主要发育郝 6 井区—大吉 5-6 井区和长 61—高 3 井区两个砂带（图 1-2-9）。

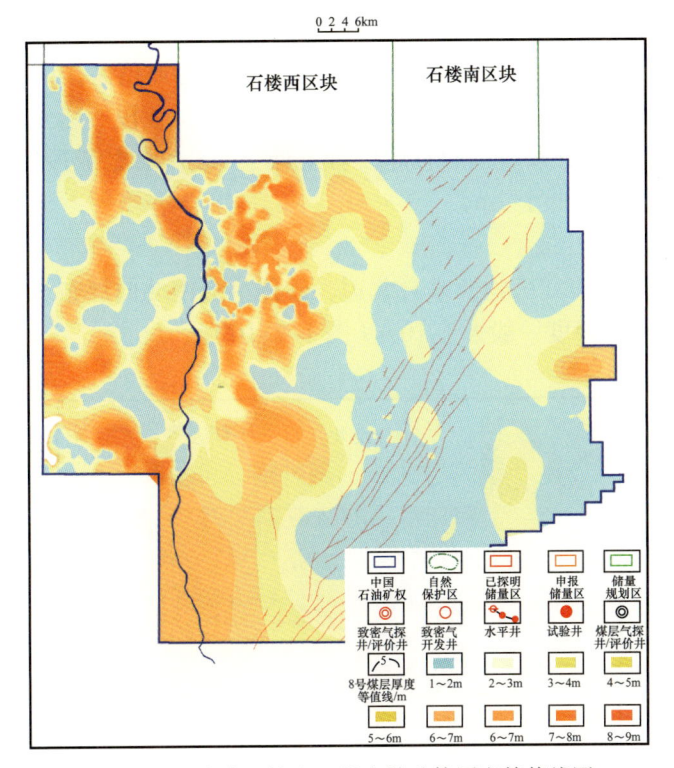

图 1-2-8　大吉区块山 2 段有效砂体厚度等值线图

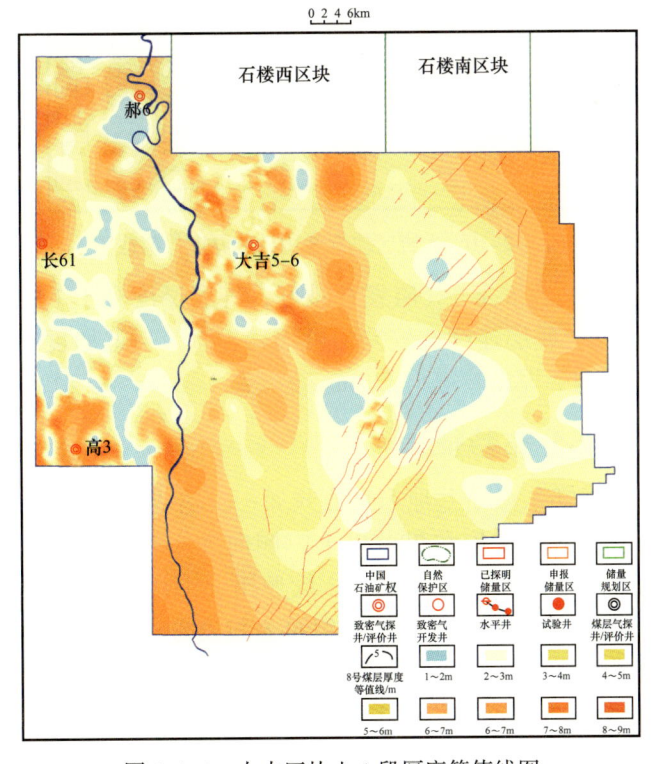

图 1-2-9　大吉区块山 1 段厚度等值线图

山 1 段三个小层中，山 1^3 亚段气层发育最好，分布面积较广，气层平均厚度为 4.4m，为山 1 段主力开发层系，研究区北部、南部为气层厚值区，单井厚度达到 11.5m。南北向剖面显示砂体叠置连片发育，其中山 1^1 亚段和山 1^2 亚段气层分布局限，山 1^2 亚段气层厚度为 0.9～9.1m，分布较局限且厚度普遍低于 5m；山 1^1 亚段气层呈条带状展布，研究区仅局部分布且厚度低于 2m。

3）盒 8 段

盒 8 段沉积时期，研究区物源来自北边，砂体呈近南北向展布，叠置连续性好，研究区内所有井均钻遇，厚度一般大于 10m（图 1-2-10）。

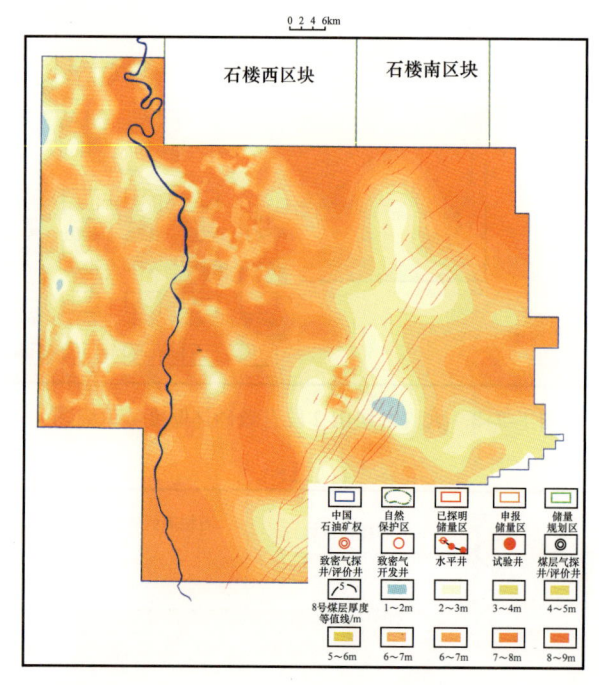

图 1-2-10　大吉区块盒 8 段砂体厚度等值线图

盒 8 段四个小层中，盒 8 下 ^{2} 气层发育最好，气层厚度介于 1～6.6m，气层分布连续，厚度较大；盒 8 上 ^{2} 气层连续性较差，局部较发育，普遍厚度小于 4m；盒 8 上 ^{1}、盒 8 下 ^{1} 气层均局部发育，厚度普遍小于 5m。

三、页岩气储层分布特征

野外地质考察发现鄂尔多斯盆地东部石炭系—二叠系发育多套黑色页岩，厚度较大，山 1 段和山 2 段页岩厚度均在 20m 以上，侧向展布范围广（图 1-2-11）。经研究分析，鄂尔多斯盆地东缘主要发育本溪组、太原组、山西组页岩，页岩厚度一般大于 40m（图 1-2-12），面积约 22800km^2。山西组页岩较发育，页岩分布相对稳定，厚度一般为 30～85m，夹层较少，一般 3～7 层，厚度为 0.5～4.8m，其中山 2 段页岩厚度为 20～70m，最大单层厚度 50m，夹层厚度为 0.5～2.8m；本溪组、太原组页岩层段欠发育，本溪组页岩厚度小，夹层多，横向相变大，太原组以石灰岩为主，夹少量的页岩。

图 1-2-11　山1段与山2段页岩野外露头

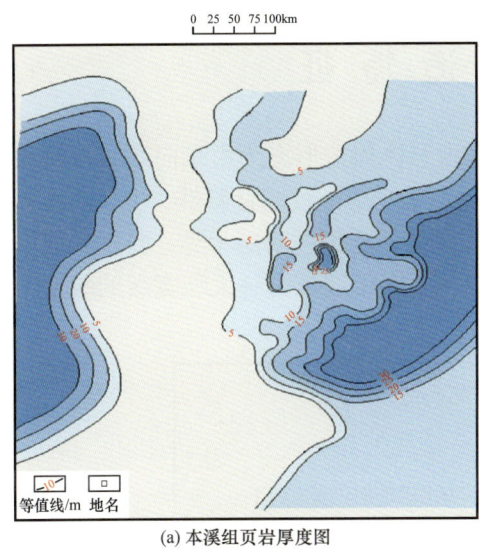

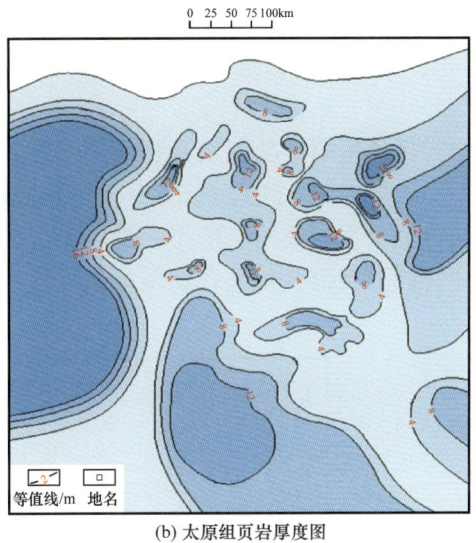

(a) 本溪组页岩厚度图
(b) 太原组页岩厚度图
(c) 山2段页岩厚度图
(d) 山1段页岩厚度图

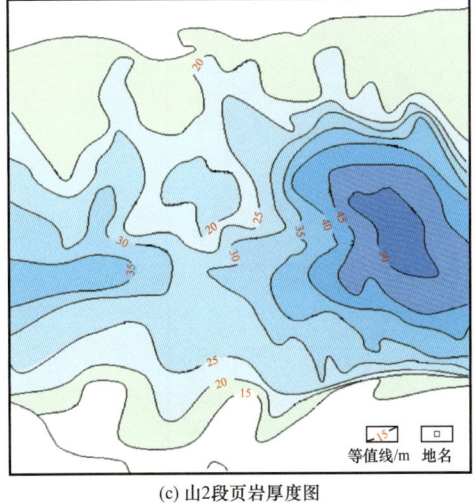

图 1-2-12　鄂尔多斯盆地石炭系—二叠系页岩厚度图

大吉区块山西组页岩分布稳定,具有纵向上厚度大、夹层少、夹层薄的特点。大吉区块山2段页岩厚度最大,依据完钻井钻遇页岩层情况,山西组页岩连续性好,厚度大,夹层少,山西组页岩厚度为30~85m,夹层一般为3~7层(主要为煤层或砂岩);山1段页岩厚度为20~30m;山2段页岩厚度为40~70m,最大单层厚度为50m。

山2段页岩厚度主要分布在40~70m之间,区域内西部厚度最大。主力层系山2^3亚段页岩呈纵向多层叠置的发育特征,纵向上发育上、中、下三套页岩储层,泥页岩与砂岩交互发育。山2^3亚段上部页岩横向非均质性强,厚度变化大;中部和下部页岩段发育相对稳定,厚度相对大,单层厚度为5~10m。

山1段页岩厚度主要分布在20~40m之间,区域内分布稳定;南北方向上发育多层连续性差的砂岩夹层,东西方向上发育少量连续夹层。

第三节 构造特征

大吉区块横跨伊陕斜坡和晋西挠褶带。区内总体构造形态为由东向西倾没的大型单斜构造,地层平缓,倾角小于10°,分为东部斜坡带、中部桃园背斜带、中部斜坡带和西部缓坡带四个次一级构造单元(图1-3-1)。以薛关—窑渠逆断层为界,断层东部为东部斜坡带,断层西部为桃园背斜带。中部斜坡带和西部缓坡带为一大型宽缓的斜坡区,构

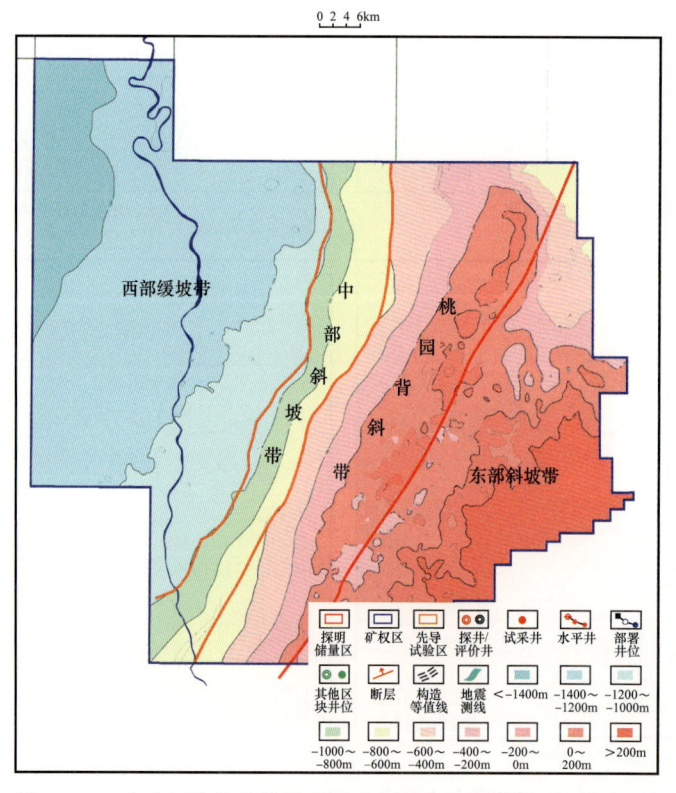

图1-3-1 大吉区块构造带示意图(底图为8号煤层顶面构造图)

造呈近北东走向，西倾斜坡背景上发育数个低幅度背斜圈闭和鼻状构造，构造简单，断层不发育，平均坡降 5.99～8.62m/km，倾角为 0.34°～0.46°；东部的斜坡陡度相对增大，构造呈近南北走向，平均坡降达 23.33～42.43m/km，倾角为 1.33°～2.43°（图 1-3-2）。

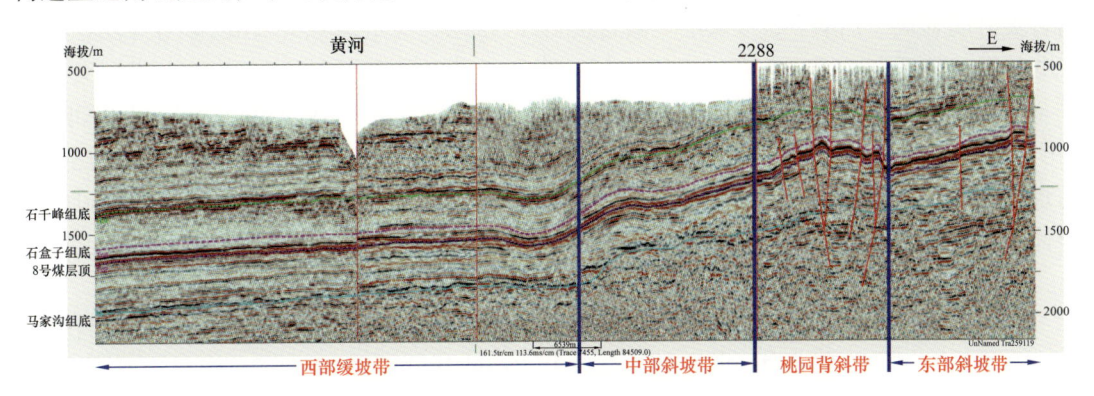

图 1-3-2　大吉区块地震构造剖面图（山西组页岩段发育位置）

第四节　气 藏 特 征

一、煤层气藏特征

煤层不仅是气源岩，更是一种储集岩。由于煤本身具有一系列的物理、化学性质和特殊的力学特征，使得煤层的储集性与常规气储层的性质有明显不同。

1. 煤岩煤质特征

1）煤体结构和煤岩类型

煤体结构分为原生结构、碎裂结构、碎粒结构和糜棱结构。受应力作用差异性影响，由于大吉区块应力作用整体表现为东强西弱，造成东部构造煤较发育，而西部多为原生结构煤（图 1-4-1）。

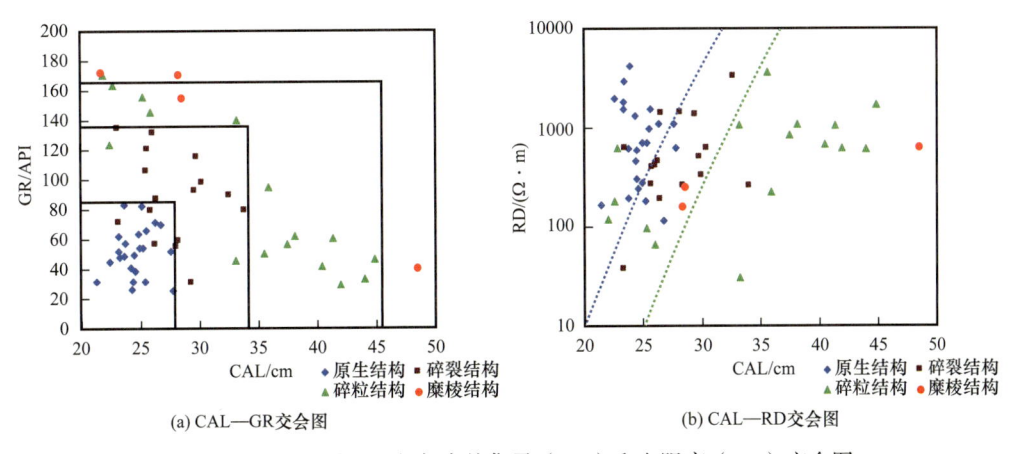

(a) CAL—GR交会图

(b) CAL—RD交会图

图 1-4-1　井径（CAL）与自然伽马（GR）和电阻率（RD）交会图

大吉区块煤岩类型以光亮煤为主，半亮煤居中，暗淡煤次之；光亮煤以宽条带结构为主，呈碎块状、粉状。纵向上与半亮煤和暗淡煤呈层状过渡，部分为无泥岩夹矸的简单结构，部分为含夹矸的复杂煤体，泥岩夹矸层厚0.1～1m。5号煤层与8号煤层相比，前者夹矸明显高于后者，5号煤层一般含夹矸1～2层，夹矸厚0.5～1m；8号煤层在吉试4井南北一线不含夹矸，向东夹矸率增加，吉试6井8号煤层夹矸大于3m。煤层夹矸薄厚与沉积环境有关，5号煤层为陆相成煤环境，河流的频繁迁移摆动，使其夹矸率增加；8号煤层为海陆过渡相成煤环境，沉积环境相对稳定，从而使煤层夹矸率降低。煤层夹矸与煤层灰分对含气量的影响有所区别，一般来讲，灰分越高，含气量越低，而夹矸如果整体夹在煤层之中，可起到层间封盖的作用。

2）显微煤岩特征

大吉区块主力煤层的主要显微煤岩特征为：有机组分以镜质组为主，惰质组次之，其中镜质组含量高，平均73.7%（图1-4-2），有利于甲烷的生成；无机组分以黏土为主，含少量硫化铁、氧化硅和碳酸盐类（图1-4-3）。

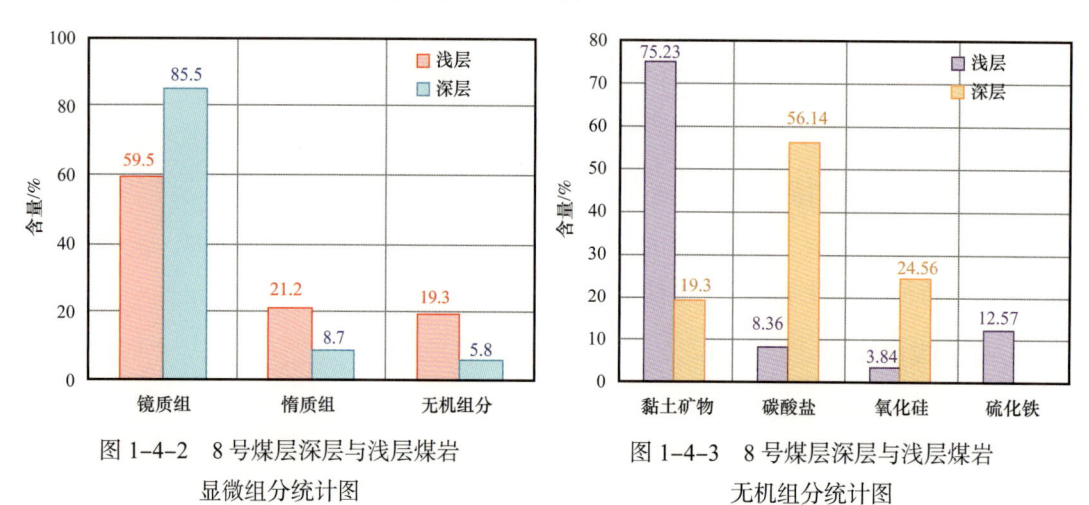

图1-4-2　8号煤层深层与浅层煤岩显微组分统计图

图1-4-3　8号煤层深层与浅层煤岩无机组分统计图

5号煤层：镜质组含量为43.6%～72.3%，平均值为58.8%；惰质组含量为13.1%～31.6%，平均值为21.5%；无机组分含量为12.8%～32.0%，平均值为19.8%。

8号煤层：镜质组含量为52.8%～71.4%，平均值为60.1%；惰质组含量为11.8%～35.3%，平均值为20.9%；无机组分含量为5.2%～32.0%，平均值为19.0%。

8号煤层与5号煤层相比，8号煤层镜质组和惰质组的含量略高，无机组分含量略低于5号煤层，这与5号煤层和8号煤的成煤环境不同有关。5号煤层是在陆相环境中形成的，无机组分含量较高；而8号煤层主要沉积环境为海陆过渡相。

3）化学性质

（1）工业分析。据区内11个8号煤层煤岩样品工业分析结果，8号煤层水分含量为1.05%～2.42%，平均值为1.66%，属特低水分煤；灰分含量为3.43%～20.80%，平均值为9.94%，属特低—中灰分煤；挥发分含量为5.43%～16.63%，平均值为8.11%，属特低—低挥发分煤；固定碳含量为71.02%～88.63%，平均值为83.80%，属中高—特高固定炭煤。

（2）元素分析。据区内6口井12个8号煤层煤岩样品元素分析结果，8号煤层碳含量为71.14%～89.20%，平均值为82.09%；氢含量为2.41%～2.94%，平均值为2.69%；氮含量为0.70%～1.10%，平均值为0.96%。

（3）有害元素。据区内6口井12个8号煤层煤岩样品元素分析结果，8号煤层硫含量为0.5%～4.48%，平均值为2.20%，根据GB/T 15224.2—2021《煤炭质量分级 第2部分：硫分》煤炭资源评价硫分分级标准，属低硫—高硫煤。

4）煤岩热演化程度

据资料显示，沁水、韩城、临汾、保德、河曲、准格尔几个区块的镜质组反射率逐渐降低，临汾地区的煤岩演化程度居中，属于中—高阶煤。

根据分析化验的成果，大吉区块内煤层镜质组反射率变化范围较大，其中中浅层5号煤层R_o值变化范围为1.69%～2.19%，煤类主要为瘦煤、贫煤；中浅层8号煤层R_o值变化范围为1.81%～2.30%，煤类主要为瘦煤、贫煤。深层8号煤层$R_{o,max}$值变化范围为2.14%～2.78%，平均值为2.47%。按照煤类划分标准，煤岩变质程度$R_{o,max}>1.9\%$，煤类属贫煤—无烟煤。$R_o<2\%$时，同条件的吸附量增加量较小，R_o增加0.1%，吸附量增加1.5cm³/g；$R_o>2\%$时，吸附量的增加量明显变大，R_o增加0.1%，吸附量增加3cm³/g。

深部8号煤层热演化程度高，随着煤样品热演化程度增加（$R_o\leq3\%$），生气能力增加，吸附甲烷的量就越大（图1-4-4）。

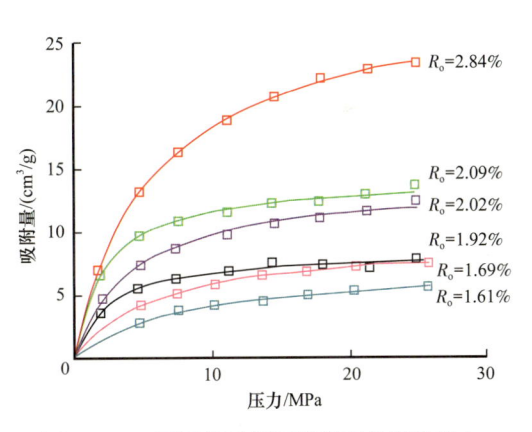

图1-4-4 不同镜质组反射率下的吸附能力

2. 煤储层特征及含气性

1）煤储层孔隙度

采用煤岩压汞法、氦密度法、密度法和测井等手段来获取煤层孔隙度。采用压汞法所测试的煤岩孔隙多为裂隙孔隙度，在压力较小时，汞不能进入煤岩基质孔隙，从而使孔隙度测定值普遍较低；氦密度法数据虽然精确，但受试验环境、手段和经济条件等因素的制约；而密度法和测井孔隙度数据主要来自生产，所获得的孔隙度具有数据相对准确、易获取的特点。

大吉区块煤层气井测井解释成果表明，区块内主力煤层的孔隙度不高，一般小于6%，属于低孔隙度储层。其中，中浅层主力煤层5号煤层的孔隙度在1.43%～9.93%之间，平均孔隙度为5.11%；而中浅层8号煤层的孔隙度大多数略低于5号煤层，在1.46%～9.49%之间，平均孔隙度为3.98%。

埋藏深度对孔隙影响较大，深层煤层较中浅层煤层孔隙度偏小，深层8号煤层气测孔隙度为2.35%～6.11%，平均值为2.92%，而核磁共振分析得出孔隙度在2.74%～3.62%范围内，平均值为3.13%。因此，深层煤层属于特低孔隙度储层，整体较中浅层煤层更为致密。

煤的孔隙度受多种因素的影响。一方面，在煤化作用过程中，水分的失去和胶体的收缩，产生内生裂隙；构造活动的作用，也使得煤内产生构造裂隙，表现为煤的孔隙度增大。另一方面，随着煤变质程度的升高，其孔隙度存在先变小后升高的规律（图1-4-5）。一般低变质程度煤，如褐煤、长焰煤和气煤的孔隙度相对较高；中等变质程度煤，如肥煤、焦煤的孔隙度最低；随着演化程度加深，到了瘦煤、贫煤以及无烟煤阶段，煤孔隙度有所升高。

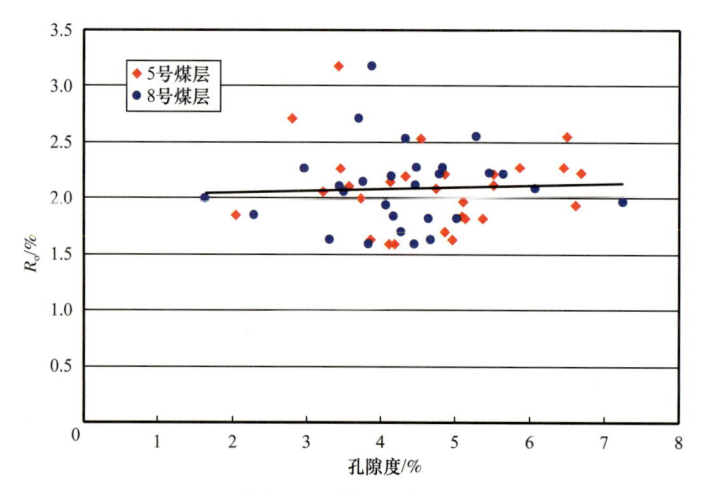

图1-4-5 大吉区块煤层孔隙度与R_o的关系

2）渗透性特征

（1）割理/裂隙特征。

煤储层具有由孔隙—裂隙组成的双重孔隙结构。煤化作用过程中生成大量挥发性物质以吸附态赋存在煤的孔隙中，气体的产出须从煤体内表面解吸，通过微孔扩散流入裂隙系统，最终汇入井筒。因此，裂隙是气体运移的主要通道，它关系到储层的渗透性，决定开发井的产能高低。

通过对大吉区块煤心资料的观察和研究，主力煤层5号煤层和8号煤层裂隙较发育，连通性较好，利于煤层气的渗流和运移，其主要类型为内生裂隙。5号煤层主要裂隙的线密度一般为10～16条/5cm，次要裂隙线密度为10条/5cm左右。8号煤层煤体结构为柱状块煤，总体光泽较强，似金属光泽，煤岩成分以亮煤为主，镜煤次之，有利于形成裂隙，主要裂隙的线密度一般为16～18条/5cm，最高可达22条/5cm，次要裂隙线密度可达12条/5cm，裂隙组合呈网状。

（2）渗透率。

目前，渗透率的测定方法基本上是套用了常规油气储层渗透率的确定方法，概括起来，主要有岩心实验室测定、试井和储层模拟以及井中地球物理方法（如测井）。实际生产中，使用比较广泛的测试方法是试井和岩心实验室测定。

原地应力是影响煤层渗透率的因素，原地应力取决于煤层埋深和压力梯度，随着埋深增加，原地应力增大，而随着原地应力增加，煤层渗透率逐渐减小，深层煤层气井煤层埋深超过 2000m，煤储层渗透率大多小于 0.01mD（表 1-4-1）。据注入/压降测试结果，8 号煤层渗透率为 0.053~0.054mD；据岩心实验室测定结果，8 号煤层渗透率为 0.001~0.271mD，平均值为 0.037mD，在裂隙发育情况下，渗透率增加到 0.318~1.749mD，平均值为 1.115mD，可见割理裂隙发育有利于渗透率改善。大吉区块煤层整体上属于致密特低渗透储层，渗透率较低限制了压降漏斗扩散，是制约区块效益开发的主要瓶颈问题。

表 1-4-1　8 号煤层渗透率统计

井号	煤层中部深度 /m	渗透率 /mD	裂隙	数据来源
大吉 40	1866	0.053		注入/压降测试
大吉 7-5	2233	0.054		
大吉-平 19	2117.62	0.004		克氏渗透率
大吉平 22-1V	2137	0.001		
	2140	0.028		
	2141	1.142	裂隙发育	
	2142	0.019		
郝 12	2141.72	0.03		
郝 13	2254.17	0.271		
	2257.32	0.008		
	2254.17	0.131		
	2257.32	0.004		
郝 14	2283.16	1.401	裂隙发育	
	2285.81	0.002		
郝 15	2405.3	0.018		
	2409.94	0.005		
	2405.3	0.011		
	2409.94	0.003		
郝 16	2336.93	1.749	裂隙发育	
	2336.93	0.992	裂隙发育	
和 2	2230.18	0.318	裂隙发育	
和 3	2168	0.009		
和 4	2167	0.013		

但是，煤层渗透率在煤层气开发过程中会发生相应的变化。据 Harpalani 实验室研究，高压阶段随着压力下降，渗透率降低；当压力降到一定程度时，煤层解吸气量增加，煤层基质收缩率增大，煤层渗透率开始升高，因此在排采过程中，在工程措施、排采制度等方面恰当的情况下，随着煤储层压力不断下降，煤层气不断产出，其渗透率会不断变好。

3）含气性

（1）实测含气量。

区内煤层含气性整体较好，大多采用钻杆取心含气量测试，总体含气量在 $18\sim26m^3/t$ 之间，含气量整体较高。大吉区块东部大吉 $3\sim7$ 向 2 井区 8 号煤层测试含气量为 $20.03\sim23.88m^3/t$，平均值为 $22.36m^3/t$；西部延川井区 8 号煤层测试含气量为 $23.67\sim26.98m^3/t$，平均值为 $25.76m^3/t$，北部永和地区 8 号煤层测试含气量为 $29.25\sim37.64m^3/t$，平均值为 $33m^3/t$。钻杆取心实验室测试结果表明，实测含气量接近最大吸附气量，含气饱和度为 $97.99\%\sim99.39\%$，平均值为 98.95%。经测试，烃类气体以甲烷为主，甲烷含量为 $94.81\%\sim96.65\%$，平均值为 95.43%。

区块同时开展了保压取心，获得了初步认识，深层煤层气仍以吸附气为主，实测解吸气量较钻杆取心高出 $4\sim6m^3/t$。5 号煤层解吸气量平均值为 $18.7m^3/t$，最高 $26.3m^3/t$；8 号煤层解吸气量平均值为 $23.9m^3/t$，最高 $29.9m^3/t$；但由于保压取心筒出口堵塞，直接开筒装罐解吸，加上损失气，8 号煤层平均含气量大于 $30m^3/t$。

经研究证实，存在游离气特征，证据 1：大吉－平 20 井 8 号煤层甲烷碳同位素变轻，与纯吸附气的变化趋势相反；与游离吸附共产的页岩气同位素波动变化类似。沁水 3 号煤层自然解吸气甲烷碳同位素为 $-28.9‰\sim-38.3‰$，平均值为 $-31.5‰$。原因是极性差异，$^{12}CH_4$ 优先解吸，$^{13}CH_4$ 滞后相对富集，甲烷碳同位素逐渐变重；大吉－平 20 井 8 号煤为 $-30.7‰\sim-33.1‰$，平均值为 $-32.6‰$，由于游离气轻，放气早期游离气先排出，甲烷同位素总体呈现变轻趋势（图 1-4-6）。

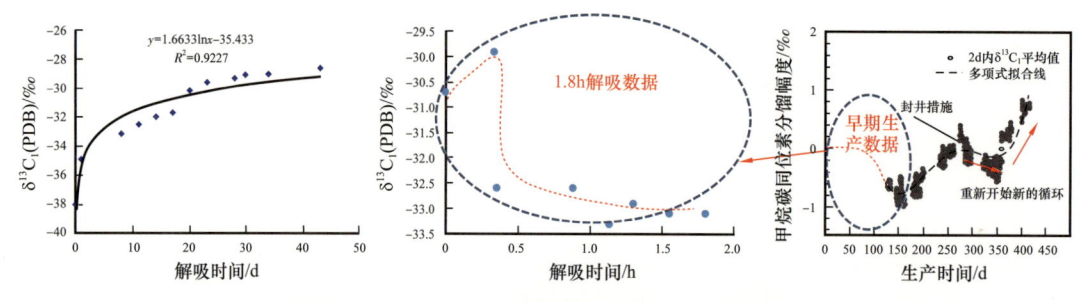

图 1-4-6　各地区煤岩解吸甲烷碳同位素变化曲线

游离气证据 2：22-1V 井 8-5 号样品实测解吸气量接近饱和吸附量，传统美国矿业局（USBM）方法与仿真结果均证实游离气占比 $22\%\sim34\%$，如图 1-4-7 所示。22-1V 井 8-5 号样品深度为 2137.61m，实测解吸气量高达 $23.5m^3/t$；60℃实测等温吸附曲线计算饱和吸附量为 $25.16m^3/t$；损失 6h 以上，没有游离气不足以支撑高解吸气量；USBM 法推测损失气量 $14.6m^3/t$，游离气占比 34%；仿真结果损失气量 $8.7m^3/t$，游离气占比 22%（图 1-4-8）。

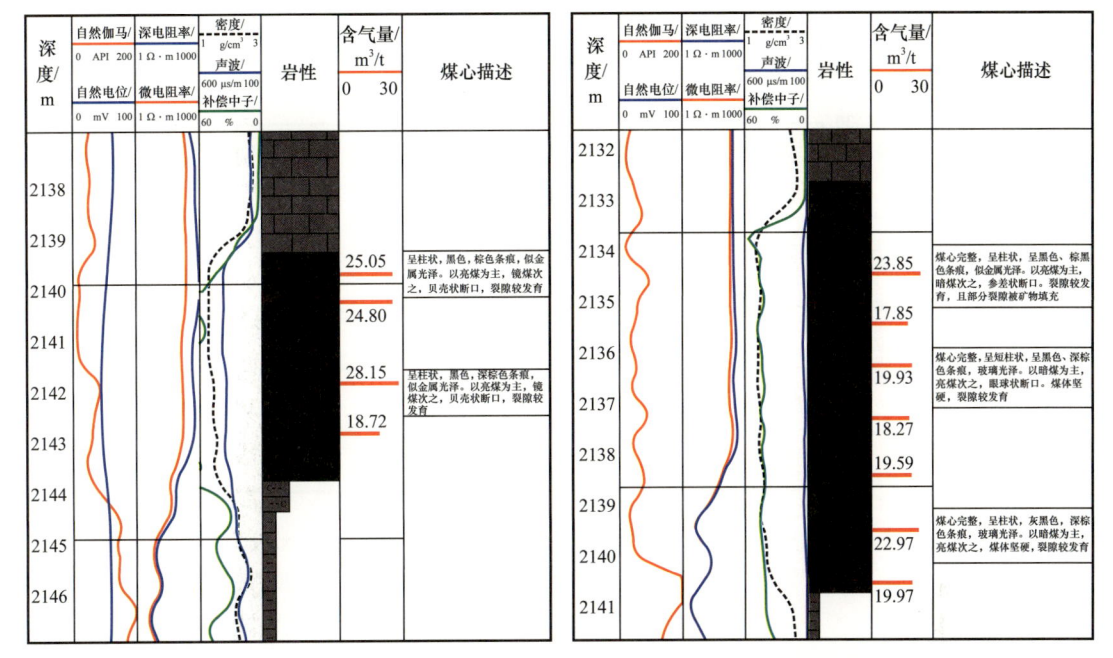

图 1-4-7　两口井 8 号煤层含煤性—电性—含气性关系

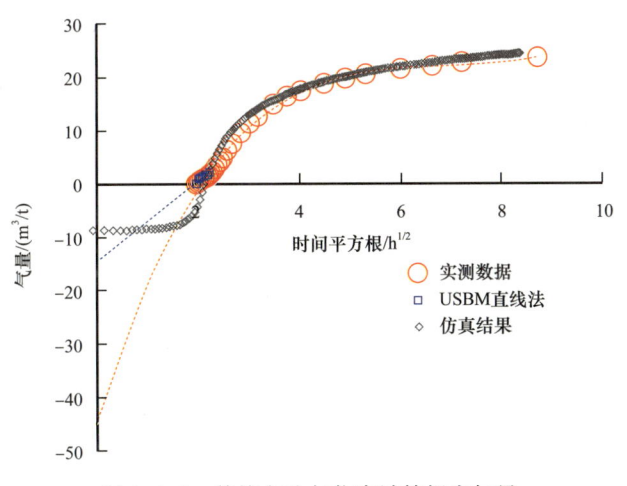

图 1-4-8　传统方法与仿真计算损失气量

（2）测井模型计算。

煤层中的甲烷气体吸附在煤基质微孔隙的内表面上，并且只有有机质才吸附气体，而矿物质不吸附气体。实验室工业组分分析中，灰分与 GR、DEN、LLD 测井曲线之间具有很高的相关性。建立适应本地区的模型，应用测井值含气量公式计算，测井值计算含气量绝对误差为 0.05～2.65m³/t，见式（1-4-1）。

$$V_{gas}=15.91-0.0981GR-0.522DEN+1.764\ln(LLD) \qquad (1\text{-}4\text{-}1)$$

（3）含气量纵向分布特征。

纵向上变化不大，含气量高，煤层纵向均质性较好。某井取样数量 4 个，含气量范围为 20.63～27.68m³/t，平均值为 23.18m³/t。某井取样数量 7 个，含气量范围为 17.57～23.47m³/t，平均值为 20.03m³/t，如图 1-4-9 所示。

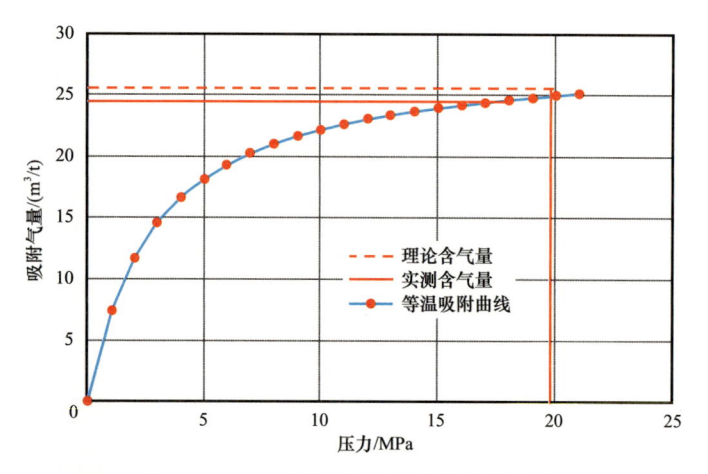

图 1-4-9 水平井 8 号煤层等温吸附曲线

3. 等温吸附特征

煤层气以游离、吸附和溶解三种状态赋存于煤层中，重点为吸附状态，其中吸附气占 90% 以上。主要成分为甲烷，占 85%～90% 以上。因此，煤吸附甲烷的性能成为定量研究煤层甲烷储集条件的重要指标，它能综合反映煤岩温度、压力、煤质等条件对煤吸附能力的影响。

兰氏体积是反映煤吸附能力大小的指标，一般它的值越大，吸附性能越好。兰氏压力主要是影响等温吸附曲线形态的参数，反映的是吸附量达到 1/2 兰氏体积时的压力，该指标越大，煤层中吸附气体解吸越容易，开发就越有利。

等温吸附试验显示，煤层兰氏体积较高，中浅层 8 号煤层与 5 号煤层相比较，8 号煤层的兰氏体积略高。5 号煤层的兰氏体积为 18.37～28.54m³/t，平均值为 22.73m³/t；8 号煤层的兰氏体积为 18.53～30.1m³/t，平均值为 24.8m³/t。5 号煤层兰氏压力为 1.8～2.57MPa，平均值为 2.17MPa；8 号煤层兰氏压力为 1.58～2.90MPa，平均值为 2.12MPa。例如，宫 5 井 5 号煤层的兰氏压力高达 2.49MPa，8 号煤层的兰氏压力为 2.77MPa，区内中浅层主力煤层的兰氏体积和兰氏压力反映了煤层具有很强的吸附能力。

深层煤层气井临界解吸压力与储层压力之比（即临储压力比）值较高，临界解吸压力平均达到 18.7MPa，临储压力比普遍在 0.9 以上；而东部浅层临界解吸压力为 7.5MPa，临储压力比为 0.7，主要利用排采井初始排采时的井底压力估算储层压力，初始见套压时的井底压力估算临界解吸压力，二者之比估算为煤层临储压力比，排采井降压 0～3.7MPa，平均降压 2.2MPa，临界解吸压力平均值为 7.5MPa，实际的临储压力比为 0.6～0.98，平均值为 0.7。实际生产表明，该区深层主力煤层具有临界解吸压力高、煤层气容易采出的特征。

4. 含气饱和度、临界解吸压力

根据实验室测试结果，估算 8 号煤层含气饱和度为 96.12%～100%，平均值为 98.17%，含气饱和度较高，气体赋存状态以吸附气为主。实验测试和生产资料显示，局部存在游离气，产气能力强（图 1-4-10）。

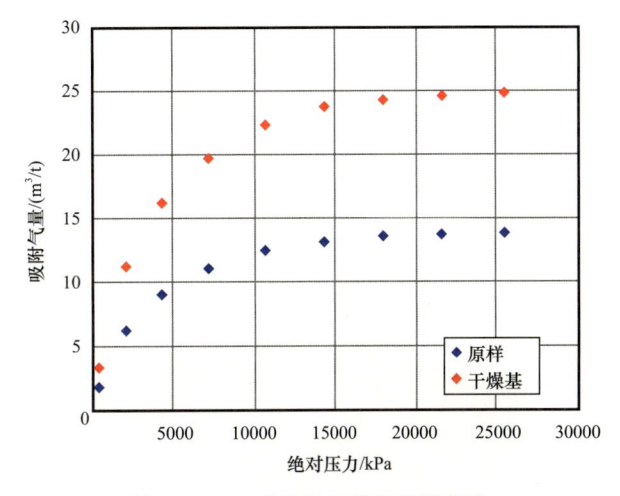

图 1-4-10　单井样品等温吸附曲线

大吉 3-4 井含气饱和度可达 81.7%～99.9%，永和 55 井绳索取心校正损失气量后，煤储层含气量超过最大吸附能力（图 1-4-11），表明深层地层压力高，局部富集游离气，含气量增大，而浅层煤层气含气饱和度平均值为 45%。

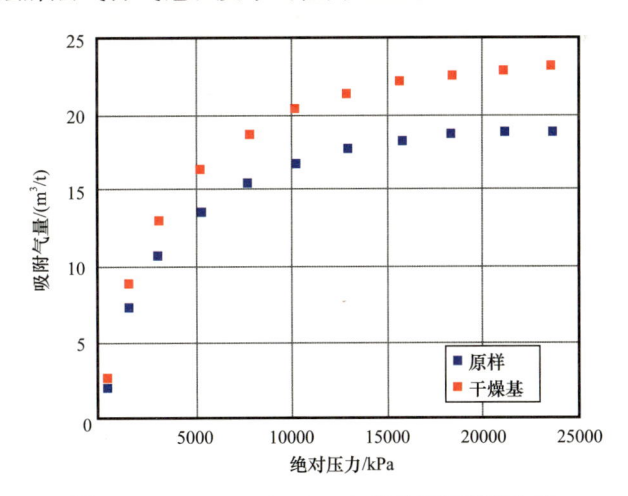

图 1-4-11　YH55-8-04-MX 样品等温吸附曲线

5. 流体性质

煤层中流体包括煤层水和煤层气两种流体，对于气体组分，采集试气阶段井口的气样和取心井水样进行实验室分析，掌握了样品的组分及物理化学性质。

1）气体组分

通过测试，大吉区块主力煤层的气体组分以甲烷为主，其他气体含量较少。气体的相对密度为 0.5715，热值为 991kJ/mol（44241kJ/m³），气体压缩系数为 0.9981。

中浅层 5 号煤层和 8 号煤层气体组分特征略有不同。5 号煤层气体组分中，甲烷含量为 94.66%～98.44%，平均值为 97.33%；二氧化碳含量为 0.43%～1.39%，平均值为 0.89%；氮气含量为 0.88%～3.93%，平均值为 1.66%；乙烷及其他重烃含量为 0～0.45%，平均值仅为 0.09%。8 号煤层气体组分以甲烷为主（图 1-4-12），甲烷含量为 94.81%～96.65%，平均值为 95.43%；二氧化碳含量为 2.81%～5.02%，平均值为 4.24%；乙烷及其他重烃含量为 0.11%～0.20%，平均值为 0.12%。H_2S 含量为 0.03～1.9mg/m³。

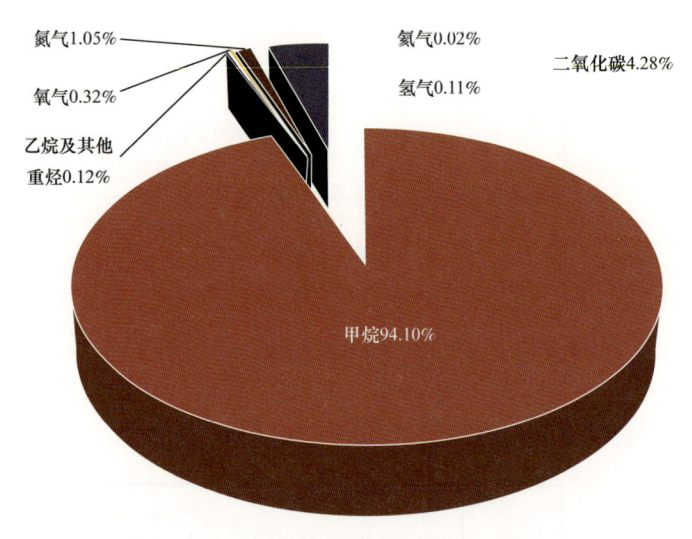

图 1-4-12　深层 8 号煤层气体组分饼状图

2）地层水性质

深层与浅层地层水的性质不同，其中浅层煤层压裂采用活性水（2%KCl），所以必须排采足够长时间才能消除 KCl 对地层水性质的影响。因此采样时，选择排采时间超过 6 个月以上的压裂液已完全排出的井。测试表明，大吉区块浅层煤层水矿化度为 3554～15067mg/L，平均值为 7500mg/L，硬度为 50.05～807.34mg/L，pH 值为 7.19～8.43。因此，煤层水型属弱碱性 $CaCl_2$-$NaHCO_3$ 型，表明煤层水动力条件弱，有利于气体保存。

深层煤层压裂采用活性水（1%KCl），而当前仅 1 口井排采时间超过 1 年，其他井排采时间均不超过 6 个月，压裂液返排率为 19.73%～66.86%，平均值为 33.35%，因此水化学成分不排除有 KCl 对地层水性质的影响。测试表明，大吉区块深层煤层水矿化度为 72029.90～223378.08mg/L，平均值为 118077.21mg/L，pH 值为 5.47～6.83，煤层水型属 $CaCl_2$ 型。已有排采井水样分析结果表明，虽有压裂液影响，但仍能说明煤层水与外界相对独立，有利于煤层气保存，煤层水矿化度高，水动力条件弱，利于气体保存。

6. 煤储层压力及温度特征

煤层气的有效压力系统决定了煤层气产出的能量大小及有效驱动能量持续作用时间。储层压力越高、临界解吸压力越大、有效地应力越小，煤层气的解吸—扩散—渗流过程进行得越彻底，表现为采收率增大，气井产能增大。有效压力系统由静水压力、地应力和气体压力组成。对于不饱和储层，气体本身没有压力，因此储层有效压力系统主要由静水压力和地应力组成。

煤储层压力是钻井和生产的一个重要参数，一般通过注入/压降试井获取。根据注入/压降测试的结果，区内储层压力基本正常，具有欠压—常压特点。东部浅层5号煤层实测储层压力为6.79～9.45MPa；压力梯度为0.69～0.97MPa/100m；8号煤层实测储层压力为7.64～8.72MPa；压力梯度为0.78～0.89MPa/100m。根据排采初期动液面深度，计算得到储层压力梯度为0.63～0.98MPa/100m，平均值为0.85MPa/100m。根据注入/压降试井结果，西部深层8号煤层储层压力为17.02～20.74MPa，8号煤层中部埋深1868.90～2235.50m，储层压力梯度为0.902～0.936MPa/100m，为正常压力系统（图1-4-13）。

煤层气的吸附能力和解吸速度除了受地层压力影响以外，仍受储层温度条件控制。从储气角度看，温度低吸附量大；从开发角度看，温度升高有利于煤层气解吸。从测温情况看，大吉区块浅层山西组5号煤层和太原组8号煤层埋深多在900m以下，5号煤层平均储层温度为32.38～42.41℃，平均值为38.7℃；8号煤层平均储层温度为34.50～45.45℃，平均值为40.2℃。深层8号煤层井温资料表明，储层温度为61.3～73.4℃，地温梯度为2.70℃/100m，属于正常温度梯度（图1-4-14）。

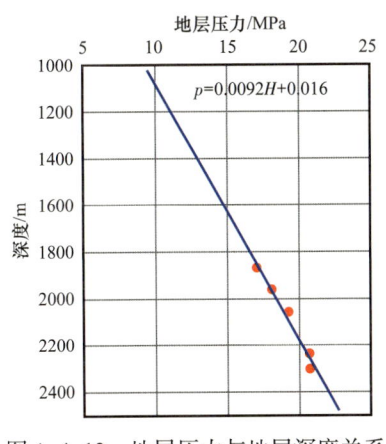

图1-4-13 地层压力与地层深度关系
p—地层压力；H—地层深度

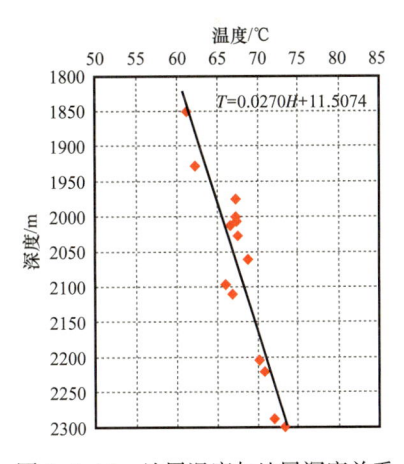

图1-4-14 地层温度与地层深度关系
T—地层温度；H—地层深度

二、致密气藏特征

上古生界含气层系为山西组山1段和山2段、下石盒子组盒8段（表1-4-2）。该区山西组山2段处于三角洲前缘亚相，主要发育了三角洲前缘水下分流河道、水下分流间湾和泥炭沼泽沉积，物源都来自北部；山 1 段以三角洲前缘分流河道和分流间湾微相为主，相带呈南北向展布。盒 8 段发育了三角洲前缘分流河道和分流间湾，纵向可划分为两期旋回，盒 8 段沉积早期相对晚期物源充足，河流相更为发育，分流河道和分流间湾微相呈南北向展布，以北部物源为主。

表 1-4-2 大吉区块大吉 5-6 井区上古生界储层特征

层位	地层厚度/m	储层厚度/m	储层岩性	沉积相	储集类型	孔隙度/%	渗透率/mD
盒 8 段	55～80	3～15	砂岩	三角洲前缘	孔隙	2.70～11.46	0.01～1.90
山 1 段	35～60	3～20	砂岩	三角洲前缘	孔隙	2.80～10.80	0.01～10.28
山 2 段	65～90	3～20	砂岩	三角洲前缘	孔隙	2.71～14.10	0.01～3.22

河道砂多期叠置，平面上连片分布，形成广覆式沉积，并与分流间湾及湖相泥岩形成了较好的储盖组合。

储层岩石的组分、碎屑、填隙物以及结构特征在一定程度上对成岩作用起着重要的作用，同时也对储层孔隙结构的发育有较大的影响。因此，岩石学特征分析是储层研究的基础研究之一，同时也是对储层孔隙结构进行分析的前提。砂岩的岩石学特征主要包括岩石类型、组分特征和结构特征。岩石中的矿物组分、矿物之间的组合关系等是影响砂岩储层物性的基础。同时，矿物的某种蚀变现象可能很好地反映沉积环境或沉积作用、成岩作用。利用岩心观察、铸体薄片观察、扫描电镜等方法对大吉区块致密砂岩进行系统研究，对其岩石学特征进行分析处理。

依据砂岩的分类原则，对大吉区块铸体薄片资料进行整理统计，以山 2 段砂岩为例，应用三角图解法对该区主力层系山 2 段的致密砂岩进行分类（图 1-4-15、图 1-4-16）。

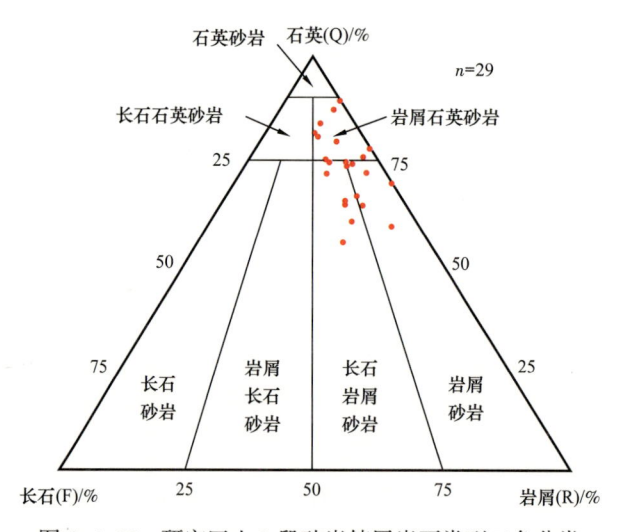

图 1-4-15 研究区山 2 段砂岩储层岩石类型三角分类

山 2 段：据砂岩样品的岩矿鉴定资料，研究区山 2 段储层有石英砂岩、岩屑石英砂岩。岩屑石英砂岩分布于山 2^1 亚段和山 2^3 亚段，而石英砂岩主要分布在山 2^3 亚段。颜色为灰色、深灰色，砂岩粒度以细—中粒为主。

山 1 段：据 12 口井 32 块砂岩样品分析结果可以看出，山 1 段储层以岩屑砂岩和岩屑石英砂岩为主。较下石盒子组砂岩岩石类型发生了较大的变化，颜色由下石盒子组的灰白色、灰绿色变为灰色，石英含量有所增加。粒度以细—中粒为主。

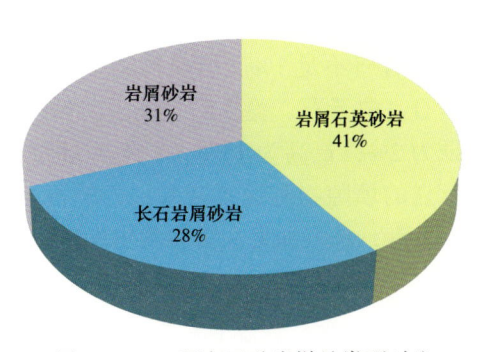

图 1-4-16 研究区砂岩样品类型对比

盒 8 段：据 15 口取心井 29 块砂岩样品的分析鉴定，盒 8 段以岩屑砂岩为主，颜色主要为灰白色，随着泥质含量的增加，颜色转为灰绿色。粒度以细—中粒为主，底部偶见薄层含砾粗砂岩。

1. 储层岩石组分特征

1）碎屑组分特征

研究区内砂岩的碎屑组分以石英和岩屑为主，长石普遍含量不高且大部分被溶蚀，含量一般小于 5%。由山 2 段向盒 8 段，随着层位变新石英含量一般降低，岩屑含量增加，石英含量 20%~95% 不等。同时岩屑含量增加，岩屑含量一般占砂岩成分的 10%~60%，最高可达 80% 以上。90% 的岩屑已向黏土矿物转化，泥化的黏土矿物在经历中等—较强程度压实作用下发生塑性变形，容易堵塞孔隙（图 1-4-17）。

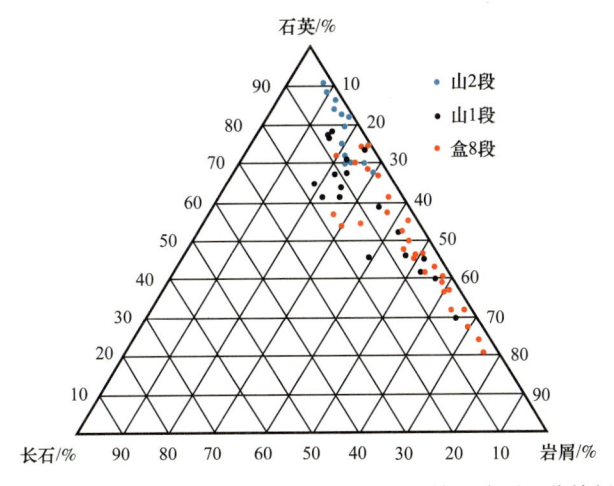

图 1-4-17 大吉区块山西组—盒 8 段砂岩储层碎屑组分特征

研究区山 2 段致密砂岩储层的碎屑成分以石英为主，平均含量为 73%；其次为岩屑，平均含量为 20%；长石含量较少，平均含量为 7%（图 1-4-18）。岩屑主要包括沉积岩岩屑、变质岩岩屑、岩浆岩岩屑、凝灰岩以及云母（图 1-4-19）。变质岩岩屑最多，平均含量为 8.76%；其次为沉积岩岩屑，平均含量为 7.66%；凝灰岩和云母平均含量约为 1%，岩浆岩岩屑不足 1%。填隙物主要包括泥质杂基以及各类胶结物，胶结物的类型主要有方解石、白云石、菱铁矿、黏土矿物以及石英、长石加大。填隙物的含量变化范围不大，最低为 2%，最高为 13%，平均含量为 6%，大多数含量在 6%～8% 之间。山 2 段砂岩普遍存在的填隙物有泥质杂基、方解石、石英加大，白云石、菱铁矿、黏土矿物仅在少数井中发育，长石加大在很多井中发现，但是发育的含量少，均不到 1%。

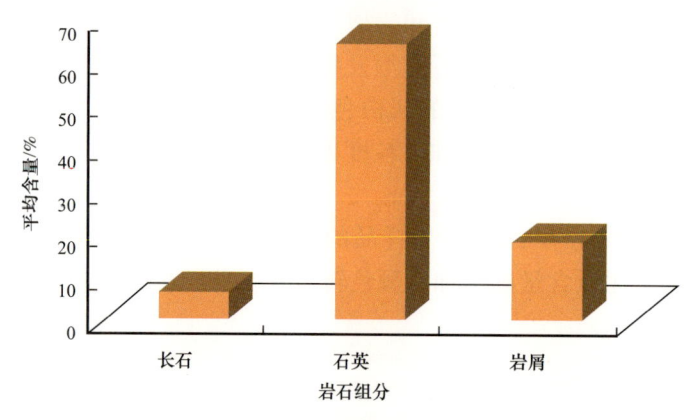

图 1-4-18 研究区山 2 段砂岩样本岩石组分分布

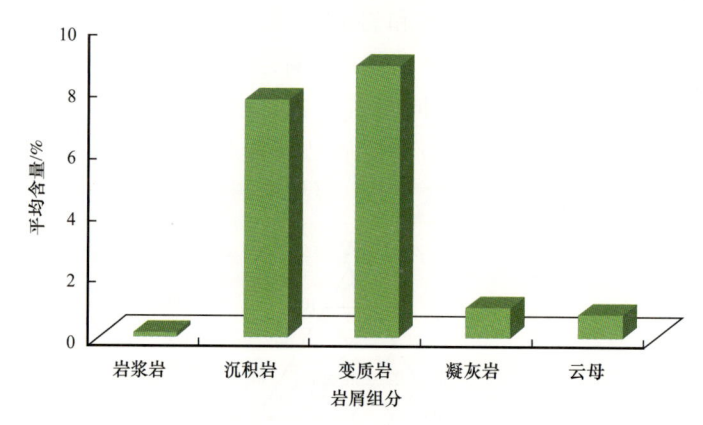

图 1-4-19 研究区山 2 段砂岩样本岩屑组分分布

2）填隙物组分特征

在早期有机质演化作用下，成岩环境呈酸性。在成岩作用早期，在酸性流体介质作用下，胶结类型以硅质胶结为主，硅质胶结以石英次生加大形式体现。石英次生加大在一定程度上增强岩石抗压能力，有利于原生粒间孔隙的保存，因此有利于优势成岩相的发育。

随着有机酸不断被消耗及有机质演化的停止，流体性质逐渐由酸性向碱性转化，成岩环境也随之由氧化性过渡为还原性。该条件下有利于碳酸盐胶结物的形成。碳酸盐胶结物呈孔隙式、连晶式充填孔隙，同时交代岩石骨架颗粒及高岭石等其他矿物颗粒，严重堵塞孔隙，不利于成岩相发育。

大吉区块山西组—下石盒子组砂岩储层填隙物以硅质、硅质—泥质及泥质为主，由于后期成岩环境变为碱性，还夹杂不同程度的碳酸盐填隙物，碳酸盐填隙物含量最高可达50%，极个别岩石薄片中可见完全碳酸盐胶结。

3）岩石结构特征

岩石结构指一定动力条件下共生在一起的碎屑颗粒所具有的内在形貌特征的总和，其特征主要包括：颗粒本身特征，主要参数有粒度、分选性、磨圆度等；胶结物特征，主要参数有结晶程度、颗粒大小；碎屑与胶结物之间的关系，即胶结类型。

（1）粒度。

根据29块样本的铸体薄片观察，砂岩粒度分布如图1-4-20所示，整体以中—粗粒为主，含量约为51.72%，其中，中粒的含量为20.75%，粗粒的含量为17.21%，中—细粒的含量约为10.32%；岩石中颗粒的最大粒径为1.6mm，最小粒径为0.05mm。

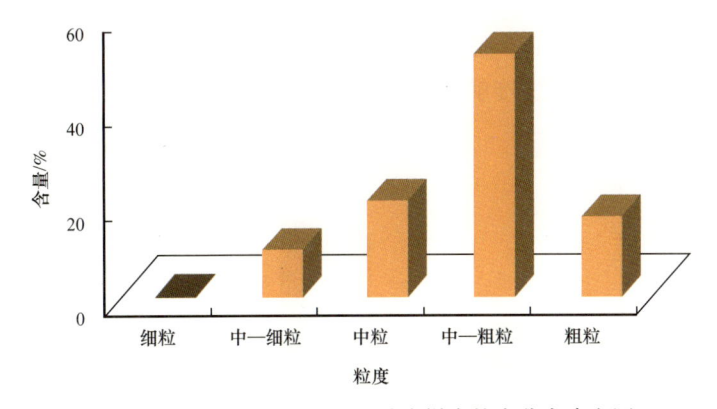

图1-4-20　大吉区块山2段砂岩样本粒度分布直方图

（2）分选性、磨圆度。

根据29块样本的统计结果，研究区山2段致密砂岩的分选状况为分选性差的占44.83%，中等分选性的占55.17%（图1-4-21）。研究区山2段致密砂岩的磨圆度以次圆、次棱为主（图1-4-22）。

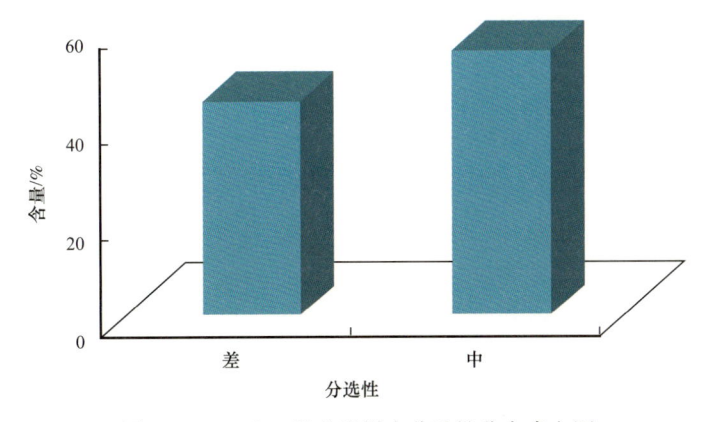

图1-4-21　山2段砂岩样本分选性分布直方图

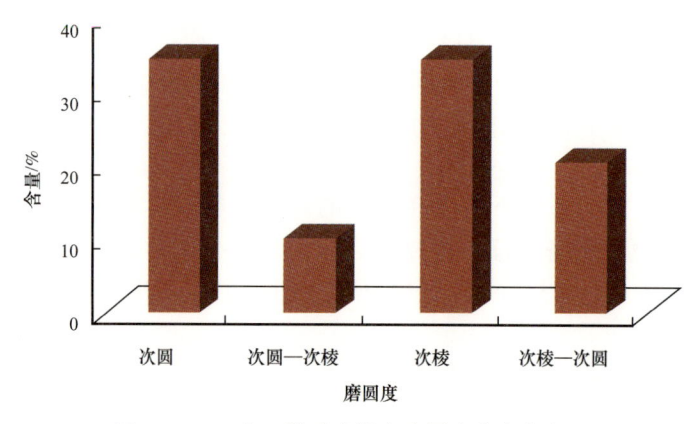

图 1-4-22　山 2 段砂岩样本磨圆度分布直方图

（3）胶结类型和接触方式。

29 块样本的统计结果显示，研究区山 2 段致密砂岩均为孔隙式胶结，颗粒接触方式以线接触为主，其次为点—线接触，个别井可见凹凸—线接触，具体情况如图 1-4-23 所示。

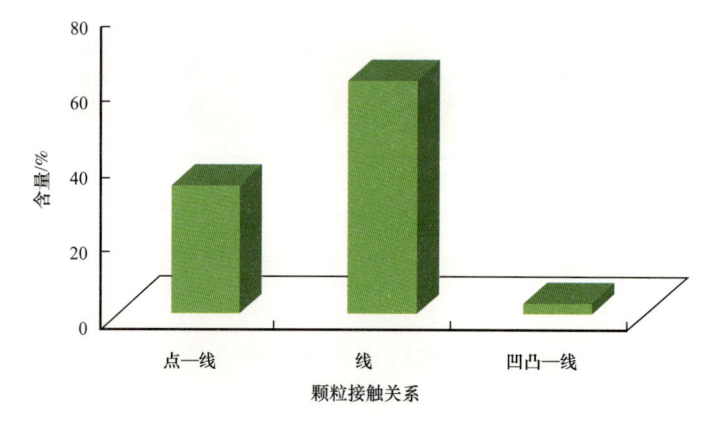

图 1-4-23　研究区山 2 段砂岩样本颗粒接触关系分布直方图

研究区山西组—下石盒子组砂岩粒度一般以中—细粒为主，粗粒较少，表明该区总体处于较弱的水动力环境、分选性普遍不高，磨圆度一般为次圆，反映经历了较长的搬运，从镜下观察结果来看，颗粒间主要为线接触和点接触。

4）成岩作用

（1）成岩作用类型及强度。

岩心、普通薄片、铸体薄片、阴极发光观察以及 X 射线衍射和扫描电镜分析表明，大吉区块山西组和石盒子组致密砂岩气储层在漫长的地质历史时期经历了压实、胶结等破坏性成岩作用以及溶蚀、破裂等建设性成岩作用。另外，还有一些对储层质量影响不大的交代和重结晶作用，现今正处于晚成岩阶段 B 期，多类型、不同强度的成岩作用的叠加对储集岩原生孔隙的保持和破坏，以及次生孔隙的形成、保持和破坏都有着极为重要的影响。

（2）压实、压溶作用。

薄片镜下观察表明，山西组和石盒子组储层在埋藏过程中以早期机械压实和晚期压溶作用为主，总体上颗粒堆积致密，压实作用强，颗粒接触方式为线状、凹凸、缝合线状接触等。压溶则常表现为各种形态的硅质胶结物或石英次生加大边（图1-4-24）。

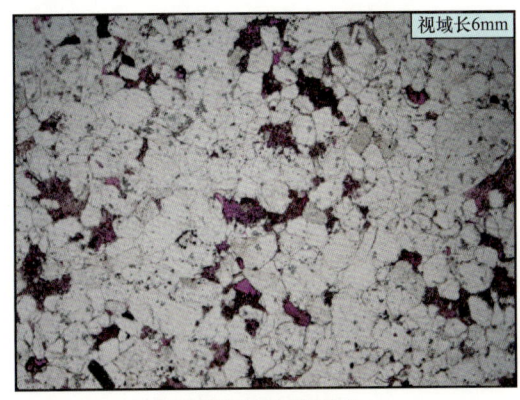

(a) 石英次生加大铸体薄片

(b) 石英次生加大铸体薄片单偏光图

图 1-4-24　石英次生加大铸体薄片及其单偏光图

（3）胶结作用。

石盒子组沉积期干旱、炎热的古气候环境使研究区沉积水体浓缩，以碱性成岩环境为主，方解石等矿物可以直接从沉积水体中析出，形成同生期胶结物，碱性成岩环境决定了储层胶结物类型主要为方解石。在石盒子组储层中，石英的次生加大较为少见，主要是因为在碱性环境下未达到过饱和很少沉淀，尽管后期有酸性流体侵入，使长石岩屑溶蚀产生一定的硅质，但仍未改变碱性环境的背景，只在局部产生一些硅质胶结。前人研究表明，本区储层的碳酸盐胶结物可分为三个期次，即同生成岩期的为泥晶方解石和白云石，成岩早期的充填原生粒间孔的粉—中晶方解石，表生成岩阶段形成的充填残余粒间孔等的连晶方解石（图1-4-25）。

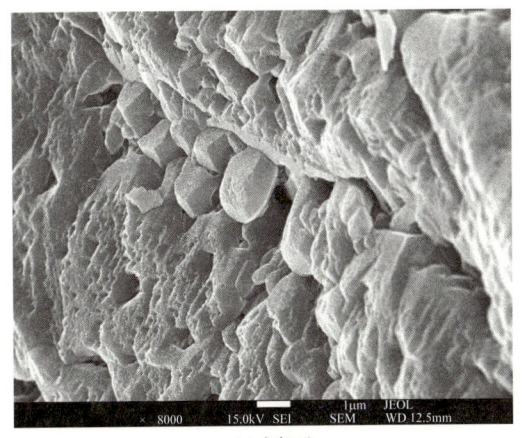

(a) 方解石

(b) 铁方解石胶结物

图 1-4-25　方解石及铁方解石胶结物扫描电镜图

此外，储层黏土矿物组合以自生伊利石、伊蒙混层为主，次为绿泥石和少量蠕虫状残余高岭石（图 1-4-26），也反映了偏碱性的成岩环境。储层虽然广泛发育碳酸盐和黏土矿物胶结作用，但总体上胶结作用不强烈，石英次生加大等其他胶结物含量较少。

(a) 丝缕状伊利石　　　　　　　　　　(b) 手风琴状高岭石及伊蒙混层

图 1-4-26　丝缕状伊利石、手风琴状高岭石及伊蒙混层扫描电镜图

（4）溶蚀作用。

薄片镜下观察表明，山西组—石盒子组储层溶蚀孔隙较为发育，溶蚀作用主要发育于长石和岩屑颗粒内部与边缘（图 1-4-27），表生成岩作用阶段大气水中含有的 CO_2 既可促进储层中钠长石和钾长石的高岭石化，后期在有机酸的参与下也可以溶蚀而形成高岭石，钾长石也可以溶蚀形成伊利石。此外，在有机酸的参与下，钠长石也可溶蚀形成伊利石。一般来说，高岭石可作为溶蚀作用的伴生产物而充填一部分溶蚀孔隙，从储层演化角度来说，高岭石通常是长石溶解和次生孔隙发育的指示矿物。

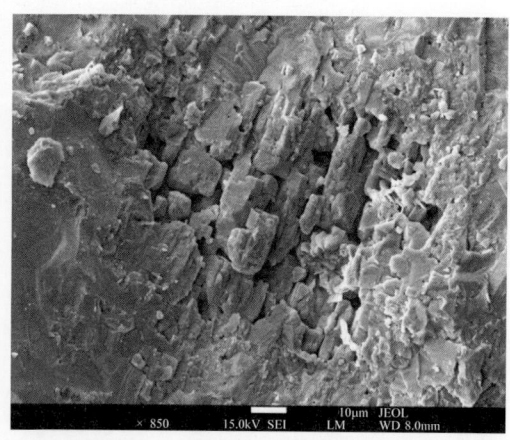

图 1-4-27　碎屑长石及其溶蚀孔隙扫描电镜图

研究区山西组—石盒子组储层长石普遍溶蚀但高岭石反而缺失的原因，主要在于山西组—石盒子组储层埋藏较深的结果，较深的埋藏深度导致沉积物暴露在较高的地温下，高岭石变得不稳定将向伊利石等转化，山西组—石盒子组中上部的辫状三角洲前缘砂体

本身具有较好的储集条件，在成岩过程中由于酸性水侵入，发生了强烈溶蚀（图1-4-28），使储集性能变好，溶蚀作用发生的内因是辫状三角洲沉积物的成分成熟度低，长石等不稳定组分含量高，而构造活动产生较多的断层和裂缝，使得大量有机酸性水得以侵入，产生强烈溶蚀是溶蚀作用发生的外部条件。此外，表生暴露时期的大气淡水淋滤也能产生一定量的溶蚀孔隙。

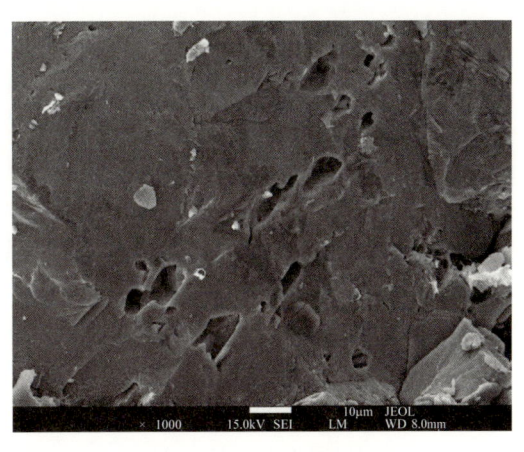

（5）破裂作用。

构造破裂作用不属于一般意义上的沉积成岩作用，但破裂作用导致岩石产生大量的

图1-4-28 粒表溶蚀孔

裂缝和微裂缝，是沉积物沉积后的一项重要改造作用，故在此将其作为广义上的成岩作用加以讨论。深埋藏导致强压实的同时也产生了裂缝，增大了裂缝的宽度与密度，提高了渗流能力，有效地沟通了孔隙空间的流体。晚期快速深埋藏过程中的持续压实也能产生一些裂缝，这对于沟通孔隙空间的流体、提高储层渗流能力是非常有意义的，形成一定的成岩微裂缝（图1-4-29）。

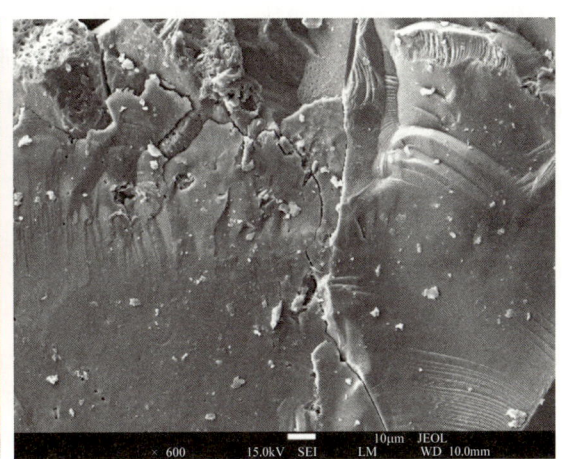

(a) 岩心宏观裂缝　　　　　　　(b) 微裂缝

图1-4-29 岩心宏观裂缝及扫描电镜微裂缝

储层质量不仅受到沉积作用的控制，同时还受到成岩作用和后期构造作用的影响。沉积作用对储层物性的影响主要体现在其对碎屑岩的矿物成分、结构、粒度、分选性、磨圆度、杂基含量等方面有明显控制作用。一般而言，矿物成分以石英为主、分选性和磨圆度较好、杂基含量少的储层物性较好；反之，若储层长石含量较多，分选性和磨圆度差，杂基含量多，储层质量就不高。

影响储层砂岩孔隙发育程度的成岩作用有压实作用、胶结作用、交代作用、溶蚀作用和破裂作用。其中，压实作用、胶结作用与交代作用为破坏性成岩作用；溶蚀作用和破裂作用属于建设性成岩作用。

综合研究区砂岩储层孔隙类型及成岩相特征，结合现阶段已有的成岩相命名方式，本书采取"岩性＋孔隙类型＋胶结物类型"的成岩相命名方式，将研究区太原组—山西组砂岩储层的成岩相分为三大类、五亚类。三大类：岩屑砂岩—晶间孔—粒内孔—泥质胶结相；岩屑石英砂岩—粒内孔—硅质—泥质胶结相；石英砂岩—粒间孔—硅质胶结相。下文将依次描述各个成岩相具体特征及类型划分。

5）成岩相类型

成岩相为成岩环境的物质表现，是沉积物在特定的物理化学环境中，在成岩作用下经历一定成岩阶段和演化序列的产物，包括岩石颗粒、胶结物、组构和孔洞缝等综合特征。它反映了不同成岩环境下成岩矿物的组合特征，主要是由成岩作用组合特征所决定的，也是现今储层特征的直接反映，是表征储层性质、类型和质量优劣的成因性标志，因此通过成岩相研究能更进一步地确定与储集性能直接相关的有利成岩储集体，从而更有效地指导油气勘探。通常成岩相的划分一般要考虑沉积物所经历的成岩作用，所处的成岩阶段、成岩环境、成岩过程中具有指示意义的矿物标志、主要成岩事件和成岩演化序列等。

山西组—石盒子组储层整体进入中成岩 B 期，经历中等程度的压实作用，若压实后以溶蚀作用和破裂作用占优势时，则对储层物性有利；反之，若以胶结作用占优势时，则对储层物性起破坏作用。而成岩矿物对于成岩环境具有一定的指示作用，如伊蒙混层的出现一般指示埋藏较深的碱性环境，强烈的碳酸盐胶结一般也指示碱性环境，而长石、岩屑的溶解存在于酸性环境。由前面的论述可知，山西组—石盒子组储层成岩矿物以碳酸盐岩为主，另外也有一些与早期碳酸盐岩同生沉淀的石膏胶结物，而黏土矿物类型则尤以伊利石和伊蒙混层为主，含有少量绿泥石，并残余一点高岭石，且由于研究区碱性成岩背景环境，因此，石盒子组储层的石英次生加大以及自生石英的含量也较少。

由以上分析可知，山西组—石盒子组储层对储集物性影响较大的成岩作用主要有压实作用、胶结作用、溶蚀作用和破裂作用，而成岩矿物主要是方解石、白云石、伊蒙混层、高岭石和伊利石。因此，在上述认识的基础上，根据成岩作用类型和强度、成岩矿物及其对储集物性的影响，将储层划分为压实致密相、碳酸盐胶结相和泥质充填相三种破坏性成岩相以及不稳定组分溶蚀相、成岩微裂缝相两种建设性成岩相类型，各成岩相具有不同的成岩作用组合和储层孔隙发育特征。

（1）压实致密相。

前已述及，研究区山西组—石盒子组储层由于长期浅埋、短期快速深埋的埋藏方式导致其经历的压实作用强度不高，基本处于中等状态。然而，有些层段由于泥质含量高或颗粒粒度较细，抑或颗粒分选性差、砂泥混杂（沉积条件的先天控制），导致其抵抗压实作用程度的能力较弱，从而在后期的深埋过程中被压实致密。研究表明，该类成岩相主要分布于水下分流间湾沉积微相砂体中，或水下分流河道末端相对较弱水动力条件下形成的细粒沉积物中（图1-4-30），该成岩相发育层段一般物性很差或不具备储集性能。

（2）泥质充填相。

泥页岩是本区储层成岩作用的物质库，在孔隙度相同的情况下，砂岩的渗透率从高岭石—绿泥石—伊利石逐渐降低。而且黏土矿物产状对砂岩的储集性能具有明显影响，充填式的物性最好，衬垫式、搭桥式较差（图1-4-31）。砂岩的渗透率随着自生黏土矿物在孔隙中的产状不同，按分散质点式、薄膜式、搭桥式依次降低，主要是因为储层的渗透率由砂岩的孔喉半径大小和连通性所决定。

图1-4-30 细砂岩压实致密相　　　　图1-4-31 泥质充填相

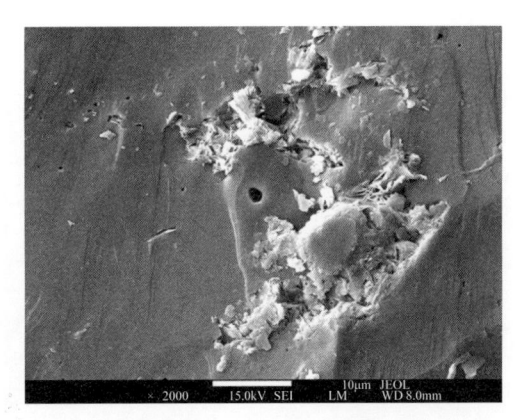

前已述及，大吉区块山西组—石盒子组储层黏土矿物组合尤以伊利石、伊蒙混层为主，因此这里把伊利石、伊蒙混层充填划为一单独的成岩相主要就是考虑到扫描电镜下观察到山西组—石盒子组储层中存在众多的伊利石和伊蒙混层黏土矿物。伊蒙混层对孔隙的充填易于导致孔隙喉道堵塞，在减少孔隙空间的同时也对砂岩的渗透性有较大破坏作用，使得储层物性下降，孔隙结构变得更为复杂。由于研究区伊利石的来源多是溶蚀作用的伴生产物，因此该成岩相发育层段一般有一部分残余溶蚀孔隙，储集性能差—中等，但渗流性能差，所以也一般对应差储层或非储层段。

（3）碳酸盐胶结相。

研究区山西组—石盒子组储层碳酸盐胶结物主要是连晶方解石，严重者可形成"悬浮砂"构造，即颗粒间形成呈点接触状为主的假象，掩盖了沉积物经历过压实改造后砂岩的真实结构特征，形成钙质砂岩（图1-4-32）。虽说早期的碳酸盐胶结物能抵抗一定压实作用且可为后期溶蚀作用（即次生溶孔的形成）奠定结构和物质基础，但只是在个别薄片中看到碳酸盐胶结物有轻微溶蚀现象，因此强烈的碳酸盐胶结对储层物性具有强烈的破坏作用，是导致山西组—石盒子组致密的主要原因，不仅如此，后期的方解石胶结物还会充填于天然裂缝中（图1-4-32），使本来在裂缝改造下物性较好的层段储层质量进一步下降。因此，碳酸盐胶结相孔隙不发育，一般也对应于差储层，甚至非储层段。

（4）不稳定组分溶蚀相。

该成岩相在压实背景下以不稳定组分的溶蚀作用占优势，且溶蚀孔隙未被伊蒙混层、方解石等充填，即胶结作用弱。不稳定组分溶蚀相对于储层物性来说，是最主要的建设性成岩相。山西组—石盒子组储层虽然基质部分普遍具有低孔隙度、低渗透的特点，但仍发育孔隙度相对较高的优质孔隙型储层，其中一个重要原因就是溶蚀孔隙的贡献（图1-4-33）。山西组—石盒子组储层中不稳定矿物（长石、岩屑）含量相对较高，这是溶蚀作用发生的物质基础和内在条件，后期表生成岩期大气淡水淋滤以及有机质生烃产生的 CO_2 是溶蚀作用发生的外部因素。溶蚀使储层孔隙度增大，渗流能力增强，不稳定组分溶蚀相发育层段一般表现出较好的物性特征，如孔隙度一般大于10%。该成岩相发育层段在裂缝发育的叠加作用下可形成裂缝性溶蚀孔隙型储层，是主要的优质储集体发育层段。

图 1-4-32 碳酸盐胶结典型铸体薄片及其偏光图

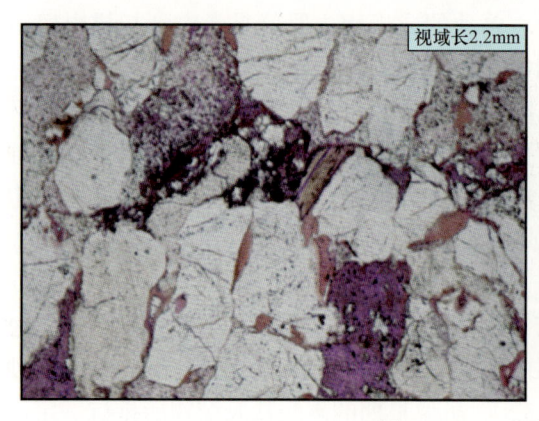

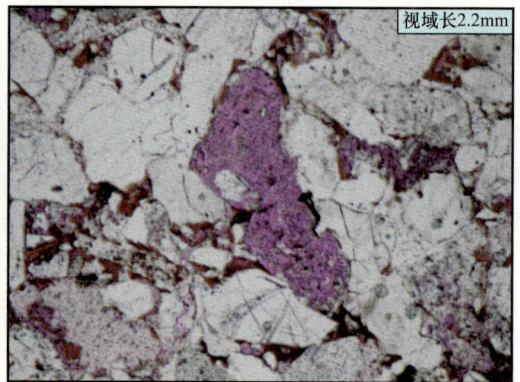

图 1-4-33 不稳定组分溶蚀相

（5）成岩微裂缝相。

本次研究划分出的微裂缝成岩相主要就是考虑到薄片镜下观察到部分成岩微裂缝（图1-4-34），宽度通常小于0.1mm，肉眼不能够识别，主要是由刚性颗粒的破裂而形成，并以此特征与山西组—石盒子组储层区域发育的裂缝系统相区分。成岩裂缝主要是成岩过程中岩石经过压实、收缩而形成的，通常规模较小，对储层改造作用相对有限。但由于成岩微裂缝发育层段多是对应构造挤压应力或成岩压实作用较强烈的层段，因此一般也是构造裂缝发育规模较大层段。在压实胶结导致原生孔隙减少的背景下，次生溶孔、构造和成岩微裂缝的发育最终决定了山西组—石盒子组储层物性的好坏。

6）储层空间类型

根据铸体薄片资料，按照孔隙的成因，将上古生界砂岩储层孔隙分为原生孔隙、次生孔隙、微孔隙等。山2段、山1段和盒8段主要发育原生粒间孔、溶孔、晶间孔和微裂隙4类孔隙（表1-4-3）。其中，以次生岩屑溶孔为主，原生粒间孔在孔隙构成中居于次要地位，含少量收缩孔和微裂隙。从铸体薄片观察来看，储层孔隙组合类型多以复合型为主，主要有粒间孔＋晶间孔＋溶孔、粒间孔＋晶间孔、粒间孔＋溶孔、溶孔＋晶间孔、溶孔＋微孔、晶间孔＋微孔等多种复合类型等。

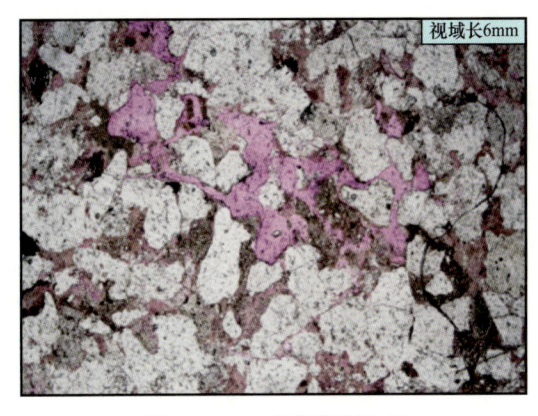

图1-4-34　成岩微裂缝相

表1-4-3　大吉区块上古生界储层孔隙类型　　　　　　　　单位：%

孔隙类型	盒8段	山1段	山2段
粒间孔	0.215	0.225	0.445
粒间溶孔	0.270	0.151	0.587
岩屑溶孔	0.662	0.564	0.659
杂基溶孔	0.240	0.334	0.305
长石溶孔	0.195	0.231	0.394
晶间孔	0.523	0.445	0.228
粒内溶孔	0.324	0.250	0.049
面孔率	2.429	2.200	2.667

盒8段储层总面孔率为2.429%，以岩屑溶孔、晶间孔为主，二者约占总面孔率的48.78%，其次为粒间溶孔、杂基溶孔、粒内溶孔和粒间孔；山1段储层总面孔率为2.200%，以岩屑溶孔、晶间孔为主，二者约占总面孔率的45.9%，其次为杂基溶孔、粒内溶孔和粒间孔；山2段储层总面孔率为2.667%，以粒间孔、粒间溶孔、岩屑溶孔为主，约占总面孔率的63.4%，其次为晶间孔和杂基溶孔。

2. 储层物性特征

致密砂岩储层的物性特征主要包括孔隙度、渗透率的特征及孔隙度、渗透率二者的相关性。孔隙度是指岩石中所有孔隙体积占岩石总体积的百分比。渗透率是指在一定的压差下，允许流体流动的能力。同时，孔隙度和渗透率的相关性能够很好地反映岩样中孔喉连通性的好坏，对于指导开发有重要意义。

岩心分析统计结果显示，储层孔隙度一般为2.7%～14.1%，渗透率主要为0.01～10.28mD。其中，山2段储层孔隙度一般为2.71%～14.1%，渗透率为0.01～3.22mD；山1段储层孔隙度一般为2.8%～10.8%，渗透率为0.01～10.28mD；盒8段储层孔隙度为2.7%～11.46%，渗透率为0.01～1.9mD；总体属特低孔隙度、特低渗透砂岩储层（表1-4-4、图1-4-35至图1-4-37）。

表1-4-4 大吉区块大吉1—大吉9井区储层常规物性分析

层位	孔隙度/%			渗透率/mD		
	主要分布范围	平均值	分布峰值	主要分布范围	平均值	分布峰值
盒8段	2.70～11.46	6.14	4～6	0.01～1.90	0.22	0.1～0.2
山1段	2.80～10.80	6.33	4～7	0.01～10.28	0.58	0.1～0.5
山2段	2.71～14.10	6.56	5～7	0.01～3.22	0.42	0.1～0.5

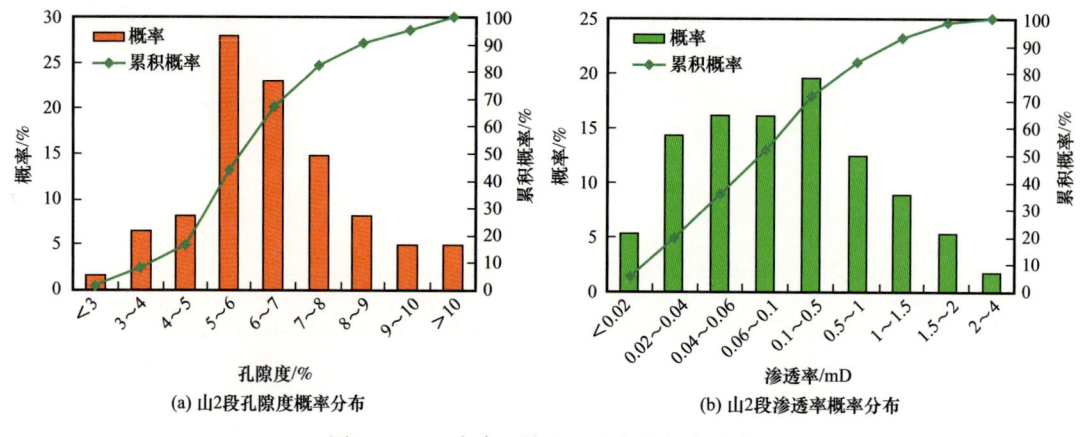

(a) 山2段孔隙度概率分布

(b) 山2段渗透率概率分布

图1-4-35 大吉区块山2段物性概率分布

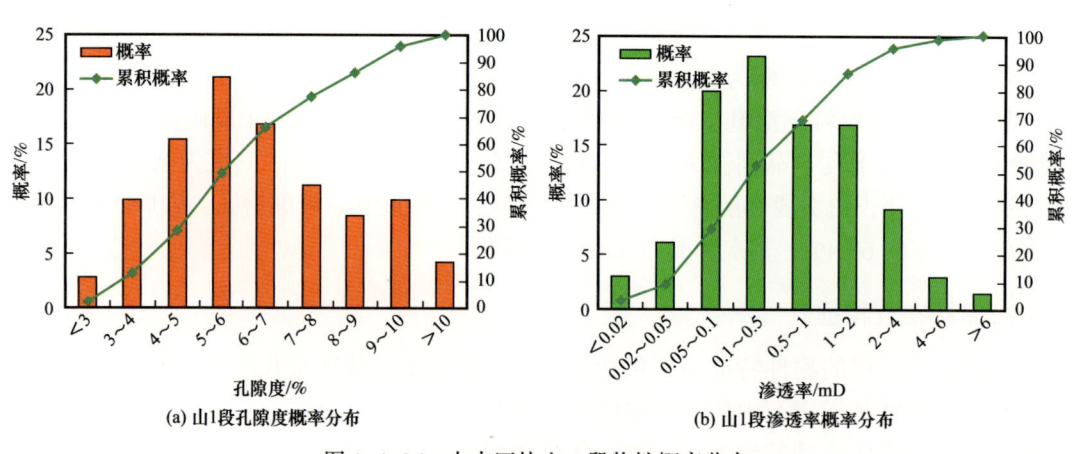

(a) 山1段孔隙度概率分布

(b) 山1段渗透率概率分布

图1-4-36 大吉区块山1段物性概率分布

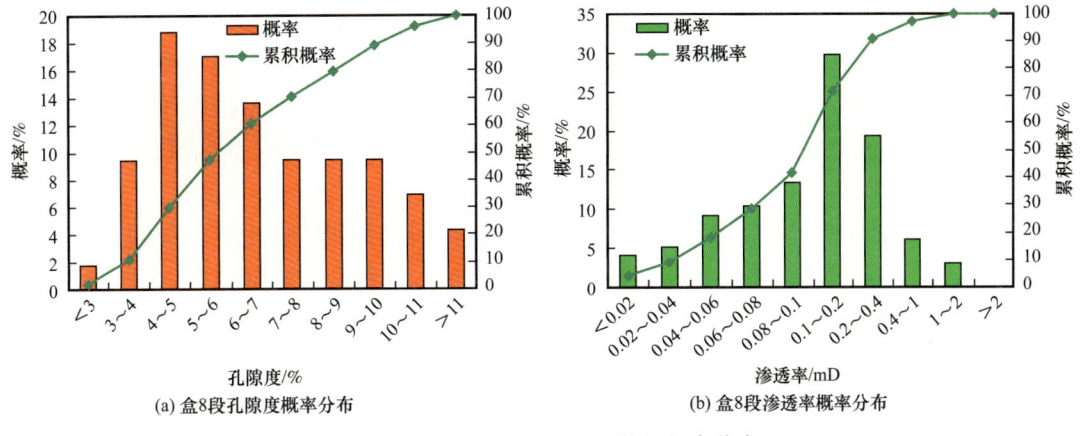

图 1-4-37　大吉区块盒 8 段物性概率分布

3. 孔隙结构特征

岩石的孔隙结构是指岩石内的孔隙和喉道的类型、大小、分布及其相互连通的关系。岩石的孔隙系统由孔隙和喉道两部分组成，孔隙是系统中的膨大部分，喉道是连通孔隙的细小部分。孔隙是流体在岩石中赋存的基本储集空间，而喉道则是控制流体在岩石中渗流的重要通道。

砂岩微观孔隙结构的复杂程度决定了依靠某种方法进行孔隙结构分析无法取得可靠的结果，无法为勘探进行合理准确的指导，从而造成人力、物力的浪费。因此，必须综合运用多种方法共同分析，才能取得合理可信的孔隙结构特征，对开发进行合理的指导。

大吉区块主力目标层段为山 2 段，研究的岩石类型为致密砂岩，使用的研究方法是直接法与间接法综合分析，同时运用铸体薄片法和压汞法进行分析，铸体薄片进行镜下观察，压汞法进行实验研究，从定性、定量角度对大吉区块山 2 段致密砂岩储层的孔隙结构进行合理分析。

1）孔喉类型及特征

（1）孔喉特征类型。

碎屑岩的孔隙类型分类多样，以下是孔隙的分类方法：

① 按孔隙成因分为原生孔隙、次生孔隙和混合孔隙，每一类孔隙再进一步细分为次一级的孔隙类型，此方法国内外应用较广。

② 按成因和孔隙的几何形态分为粒间孔隙、微孔隙、溶蚀孔隙和裂缝。粒间孔隙属原生成因；微孔隙属原生及次生混合成因；溶蚀孔隙和裂缝均属次生成因。

③ 按孔隙产状分为粒间孔隙、粒内孔隙、填隙物内孔隙和裂缝孔隙，同时又按溶蚀作用分为溶蚀粒间孔隙、溶蚀粒内孔隙、溶蚀填隙物内孔隙和溶蚀裂缝孔隙（邸世祥，1991）。

④ 按孔隙直径大小及其对流体储存和流动作用的不同，可将孔隙划分为超毛细管孔隙、毛细管孔隙和微毛细管孔隙。

⑤按孔隙对流体的渗流情况分为有效孔隙和无效孔隙。

研究区内砂岩中的孔隙按孔隙成因分类，包括原生孔隙和次生孔隙。原生孔隙是指岩石形成时形成的孔隙，包括原生粒间孔和残余原生孔。次生孔隙是指由于次生作用形成的孔隙，如淋滤、溶蚀、交代、重结晶等作用形成的孔洞或裂隙，包括粒间溶孔、粒内溶孔、铸模孔等。

研究区山2段致密砂岩储层的原生孔隙主要是粒间孔和残留原生孔。粒间孔的岩石为颗粒支撑或杂基支撑，含少量胶结物。由颗粒围成的孔隙称为粒间孔隙。该类孔隙是砂岩中最常见、最普遍的孔隙。砂粒的粒度、分选性、球度、接触方位、充填方式和压实程度决定粒间孔隙的大小和形态。这类孔隙的分布与沉积环境有直接关系，又经成岩后生作用而发生变化。残留原生孔（即残余的粒间孔）是砂质沉积物在埋藏成岩过程中填隙物将原生粒间孔隙部分充填改造后而发育形成的。

研究区山2段致密砂岩储层的次生孔隙主要是粒内溶孔、粒间溶孔和铸模孔。粒内溶孔、粒间溶孔和铸模孔都属于溶蚀孔隙，溶蚀孔隙是由岩石中的碳酸盐、硫酸盐、长石或其他可溶性成分溶蚀后形成的孔隙。粒内溶孔是岩石颗粒被部分溶解后形成的孔隙。粒间溶孔不受颗粒边界限制，边缘呈港湾状，形状不规则，有时很大，甚至比邻近的颗粒大得多。铸模孔是由易溶矿物颗粒完全溶蚀形成的孔。在所有的薄片中均有溶蚀孔隙存在，溶蚀孔隙是研究区山2段致密砂岩的主要储集空间。

（2）喉道类型。

根据研究区4口井的19块岩样的压汞资料，进行储层微观孔喉结构研究，统计结果见表1-4-5。参考长庆油田致密砂岩储层的喉道分级标准，将喉道分为粗喉道、中喉道、细喉道、微细喉道、微喉道5级（表1-4-6），结合表1-4-5可知，研究区山2段致密砂岩储层的喉道主要为粗喉道，其次为微喉道。

表1-4-5 山2段致密砂岩喉道数据统计

样品序号	分析编号	最大喉道半径/μm	平均喉道半径/μm
1	DJ1-1	3.675	0.909
2	DJ1-2	4.900	1.128
3	DJ1-3	2.450	0.391
4	DJ2.1	0.368	0.080
5	DJ2.2	0.735	0.157
6	DJ3-1	0.490	0.158
7	DJ3-2	0.490	0.148
8	DJ4-1	73.500	10.169
9	DJ4-2	73.500	11.115

续表

样品序号	分析编号	最大喉道半径/μm	平均喉道半径/μm
10	DJ4-3	73.500	8.357
11	DJ4-4	73.500	6.427
12	DJ4-5	73.500	6.908
13	DJ4-6	73.500	7.339
14	DJ4-7	2.450	0.583
15	DJ4-8	73.500	8.023
16	DJ4-9	73.500	6.373
17	DJ4-10	73.500	5.931
18	DJ4-11	4.900	1.347
19	DJ4-12	1.470	0.385
平均值		36.0	3.996

表 1-4-6 山 2 段致密砂岩喉道分类统计

级别	粗喉道	中喉道	细喉道	微细喉道	微喉道
喉道半径/μm	>4.0	4.0~2.0	2.0~1.0	1.0~0.5	<0.5

（3）裂缝类型。

致密砂岩储层中的裂缝对于油气的储集和运移具有重要意义。裂缝会破坏油气储集，但是也会极大地改善储层渗透条件，为油气运移提供良好的运移通道，使得渗透性得到显著改善。

在统计的岩样中，部分岩样薄片中可见构造缝和成岩缝，极大地改善了储层渗透性，对储层储集性能影响较小，但是为天然气运移提供了良好的运移通道。

2）压汞孔隙结构分析

（1）压汞参数。

对研究区山 2 段致密砂岩储层 4 口井的 19 块岩样的压汞资料进行统计，压汞参数大致可以分为物性参数、压汞曲线参数和结果参数 3 类。

砂岩的物性参数包括孔隙度和渗透率，储层孔隙度一般在 2.7%~14.1% 之间，渗透率主要在 0.01~10.28mD 之间。

砂岩的压汞曲线参数包括排驱压力、中值压力、最大喉道半径、平均喉道半径、分选系数、歪度、峰态、最大进汞饱和度、残余汞饱和度等。

排驱压力（p_d）介于 0.01~2.0MPa，平均排驱压力为 0.405MPa；中值压力（p_{50}）介

于 0.112～18.14MPa，平均中值压力为 3.682MPa；平均喉道半径介于 0.08～11.115μm，平均喉道半径的均值为 3.996μm；分选系数（S_p）介于 1.41～3.65，平均分选系数为 2.12；歪度（S_{kp}）介于 1.35～2.50，平均歪度为 1.77；峰态（K_p）介于 2.32～8.56，平均峰态为 4.77；最大进汞饱和度介于 67.4%～97.6%，最大进汞饱和度的平均值为 83.8%；残余汞饱和度介于 38.0%～80.6%，残余汞饱和度的平均值为 63.4%。

砂岩的结果参数：退汞效率（W_E）介于 7.1%～49.2%，平均退汞效率为 24.5%。

压汞曲线参数与砂岩物性参数之间存在以下关系：

① 孔隙度与压汞曲线参数的相关性如图 1-4-38 所示，孔隙度与压汞曲线参数相关性一般，比较相关性（R^2），相关性依次减弱的顺序为峰态、平均喉道半径、分选系数、歪度、最大喉道半径、残余汞饱和度、最大进汞饱和度、排驱压力、中值压力。具体数据见表 1-4-7。

表 1-4-7 物性参数与压汞曲线参数相关性统计

项目		排驱压力	中值压力	最大喉道半径	平均喉道半径	分选系数	歪度	峰态	最大汞饱和度	残余汞饱和度
R^2	渗透率	0.5582	0.5047	0.4319	0.5843	0.0095	0.6010	0.7003	0.0095	0.2636
	孔隙度	0.047	0.014	0.1117	0.174	0.1598	0.1475	0.2156	0.0733	0.0868

具体为：孔隙度与峰态的相关性 R^2=0.2156；孔隙度与平均喉道半径相关性较好，R^2=0.174；孔隙度与分选系数的相关性 R^2=0.1598；孔隙度与歪度的相关性 R^2=0.1475；孔隙度与残余汞饱和度的相关性 R^2=0.0868；孔隙度与最大进汞饱和度的相关性 R^2=0.0733；孔隙度与排驱压力的相关性较好，R^2=0.047；孔隙度与中值压力的相关性 R^2=0.014。

② 渗透率与压汞曲线参数的相关性如图 1-4-39 所示，渗透率与压汞曲线参数相关性一般，比较 R^2，相关性依次减弱的顺序为峰态、歪度、平均喉道半径、排驱压力、中值压力、最大喉道半径、残余汞饱和度、分选系数、最大进汞饱和度。具体数据见表 1-4-7。

具体为：渗透率与峰态的相关性 R^2=0.7003；渗透率与歪度的相关性 R^2=0.6010；渗透率与平均喉道半径的相关性较好，R^2=0.5843；渗透率与排驱压力的相关性较好，R^2=0.5582；渗透率与中值压力的相关性 R^2=0.5047；渗透率与残余汞饱和度的相关性 R^2=0.2636；渗透率与分选系数的相关性 R^2=0.0095；渗透率与最大进汞饱和度的相关性 R^2=0.0095。

统计各参数的数值和参数之间的相关性，发现：

① 参数的均值不能很好地反映参数的全部信息，某些参数的上下限相差很大。

② 比较孔隙度和渗透率与压汞曲线参数的相关性可以发现，除最大进汞饱和度之外，渗透率与压汞曲线参数的相关性要大大优于孔隙度与压汞曲线参数的相关性，同时孔隙度与压汞曲线参数的相关性很差，所以研究区山 2 段致密砂岩储层孔隙度的大小不足以完全反映渗透率的大小，需要进一步分析。压汞曲线的形态作为很好的分类依据，可以进一步划分孔喉，用于分析压汞曲线参数与物性参数之间的关系。

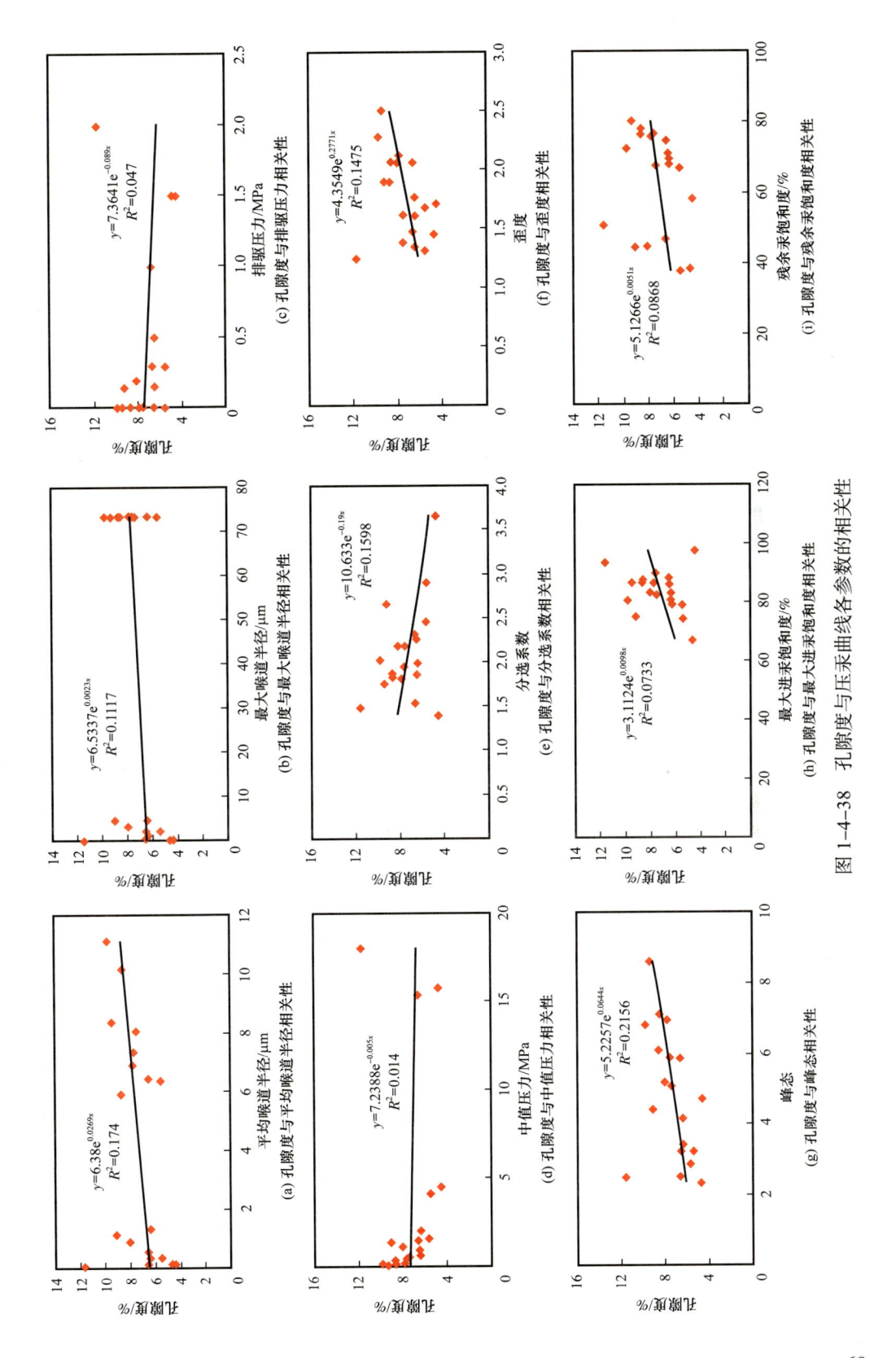

图1-4-38 孔隙度与压汞曲线各参数的相关性

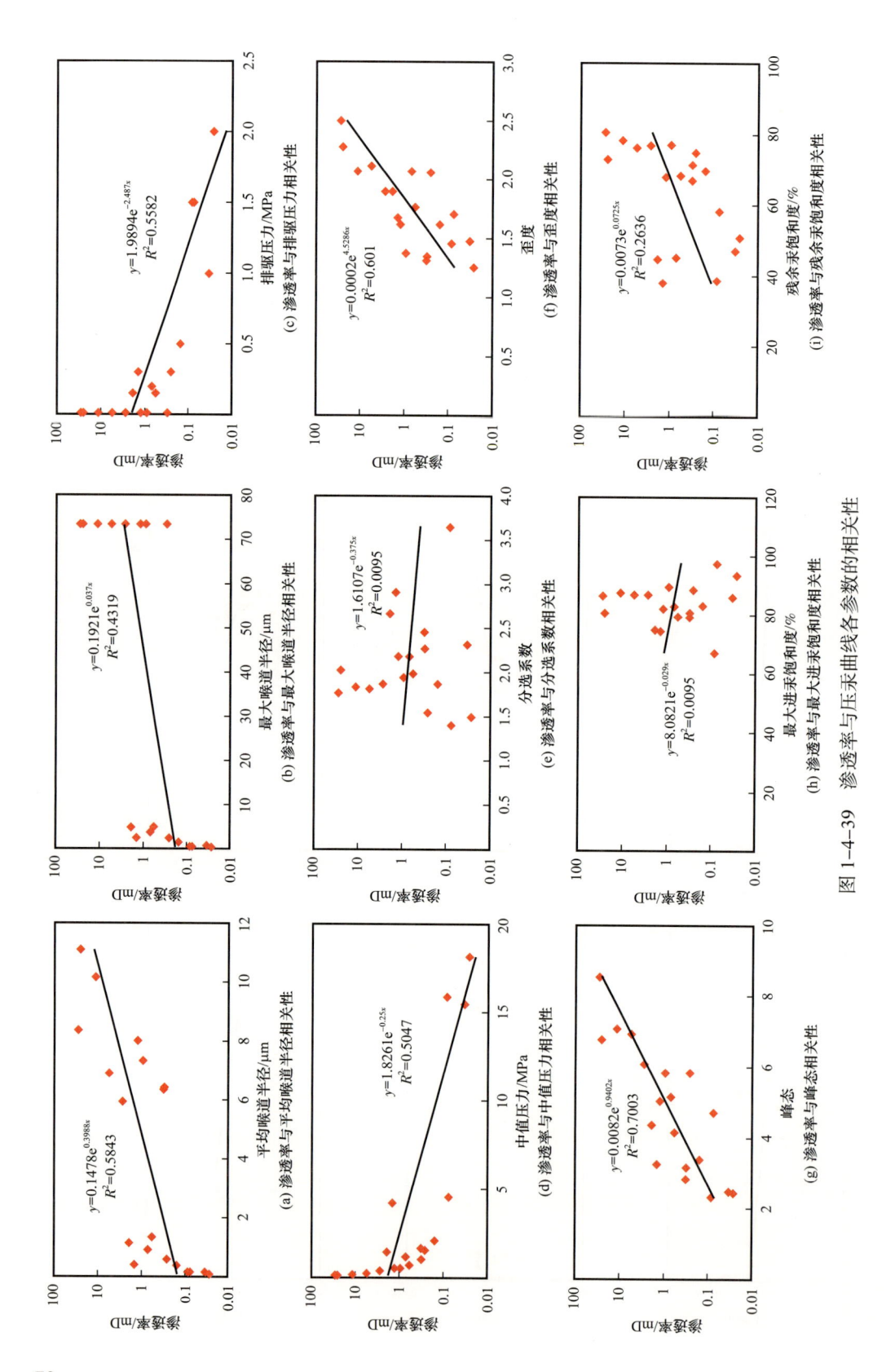

图 1-4-39 渗透率与压汞曲线各参数的相关性

（2）压汞曲线分析。

压汞法的毛细管压力曲线（即压汞曲线）大致可以分为初始段、中间平缓段和末尾上翘段。曲线的形态可以很好地反映喉道的大小和分布，毛细管压力曲线中间平缓段（即水平台阶）的位置越低，长度越长，主要进液段所对应的压力就越低，岩样的主要喉道半径越大，喉道分选性越好；反之，中间平缓段的位置越高，长度越短，表明岩样的喉道越细，分选性越差。

对研究区山 2 段致密砂岩储层 4 口井的 19 块岩样资料进行整理统计，进而分别绘制各个岩样的毛细管压力曲线图（即压汞曲线图）可得，山 2 段致密砂岩储层的毛细管压力曲线根据门槛压力，可分为低门槛压力、中门槛压力和高门槛压力；根据有无水平台阶，可分为有明显而宽泛的水平台阶和没有明显的水平台阶。

Ⅰ类曲线（低门槛压力型粗喉道）：如图 1-4-40 所示，与其他两类相比位于该类曲线左下方，有明显的水平台阶，且水平台阶的长度较长，位置较低，长度长说明主要孔喉半径集中，分选性好；位置低说明排驱压力低有利于渗流。具体表现为：该类曲线所对应的喉道门槛压力较低，平均值为 0.01MPa，中值压力较低，平均值为 0.524MPa，孔隙度较高，平均值约为 7.8%，渗透率较高，平均值为 8.337mD，平均喉道半径可达 7.849μm，该类型的喉道占总岩样的 47%。

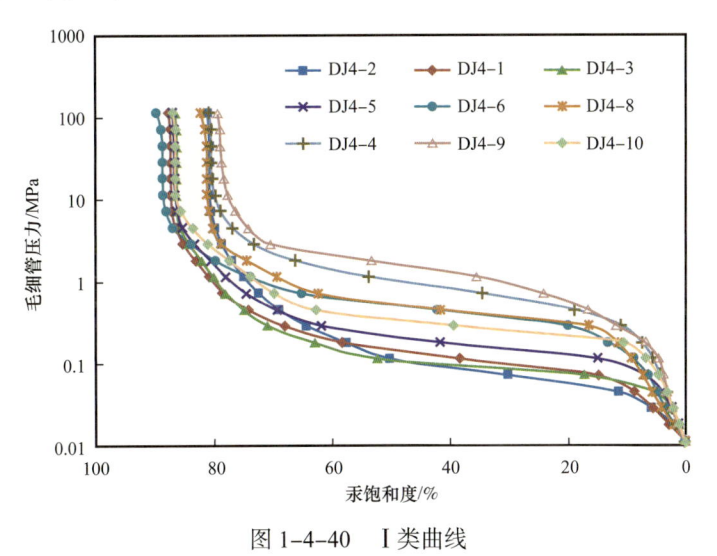

图 1-4-40　Ⅰ类曲线

Ⅱ类曲线（中门槛压力型微细喉道）：如图 1-4-41 所示，该类曲线位于Ⅰ类曲线偏右偏上，有明显的水平台阶，且水平台阶的长度较长，分选性较好，但是其位置位于Ⅰ类曲线的上方，说明其所对应的主要进液段区域的喉道比Ⅰ类曲线所对应的主要进液段的喉道细，渗流能力不如Ⅰ类曲线主要进液段所对应的孔喉。具体表现为：该类曲线的门槛压力中等，平均值约为 0.267MPa；中值压力中等，平均值约为 1.863MPa；孔隙度中等，平均值约为 6.9%；渗透率中等，平均值为 0.817mD；平均喉道半径为 0.791μm。该类型的喉道占总岩样的 31%。

Ⅲ类曲线（高门槛压力型微喉道）：如图 1-4-42 所示，与其他两类曲线相比，该类曲线位于右上方，没有明显的水平台阶，且进汞曲线的斜率大，孔喉分选性差。具体表现为：该类曲线的门槛压力较高，平均值为 1.5MPa；中值压力较高，平均值为 13.515MPa；孔隙度较低，平均值为 6.8%；渗透率较低，平均值为 0.054mD；平均喉道半径为 0.13μm。该类型的喉道占总岩样的 21%。

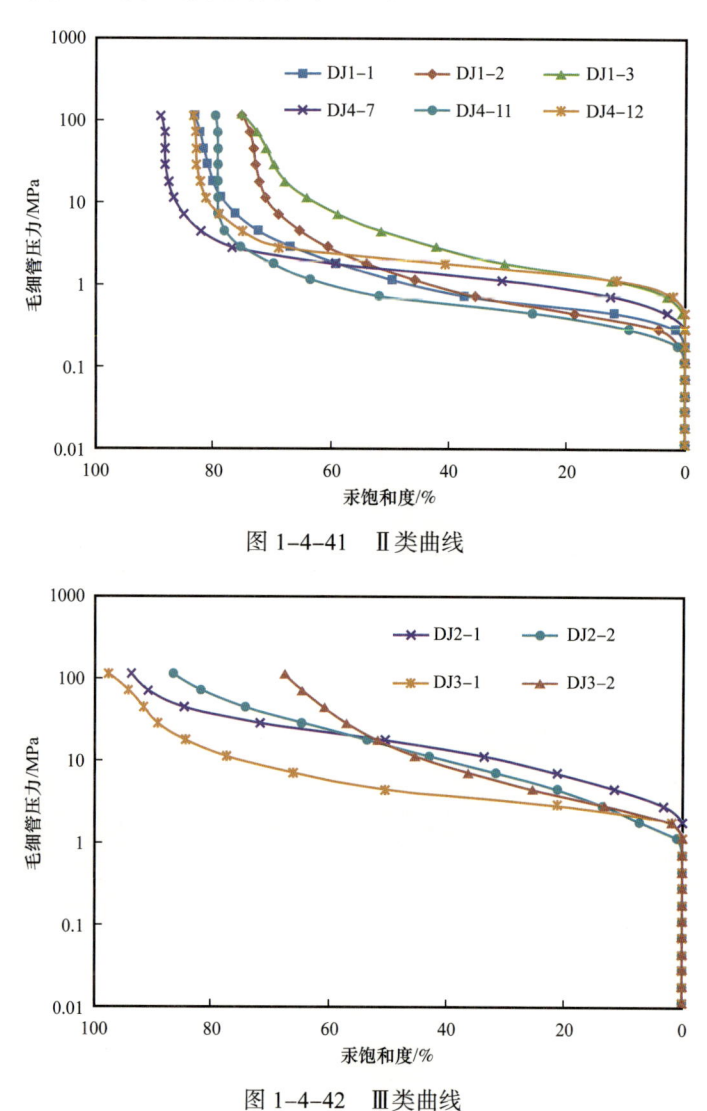

图 1-4-41 Ⅱ类曲线

图 1-4-42 Ⅲ类曲线

总的来说，根据 20 块岩样的资料统计可得，山 2 段致密砂岩储层的毛细管力曲线包括Ⅰ类、Ⅱ类、Ⅲ类曲线，其中粗喉道的Ⅰ类曲线接近一半，其孔隙度和渗透率的数值也偏大，说明山 2 段致密砂岩储层的喉道发育良好，有利于渗流。

根据统计的数据显示，Ⅰ类曲线平均喉道半径最大，孔隙度最高，渗透率最高，分选性最好，最大含汞饱和度最大，排驱压力最低。按照类比，Ⅰ类曲线和退汞效率应该最好，但是实测结果显示，Ⅰ类曲线的退汞效率最低，因而有必要对孔喉结构和渗流能力之间的关联性进行进一步的研究。

4. 气藏驱动类型

上古生界天然气藏主要是由山 2 段、山 1 段和盒 8 段气藏叠置而成，但是各层段间有较厚层泥岩分隔，山 2 段、山 1 段和盒 8 段为相互独立的含气单元，各单元内气层的发育程度和分布范围受砂体展布及储层物性控制，同一层段内部多期砂体复合叠置形成的大型复合储集体在横向和纵向上都存在一定非均质性。

山 2 段、山 1 段和盒 8 段气藏类型的划分依据是石油天然气行业标准 SY/T 6168—2009《气藏分类》，各气藏内部压力平面变化与海拔关系明显，未见边、底水，属层状定容弹性驱动气藏。主要采取单因素指标分类法，在综合分析地质、岩心试验分析、试气试采、试井解释等资料的基础上，以影响气藏开发的几个主要因素进行分类。

山 2 段、山 1 段和盒 8 段气藏属地层岩性圈闭气藏，储层分布受砂体展布和物性控制，无明显边、底水，属定容弹性驱动气藏。

5. 储层物性控制因素

1）沉积作用

沉积作用是指物质被搬运到达适宜的场所后，由于条件发生改变而发生沉淀、堆积的过程的作用。沉积作用对储层物性的影响主要表现在岩石结构、构造以及孔隙结构等方面。结构包括砂岩的粒度和分选性，构造主要包括层理和纹理，沉积作用形成原生孔隙。同时，沉积作用对储层的影响还应包括沉积环境的作用。

大吉区块山西组划分为山 1 段和山 2 段，根据前人的研究成果，又将山 2 段划分为山 2^1 亚段、山 2^2 亚段和山 2^3 亚段。研究区山 2 段致密砂岩储层岩性主要为中—粗粒岩屑石英砂岩，分选性中等。原生孔隙主要包括粒间孔和残余原生孔。

当沉积环境不同时，砂岩岩性会不同，因此发育的储层物性不同。而即便处于相同的沉积环境中，当沉积微相有所差异时，储层物性也会不尽相同。根据前人研究，山 2 段沉积类型为河流—三角洲相沉积。其中，山 2^3 亚段发育水下分流河道、河口坝—远沙坝和分流间湾 3 种沉积微相，水下分流河道的砂岩是主要的储集体。分流河道沉积砂体，水动力条件强，沉积物粒度较粗，砂岩石英含量高，泥质含量低，储层物性好，储层孔隙度一般在 2.7%～14.1% 之间，渗透率主要在 0.01～10.28mD 之间。

2）成岩作用

成岩作用指的是在一定压力、温度的影响下，由松散的沉积物转变为沉积岩的过程。研究区的成岩作用对储层物性的影响主要表现在压实作用、胶结作用和溶蚀作用。同时，根据成岩作用对储层物性的影响，将成岩作用划分为破坏性成岩作用和建设性成岩作用。

（1）破坏性成岩作用。

特征主要表现为：砂岩的孔隙度减小，渗透率下降，使砂岩变得更加致密，物性变差。山 2 段致密砂岩储层的破坏性成岩作用主要包括压实作用和胶结作用。

压实作用：沉积物在上覆沉积重荷作用下，水分不断排出，孔隙度不断降低，体积不断缩小而固结。压实作用会使得沉积作用形成的原生孔进一步压缩，孔隙不断减少，物性变差。通过镜下观察铸体薄片，发现目标层段的砂岩颗粒接触方式以线接触为主，同时发现研究区目标层段的原生孔隙较少，进一步说明研究区的山 2 段砂岩广泛受到压实作用的影响。

胶结作用是指矿物质在碎屑沉积物孔隙中沉淀，形成自生矿物并使沉积物固结为岩石。胶结作用影响的是粒间孔隙，随着胶结物的增加，粒间孔隙减少，孔隙度降低，储层物性变差。通过镜下观察铸体薄片，发现目标层段砂岩胶结物的类型主要有黏土矿物、碳酸盐类矿物（方解石、白云石、菱铁矿等）以及石英加大和长石加大。常见石英加大和长石加大，黏土矿物、碳酸盐类矿物仅在少数井中发育。如图 1-4-43 所示，在山 2 段的致密砂岩中石英次生加大的现象非常常见。

（2）建设性成岩作用。

① 溶蚀作用：在成岩作用中，溶蚀作用主要发育在岩屑、长石及杂基中，产生溶蚀孔，增大了孔隙度，从而改善储层物性。研究区目标层段在溶蚀作用下产生粒内溶孔、粒间溶孔和铸模孔，大大改善了储层的孔渗性。山 2 段致密砂岩中的岩屑溶孔如图 1-4-44 所示。

图 1-4-43　中—细粒岩屑石英砂岩
大吉 9 井，石英次生加大明显，正交偏光

图 1-4-44　岩屑溶孔
大吉 14 井，正交偏光，50×

② 破裂作用：成岩早期受压实作用的挤压，颗粒内部破裂及边缘破裂形成的裂缝和微裂缝可有效地增加储层的渗流性能，使孔喉连通性变好。在研究区大吉 7 井、大吉 12 井和大吉 14 井的一些薄片中可见成岩缝，在大吉 9 井的一些薄片中可见构造缝，极大地改善了储层物性。

6. 流体性质

1）天然气性质分析

致密气藏相对密度为 0.50~0.59，平均值为 0.56，天然气组分中，CH_4 含量为 93.56%~97.34%，平均值为 96.67%；气藏中发现微量 H_2S，H_2S 含量为 0.02~1.99mg/m³，平均值为 0.51mg/m³；N_2 含量为 0.46%~3.65%，平均值为 1.09%；O_2 含量为 0.01%~0.95%，平均值为 0.09%；CO_2 含量为 0.37%~2.58%，平均值为 1.55%。

2）地层水性质分析

产出水氯离子含量为4370.96~117840.5mg/L，平均值为40496.55mg/L；pH值为4.91~7.26，平均值为6.08；总矿化度为6917.55~192215.52mg/L，平均值为68949.55mg/L。分析确定为地层水，高矿化度水型反映了储层未经后期水动力的破坏，较高的矿化度反映了储层保存条件较好。

7. 温度和压力

利用实测地层温度资料与对应深度做相关分析（图1-4-14），相关系数为0.9164，关系式为：

$$T=0.0270H+11.5074 \qquad (1-4-2)$$

式中　T——气层中部温度，℃；
　　　H——气层中部深度，m。

求得建产区上古生界地温梯度为2.70℃/100m。综合分析表明，区内平均地面温度为11.5074℃，区内上古生界地温梯度变化较小，上古生界地温梯度为2.70℃/100m，具有统一地温场特征。

受气藏内部储层非均质性及总体低渗透特征影响，部分压裂改造井由于压裂液未完全返排，导致压力测试数据明显偏低，在压力分析中通过选择并采用测压条件相近、压力恢复较好的资料进行分层分析。分析结果表明，山西组、石盒子组压力系数为0.82~0.91，属于正常压力气藏。本溪组在埋藏较深（埋藏大于2000m）地区，存在局部高压区，压力系数为1.1~1.3。

综上，大吉区块山2段、山1段和盒8段气藏属于特低孔渗、常压、定容弹性驱动气藏。

三、页岩气藏特征

1. 岩矿特征

鄂尔多斯盆地东缘山西组页岩相比南方海相页岩，岩性较为复杂。大吉区块山2段岩性以黑色碳质、黑色粉砂质页岩为主，夹砂岩、粉砂岩、煤线，富含植物茎秆化石，含黄铁矿（图1-4-45）。大吉51井山2^3亚段发育黑色碳质页岩、页岩，夹薄层砂岩、粉砂岩、石灰岩、煤线，发育页理。

大吉51井山2段页岩X射线衍射数据表明，矿物成分为黏土矿物、石英、长石、方解石、白云石、菱铁矿和黄铁矿等。其中，黏土矿物含量较高，其含量分布于8%~93%之间，平均值为55.8%；石英含量分布于7%~73%之间，平均值为38.5%。此外，钾长石和斜长石含量平均值分别为0.44%和2.88%；碳酸盐含量平均值为3.31%，个别样品含量较高（图1-4-46）。页岩中还发育少量的菱铁矿、黄铁矿等自生矿物，含量一般小于5%。大吉51井2295~2298m优质页岩段实测石英含量为21%~73%，平均值为54.9%；碳酸盐含量为2%~44%，平均值为12.71%；黏土矿物含量为20%~41%，平均值为28.86%。脆性矿物含量为59%~80%，平均值为71%（图1-4-47）。

浅灰色粉砂岩夹泥质条带	黑色煤层黑灰色页岩	水平裂缝
黑灰色页岩	具水平裂缝的黑灰色页岩	具垂直裂缝的黑灰色页岩

图 1-4-45 大吉区块大吉 51 井山西组页岩岩心照片

黏土矿物中高岭石含量最高，平均值为 61.5%；其次为绿泥石，含量平均值为 20.58%；伊利石含量平均值为 15.75%；伊蒙混层含量平均值为 2.17%（图 1-4-48、图 1-4-49）。

大吉 51 井山 2^3 亚段页岩与长宁（76.5%）、威远（75.5%）五峰组—龙马溪组海相页岩相比偏低，可压裂性相对较差。总体上，与北美地区海相页岩和四川盆地五峰组—龙马溪组海相页岩相比，鄂尔多斯盆地东缘上古生界山西组海陆过渡相页岩中黏土矿物含量较高且变化大，硅质矿物含量偏低（图 1-4-50）。

1）地化特征

（1）有机质丰度。

有机质丰度的表征参数主要包括总有机碳含量（TOC）、氯仿沥青"A"含量和总烃含量。采用有机碳含量对大吉区块山 2 段含气页岩的有机质丰度进行表征与评价。DZ/T 0254—2014《页岩气资源/储量计算与评价技术规范》中将 TOC 划分为特高（不小于 4%）、高（2%~4%）、中（1%~2%）、低（小于 1%）4 个级别。

鄂尔多斯盆地东缘山西组黑色页岩总有机碳含量普遍较高，大吉区块 17 口井山 2^3 亚段页岩测井解释 TOC 为 1.4%~8.88%，平均值为 4.91%。大吉 51 井山 2^3 亚段优质页岩段测井解释 TOC 为 5.44%（图 1-4-51 至图 1-4-54）。

大吉 51 井岩心样品分析表明，山 2^3 亚段 TOC 介于 1.03%~11.68%，平均值为 2.96%。2295~2298m 优质页岩段实测 TOC 为 4.53%~11.68%，平均值为 7.97%。大吉 51 井实测 TOC 介于 1.4%~2.5%。总体上，山西组有机质丰度较高，为页岩气的生成提供了良好的物质基础。

（2）有机质类型。

不同类型的有机质都可以生成天然气，有机质的类型不仅影响烃源岩的产气量，而且不同类型的有机质吸附能力也不同。有机质类型可以用干酪根类型进行表征，相同 TOC 条件下Ⅰ型干酪根生烃潜力最好。

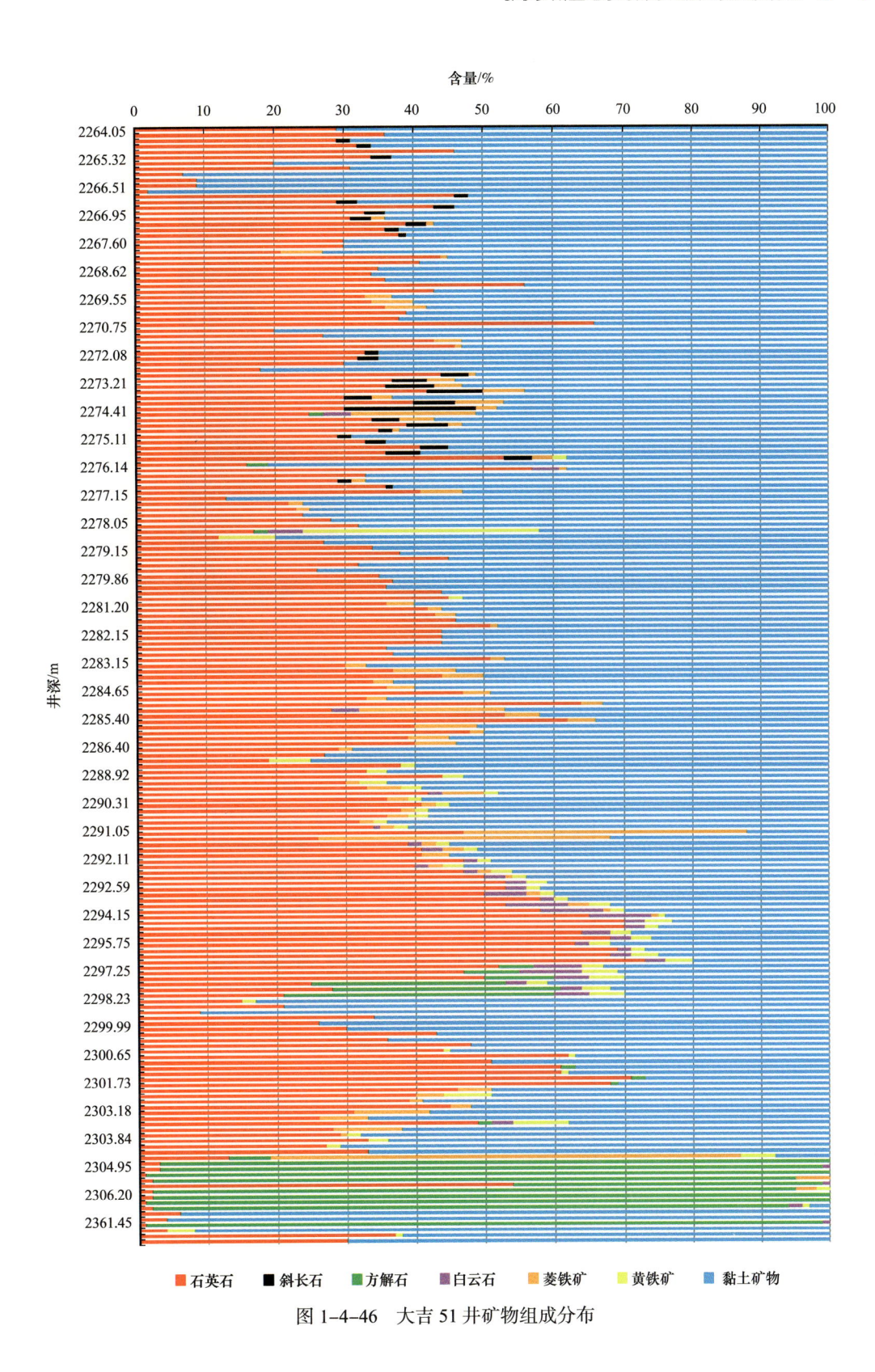

图 1-4-46 大吉 51 井矿物组成分布

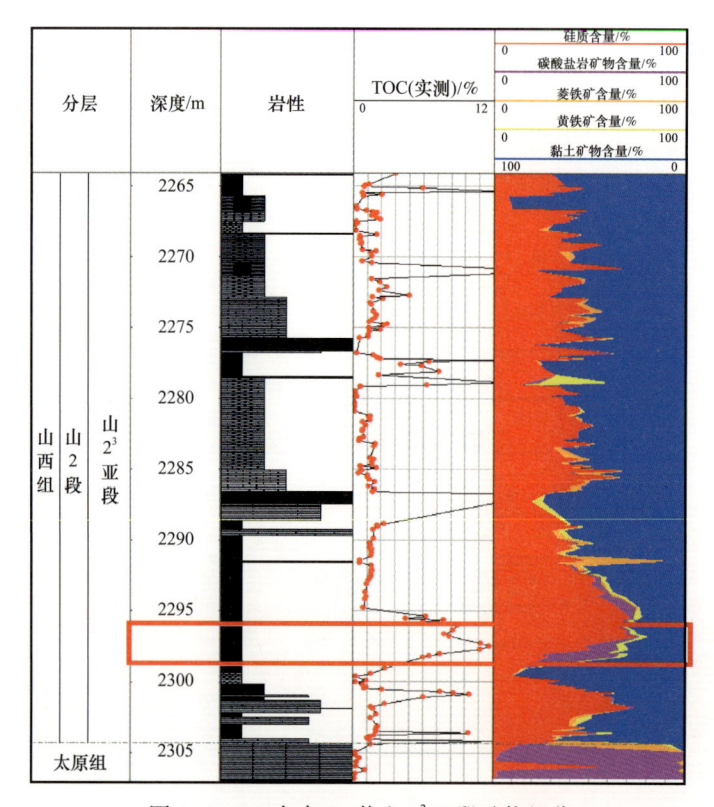

图 1-4-47　大吉 51 井山 2^3 亚段矿物组分

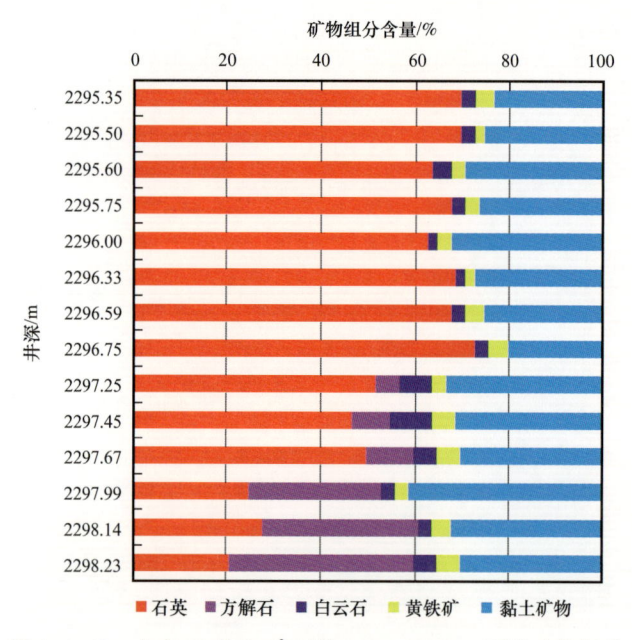

图 1-4-48　大吉 51 井山 2^3 亚段 2295~2298m 页岩矿物组分

鄂尔多斯盆地上古生界页岩干酪根元素分析结果显示，氧碳原子比主要分布在 0.02~0.15 之间，氢碳原子比主要分布在 0.2~0.8 之间，表现为Ⅲ型干酪根的特征，以生气为主。山西组和本溪组泥页岩镜质组和惰质组含量较为丰富,见大量灰白色碎块状、脉状镜质体和碎屑状惰质体(占显微组分总量的56%～86%);部分高碳页岩以均质镜质体为主,出现大量丝质体碎屑(占显微组分总量的9%～16%),而壳质组和矿物沥青基质较少见(图1-4-55、图1-4-56)。

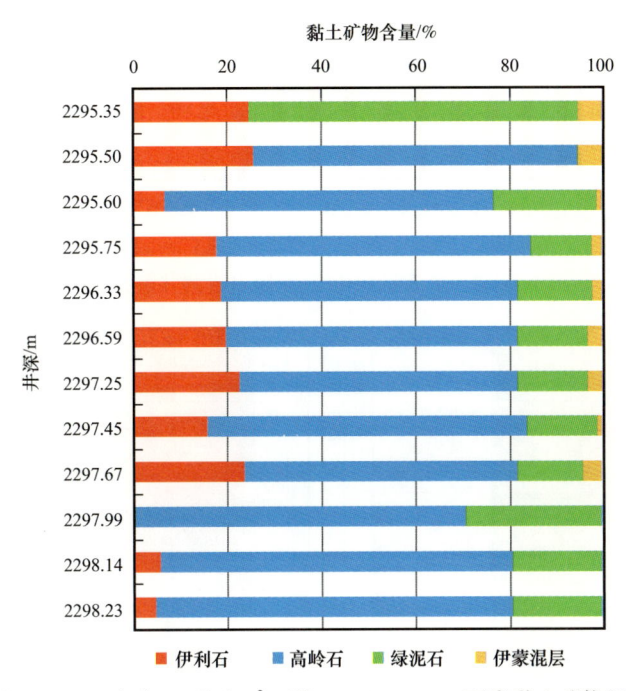

图1-4-49 大吉51井山2^3亚段2295～2298m页岩黏土矿物组分

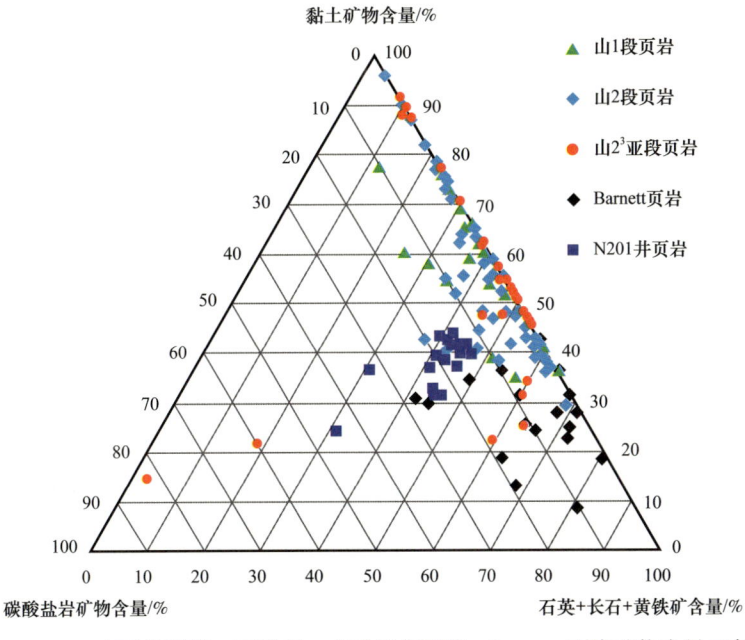

图1-4-50 山西组页岩、五峰组—龙马溪组页岩、Barnett页岩矿物含量三角图

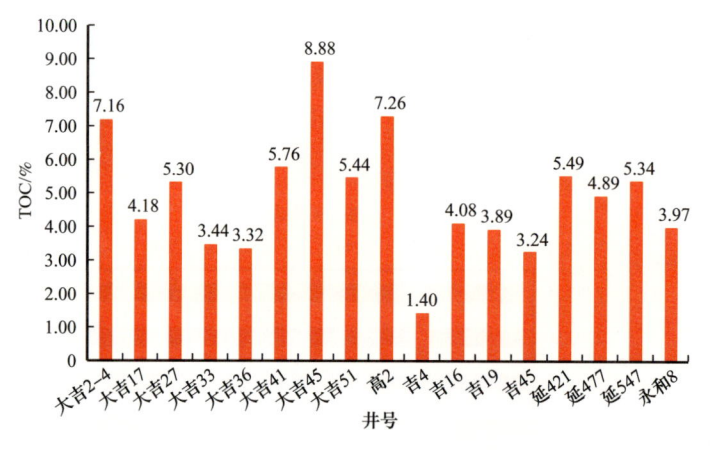

图 1-4-51 大吉区块山 2^3 亚段页岩测井解释 TOC

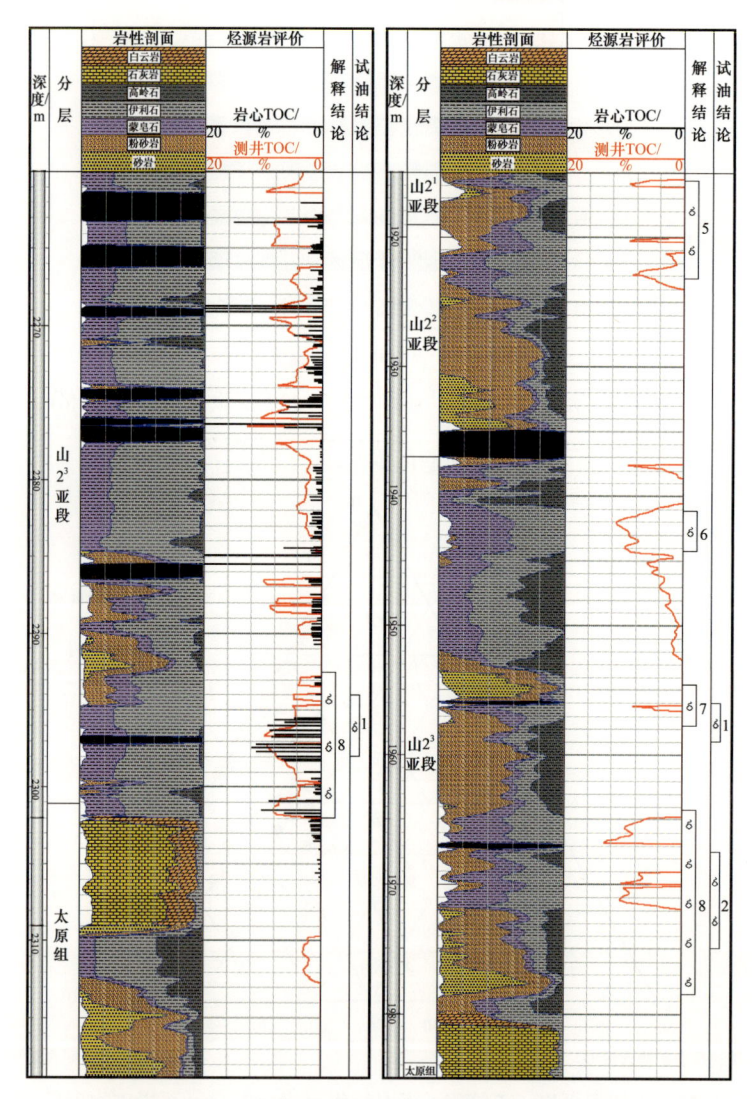

图 1-4-52 大吉 51 井、大吉 45 井测井解释 TOC

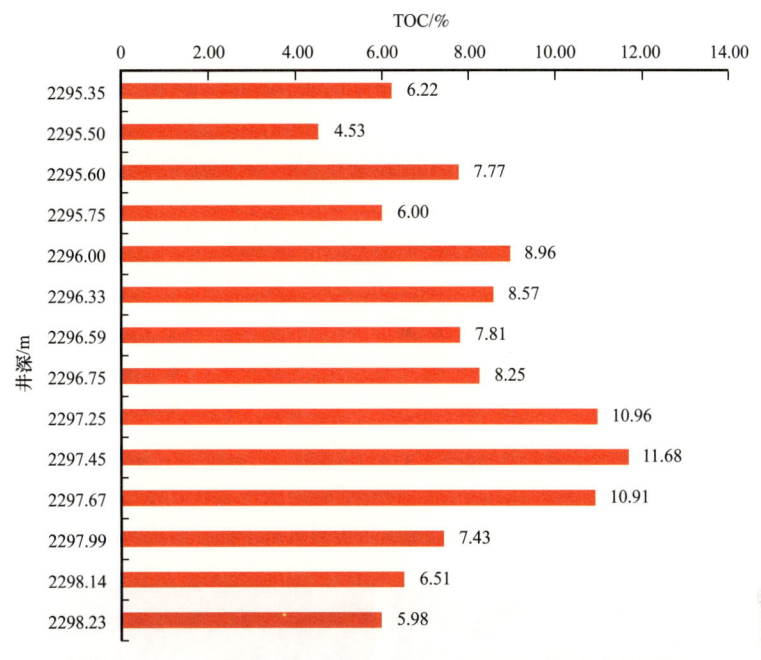

图 1-4-53　大吉 51 井山 2^3 亚段 2295～2298m 页岩实测 TOC

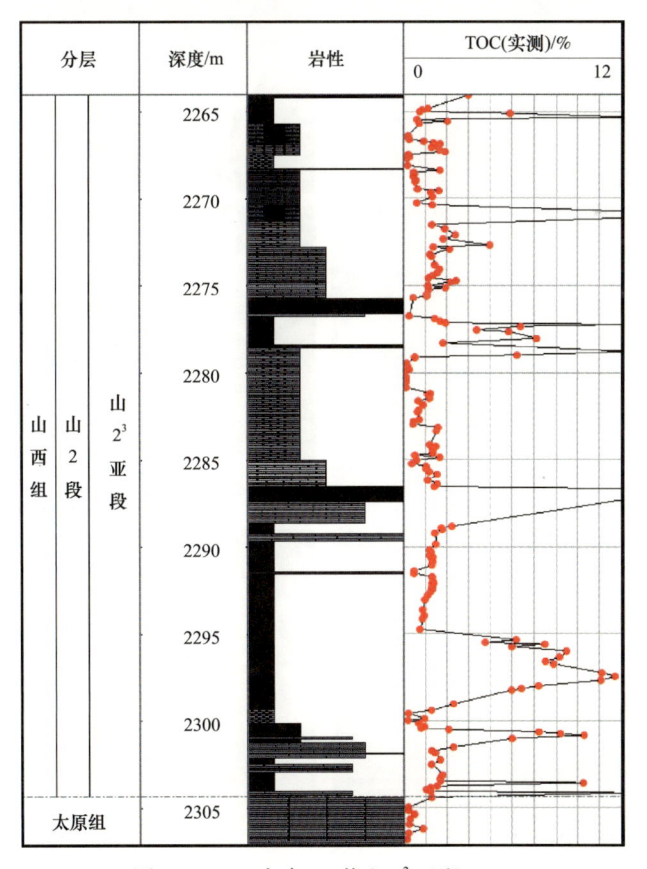

图 1-4-54　大吉 51 井山 2^3 亚段 TOC

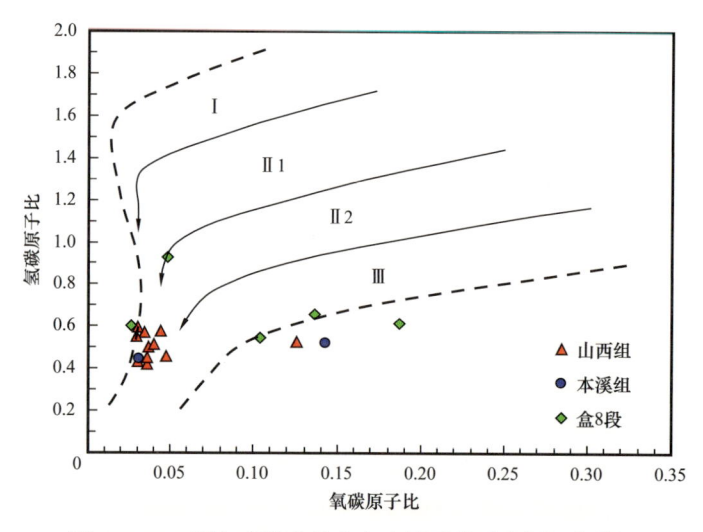

图 1-4-55　鄂尔多斯盆地上古生界页岩干酪根组成特征

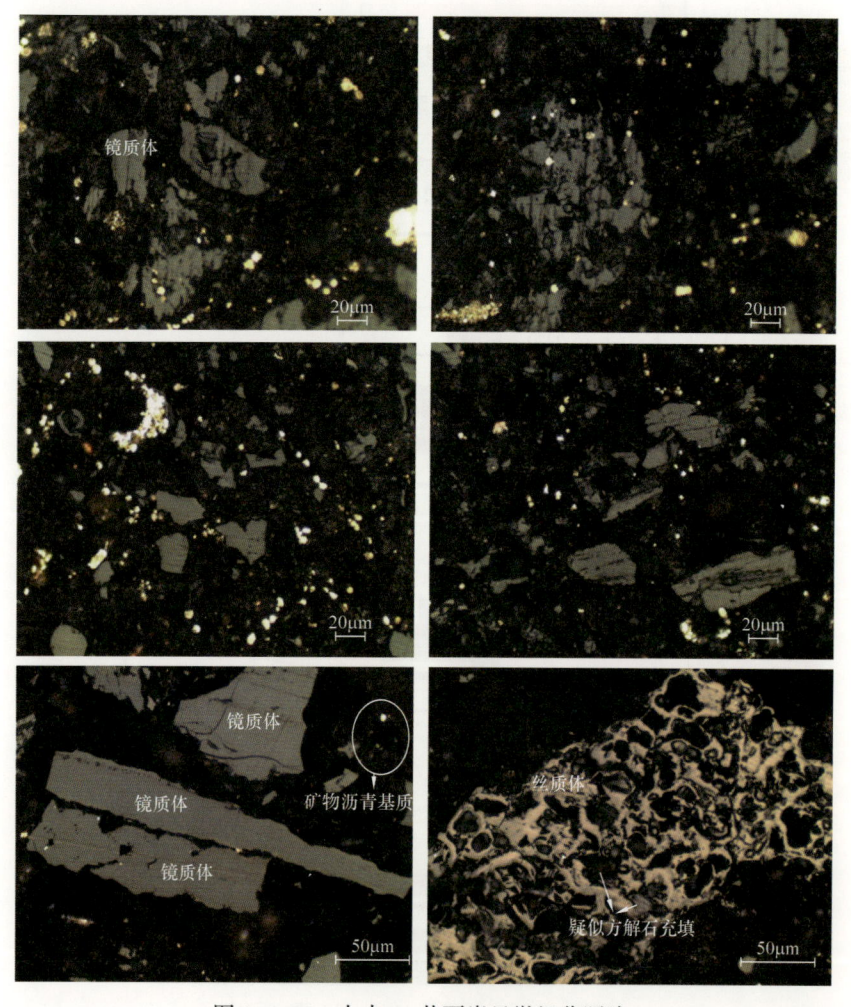

图 1-4-56　大吉 51 井页岩显微组分照片

（3）有机质热演化程度。

热演化程度可以揭示烃源岩在盆地演化中所经历的最高温度和有机质的转化率，镜质组反射率（R_o）是反映烃源岩成熟度的通用指标，其划分有机质热演化阶段的标准见表1-4-8。

表1-4-8 烃源岩热演化阶段划分

成熟阶段划分	未成熟	成熟期		高成熟		过成熟期	
		低成熟	成熟	早期	晚期	早期	晚期
R_o/%	0	0.5	0.8	1.3	1.6	2.0	3.5	5.0

鄂尔多斯盆地东缘108口井上古生界山西组岩心样品分析表明，山2段页岩R_o主要分布在1.5%～2.6%之间（图1-4-57），处于高—过成熟阶段，处于生气高峰阶段。大吉51井山2^3亚段页岩实测R_o为2.58%～2.68%（图1-4-58），处于生气高峰阶段（表1-4-9）。

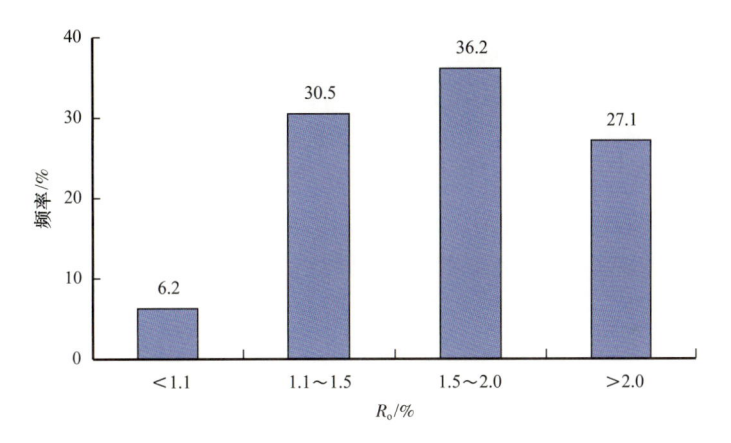

图1-4-57 鄂尔多斯盆地上古生界山2段页岩R_o频率分布

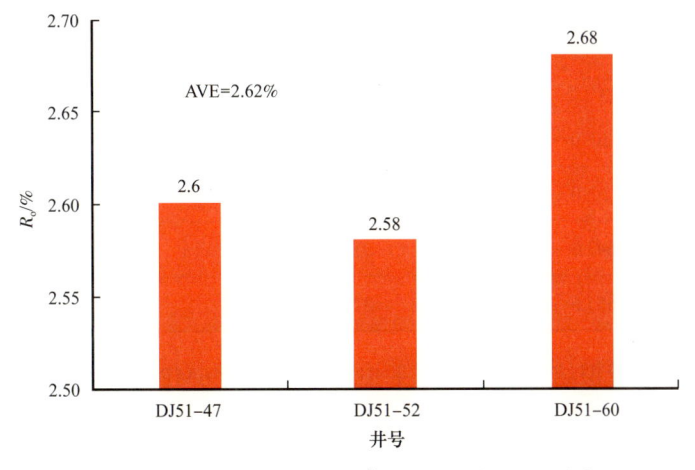

图1-4-58 大吉51井山2^3亚段页岩实测R_o分布

表 1-4-9 鄂尔多斯盆地东缘本溪组—山西组页岩镜质组反射率测试统计

采样点	临县TB01井	临县TB02井	临县TB02井	临县TB03井	临县TB03井	临县TB03井	临县TB01井	临县TB01井
地层	山西组	山西组	山西组	山西组	山西组	山西组	太原组	太原组
R_o/%	1.26	1.39	1.39	1.39	1.28	1.61	1.04	0.88
采样点	临县TB02井	临县TB03井	柳林成家庄剖面	保德扒楼沟剖面	保德扒楼沟剖面	临县TB03井	太原西山剖面	兴县关家崖剖面
地层	太原组	太原组	太原组	太原组	太原组	本溪组	本溪组	本溪组
R_o/%	1.48	0.92	1.79	1.5	1.53	1.33	0.92	1.52

2）岩石力学特征

掌握页岩气储层的岩石力学性质是对储层进行压裂设计的基础，杨氏模量和泊松比是两个基本的岩石力学参数。通过杨氏模量和泊松比也可以定量地表征页岩的脆性，根据杨氏模量和泊松比可以将页岩划分为脆性页岩和塑性页岩。泊松比反映了岩石在应力作用下的破裂能力，而弹性模量反映了岩石破裂后的支撑能力。脆性页岩有利于天然裂缝发育和水力压裂形成裂缝网络，脆性越强裂缝系统越复杂。大吉区块3口井压裂段测井解释脆性指数为39%~80%，平均值为55%。测井解释杨氏模量为20~44GPa，泊松比为0.2~0.26。页岩的杨氏模量高，泊松比低，储层脆性较强。大吉51井山2^3亚段实测杨氏模量为77.92~83.64GPa，泊松比为0.198~0.38，与川南海相页岩储层岩石力学参数对比，脆性较好（表1-4-10、图1-4-59和图1-4-60）。

表 1-4-10 大吉区块岩石力学参数统计

井号	深度/m	实验结果		脆性指数/%
		杨氏模量/MPa	泊松比	
大吉 2-4	2048~2052	38002	0.27	53.7
	2071~2076	31774	0.26	46.2
大吉 41	2070~2075	26677	0.27	43.7
	2080~2084	43364	0.26	59.3
大吉 36	1642.0~1653.2	35815	0.28	45.1
	1655.6~1657.7	34532	0.27	53.2

数值模拟、物理模拟结果表明，水平主应力差大于6MPa，不易形成缝网。大吉区块3口井测井解释水平主应力差为5.5~8.6MPa，表明形成复杂缝网较难。上下无含水层，可适当提高施工排量增大改造体积（图1-4-61）。

图 1-4-59　页岩储层脆性参数对比

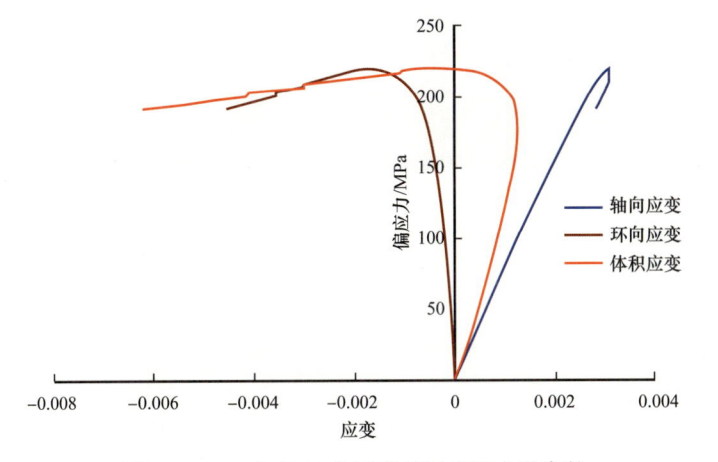

图 1-4-60　大吉 51 井页岩储层岩石力学参数

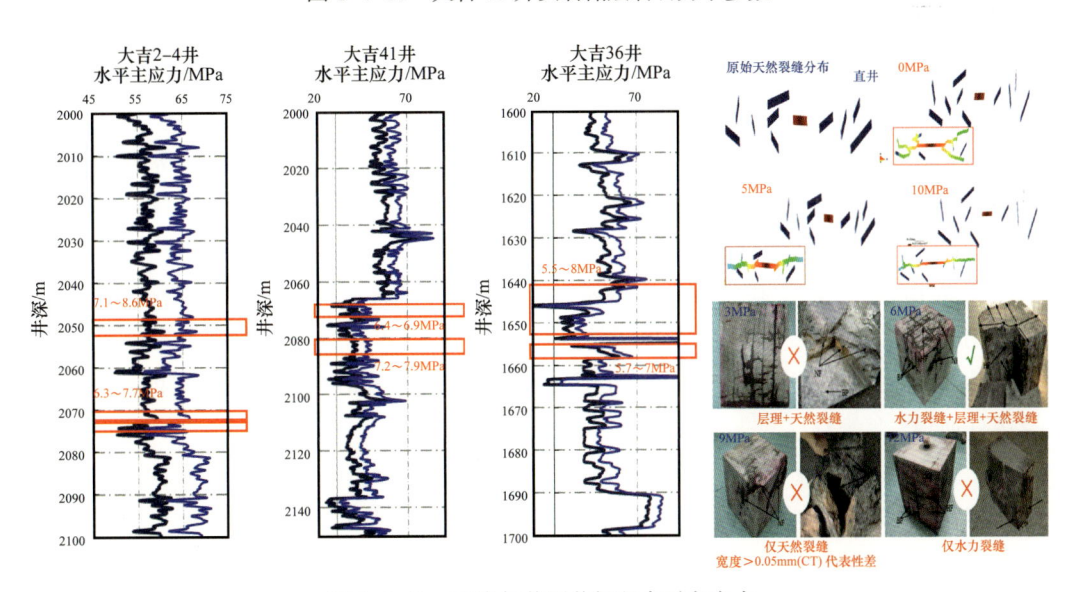

图 1-4-61　页岩气井测井解释水平主应力

2. 储集特征

1）储集空间

与海相页岩相比，延长组陆相页岩地质年代较新、有机质成熟度较低、黏土矿物较发育及刚性颗粒矿物发育较差，其粒内孔发育程度优于海相页岩，有机质孔与粒间孔发育程度相对较差；裂缝发育程度主要受沉积环境与构造因素影响较大，与海相页岩还是陆相页岩关系不大。鄂尔多斯盆地上古生界山西组页岩发育多种类型孔隙，主要包括粒内孔、粒间孔、有机质孔及微裂缝。页岩储层以黏土矿物晶间孔为主，有机质孔发育程度低，构成复杂，以小于100nm孔隙为主（图1-4-62）。

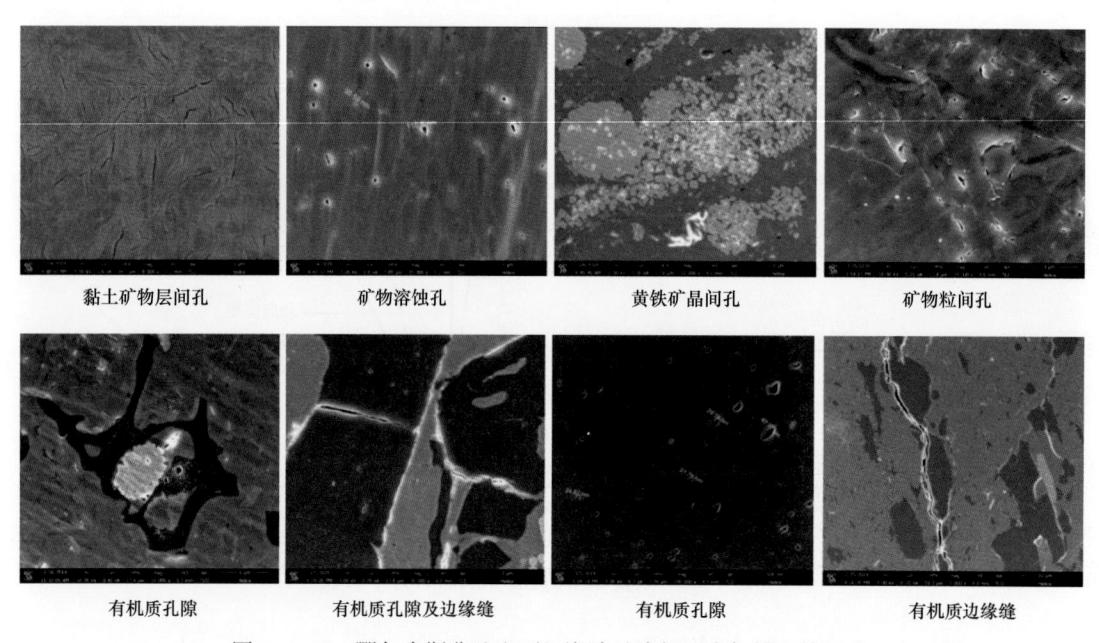

图1-4-62 鄂尔多斯盆地山西组海陆过渡相页岩扫描电镜照片

（1）粒内孔。

粒间孔是指黏土矿物晶体间的微孔、片状孔，或石英、长石、方解石等堆积体之间的孔隙。这类孔隙多为成岩作用后期改造而形成，原生孔隙较少。山西组海陆过渡相页岩受沉积环境及成岩条件的影响，矿物成分中黏土矿物含量较高，刚性颗粒矿物含量较低，导致黏土集合体内矿物片间孔十分发育，黄铁矿晶间孔与石英粒内孔等亦比较常见。黏土矿物在成岩过程中极易转化为伊蒙混层或伊利石，转化过程中形成大量黏土集合体内矿物片间中孔，孔径为5～50nm，孔隙连通性好，为海陆过渡相页岩气重要的储存空间及运移通道。

（2）粒间孔。

与海相页岩相比，海陆过渡相页岩中石英、长石等刚性颗粒矿物含量相对较少，刚性颗粒矿物常以分散状镶嵌于黏土矿物与有机质中，不太容易形成颗粒支撑，粒间孔隙发育情况较差，主要存在于少量的脆性矿物颗粒或晶粒之间以及脆性矿物颗粒与黏土矿物之间。粒间孔隙发育较少，以黏土矿物片间中孔为主。颗粒间大孔、刚性颗粒边缘微中孔发育一般。

（3）有机质孔。

有机质孔主要指有机质团块内部或有机质生烃后内部残留的孔隙，其形成、分布及大小与泥页岩中有机质丰度、类型及热成熟度密切相关。当烃源岩达到生烃门限时，有机质开始向烃类物质转化，泥页岩中开始产生生排烃作用形成的有机质孔隙。与海相页岩相比，海陆过渡相页岩中有机质孔发育较少。

（4）微裂缝。

页岩中存在的大量微裂缝可以为游离气提供储集空间，有助于吸附气的解吸，是气体渗流的重要通道。山西组海陆过渡相页岩地层中裂缝发育程度、缝宽及延伸性均较好。主要包括矿物内裂隙、黄铁矿与有机质间裂隙、黏土矿物间裂隙、黄铁矿充填裂隙。裂缝作为页岩储层的渗流通道，既有利于增加页岩孔隙的连通性，提高气相渗透率，亦有利于增加页岩储层中游离态天然气的聚集与吸附态天然气的解吸。

2）物性特征

（1）孔隙度、渗透率。

与常规油气储层相比，页岩储层总体致密，渗透率和孔隙度均较小。美国主要的含气页岩总孔隙度多介于2%～14%，平均值为4.22%～6.51%；测井计算的孔隙度多介于4%～12%，平均值为5.2%；渗透率一般小于0.1mD。我国南方下古生界的海相泥岩孔隙度多介于0.7%～24.1%，平均值为6.95%；渗透率介于0.0065～0.0248mD，平均值为0.0092mD。

大吉区块17口井山2^3亚段页岩测井解释孔隙度介于2.1%～11.0%，平均值为5.1%。大吉51井山2^3亚段页岩测井解释孔隙度为3.0%。

山2段页岩实测孔隙度分布在0.25%～4.85%之间，平均值为2.3%，实测渗透率分布在0.01～0.1mD之间，平均值为0.04mD。计算孔隙度分布在4.0%～6.0%之间，孔隙度与渗透率具有一定正相关关系。大吉31井山2段页岩实测孔隙度分布在1.8%～3.8%之间。大吉51井山2^3亚段页岩储层实测孔隙度偏低，实测孔隙度介于2.1%～2.7%。大吉51井2295～2298m优质页岩段测井解释孔隙度介于5.10%～5.84%，平均值为5.3%。

（2）孔径分布及比表面积。

页岩储层的结构和孔隙特性不仅影响气体的储集和吸附能力，而且也影响气体的运移。油气储层孔隙结构研究的主要技术手段有铸体薄片分析法、高压压汞法、氮气吸附法和扫描电镜法等。低温氮气等温吸附法侧重于表征微孔和中孔的孔隙结构。鉴于扫描电镜定性—半定量表征孔隙特征的局限性，采用低温N_2吸附实验定量描述纳米孔隙结构特征。依据国际纯粹与应用化学联合会（IUPAC）提出的"三分法"孔隙分类方案对孔径（d）大小进行表示，即微孔（$d<2$nm）、介孔（2nm$<d<$50nm）和宏孔（$d>$50nm）。

通过对页岩样品进行氮气吸附—解吸实验，得到具有吸附回线的等温线。泥页岩储层孔隙结构复杂，多数为无定形孔。其中，开放透气性孔（包括两端开口的圆筒孔及四边开放的平行板孔）可以产生吸附回线；而一端封闭的不透气性孔（包括一端封闭的圆筒形孔，一端封闭的平行板孔及锥形孔）则不能产生吸附回线。吸附回线形态近似IUPAC标准分类中的H3型回线，兼有H2、H4型回线特征。表明孔隙形态呈开放状态，以四边开放的平行板构成的狭缝状孔、裂缝型孔隙及细颈瓶状（墨水瓶）孔等开放性孔为主。

采用多点BET（Brunauar-Emmett-Teller）模型线性回归求得比表面积，根据BJH（Barret-Joyner-Halenda）模型得出孔径分布。测试计算结果表明，山2段页岩孔隙类型以2nm$<d<$50nm介孔为主，占总孔体积的74.51%，$d<2$nm微孔占0.86%，$d>$50nm宏孔占8.95%。BET比表面积分布在2.1～12.4m^2/g之间，平均值为9.07m^2/g；BJH总孔体积分布在0.0049～0.0314mL/g之间，平均值为0.02mL/g；平均孔径分布在11.3～24.2nm之间，平均值为13.63nm。实验数据表明，山西组页岩的比表面积和孔体积均较大，有利于页岩气吸附。

（3）孔隙发育的影响因素。

页岩储层孔隙发育受多种因素的影响，包括总有机碳含量（TOC）、干酪根类型、热演化程度、黏土矿物类型及含量等均不同程度地控制着纳米孔隙的发育。泥页岩有机碳含量是影响有机孔隙发育的重要因素。通过页岩样品TOC与BET比表面积、BJH总孔体积进行相关性分析，TOC与BET比表面积、BJH总孔体积均具有一定的负相关关系（相关系数分别为0.1141和0.3121）。因此，TOC对页岩孔隙发育贡献不大。

山西组页岩受沉积环境及成岩条件的影响，矿物成分中黏土矿物含量较高。通过页岩样品黏土矿物含量与BET比表面积、BJH总孔体积进行相关性分析，黏土矿物含量与BET比表面积、BJH总孔体积均具有一定的正相关关系（相关系数分别为0.1224和0.1651），表明黏土矿物含量对页岩孔隙发育贡献较大。

五峰组—龙马溪组页岩（N201井）TOC与BJH总孔体积均具有一定的正相关关系（相关系数为0.3284），而山西组页岩（大吉51井）TOC与BJH总孔体积均具有一定的负相关关系（相关系数为0.3121）。山西组页岩BJH总孔体积明显低于五峰组—龙马溪组页岩，表明有机质孔在海相页岩中占主导，而对海陆过渡相页岩孔隙发育贡献不大。黏土矿物含量对海相和海陆过渡相页岩均呈现正相关关系（相关系数分别为0.1779和0.1651），表明黏土矿物对海相页岩、海陆过渡相页岩孔隙发育均有一定影响。

3）含气性特征

含气量是评价页岩储层的直接参数之一，通过研究分析山2段页岩的含气量得到相关的储层评价依据。

大吉区块 17 口井山 2^3 亚段页岩测井解释含气量介于 1.38～5.66m³/t，平均值为 2.63m³/t。大吉 51 井山 2^3 亚段页岩测井解释含气量为 2.13m³/t。

大吉 51 井 2295～2298m 优质页岩段测井解释含气量介于 1.55～3.72m³/t，平均值为 2.15m³/t。岩心实测含气量介于 1.83～3.08m³/t。大吉 30 井岩心实测含气量为 1.0～2.4m³/t。

4）孔隙流体特征

（1）气体组分。

研究区山西组页岩气为优质天然气，烃类气组分以甲烷（CH_4）占绝对优势，介于 95.15%～99.03%，平均值达 96.60%，仅含极少量重烃气，呈典型干气特征。非烃类气主要为少量 CO_2 和 N_2，与烷烃气组分含量相关性良好，显示气体组分种类简单，区内页岩气中未发现 H_2S 气体（表 1-4-11）。与非烃类气体相关性良好，气体组分种类简单，不含 H_2S 气体（图 1-4-63）。

表 1-4-11 大吉 51 井山 2^3 亚段页岩气组分数据

井号	含量/%				
	CH_4	C_2H_6	C_3H_8	CO_2	N_2
DJ51-4	96.54	0.11	0	0.97	2.38
DJ51-6	96.34	0.06	0	2.63	0.97
DJ51-8	97.07	0.34	0	0.24	2.35
DJ51-9	99.03	0.07	0	0.42	0.48
DJ51-10	95.29	0.25	0	0.14	4.32
DJ51-11	98.16	0	0	0.68	1.16
DJ51-12	95.67	0.08	0	2.31	1.94
DJ51-13	96.60	0.47	0	0.33	2.60
DJ51-14	96.73	0.07	0	1.68	1.52
DJ51-16	97.42	0.08	0	2.21	0.29
DJ51-17	95.78	0.31	0	0.63	3.28
DJ51-18	95.15	0.05	0	0.15	4.65
DJ51-20	96.07	0.33	0	0.65	2.95

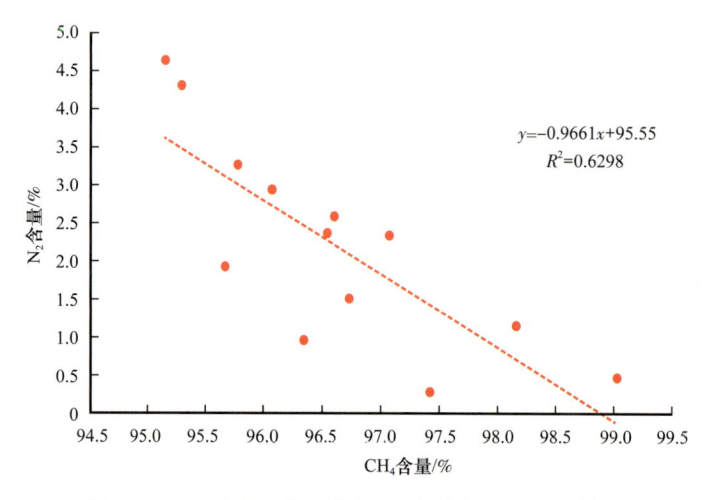

图 1-4-63　大吉区块页岩气 N_2 含量与 CH_4 含量关系

（2）地层压力。

鄂尔多斯盆地东缘山西组底界埋深介于 800~2600m，大宁—吉县山西组底界埋深介于 1200~2600m，区块北部石楼西区块山西组底界埋深介于 1600~2600m。山西组、太原组、本溪组埋深适中区域主要分布于大宁—吉县和石楼西区块（图 1-4-64、图 1-4-65）。鄂尔多斯盆地东缘上古生界地层压力介于 20~35MPa，压力系数一般为 0.95~1.05，压力系数呈现由西向东逐渐增高趋势，压力系数大于盆地内部（图 1-4-66、图 1-4-67）。

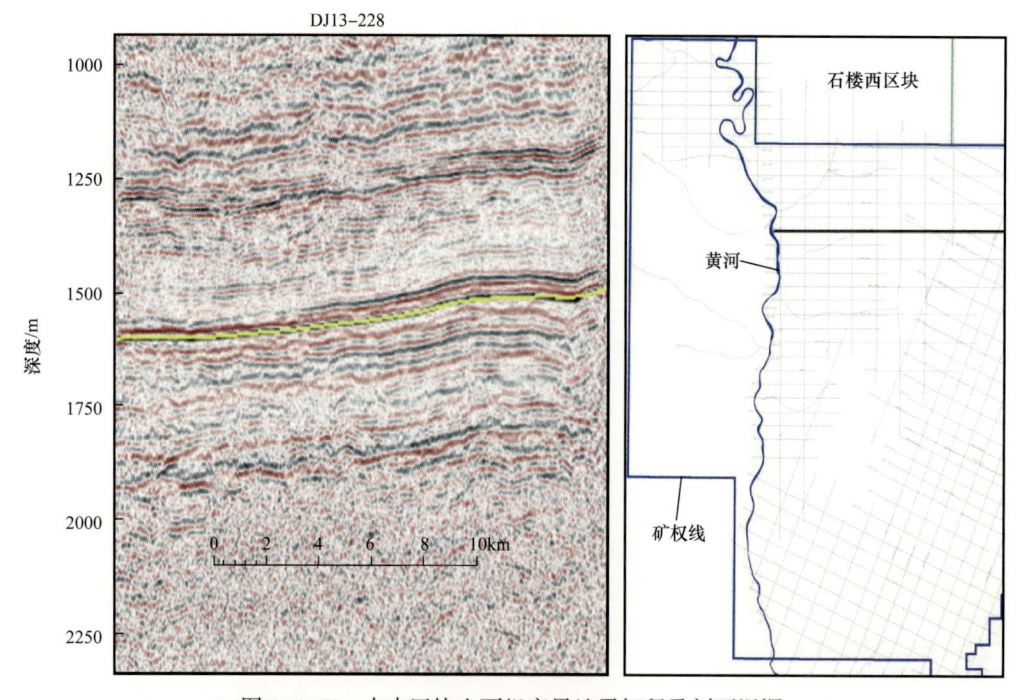

图 1-4-64　大吉区块山西组底界地震解释及剖面埋深

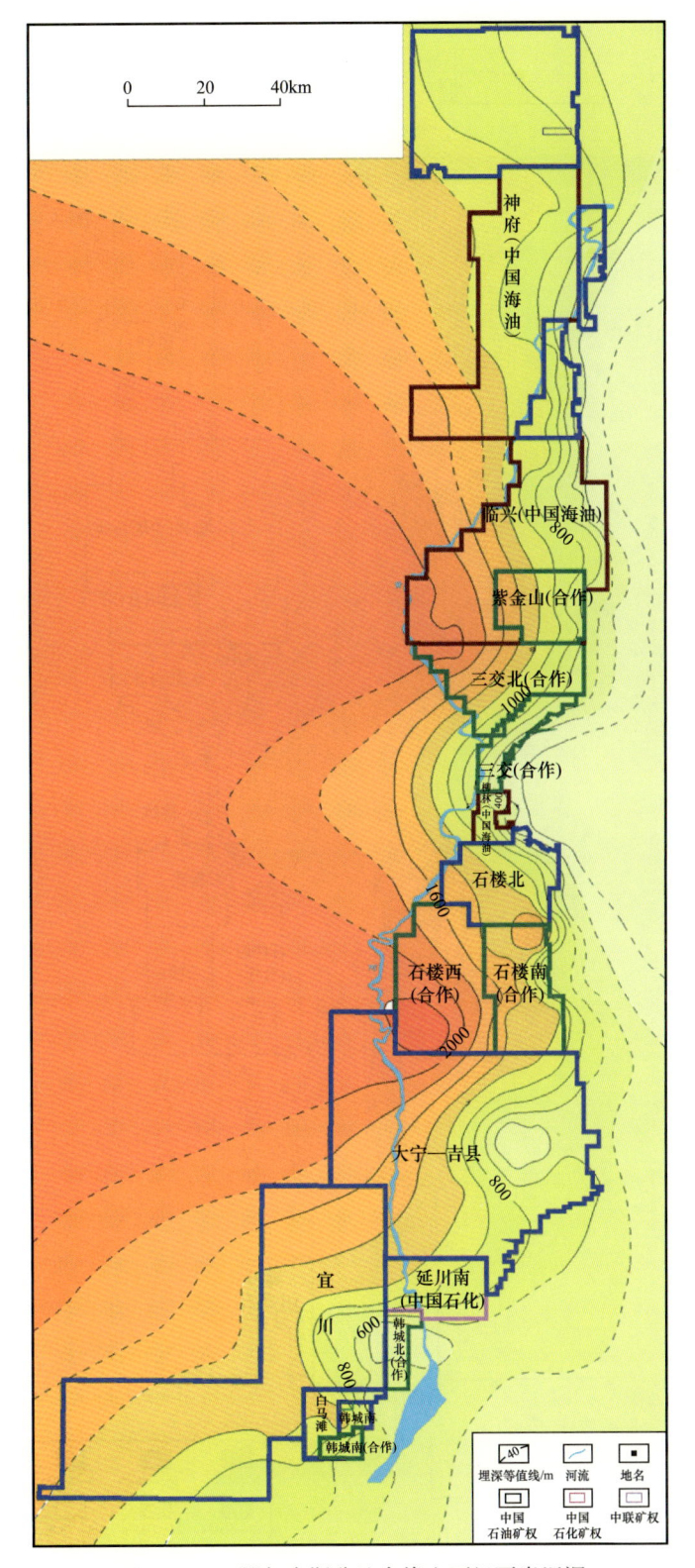

图 1-4-65 鄂尔多斯盆地东缘山西组页岩埋深

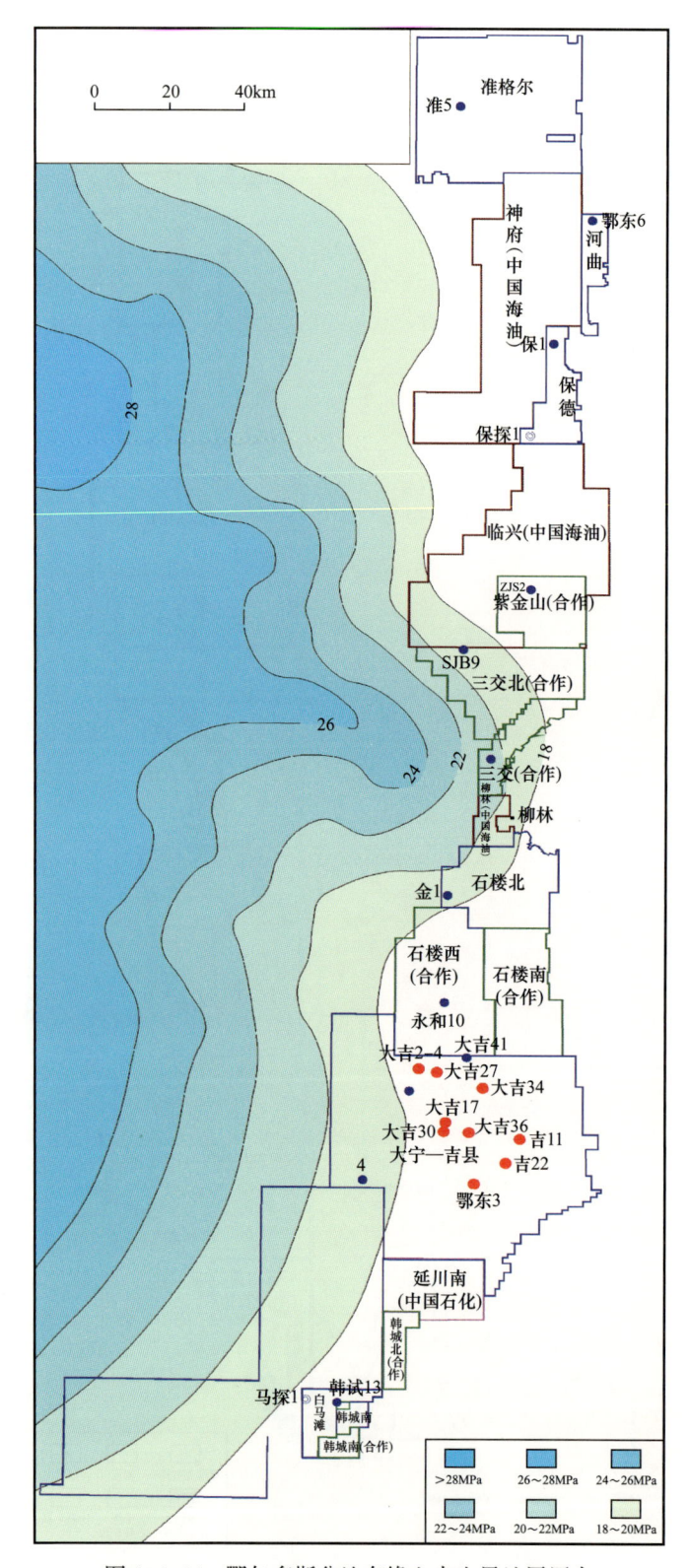

图 1-4-66 鄂尔多斯盆地东缘上古生界地层压力

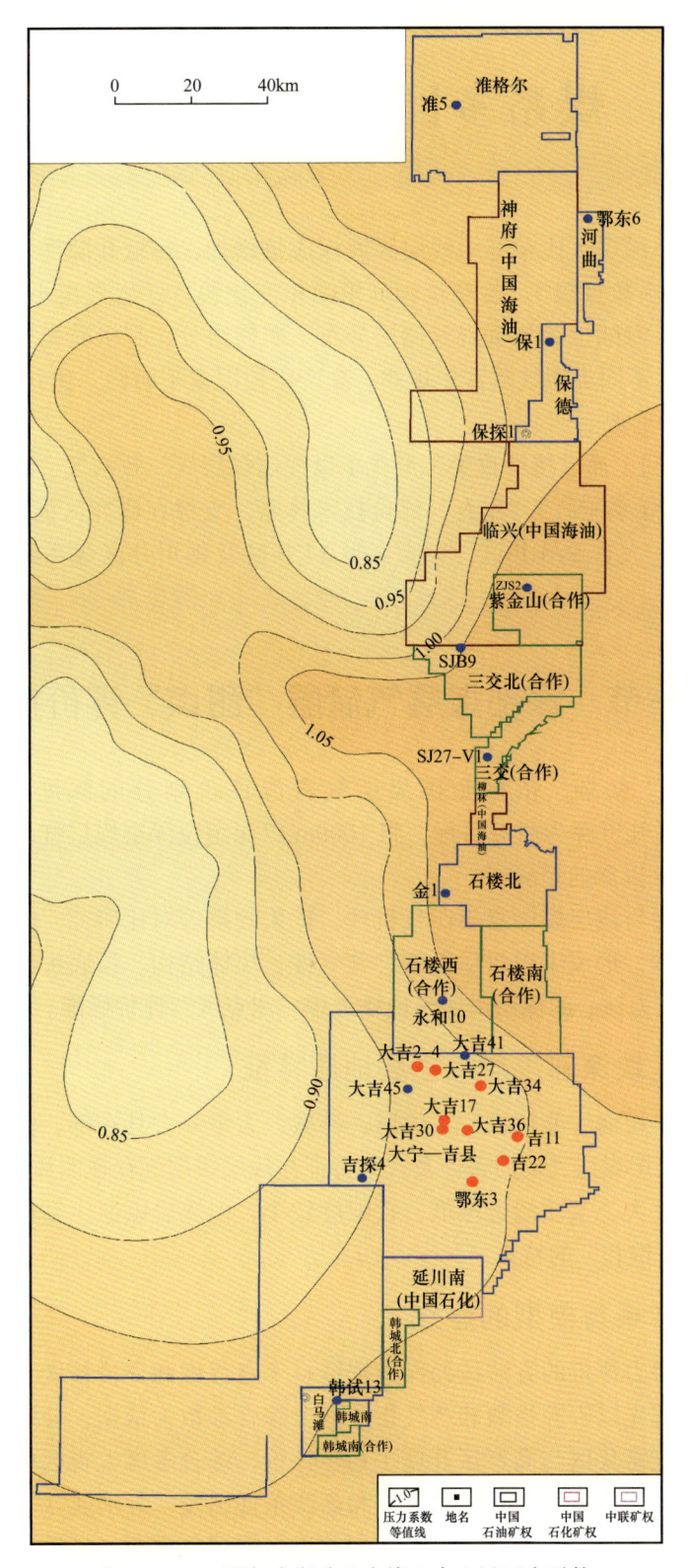

图 1-4-67 鄂尔多斯盆地东缘上古生界压力系数

第二章　煤系多目的层"甜点"评价技术

大吉区块西部深层区比东部中浅层区埋深成倍增加，特低孔隙度、渗透率（渗透率比中浅层低1~2个数量级），致密砂岩沉积微相变化快、砂岩规模小、纵横向变化快、储层预测难度大，海陆过渡相页岩气储层分布、矿物组分、有机质类型、埋深及压力系统与海相差异大，不同类型气藏富集规律、高产主控因素不明确，建立多目的层"甜点"评价技术体系十分必要。

"十三五"期间，通过持续攻关，形成了以深层煤层气、致密气、海陆过渡相页岩气"甜点"评价的"煤系三气""甜点"评价技术体系，支撑在研究区优选出大吉3-7向2井区深层煤层气，大吉5-6井区、大吉-平37井区及延川井区煤系致密气4个规模开发区。

第一节　深部煤层气储层"甜点"评价技术

在"十三五"初期，依据全国煤层气资源评价划分的深度带区间，以埋深1000~2000m煤层气资源为研究目标，将1000m以深定位深层煤层气，在"十三五"后期延伸到了2000m以深的超深层。

通过开展深层与浅层煤层富集产气机理、试采效果等对比研究，厘清了深层煤层气富集高产主控因素，形成了以煤层厚度、含气性、煤体结构、顶底板条件、可压性和可改造性等关键参数为核心的深层煤层气地质工程"甜点区"评价标准。

一、大吉区块深部煤层气主要地质特征

对比圣胡安、粉河、苏拉特、艾伯塔、韩城、大宁—吉县东部、保德、沁水等中浅层煤层气区块，深层煤层气地质条件及产气特征与浅层煤层气存在明显差异（表2-1-1）。深层煤层埋藏深度大，基质渗透率低，孔隙度较小，但煤岩以原生结构煤为主，整体表现出"高含气、高饱和"的特点。

二、评价体系与模型的建立

煤层气开发潜力评价的方法按勘探数据资料丰富程度和评价精度不同，所采取的研究方法也不同。首先以资源指数和产气指数两个综合参数为依据，分别对大吉区块山西组与本溪组煤层气富集区与高产区开展了初步评价，综合考虑大吉区块中—高煤阶深部煤层气藏成藏与开发的特点，从富集条件和高产条件出发，分别建立了大吉区块中—高煤阶深部煤层气富集区和高产区评价体系，并进行了评价预测。最后，对两种评价与预

测结果进行了对比分析与总结，指出了大吉区块山西组和本溪组主力煤层煤层气开发的有利区域。

表 2-1-1 国内外深浅层煤层主要地质特征对比

国家	美国		澳大利亚	加拿大	中国						
盆地/地区	圣胡安	粉河	苏拉特	艾伯塔	韩城	保德	沁水	晋城	吉县	临兴深层	大吉深层
煤层时代	白垩纪	古近纪	晚白垩世—古近纪	白垩纪	石炭纪—二叠纪	石炭纪—二叠纪	石炭纪—二叠纪	石炭纪—二叠纪	石炭纪—二叠纪	石炭纪—二叠纪	石炭纪—二叠纪
开采深度/m	500~1200	120~540	150~650	200~800	400~1000	300~1000	300~1500	200~1200	300~1200	1700~2100	2000~2800
煤镜质组反射率/%	0.75~1.2	0.3~0.4	0.3~0.6	0.3~0.8	1.3~2	0.6~0.97	1.5~4.2	2.5~3.5	1.2~2.0	1.1~1.9	2.5~2.7
含气量/m³/t	8.5~20	1~5	3~9	2~14	9.78~11.23	2~11	13~22.63	10~35	10~25	11.70	20~35
渗透率/mD	1~50	1~20	2~10	20~30	0.02~3.5	2.4~8	0.5~1.6	0.5~10	0.01~0.8	0.503	0.03

研究区内有分布均匀、储层数据比较详备的多口探井、开发井，可采用多层次模糊评价的方法进行区内煤层气开发产能潜力评价和有利区预测。

多层次模糊评价法是基于模糊数学的综合评价方法，根据隶属度理论把定性参数转换为定量评价。这种评价方法结果明晰、条理性好，能较好地解决众多不便量化的评价参数，适用于解决各类非定量问题。

模糊综合评价就是运用模糊变换原理对其考虑的事物所做的综合评价。运用模糊综合评价模型可分为以下七个步骤：

（1）确定评价指标集合论域 U：

$$U=\{u_1, u_2, \cdots, u_m\}（m 为指标项目数）$$

（2）确定评语集合论域 V：

$$V=\{v_1, v_2, \cdots, v_n\}（n 为评语等级数）$$

（3）确定权重分配模糊向量 A：

$$A=\{a_1, a_2, \cdots, a_m\}（m 为指标项目数）$$

（4）进行实际评判，形成评判模糊矩阵 R：

$$R=\begin{bmatrix} r_{11} & r_{12} & \cdots & r_{1m} \\ r_{21} & r_{22} & \cdots & r_{2m} \\ \vdots & \vdots & \ddots & \vdots \\ r_{n1} & r_{n2} & \cdots & r_{nm} \end{bmatrix}$$

其中，$0 \leq r_{ij} \leq 1$，$1 \leq i \leq m$，$1 \leq j \leq n$。

（5）进行模糊变换：

$$B = A \otimes R = (a_1, a_2, \cdots, a_n) \otimes \begin{bmatrix} r_{11} & r_{12} & \cdots & r_{1m} \\ r_{21} & r_{22} & \cdots & r_{2m} \\ \vdots & \vdots & \ddots & \vdots \\ r_{n1} & r_{n2} & \cdots & r_{nm} \end{bmatrix}$$

其中，$B_j = \bigcup_{i=1}^{m}(a_i \wedge r_{ij})$，$j = 1, 2, 3, \cdots, n$。

符号 $\otimes$ 和 $\wedge$ 分别表示模糊评价中模糊矩阵的合成规则和广义算子。

（6）对 B 进行归一化后得到模糊变换结果 B'。

（7）根据最大隶属度原则，做出评价判断。

以上为单层模糊评价的基本步骤，多层次模糊评价只要按照上述步骤逐层变换即可。具体评价过程中，多层次模糊评价可借助地理信息系统（GIS）和 MapInfo 等软件平台实现（孟艳军等，2010）。

三、深部煤层气富集区综合模糊评价

由于煤层气的富集程度主要由煤层含气量与煤层厚度决定，因此可以建立一个资源指数，即煤层含气量与煤层厚度的乘积，可以作为评价煤层气富集区的重要参数，更加合理地体现煤层气藏的资源潜力。

研究对象为大吉区块山西组和本溪组的煤层，针对 5 号煤层和 8 号煤层，从煤层气井实测含气量与煤层厚度数据上看，资源指数高值区域位于研究区中部大吉 3—7 向 2 井区，西北部郝 6 井区内也存在一个次高值区域，呈南北向条带分布。

1. 富集区评价指标确定

采用层次分析法（Analytic Hierarchy Process，AHP）（Saaty，1987），充分参考了以往学者有关深部煤层气的评价方法及评价参数的选取，结合典型深部煤储层特性和大吉区块煤层气藏特点，以煤层气富集区为一级指标，以煤层特征、含气性特征和保存条件为二级指标，筛选出煤层厚度、煤岩组分、灰分产率、变质程度、兰氏体积、含气量、构造条件、顶板岩性和成藏水文地质条件 9 个三级评价参数，建立了大吉区块深部煤层气富集区评价体系，评价体系基本构架与参数见表 2-1-2。

表 2-1-2　煤层气富集区评价体系

目标	二级指标	评价参数
煤层气富集区（A）	煤层特征（A_1）	煤层厚度（A_{11}）
		煤岩组分（A_{12}）
		灰分产率（A_{13}）
	含气性特征（A_2）	变质程度（A_{21}）
		兰氏体积（A_{22}）
		含气量（A_{23}）
	保存条件（A_3）	构造条件（A_{31}）
		顶板岩性（A_{32}）
		成藏水文地质条件（A_{33}）

2. 各层次指标权重确定

在用多层次分析法对大吉区块深部煤层气富集目标区评价优选的过程中，评价系统内部指标权重值的确定是非常重要的一环。采用专家打分法确定各指标的权重（Dalkey et al.，1963）。结合大吉区块深部煤层气储层特性，根据表 2-1-2 的标度，对表 2-1-3 的各层次指标分别进行两两比较，根据判断矩阵使用 Matlab 运算得到它的最大特征根（λ_{max}）和对应的特征向量，得出每个指标层和准则层、相邻层的判断矩阵及相对重要性系数（表 2-1-4）。

为保证计算结果的可信度和相对准确性，需要对判断矩阵做一致性检验。采用特征值法，用随机一致性比率 CR 来判别矩阵的一致性。其中，CR=CI/RI，CI=（$\lambda_{max}-n$）/（$n-1$），RI 为随机一致性指标，n 为矩阵的阶数。当 CR＜10% 时，认为判断矩阵比较结果可以接受，否则需重新比较计算与验证。对于 1～9 阶判断矩阵，Saaty 给出了标准 RI 值，见表 2-1-5。

利用指标层各指标的重要性系数与准则层对应的重要性系数加权综合，得到指标层相对于目标层的权重（表 2-1-6）。

各层元素对目标层的合成权重：

$$w_i^{(k)} = \sum p_{ij}^{(k)} w_j^{(k-1)}$$

$$w^{(k)} = p^{(k)} p^{(k-1)} \cdots w^{(2)}；i=1,2,\cdots,n；j=1,2,\cdots,n_{k-1}$$

式中　$w^{(2)}$——第 2 层中参数对总目标的排序向量；

$w_j^{(k-1)}$——第 k 层中第 n_k 个元素对第 $k-1$ 层中第 j 个元素为准则的排序权重向量。

表 2-1-3　两两判断矩阵构建中相对重要性标度的含义

指标对比	极重要	很重要	稍微重要	两者相当	稍不重要	不重要	极不重要
赋值	≥3	2～3	1～2	1	1/2～1	1/3～1/2	≤1/3

表 2-1-4　指标层相对于目标层的重要性系数

评价指标及矩阵					特征向量	最大特征根	随机一致性比率/%
$A-A_i$	A	A_1	A_2	A_3		3.002	0.2
	A_1	1.00	0.80	0.90	0.297		
	A_2	1.25	1.00	1.30	0.389		
	A_3	1.11	0.77	1.00	0.314		
A_1-A_{1i}	A_1	A_{11}	A_{12}	A_{13}		3.009	0.8
	A_{11}	1.00	2.50	1.50	0.487		
	A_{12}	0.40	1.00	0.77	0.212		
	A_{13}	0.67	1.30	1.00	0.300		
A_2-A_{2i}	A_2	A_{21}	A_{22}	A_{23}		3.020	1.8
	A_{21}	1.00	1.20	0.63	0.288		
	A_{22}	0.83	1.00	0.40	0.217		
	A_{23}	1.60	2.50	1.00	0.496		
A_3-A_{3i}	A_{31}	A_{31}	A_{32}	A_{33}		3.002	0.1
	A_{31}	1.00	0.50	0.52	0.203		
	A_{32}	2.00	1.00	0.91	0.389		
	A_{33}	1.92	1.10	1.00	0.408		

表 2-1-5　平均随机一致性指标（RI）取值

阶数 n	1	2	3	4	5	6	7	8	9
RI	0	0	0.58	0.90	1.12	1.24	1.32	1.41	1.45

表 2-1-6　煤层气富集区各层次参数权重取值

目标	二级指标（权重）	评价参数（权重）
煤层气富集区 A	煤层特征 A_1（0.3）	煤层厚度 A_{11}（0.5）
		煤岩组分 A_{12}（0.2）
		灰分产率 A_{13}（0.3）

续表

目标	二级指标（权重）	评价参数（权重）
煤层气富集区 A	含气性特征 A_2（0.4）	变质程度 A_{21}（0.3）
		兰氏体积 A_{22}（0.2）
		含气量 A_{23}（0.5）
	保存条件 A_3（0.3）	构造条件 A_{31}（0.2）
		顶板岩性 A_{32}（0.4）
		成藏水文地质条件 A_{33}（0.4）

3. 参数隶属度确定

1）煤层厚度（A_{11}）

煤储层的赋存状态决定了煤层资源的经济价值和开采计划。煤层厚度直观地反映了煤层资源储量及含气量的大小。区别于常规天然气藏的赋存状态，煤储层不单单是煤层气的储气层，也是生气层，采用煤层厚度作为评价指标。

煤层厚度 M（单位：m）隶属度函数定义为：

$$A_{11} = \begin{cases} 0.2 & M \leq 2 \\ 0.16M - 0.12 & 2 < M \leq 7 \\ 1 & M > 7 \end{cases}$$

2）煤岩组分（A_{12}）

本区内的主力煤层煤岩组分以镜质组最多，惰质组第二，不含壳质组。无机组分含量极少，大多数为黏土矿物。以镜质组含量 V（单位：%）作为评价指标。

煤岩组分隶属度函数定义为：

$$A_{12} = \begin{cases} 0.2 & V \leq 45 \\ 0.033V - 1.5 & 45 < V \leq 75 \\ 1 & 45 < V \leq 75 \end{cases}$$

3）灰分产率（A_{13}）

煤灰分是指煤在特定条件下彻底燃烧后残留下来的固体残渣。这些残渣几乎全部来自煤中的矿物质，可以作为一项煤质特征研究和利用的关键指标。煤的灰分不利于煤层气储集，影响煤层气勘探，灰分产率的高低还在很大程度上决定了煤层气排采过程中的煤粉产率。研究区5号煤层平均灰分产率为9.60%，8号煤层的平均灰分产率为13.24%。

灰分产率隶属度定义为：

$$A_{13} = \begin{cases} 1 & A_d \leq 15 \\ 1.75 - 0.05 A_d & 15 < A_d \leq 35 \\ 0 & A_d > 35 \end{cases}$$

4）变质程度（A_{21}）

煤的变质程度控制着煤层气的生产量，还作用于煤的吸附能力，煤的变质程度常用镜质组最大反射率来反映。

变质程度隶属度函数定义为：

$$A_{21} = \begin{cases} 0.2 & R_o \leqslant 1.6\% \\ 0.89R_o - 1.225 & 1.6\% < R_o \leqslant 2.5\% \\ 1 & R_o > 2.5\% \end{cases}$$

5）兰氏体积（A_{22}）

兰氏体积表示煤层最大吸附能力，兰氏体积越大，煤层气资源排采过程中煤层气解吸的速度也越大，越有利于煤层气的勘探和开采。大吉区块5号煤层兰氏体积为19.00~27.44m³/t；8号煤层兰氏体积为18.48~27.35m³/t。

兰氏体积 V_L（单位：m³/t）隶属度函数定义为：

$$A_{22} = \begin{cases} 0 & V_L \leqslant 10 \\ 0.67V_L - 0.667 & 10 < V_L \leqslant 25 \\ 1 & V_L > 25 \end{cases}$$

6）含气量（A_{23}）

煤层气藏富集区评价中最重要的参数是煤层含气量，通常对含气量的评价以实测的原位含气量数据作为首选。统计研究表明，本区5号煤层实测空气干燥基含气量为2.89~24.07m³/t；8号煤层实测空气干燥基含气量为0.77~24.13m³/t。

含气量 V_g（单位：m³/t）隶属度函数定义为：

$$A_{23} = \begin{cases} 0.3 & V_g \leqslant 3 \\ 0.047V_g + 0.154 & 3 < V_g \leqslant 18 \\ 1 & V_g > 18 \end{cases}$$

对于成藏水文地质条件等定性参数，可根据经验由好到差划分为4个等级，并分段给出隶属度取值范围，各定性参数的隶属度见表2-1-7。

表2-1-7 煤层气富集区评价定性指标隶属度取值

构造条件（A_{31}）	顶板岩性（A_{32}）	成藏水文地质条件（A_{33}）
构造简单，少断层，断层封闭（0.75~<1）	以泥岩为主，裂缝不发育（0.75~<1）	简单滞留区（0.75~<1）
构造中等，断层较少（0.5~<0.75）	以粉砂岩、砂泥岩互层等为主，发育少量裂缝（0.5~<0.75）	复杂滞留区（0.5~<0.75）
构造较复杂，断层较发育（0.25~<0.5）	以中—粗砂岩为主，裂缝较发育（0.25~<0.5）	弱径流区（0.25~<0.5）
构造复杂，断层发育（0~<0.25）	以石灰岩为主，裂缝发育（0~<0.25）	径流区（0~<0.25）

4. 评价参数取值原则

富集区评价所使用的参数分为定量和定性两类。定量参数（如煤层厚度、含气量、埋深等）采用煤层气井井点处测井、试井和样品测试得到的数据；部分井点短缺数据或重要非井点处的参数，可根据区块内各参数平面分布规律合理推算得到。定性参数（如顶板岩性、成藏水文地质条件等）取值依据煤层气井测井资料及其他勘探资料，综合判定并给出各评价点处的值。

四、深部煤层气高产区综合模糊评价

1. 煤层气产气潜力指数评价

煤层气资源开发的高产区预测以及评价一直是煤层气开采的关键问题之一。煤层气藏开发高产区的筛选标准往往与煤层的煤化程度、资源丰度、渗透率、解吸条件、井型等有关。控制煤层气产气效率的地质环境要素往往比较复杂，可分为资源条件、渗透性条件和解吸条件三个方面。因此，煤层气资源开发的高产区一般为煤层气富集区、煤层气高渗流区和煤层气易解吸区三者的重复叠合区域，其中煤层气的富集程度和渗透性从很大程度上影响着煤层气井产能。

将产气潜力指数定义为煤层气资源指数与渗透率的乘积，可以综合评价煤层气高产区。针对临汾地区山西组 5 号煤层和本溪组 8 号煤层两套煤层，综合利用煤层气井测井、试井和实验数据，对区内煤层产气潜力指数平面分布情况进行评价，对煤层气高产区进行初步优选。由于本区试井渗透率数据较少，根据渗透率随埋深增加而减小的普遍规律，在计算产气潜力指数时以相对埋深的倒数来反映煤层渗透率情况，即采取"资源指数 ×（1000/ 埋深）"来表示。

2. 煤层气高产区评价体系

从地质因素出发，影响煤层气高产区的主要因素包括煤储层的资源丰度、渗透性、解吸特征和可改造性四个方面。在借鉴前人有关煤层气高产区评价参数的选取与研究基础上，结合大吉区块深部煤储层特性，建立了大吉区块深部煤层气高产区评价体系。其中，煤层气高产区评价参数权重的确定方法与煤层气富集区评价基本相同。

大吉区块山西组 5 号煤层和太原组 8 号煤层煤层气高产区评价体系参数选取见表 2-1-8。

1）评价参数隶属度的确定

煤层厚度（B_{11}）和含气量（B_{12}）的隶属度函数在研究区煤层气富集区评价体系中已经确定，在高产区评价时沿用。

（1）原始渗透率（B_{21}）。

煤层原始渗透率主要通过试井手段，根据注入 / 压降试井结果得到。研究区 5 号煤层的原始渗透率为 0.0065～3.17mD，平均值为 0.35mD；8 号煤层的原始渗透率为 0.005～3.01mD，平均值为 0.40mD。

表 2-1-8 煤层气高产区评价体系参数

目标	二级指标（权重）	评价参数（权重）
煤层气高产区 B	资源丰度 B_1（0.3）	煤层厚度 B_{11}（0.4）
		含气量 B_{12}（0.6）
	可采性 B_2（0.4）	原始渗透率 B_{21}（0.2）
		煤层埋深 B_{22}（0.3）
		临储压力比 B_{23}（0.3）
		兰氏压力 B_{24}（0.2）
	可改造性 B_3（0.3）	煤层稳定性 B_{31}（0.3）
		有效地应力 B_{32}（0.4）
		开发水文地质条件 B_{33}（0.3）

原始渗透率 K（单位：mD）隶属度函数定义为：

$$B_{21}=\begin{cases} 0.2 & K \leqslant 0.05 \\ 0.842K+0.158 & 0.05<K \leqslant 1 \\ 1 & K>1 \end{cases}$$

（2）煤层埋深（B_{22}）。

煤层埋深是影响煤层含气量、渗透率和开发条件的重要因素。研究区两套主力煤层——5号煤层和8号煤层，埋深均比较大，属于深部煤储层。5号煤层的埋深为740~1431m，8号煤层的埋深为804~1443m。

煤层埋深 H（单位：m）隶属度函数定义为：

$$B_{22}=\begin{cases} 0.2 & H>1200 \\ 2.6-0.002H & 800<H \leqslant 1200 \\ 1 & H \leqslant 800 \end{cases}$$

（3）临储压力比（B_{23}）。

临界解吸压力是指开采煤层气过程中，随着煤层降压，气体从煤基质表面开始解吸时所对应的压力。煤储层压力一般指原始储层压力，为煤储层孔隙内流体所受到的压力。临储压力比（G）是临界解吸压力与储层压力的比值，临界解吸压力越接近储层压力，即临储压力比越接近1，煤层气井就越易于产气。临储压力比是比值指标，可用来评价不同煤层、不同井型之间的煤层气开发潜力。研究区5号煤层平均临储压力比为0.69，8号煤层平均临储压力比为0.65。区块内临储压力比范围为0.35~0.95。综合考虑区块内临储压力比分布规律，建立了以下临储压力比隶属度函数：

$$B_{23}=\begin{cases} 0.9 & G>0.8 \\ 1.4G-0.22 & 0.3<G \leqslant 0.8 \\ 0.2 & G \leqslant 0.3 \end{cases}$$

（4）兰氏压力（B_{24}）。

兰氏压力是反映煤层气吸附量达到 1/2 兰氏体积时的压力，是影响等温吸附曲线陡峭程度的重要参数。兰氏压力越大，表明煤层中的气体越容易解吸，越有利于煤层气开发。据资料显示，5 号煤层的兰氏压力为 1.8～2.57MPa，平均值为 2.17MPa；8 号煤层兰氏压力为 1.58～2.90MPa，平均值为 2.12MPa。

兰氏压力 p_L（单位：MPa）隶属度函数定义为：

$$B_{24} = \begin{cases} 1 & p_L > 3 \\ 0.5 p_L - 0.5 & 1 < p_L \leq 3 \\ 0 & p_L \leq 1 \end{cases}$$

（5）有效地应力（B_{32}）。

煤层的地应力通常可以反映煤层渗透率，同时还影响着煤层气井施工时的改造难度。采用地层破裂压力来评价煤层有效地应力。研究区 5 号煤层破裂压力范围为 21.54～23.22MPa，8 号煤层破裂压力为 22.90～27.22MPa。

有效地应力 p_b（单位：MPa）隶属度函数定义为：

$$B_{32} = \begin{cases} 1 & p_b \leq 23 \\ -0.4 p_b + 10.2 & 23 < p_b \leq 25 \\ 0.2 & p_b > 25 \end{cases}$$

2）定性参数隶属度

对于难以定量的构造条件、顶板岩性、煤层稳定性、成藏水文地质条件、开发水文地质条件等定性参数，可根据经验由好到差划分为 4 个等级，并分段给出隶属度取值范围。各定性参数的隶属度见表 2-1-9。

表 2-1-9 研究区高产区定性参数隶属度取值

煤层稳定性（B_{31}）	开发水文地质条件（B_{33}）
结构简单，非均质性弱，无分叉现象 （0.75～<1）	煤层含水性弱，顶底板为泥岩隔水层，断层不发育 （0.75～<1）
结构较简单，非均质性较弱，无明显分叉现象 （0.5～<0.75）	煤层含水性较弱，顶底板为砂岩弱含水层，断层不发育 （0.5～<0.75）
结构较复杂，非均质性较强，有分叉现象 （0.25～<0.5）	煤层含水性较强，顶底板为砂岩裂隙含水层，断层较发育 （0.25～<0.5）
结构复杂，非均质性强，有明显分叉现象 （0～<0.25）	煤层含水性强，顶底板为石灰岩含水层，断层发育 （0～<0.25）

3）评价参数取值原则

高产评价所使用的参数分为定量和定性两类（同上富集评价参数类型）。定量参数（如煤层厚度、含气量、埋深等）采用煤层气井井点处测井、试井和样品测试得到的数据；部分井点短缺数据或重要非井点处的参数，可根据区块内各参数平面分布规律合理推算得到。定性参数（如煤层稳定性、开发水文地质条件等）取值依据煤层气井测井资料及其他勘探资料，综合判定并给出各评价点处的值。

五、评价结果分析

应用深层煤层气"甜点"评价技术，在研究区优选深层煤层气富集、高产"甜点区"。研究区1500m以深Ⅰ类、Ⅱ类有利区面积2096.05km², 预测储量5430.72×10⁸m³；2000m以深Ⅰ类、Ⅱ类有利区面积1983km², 预测资源量4898×10⁸m³（表2-1-10、图2-1-1）。

表2-1-10　大吉区块深层煤层气有利区分类评价

类型划分	分类	面积/km²	预测储量/10⁸m³
"甜点区"	富集一类，高产一类	672.1	1741.36
	富集二类，高产一类	1423.95	3689.36
	合计	2096.05	5430.72
非有利区	富集二类，高产二类	587.31	1450.65
	富集三类，高产三类	203.5	502.64

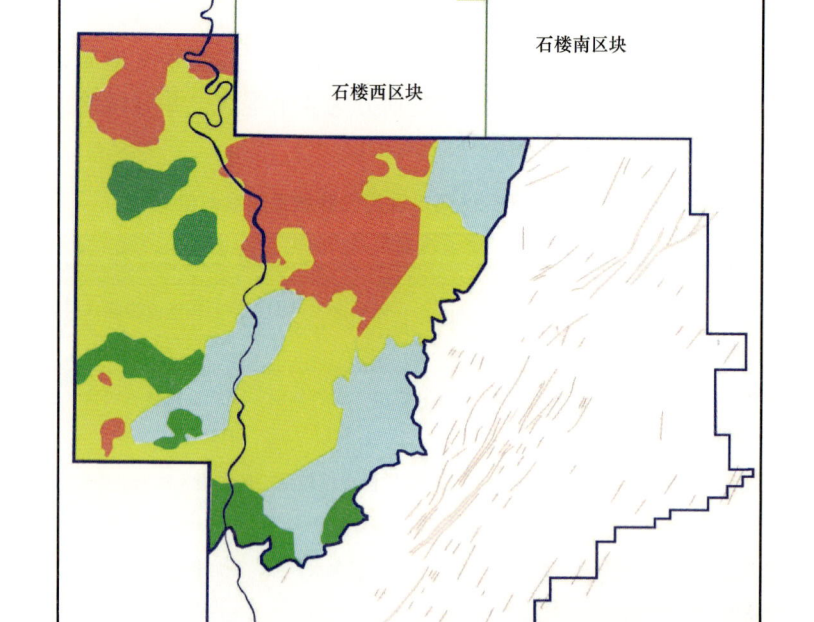

图2-1-1　大吉区块深层煤层气有利区评价

第二节　煤系地层致密气"甜点"评价技术

以区域地质、地震、钻井、录井、测井、测试分析和压裂试气资料为基础，研究建立了储层分类评价标准和富集"甜点"分类评价指标体系，针对强煤层屏蔽下致密砂岩储层"甜点区"地震识别及预测难题，研究形成"两步法"叠后反演砂体预测、微古地貌恢复、多属性分析与融合等技术，形成了煤系多目的层地震勘探技术系列，优选出有利勘探开发目标区，技术路线如图 2-2-1 所示。

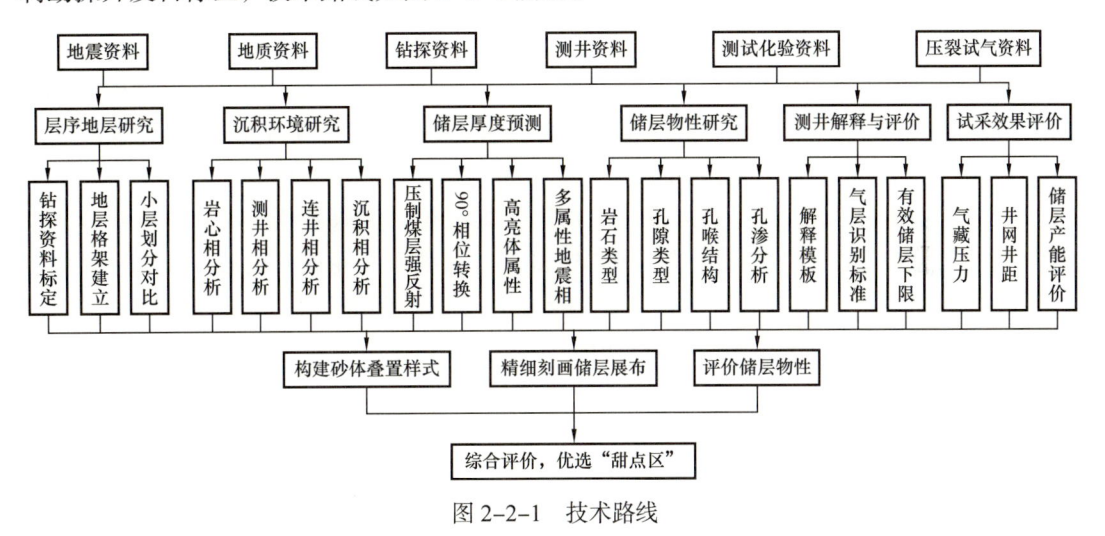

图 2-2-1　技术路线

一、高分辨率层序地层研究

1. 区域地层特征

鄂尔多斯盆地东部上古生界与下古生界呈不整合接触，中间缺失中—上奥陶统、志留系、泥盆系及下石炭统。上古生界内部沉积连续，均为整合接触，以海陆过渡相—陆相碎屑岩沉积为主，上古生界自下而上发育石炭系本溪组，二叠系太原组、山西组、石盒子组和石千峰组，总沉积岩厚度在 800m 左右。

1）上石炭统本溪组

上石炭统本溪组与奥陶系马家沟组呈平行不整合接触，其下由于长期遭受风化淋滤剥蚀，缺失中—上奥陶系、志留系、泥盆系及下石炭统。

本溪组沉积环境为潟湖—障壁海岸，中部发育障壁沙坝，东西部为潮上—潮间—潟湖环境下的泥岩、碳质泥岩、石灰岩沉积。

本溪组底部以褐红色和灰色铁铝岩底为界，中上部发育砂泥岩及石灰岩，顶部以 8 号煤层顶为界，沉积厚度一般为 14~60m，总体变化趋势是西薄东厚、南北薄、中部厚。其中，8 号煤层厚度一般为 4~8m，全区均有分布，是区域标志层。

2）下二叠统太原组

太原组连续沉积于本溪组之上，全盆地均有分布，厚度为15～37m。总体变化趋势为北薄南厚、西薄东厚。

底部岩性以深灰色、灰黑色生物碎屑灰岩、泥晶灰岩和泥岩为主，石灰岩自下而上为庙沟灰岩和毛儿沟灰岩，向南逐渐变薄；顶部岩性以深灰色、灰黑色生物碎屑灰岩、泥晶灰岩、泥岩和煤层为主，石灰岩自下而上为斜道灰岩和东大窑灰岩，东大窑灰岩顶部发育6号煤层或碳质泥岩，电测曲线表现为高声速，为区域地层对比的标志层。

3）下二叠统山西组

山西组为一套海陆过渡相的三角洲沉积，顶界为下石盒子组底砂岩（骆驼脖子砂岩），底界为区域稳定分布的6号煤层或碳质泥岩。上部砂岩较发育，下部煤层发育，以发育3号、4号、5号可采煤层为特征，同时夹有三角洲分流河道砂体。砂岩结构成熟度及成分成熟度均较低，岩屑及白云母含量较高，形成俗称的"牛毛毡砂岩"。地层厚度为100～150m。结合沉积旋回特征和电性标志，划分为山1段和山2段。

山2段厚65～90m，为一套河道—三角洲含煤沉积，由深灰色、灰色中—细砂岩夹深黑色泥岩、砂质泥岩和煤层组成，泥岩中多含有黄铁矿及菱铁矿鲕粒。以3号煤层和5号煤层为标志层，山2段划分为山2^1、山2^2、山2^3三个亚段，山2^1亚段发育1号煤层和2号煤层，山2^2亚段发育3号煤层，山2^3亚段发育4号煤层和5号煤层。

山1段厚35～60m，为分流河道砂泥岩沉积，砂岩主要为细—中粒、粗粒岩屑砂岩及岩屑质石英砂岩，泥岩中常含有不规则砂质条带及保存较为完整的植物化石。

4）中二叠统上、下石盒子组

上、下石盒子组属河流—三角洲沉积，以骆驼脖子砂岩底为底界，该砂岩顶部有一层杂色泥岩，其自然伽马值高，便于确定石盒子组与山西组相对位置。上、下石盒子组根据沉积序列及岩性组合自下而上分为8段，即盒8段、盒7段……盒2段、盒1段。

盒8段—盒5段为下石盒子组，厚度为130～160m，主要为一套浅灰色含砾粗砂岩、灰白色中粗粒砂岩及灰绿色岩屑石英砂岩与灰绿色泥岩互层，砂岩发育大型交错层理。盒8段厚度一般为55～80m。

盒4段—盒1段为上石盒子组，属三角洲平原沉积，主要为砂泥岩互层，上部盒2段—盒1段泥岩颜色常呈棕红色。地层厚度一般为180～210m。

5）上二叠统石千峰组

石千峰组主要为一套紫红色砂岩与紫红色砂质泥岩互层。石千峰组与上石盒子组比较，其特点是泥岩为紫红色、棕红色，色彩鲜艳、质不纯，普遍含钙质。砂岩成分除石英外，以岩屑、长石为主，以长石砂岩、岩屑长石砂岩为主，含少量长石石英砂岩。根据沉积旋回，由下而上分为5段，即千5段、千4段、千3段、千2段和千1段。石千峰组厚度一般约250m，为三角洲平原沉积，在测井曲线上表现为高电阻率、高自然伽马特征。

2. 小层对比与划分方案

综合区域沉积背景和单井相分析，结合前人研究成果，确立了主力层山2^3亚段划分界面主要识别标志,并确定了区域不整合面、煤层顶界面、河道冲刷面、湖泛面、障壁沙坝底界面 5 种地层界面类型,建立了山 2^3 砂组"两分"和本溪组"三分"的小层划分对比方案(表 2-2-1)。

表 2-2-1 大吉区块地层划分方案

地层系统				主要标志层特征	厚度 /m	岩性组合
系	统	组					
二叠系	下统	山西组	山 2 段	山 2^1	中煤组(4 号、5 号煤层)	15~20	主要是一套三角洲含煤地层,一般有 3~5 个成煤期,在含煤层系中分布着河流、三角洲砂体,以灰色、深灰色或灰褐色中细粒、粉细砂岩为主,夹黑色泥岩
^	^	^	^	山 2^2	^	15~20	^
^	^	^	^	山 2^3 山 2^3-1 小层	北岔沟上砂岩(K₃ 砂岩)	24~28	^
^	^	^	^	山 2^3-2 小层	北岔沟下砂岩(K₃ 砂岩)	2~24	^
^	^	太原组			东大窑灰岩、6 号煤层 七里沟砂岩(K₂ 砂岩)	40~50	主要为一套清水和浑水交互出现的陆表海沉积,灰白色、浅灰色块状含砾石砂岩,灰黑色、深灰色泥岩,碳质泥岩,煤层的不等厚互层,中上部常夹微晶灰岩,常见黄铁矿结核及菱铁矿薄层
^	^	^			斜道灰岩、7 号煤层、毛儿沟灰岩 庙沟灰岩、西铭砂岩(局部)	^	^
石炭系	上统	本溪组	本 1 段		下煤组(8 号、9 号煤层)扒楼沟灰岩 吴家峪灰岩(钙质页岩)	22~26	下部为陆表海型潟湖相铁铝质沉积的铝土质岩,上部以台地潮下灰岩和潟湖潮坪陆源碎屑沉积为主,并发育泥炭坪环境,为砂岩夹有薄层灰岩透镜体及薄煤层
^	^	^	本 2 段		晋祠砂岩(火山凝灰岩或 K₂ 砂岩)	10~20	^
^	^	^	本 3 段		群沟灰岩 山西式铁矿、铝土矿(铁铝岩层)	2~32	^
奥陶系	下统	马家沟组			石灰岩、白云岩		

山西组与下伏太原组东大窑灰岩之间界面为强制性海退之后形成的大型河流冲刷界面,界面之上发育十几米厚北岔沟下砂岩,山 2^3 砂组顶界为 5 号煤层,该煤层区域分布稳定,工区内所有井都有钻遇,为山 2^3 砂组等时地层对比重要参考界面,北岔沟上下砂岩界面由一最大湖泛面分开,自然伽马测井曲线表现为异常高值。

本溪组与下伏奥陶系马家沟组石灰岩之间界面为一大型区域不整合界面,界面之上发育铝土质岩古风化壳，本溪组顶部界面类型为 8 号煤层顶界，煤层全区分布稳定，厚度变化不大，为该区地层等时地层对比重要的参考界面，本溪组内部小层分界面为局部发育的障壁沙坝底界面。

综合岩石地层小层划分对比方案，从基准面旋回的角度明确了主力层高分辨率层序地层划分方案。山 2^3 砂组对应一完整的对称型中期基准面旋回，最大湖泛面位于砂组中部，北岔沟下砂岩主要发育在上升中期基准面旋回中下部，下砂岩发育在下降中期基准面旋回中上部，山 2^3 顶界层序界面附近代表一次水退水体变浅的过程，发育了全区广泛分布 5 号湖相沼泽煤层。

本溪组对应一个以上升半旋回为主的非对称中期基准面旋回，最大洪泛面位于 8 号煤层下部，8 号煤层形成于一次区域性的快速海退过程中，各小层主体对应三个短期上升半旋回，代表二次海水水体逐渐变深的过程。

3. 小层等时地层格架建立

根据小层划分对比方案，对研究区 170 余口井，按照"旋回对比、分级控制"的地层对比方法进行了地层划分与对比，建立了 16 横 8 纵共计 24 条骨架对比剖面，并进行了全区地层统层闭合，建立了覆盖全区的等时地层格架。

4. 小层地层平（剖）面分布特征

山 2^3 砂组连井小层对比剖面显示，山 2^3-1 小层在太原组海相灰岩沉积之后填平补齐，地层厚度剖面横向变化较大，山 2^3-2 小层发育基本比较稳定，横向变化不大。山 2^3 亚段厚度集中在 25～50m 之间，呈南北向展布，东北部—东南部地层厚度较大，分布相对平稳；中部偏西南地层较薄；山 2^3-1 小层厚 21～28m，平面分布稳定；山 2^3-2 小层厚 4～24m，平面分布特征与山 2^3 亚段相似。

本溪组连井小层对比剖面显示，本溪组本 3 段为奥陶系风化壳基底地层之后的填平补齐沉积，地层厚度剖面横向变化较大，本 2 段、本 1 段发育基本比较稳定，横向变化不大，仅局部区域因发育障壁沙坝下切作用而地层略有增厚。本溪组厚度介于 34～78m，地层较厚区域主要位于工区西部大吉 28 井区、大吉 6-2 井区一带及北部大吉 19 井区，其中地层最厚井大吉 6-2 井地层厚度为 78m，工区中部东部地层厚度相对较薄在 40m 左右，总体呈现西厚东薄的趋势。分小层地层厚度显示，本 3 段厚度平面差异较大，厚度介于 2～32m，地层厚度变化趋势同本溪组；本 2 段为北厚南薄，地层厚度介于 10～20m，总体平面厚度差异不大；本 1 段为填平补齐后沉积，地层厚度稳定在 22～26m 之间。

二、致密砂岩储层厚度及含气性预测

煤系地层储层及含气性的预测有多种方法，通常地震是当前最实用的方法之一，地震预测方法的可靠性取决于高品质的地震资料。因此，形成有效的地震资料处理和解释技术是煤系地层储层厚度及含气性预测的关键所在。

1. 煤系多目的层地震数据处理技术

基于大吉区块二维地震数据开展煤系地层地震数据攻关处理研究工作，探索试验了一系列配套技术，包括黄土山地区地震数据高精度静校正处理技术、递进式高保真综合噪声压制技术、基于时频域补偿的提高分辨率处理技术等。

1）黄土山地区地震数据高精度静校正处理技术

大吉区块属于典型的黄土山地类型，低降速带厚度、速度变化大，导致严重的静校正问题。解决静校正问题分以下两个步骤：

首先，为了保证地下构造正确成像，解决基准面静校正问题（即长波长静校正问题），特别引入表层约束层析静校正特色技术。充分利用地震数据初至信息，结合高程、岩性、低降速带厚度和速度以及高速层速度等反演近地表速度模型，通过调整和优化静校正计算参数，获得更为准确的静校正量，从而解决黄土山地区的长波长静校正问题。从成像效果看，攻关成果明显优于以往老成果（图2-2-2）。

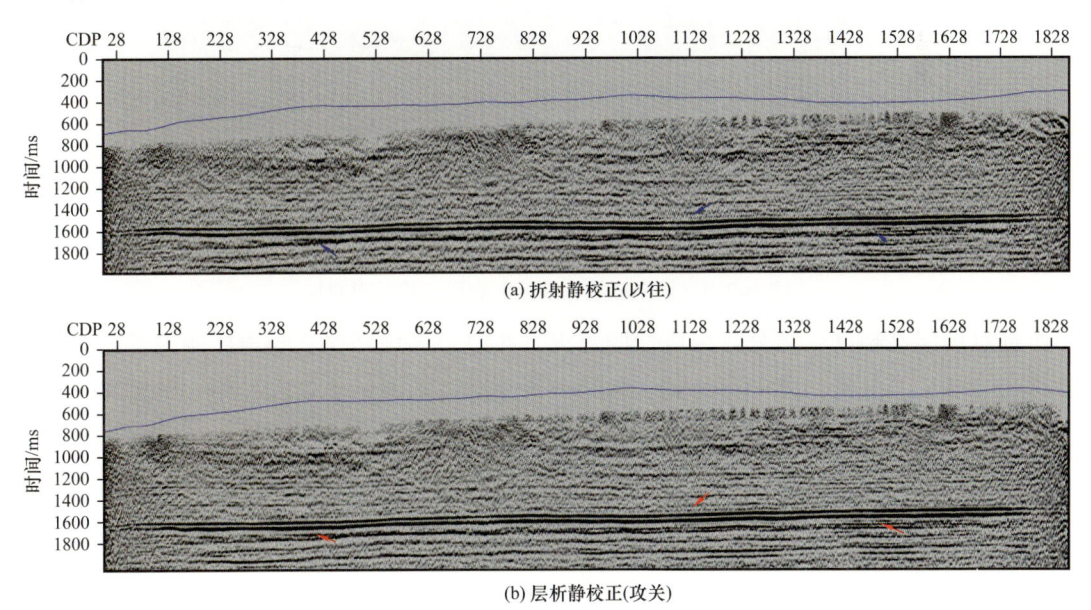

图2-2-2　DJ13-228线基准面静校正前后成像效果对比

在解决好长波长静校正问题的基础上，针对煤系多目的层不同储层频率特征，引入初至波剩余静校正、全局寻优剩余静校正等特色方法，结合精细分频剩余静校正技术，降低不同频率静校正量误差的影响，减少高频段有效信息的损失，逐步实现了对煤系地层高频段的精细刻画（图2-2-3）。

2）递进式高保真综合噪声压制技术

针对大吉区块原始资料中不同类型干扰在振幅、频率上的差异进行调查。在保幅保真的前提下，本着先强后弱、先低频后高频、先规则后随机的原则，采用一系列叠前噪声压制技术，递进式逐步提高资料的信噪比。

(a) 剩余静校正前

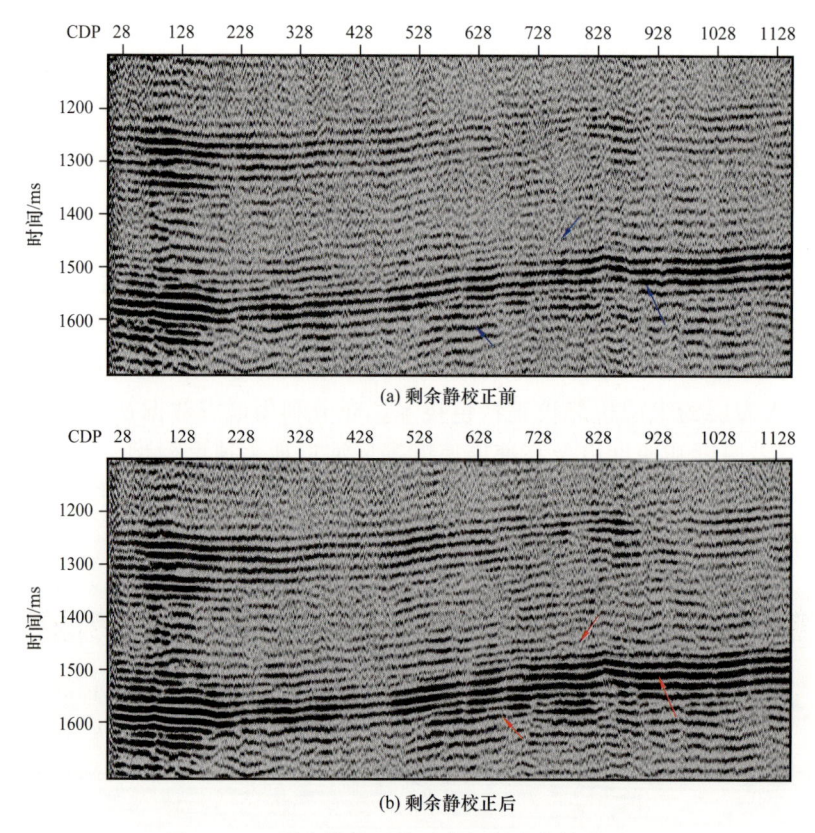

(b) 剩余静校正后

图 2-2-3　剩余静校正前后高频段成像效果对比

针对煤层高精度、高分辨率成像的要求，在综合多域高保真噪声压制的基础上，创新提出自适应高频噪声衰减与能量、频率补偿相结合的递进式处理思路。由于地层吸收和频散效应，高频信息能量较弱，经过能量补偿后高频能量得到加强，高频噪声突出，采取自适应高频噪声衰减后高频段信噪比提高（图 2-2-4），有利于后续提高分辨率的处理工作。

频散效应及高频环境噪声的存在，导致高频段信噪比较低，经过频率补偿后，高频段信噪比进一步降低，通过高频噪声衰减有效提高高频段信噪比，有利于进一步的提高分辨率处理工作。

3）基于时频域补偿的提高分辨率处理技术

结合煤系多目的层资料品质特征，在保证资料较高信噪比的基础上，进行提高分辨率的攻关研究。经多轮试验，最终确定行之有效的处理思路。主要从两个方面逐步提高分辨率：首先，在叠前道集上引入反 Q 滤波、地表一致性反褶积串联俞氏子波反褶积的方法，进行高频成分的补偿工作。在偏移成像后采用零相位反褶积、蓝色滤波方法，使地震数据更接近反射系数序列的真实特征。

经过大吉区块的攻关处理，形成一套提高煤系地层分辨率的处理思路和方法，有效提高了资料的分辨率，实现了对煤系地层的精细刻画（图 2-2-5）。此方法在保德南三维目标区精细攻关处理工作中得到了较好的应用（图 2-2-6）。

(a) 频率补偿前

(b) 频率补偿后

(c) 自适应高频噪声衰减

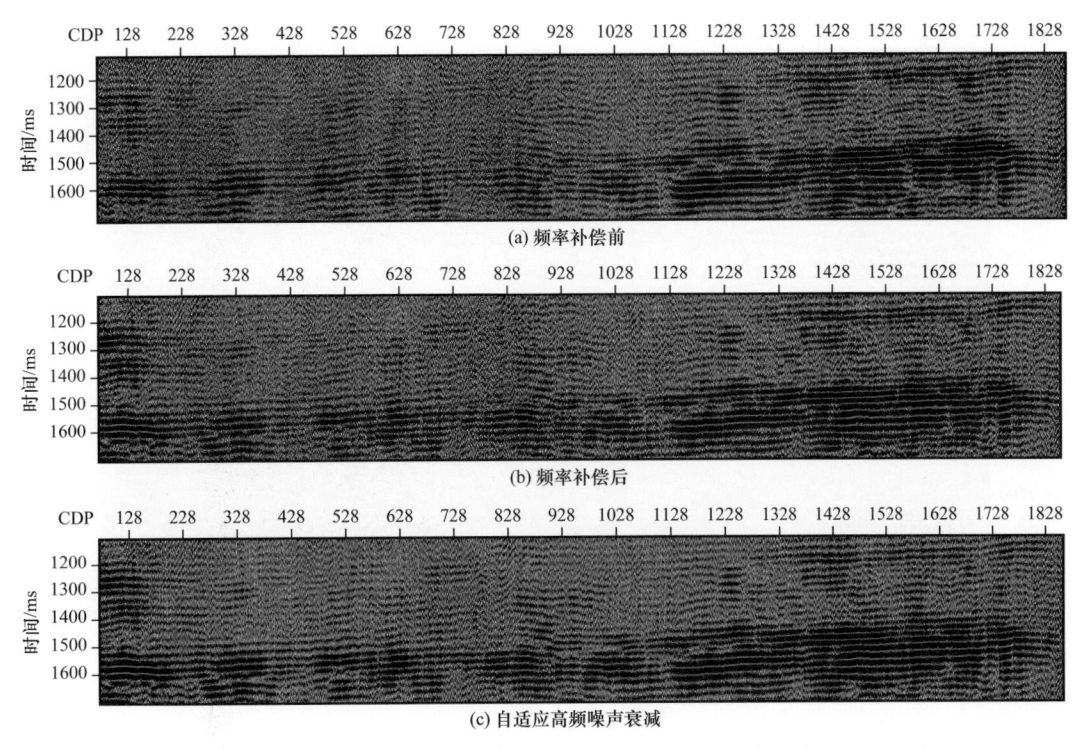

图 2-2-4　自适应高频噪声衰减在剖面上的应用效果（大吉区块 DJ13-228）

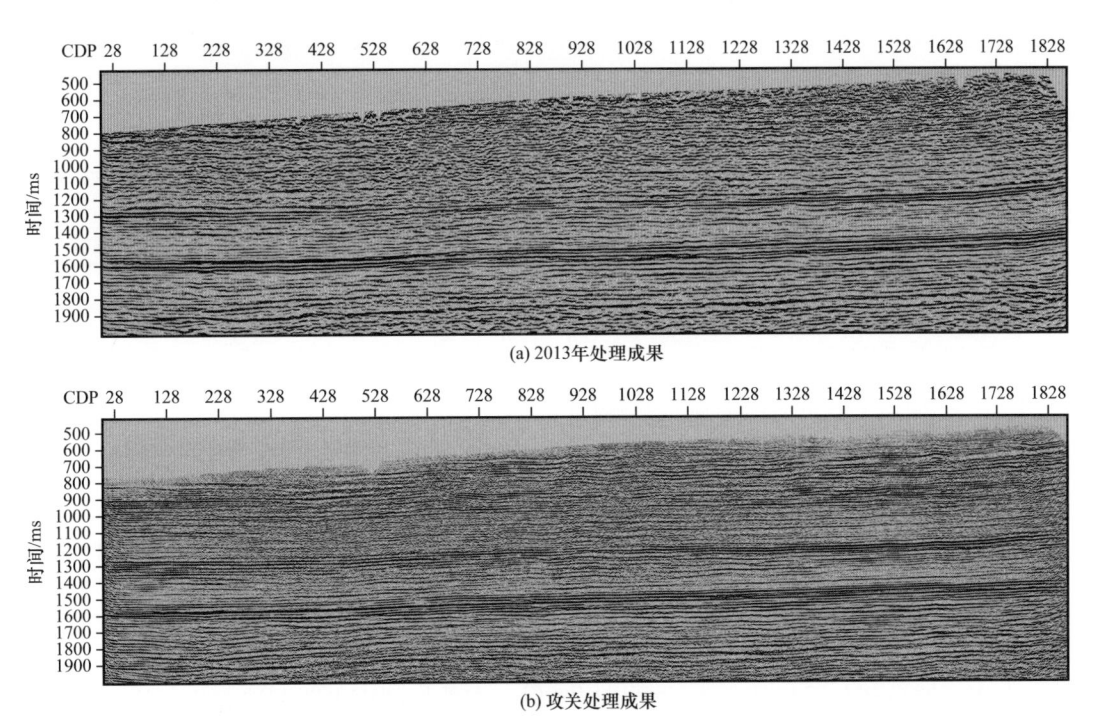

(a) 2013年处理成果

(b) 攻关处理成果

图 2-2-5　大吉区块 228 线攻关成果与老成果效果对比

(a) 2013年处理成果

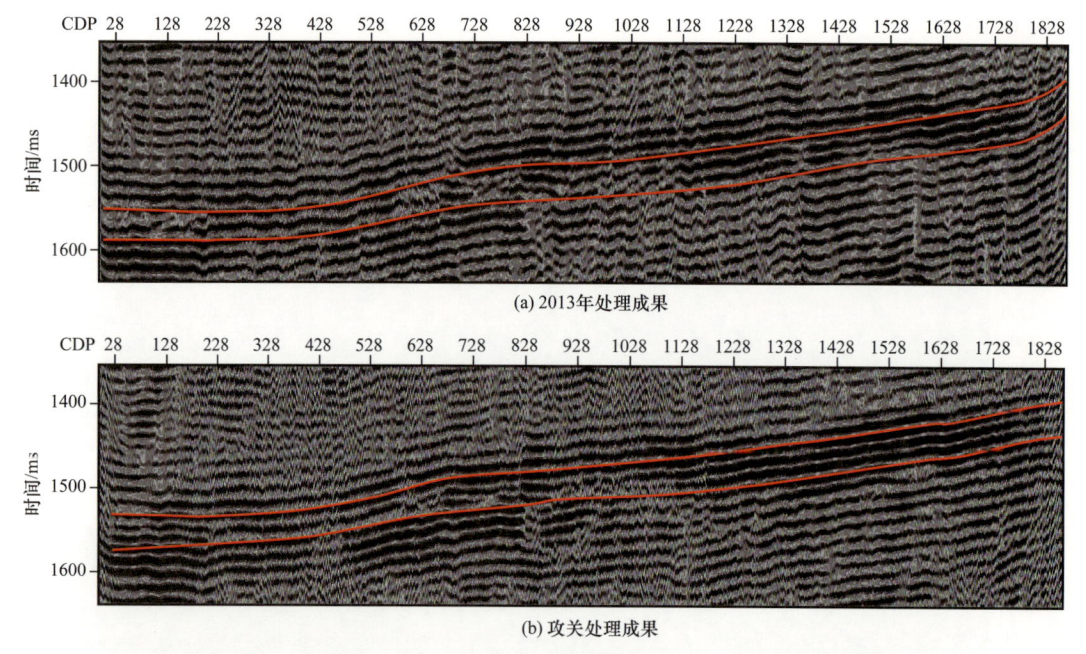

(b) 攻关处理成果

图 2-2-6　大吉区块 228 线攻关成果与老成果效果对比（带通 50～100Hz）

4）强煤层反射压制处理技术

楔形模型正演表明，煤系地层附近储层的反射受到煤层低频干涉严重。由于煤层和砂岩阻抗差较大，砂泥岩界面处的真实反射完全被煤层强反射屏蔽，地震反射形态同煤层一样，地震反射轴平直，严重干涉了煤层下伏砂岩储层的反射信号。因此，有必要压制煤层的强反射特征，以突出砂体的响应特征（图 2-2-7）。

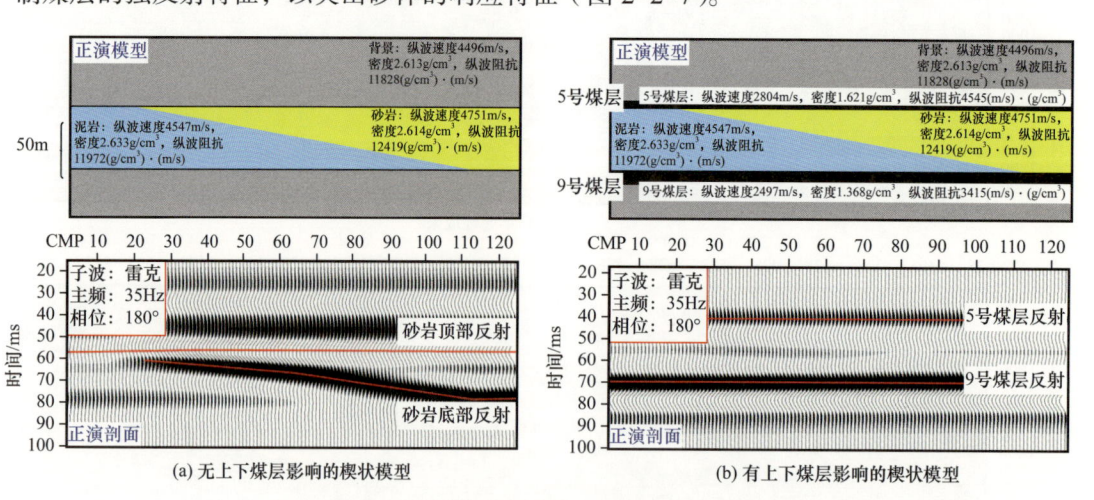

(a) 无上下煤层影响的楔状模型

(b) 有上下煤层影响的楔状模型

图 2-2-7　楔形模型正演煤层屏蔽效果前后对比

利用子波分解与重构技术去除强煤层反射。在叠加剖面上匹配追踪出每道最优的信号原子，再利用叠后数据中的每一道自适应减去该道匹配出的煤层信号，压制煤层强反射（图 2-2-8）。

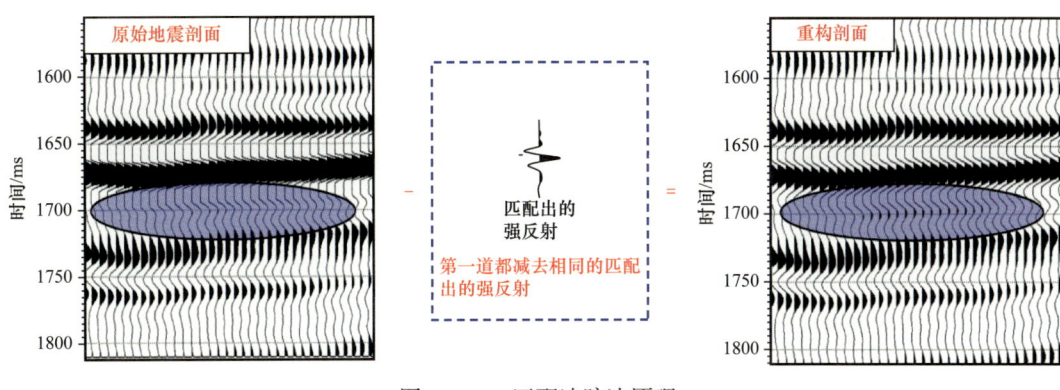

图 2-2-8　匹配追踪法原理

压制煤层强反射后，井震吻合度提高，高频成分进一步得到补偿，煤层附近砂岩储层反射特征突显。以过大吉 4-5 井和大吉 4-5 向 2 井的 DJ13-228 测线地震剖面为例，大吉 4-5 井下砂岩极其发育，而同一井台的定向井大吉 4-5 向 2 井下砂岩不发育。在原始地震剖面中，由于煤层的屏蔽作用，二者的波形特征无明显差异；经过压制目的层上下的 5 号煤层与 8 号煤层后，可见明显的反射特征差异。

2. 致密砂岩储层预测方法

通过近几年该区致密砂岩气的研究证实，地震模式识别、属性分析及叠前反演等是该区常用且较可靠的储层预测技术。对山 2^3 亚段砂岩发育典型地震模式开展系统总结，在此基础上预测山 2^3 亚段储层发育平面分布情况。

山 2^3 亚段的地震反射在地震剖面中对应 T_{P10} 下方的波谷部分，由于该地层段岩性组合的变化，导致波阻抗横向变化，最终在地震剖面中形成复杂多变的反射特征。

通过系统分析总结，按照岩性厚度的差异大致分为四类。

第Ⅰ类：山 2^3 亚段砂岩发育，太原组石灰岩较发育。代表井大吉 14 井、大吉 12 井等，山 2^3 亚段钻遇单砂岩厚度达 20m 以上，山 2^3 亚段及太原组在地震剖面中表现为 T_{P10} 与 T_{C2} 间时差在 38ms 以上，其中间表现为两个中弱波谷夹一弱波峰反射。

第Ⅱ类：山 2^3 亚段砂岩不发育，太原组石灰岩非常发育。

代表井大吉 3-3 井、大吉 2-2 井等，山 2^3 亚段钻遇单砂岩厚度较小，太原组石灰岩发育，其中间表现与第Ⅰ类相似，但下波谷振幅明显强于上波谷。

第Ⅲ类：山 2^3 亚段砂岩不发育，太原组石灰岩较发育。

代表井大吉 7-6A 向 1 井，山 2^3 亚段钻遇单砂岩厚度小，太原组石灰岩较发育，但小于第Ⅱ类，地震剖面上表现为一个单波谷。

第Ⅳ类：山 2^3 亚段砂岩不发育，太原组石灰岩也不发育。

代表井大吉 6-9 井，山 2^3 亚段钻遇单砂岩厚度小，太原组石灰岩也发育，地震剖面上表现为两弱谷夹一弱峰。

从上述 4 种类型的岩性组合的地震反射特征可以看出，由于地层内部阻抗差异的变化，形成了复杂多样的地震反射特征。如何从这些复杂多样的地震反射特征中识别山 2^3

亚段的厚砂发育区，是研究的主要目标。通常可以从地震的振幅类、相位类及频率类三个方面的信息获取地层的岩性信息，但相位信息只能反映大套的岩性组合关系，频率信息主要表现岩层的含流体情况，振幅信息能够较精细地反映地层中垂向及横向岩性的变化。

通过提取几十种振幅类属性分析后，优选出以下 6 种：

（1）T_{C2} 与 T_{P10} 间的时差 Δt；

（2）T_{P10} 与 T_{P10-1} 间的时差 Δt；

（3）T_{P10} 与 T_{P10-1} 间的波谷属性（上波谷）；

（4）T_{P10-1} 的波峰属性；

（5）T_{P10-1} 与 T_{C2} 间的波谷属性（下波谷）；

（6）上波谷与下波谷比值。

通过已知井对比分析，认为当上述 6 种属性满足量值条件时，该区域内山 2^3 亚段砂岩厚度大于 5m 的可能性极高，山 2^3 亚段砂岩发育地震识别量化标准（表 2-2-2）建立后，也作为后续井位建议的重要依据。

表 2-2-2　山 2^3 亚段砂岩发育地震识别量化标准

序号	地震属性	参考标准
1	T_{C2} 与 T_{P10} 间的时差	$\Delta t \geqslant 38$ms
2	T_{P10} 与 T_{P10-1} 间的时差	$\Delta t \geqslant 17$ms
3	上波谷	振幅 $\leqslant -10000$
4	T_{P10-1} 的波峰属性	振幅 $\leqslant 100$
5	下波谷	振幅 $\geqslant -18000$
6	上波谷与下波谷比值	$\geqslant 0.9$

3. 致密砂岩储层厚度预测

地球物理参数交会分析表明，利用泊松比与纵波阻抗、横波阻抗交会，可以很好地区分砂岩、含气砂岩（图 2-2-9）。

在叠后反演波阻抗剖面的高频成分中，将相对高阻抗部分的顶底人工解释出来，顶底的时差代表复合砂岩的厚薄，得到点段图，用已知井对应层段的复合砂岩厚度进行标定，结合区域沉积特征研究认识，人工平面预测、勾绘出该层段的砂岩厚度预测图，可以通过 5 个步骤实现。

（1）通过人工识别的方式，在反演剖面上解释出 T_{P10} 与 T_{C2} 间中—高阻抗的顶底得到时差，获得砂岩发育点段图，利用已知井砂厚统计资料计算出时差与砂厚的换算关系，初步得到砂厚平面预测结果。

（2）根据常规地震剖面山 2^3 亚段的波形特征、相位特征、振幅特征，利用波形聚类分析，获得不同岩相组合的不同地震波形特征。

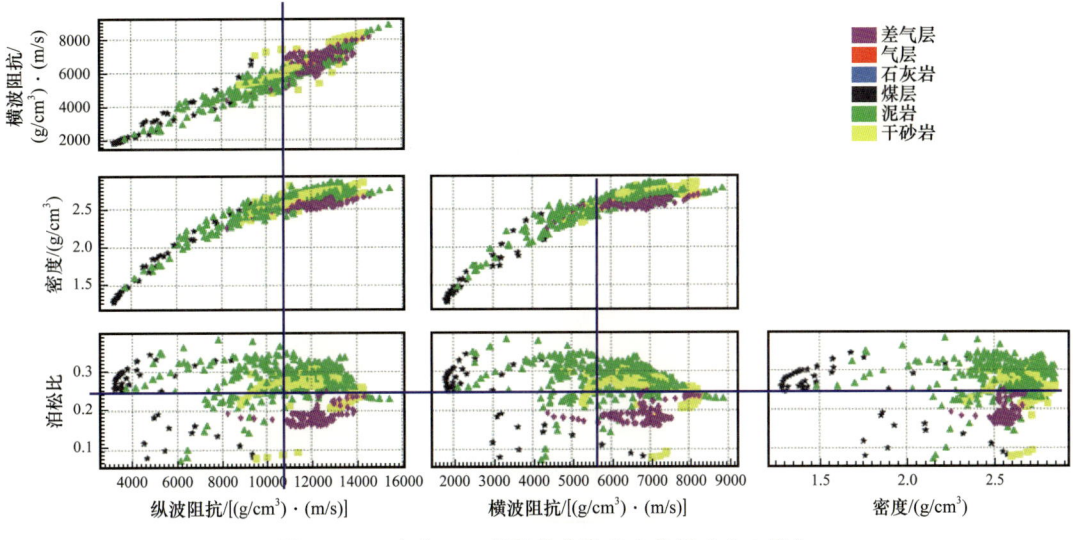

图 2-2-9　大吉 6-7 井测井参数交会分析（山 2 段）

（3）利用沉积微相和地震属性分析山 2^3 亚段可能发育的区域。

（4）依据大吉 5-6 井、大吉 7-8 井和大吉 12 井 T_{P10} 与 T_{C2} 之间的波形模式，绘制山 2^3 亚段地震波形特征点段图。

（5）绘制 5 号煤层与 8 号煤层地震反射层 Δt 平面图。

综合（1）至（5）的分析结果，可以定量地预测出山 2^{1+2}、山 2^3 亚段砂岩储层的分布厚度图，结合钻井校正，勾绘出山 2 段的砂岩厚度预测图。

4. 致密砂岩储层含气性预测

应用烃类检测技术实现山 2^3 亚段、本溪组有效砂岩预测（图 2-2-10）。主要方法原理：烃类检测技术主要基于多相介质理论，用以描述油气富集程度及圈定油气富集区域。地震波经过油气地层时，地震记录低频段能量相对增强，高频段能量相对减弱（图 2-2-11）。通过实钻井旁地震道的频谱分析发现，产量高的井（如大吉 8-8 向 1 井）旁地震道低频段能量明显强于产量相对较低的大吉 1 井旁地震道的低频段能量，而高频段能量则低于大吉 1 井高频段能量，说明地震剖面中的高低频能量信息能够用于目的层段的烃类检测。

图 2-2-12 是过大吉 7-9 井和大吉 8-8 向 1 井测线段的烃类检测结果。实钻结果表明，大吉 8-8 向 1 井山 2^3 亚段的有效砂岩厚度及产气量好于大吉 7-9 井；而烃类检测结果表明，大吉 8-8 向 1 井山 2^3 亚段附近的含气性检测响应好于大吉 7-9 井，与实钻井结果吻合。

图 2-2-13 是过大吉 22 井测线段的烃类检测结果。实钻结果表明，大吉 22 井本溪组钻遇约 8m 含气砂岩；烃类检测结果表明，在含气砂岩段出现了较明显的响应特征，且在大吉 22 井西侧还存在一段更好的响应，说明烃类检测技术对于本溪组储层也是适用的。

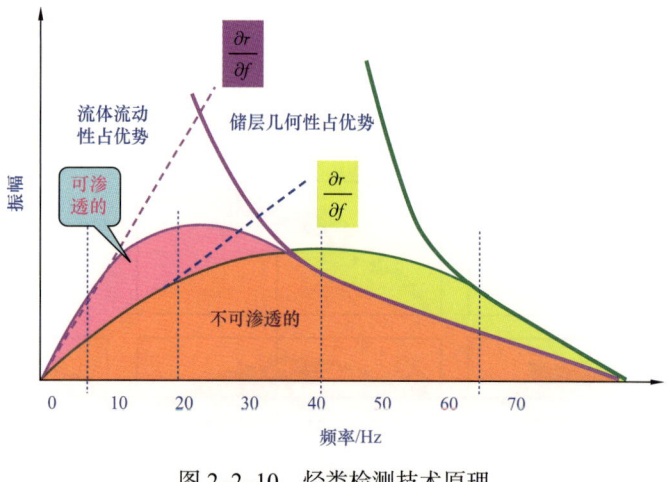

图 2-2-10　烃类检测技术原理

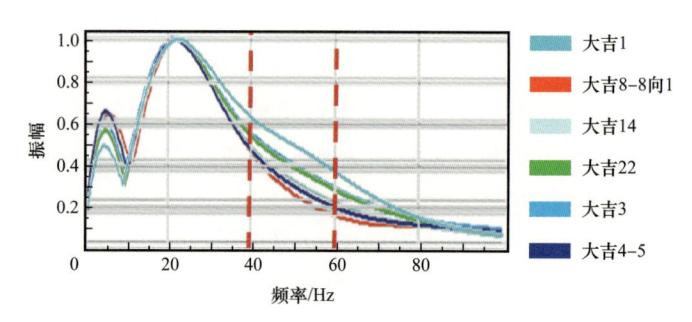

图 2-2-11　实钻井旁地震道频谱分析

三、储层分类评价指标体系

通过深入开展煤系地层储层微观精细描述，初步建立储层分类评价指标体系。在上述储层孔隙度、渗透率，孔隙类型孔隙结构特征及分类评述的基础上，综合评价示范区煤系地层致密气成藏主控地质因素，结合试气试采成果，并参照苏里格和子洲上古生界储层的评价标准，建立了研究区煤系地层致密气储层分类评价标准。

将本区储层综合归纳为 4 类，见表 2-2-3。

以上述标准为基础，综合测井、试气等多种成果，对本区上古生界储层开展综合评价。

通过综合评价发现，研究区储层以Ⅱ类、Ⅲ类为主，Ⅰ类所占比例甚少，Ⅳ类储层基本属于非有效储层，这与整个盆地各区带储集类型基本类似。总体来看，山 2 段和本溪组储层总体评价最好。盒 8 段、山 1 段砂岩储层主体为Ⅲ类储层，山 2 段、本溪组砂岩储层主体为Ⅱ类、Ⅲ类储层。

四、"甜点区"评价指标体系

通过储层系统研究与评价，选取储层条件、资源条件、保存条件等静态地质参数，结合动态试气成果，建立了致密气山 2^3 亚段、山 1 段、盒 8 段和本溪组富集"甜点区"评价指标体系（表 2-2-4）。

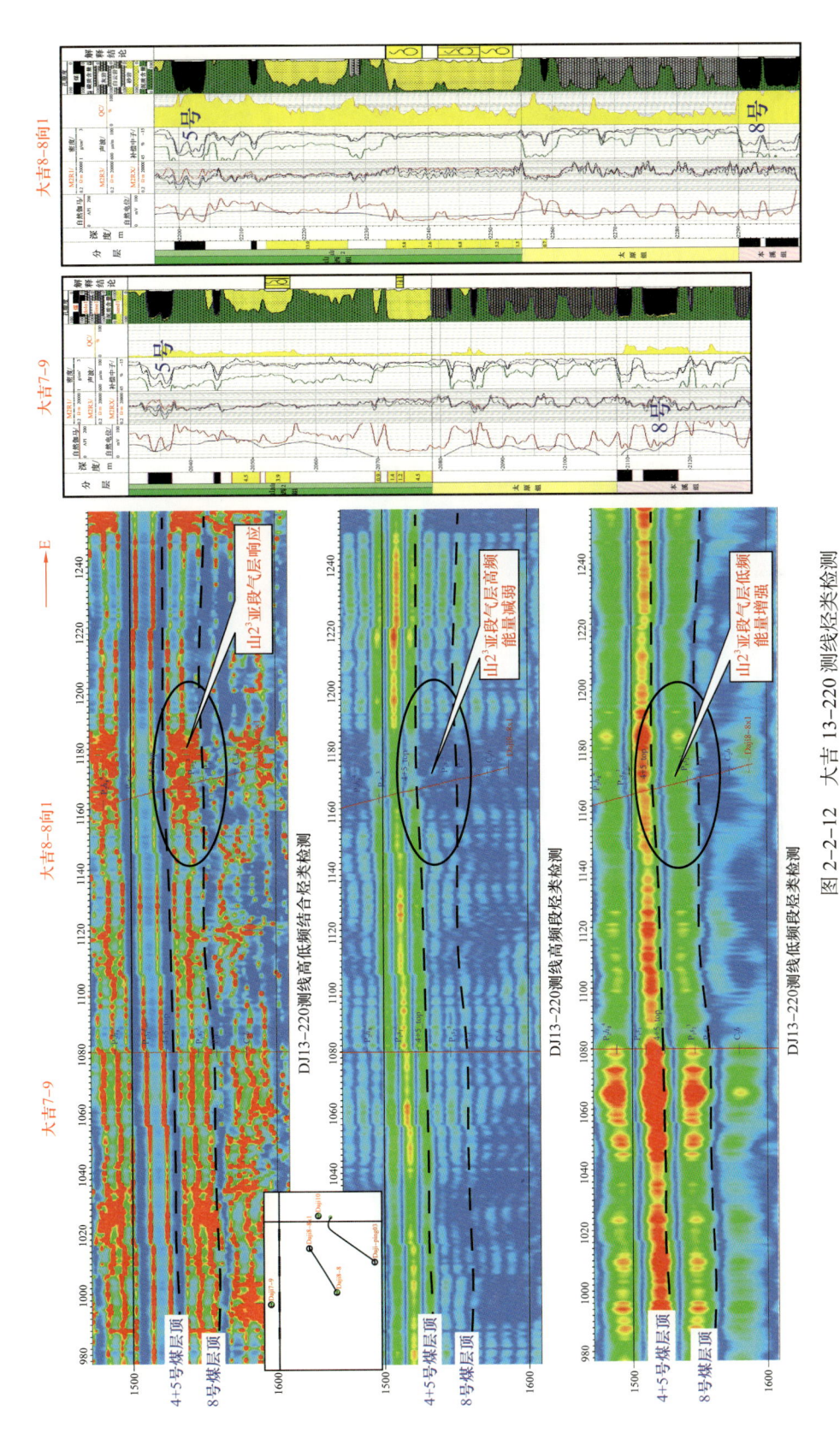

图 2-2-12 大吉 13-220 测线经类检测

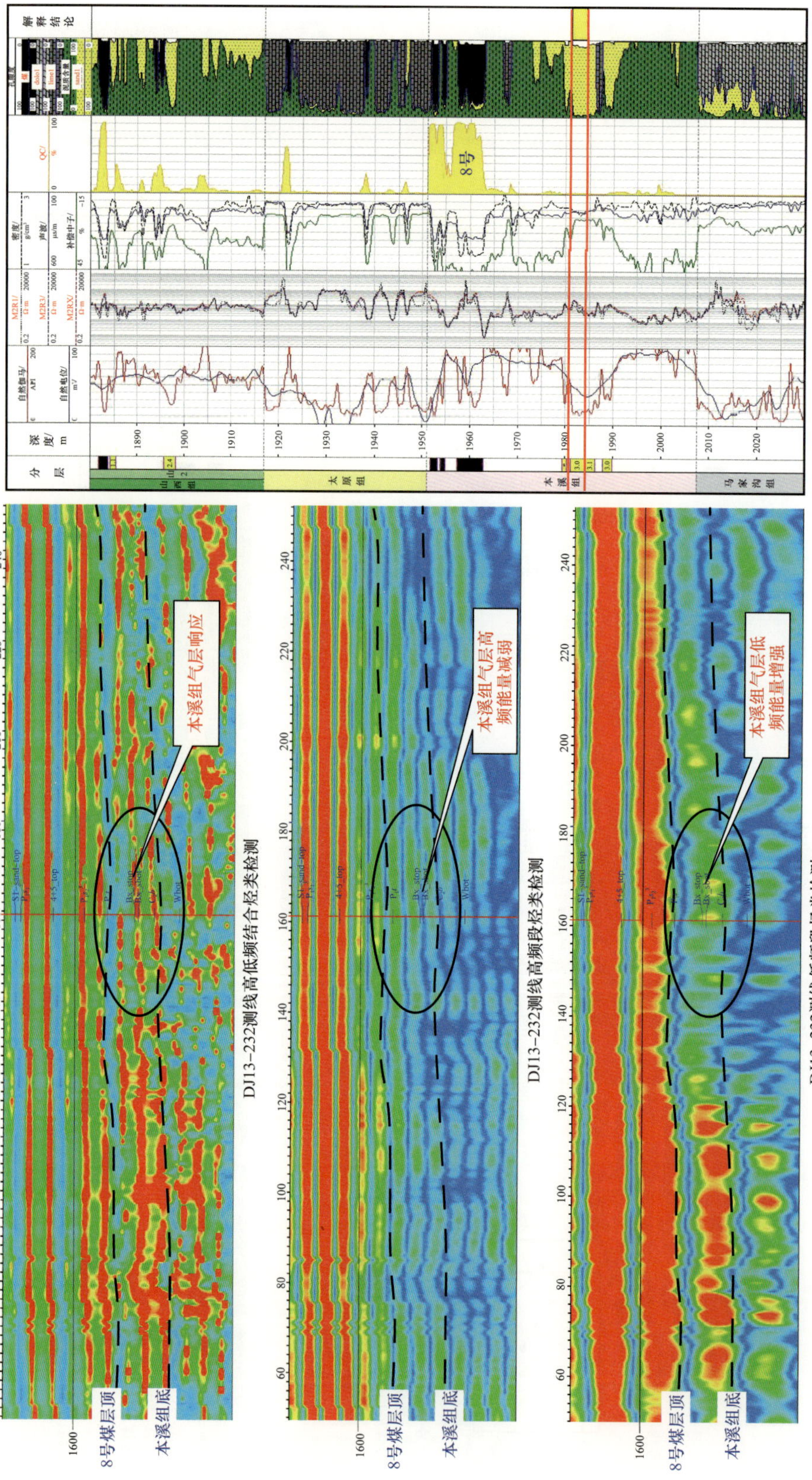

图 2-2-13 大吉 13-232 测线烃类检测

表 2-2-3　大吉区块岩屑砂岩储层分类标准

储层分类		Ⅰ	Ⅱ	Ⅲ	Ⅳ
孔隙度 /%		>10	7～10	5～<7	<5
渗透率 /mD		>0.5	0.1～0.5	0.05～<0.1	<0.05
岩性		石英砂岩、岩屑石英砂岩	岩屑石英砂岩、岩屑砂岩	岩屑石英砂岩、岩屑砂岩	以岩屑砂岩为主
孔隙组合		粒间孔—粒间溶孔	粒间溶孔—粒内溶孔	晶间溶孔—微孔	微孔
成岩储集相		硅质胶结—溶蚀相	硅质—泥质胶结—溶蚀相	泥质—钙质胶结—微溶相	钙质胶结压实致密相
孔隙结构	面孔率 /%	>5.0	2.0～5.0	0.5～<2.0	<0.5
	中值喉道半径 /μm	>0.2	0.1～0.2	0.05～<0.1	<0.05
	排驱压力 /MPa	<0.5	0.5～0.85	>0.85～1.0	>1
	最大连通喉道 /μm	>1.5	1.0～1.5	0.5～<1.0	<0.5
	歪度	粗歪度	较粗歪度	较细歪度	细歪度
	分选性	好—中等	好	较好	差

表 2-2-4　煤系地层致密气"甜点区"评价指标

层系	分类	储层条件 有效厚度 /m	孔隙度 /%	渗透率 /mD	资源条件 含气饱和度 /%	资源丰度 /$10^8 m^3/km^2$	保存条件 构造	埋深 /m	压力系数
山2^3亚段	有利	≥5	≥8	≥0.5	≥55	>0.5	无断层构造高部位	>2000	≥1
	较有利	3～5	5～8	0.1～0.5	45～55	0.3～0.5	无断层	1800～2000	0.75～1.0
	一般	<3	3～5	0.05～0.1	30～45	<0.3	小断层	1500～1800	0.5～0.75
山1段	有利	≥5	≥9	≥0.5	≥55	>0.5	无断层构造高部位	>2000	≥1
	较有利	3～5	6～9	0.1～0.5	45～55	0.3～0.5	无断层	1800～2000	0.75～1.0
	一般	<3	4～6	0.05～0.1	30～45	<0.3	小断层	1500～1800	0.5～0.75
盒8段	有利	≥5	≥9	≥0.5	≥55	>0.5	无断层构造高部位	>2000	≥1
	较有利	3～5	6～9	0.1～0.5	45～55	0.3～0.5	无断层	1800～2000	0.75～1.0
	一般	<3	4～6	0.05～0.1	30～45	<0.3	小断层	1500～1800	0.5～0.75
本溪组	有利	≥5	≥8	≥0.5	≥55	>0.5	无断层构造高部位	>2000	≥1
	较有利	2～5	5～8	0.1～0.5	45～55	0.3～0.5	无断层	1800～2000	0.75～1.0
	一般	<2	3～5	0.05～0.1	30～45	<0.3	小断层	1500～1800	0.5～0.75

五、评价结果

评价大吉区块致密气资源量 $3016×10^8m^3$，"十三五"以来，在大吉 28 井区、高 3 井区和郝 6 井区提交探明储量共计 $580×10^8m^3$，是研究区开发的主要"甜点区"（图 2-2-14）。其中，盒 8 段、山 1 段、山 2 段和本溪组资源量 $2157×10^8m^3$（已探明 $823.04×10^8m^3$，已控制 $1074.37×10^8m^3$），其他层位资源量合计 $859×10^8m^3$（图 2-2-15）。

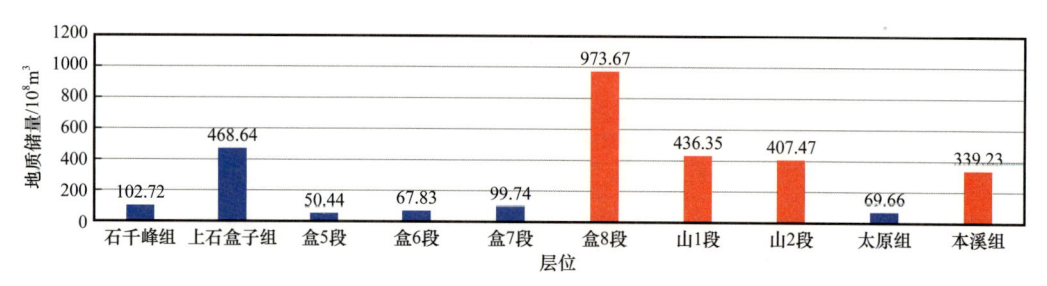

图 2-2-14 大吉区块各层资源量统计
盒 8 段、山 1 段、山 2 段和本溪组为主要目的层

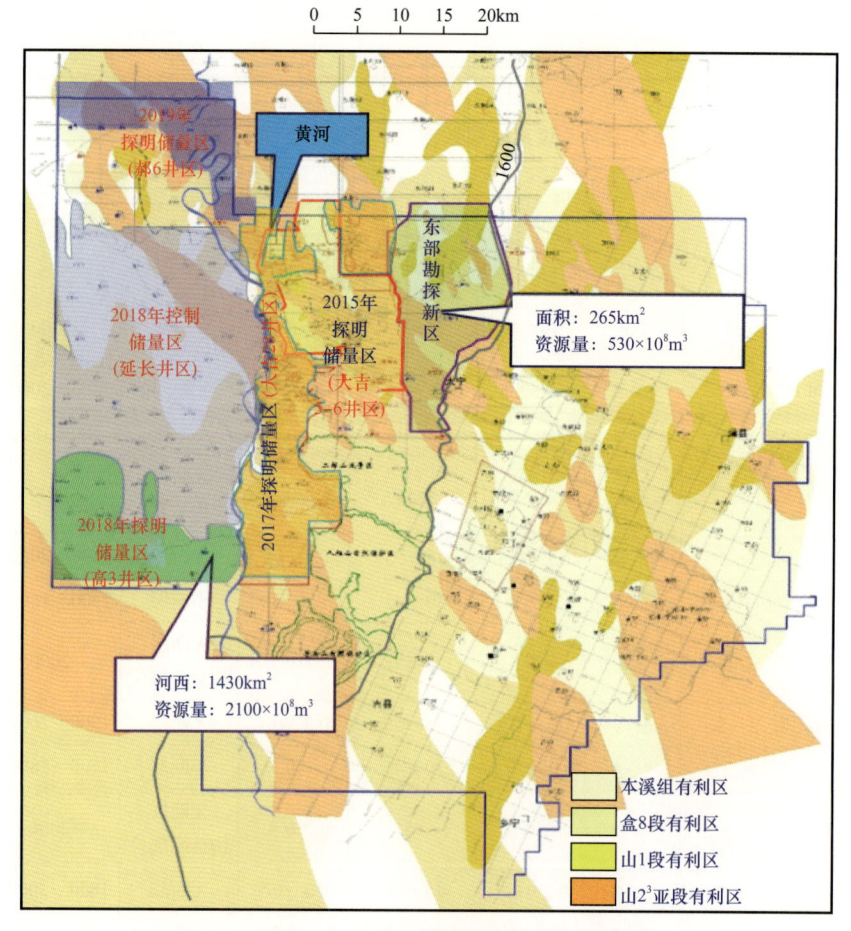

图 2-2-15 大吉区块煤系地层致密气综合评价有利区分布

第三节　海陆过渡相页岩气地质"甜点"评价技术

通过对大吉区块页岩段全井段取心岩样的密集取样分析化验，以 TOC、脆性指数、含气量等为主要评价指标，确定了鄂尔多斯盆地东缘海陆过渡相页岩气"甜点段"，对比分析南方海相页岩气有利区选择标准，形成了大吉区块海陆过渡相页岩气有利区指标体系和选区标准，初步形成其地质"甜点"优选技术。

一、有利区评价

1. 海陆过渡相页岩储层地震预测

充分利用工区西南部 376km² 三维地震资料，优选适合海陆过渡相薄页岩储层地质特征的反演方法（表 2-3-1），开展基于炮检距矢量片（OVT）数据的五维解释及多尺度裂缝预测技术攻关，精细描述试验区构造断裂特征及储层展布。

表 2-3-1　高精度反演方法和常规反演方法对比

反演方法		类别	优缺点
常规反演方法	BP 神经网络反演	井震约束联合反演	（1）可反演多种岩性、物性曲线数据体； （2）反演不需要子波； （3）纵向分辨率高于常规地震反演结果
	模拟退火反演	以地震为主的测井约束类反演	（1）人为干预少，地质现象保留客观，去噪能力强； （2）适用勘探初期； （3）分辨率极限与地震相当
	波阻抗反演	以地震为主的测井约束类反演	（1）直接使用地震数据进行反演运算，不受初始地质模型约束； （2）能够反映较大的地质事件的信息； （3）分辨率极限与地震相当
高精度反演方法	地质统计学反演	以测井为主的统计学反演	（1）可反演出岩性、物性数据体； （2）地质细节丰富； （3）纵向分辨率高，分辨率极限与井相当； （4）随机性强，适合储量评估和数值模拟，不利于井位决策； （5）井少区域适用性较差
	相控分频反演	井震约束联合反演	（1）具有相控反演的思想； （2）分频逼近，逐步刻画细节； （3）分辨率和精度高，分辨率极限与井相当； （4）要进行多次不同尺度子波提取及反演，比较费时
	地震波形指示反演	井震约束联合反演	（1）具有相控反演的思想； （2）反演结果确定性强，随机性小； （3）分辨率和精度高，分辨率极限与井相当； （4）井少区域适用性略差

2. 海陆过渡相页岩气测井评价

开展以"三品质"评价为核心的"七性"关系研究，建立针对表征海陆过渡相页岩气储层特征的关键参数测井计算模型，形成基于地质与工程"甜点"的评价标准，分类分区落实水平井靶盒"甜点"，建立海陆过渡相页岩气水平井测井资料综合解释方法和储层分类标准。

从页岩生气能力、储集能力、保存能力、工程品质等方面优选6种关键指标开展地质工程"甜点区"评价优选（表2-3-2）。

表 2-3-2　海陆过渡相页岩气"甜点"选区参数

参数类型	评价参数	重要参数
地质"甜点"	生气能力：有机质含量、有机质类型、有机质成熟度、页岩厚度。 储集能力：孔隙度、渗透率、孔隙类型、孔径分布、吸附能力、地层压力、地层温度、含气饱和度、含气量。 保存能力：盖层岩性、盖层厚度、页岩埋深、地层倾角、断层类型、距离断层距离、构造变形程度、压力系数	有机质含量 有机质成熟度 页岩厚度 含气量 孔隙度
工程"甜点"	工程品质：地应力场、脆性矿物、黏土矿物类型、泊松比、杨氏模量	脆性矿物含量

对大吉区块17口井山西组页岩进行测井评价，测井解释参数统计见表2-3-3，优质页岩气层段厚度高值区位于大吉45井区、大吉41井区和大吉2-4井区，分别为20.63m、19.63m和15.20m（图2-3-1、图2-3-2）。优质页岩厚度与TOC乘积高值区位于大吉45井区、大吉41井区，具有较好的生烃能力，大吉45井、高2井的加权TOC值分别为8.9%和7.3%（图2-3-3）。优质页岩含气量高值区位于大吉45井区（3.66m^3/t），其次为延421井区、吉45井区（3.34m^3/t），高2井区为3.40m^3/t（图2-3-4、图2-3-5）。

表 2-3-3　大吉区块测井解释参数统计

井号	厚度/m	TOC/%	孔隙度/%	含气量/m^3/t
大吉2-4	15.20	7.16	7.49	2.52
大吉17	7.10	4.18	2.80	1.87
大吉27	3.63	5.30	3.30	2.38
大吉33	9.00	3.44	4.59	1.99
大吉36	14.38	3.32	2.71	1.89
大吉41	19.63	5.76	3.10	1.57
大吉45	20.63	8.88	8.92	3.66

续表

井号	厚度/m	TOC/%	孔隙度/%	含气量/(m³/t)
大吉 51	9.50	5.44	3.00	2.13
高 2	3.13	7.26	6.70	3.40
吉 4	9.00	1.40	3.79	1.70
吉 16	6.60	4.08	2.10	1.95
吉 19	7.50	3.89	4.05	1.87
吉 45	11.38	3.24	3.07	3.34
延 421	14.38	5.49	5.89	3.34
延 477	10.75	4.89	5.83	2.92
延 547	8.50	5.34	4.18	2.80
永和 8	11.50	3.97	5.22	2.27

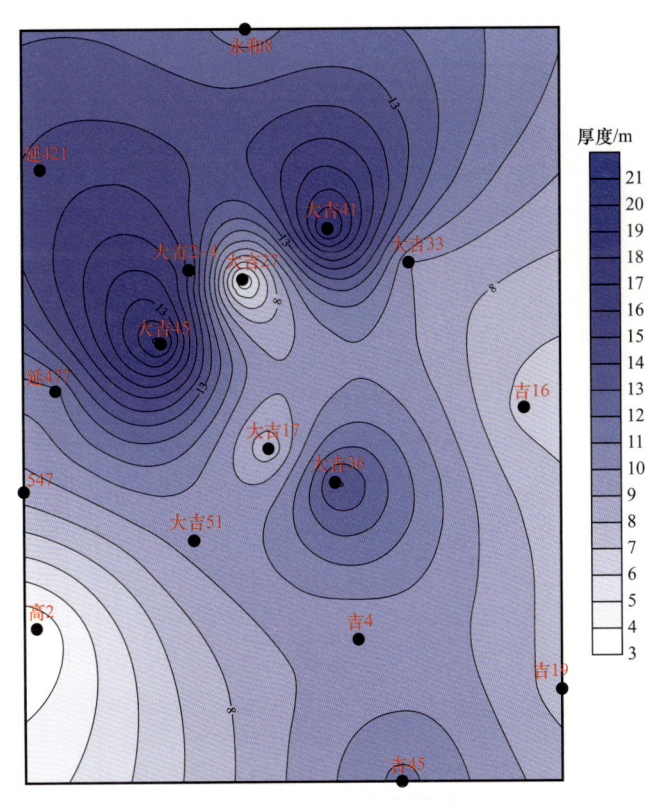

图 2-3-1 山 2^3 亚段优质页岩厚度平面分布（TOC＞2%）

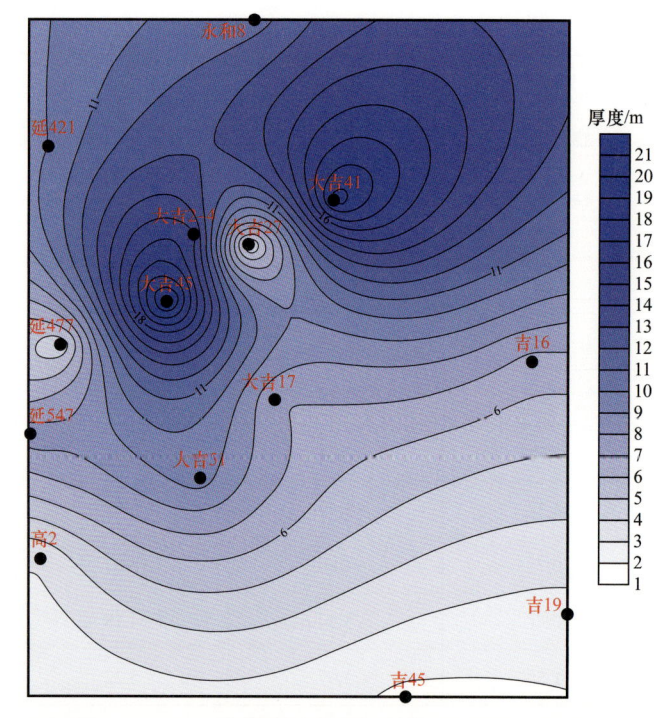

图 2-3-2 山 2^3 亚段页岩厚度平面分布（TOC＞4%）

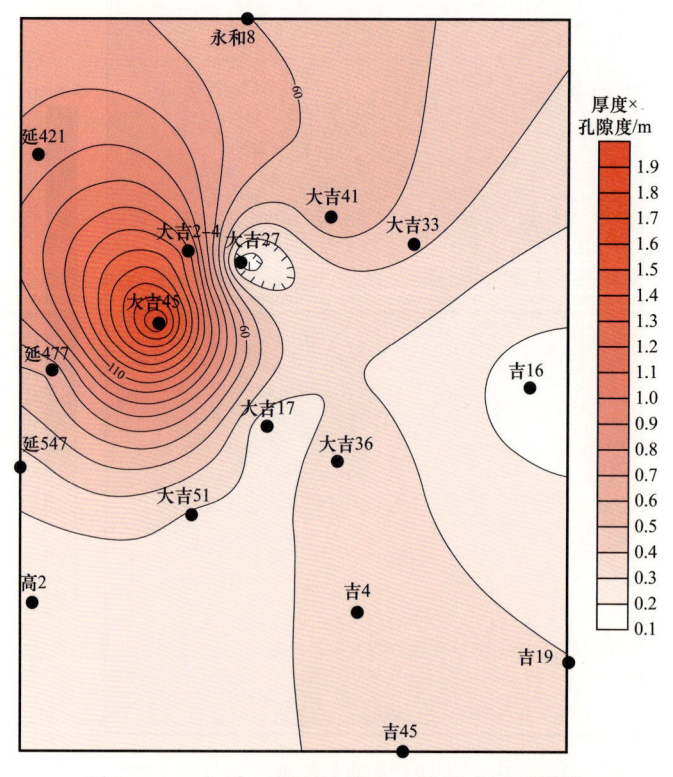

图 2-3-3 山 2^3 亚段页岩厚度 × 孔隙度平面分布

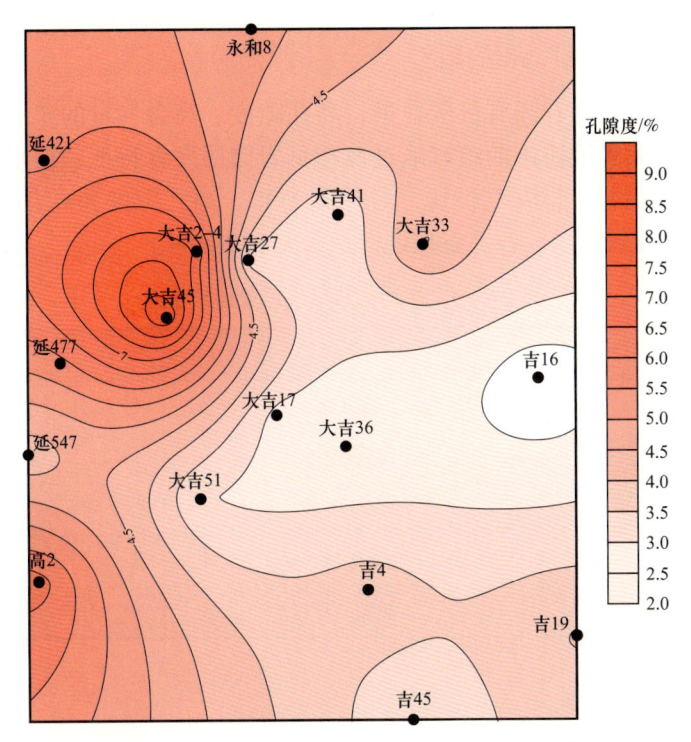

图 2-3-4　山 2^3 亚段页岩测井孔隙度平面分布

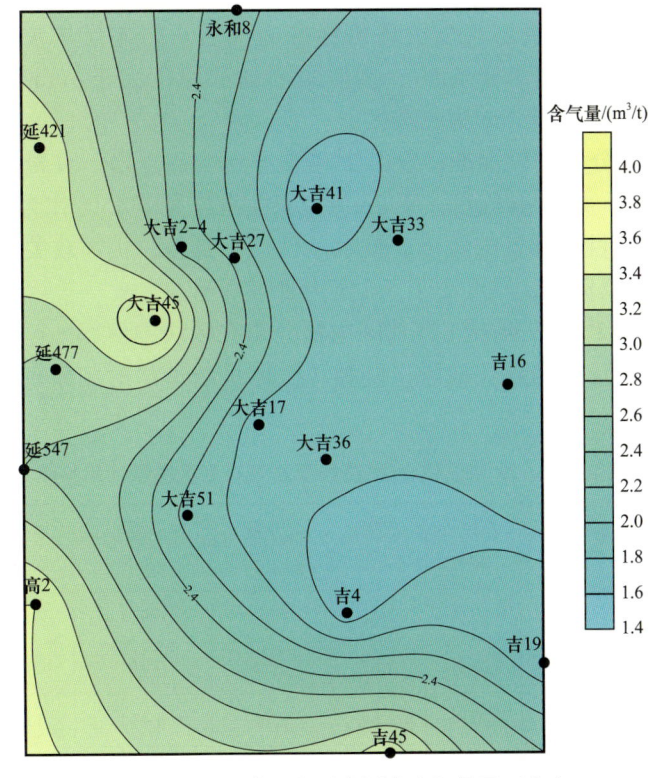

图 2-3-5　山 2^3 亚段页岩测井含气量平面分布

3. 高产富集"甜点段"评价指标

页岩气"甜点段"具有高有机碳含量、高孔隙度、高含气量的"三高"特征。依据鄂尔多斯盆地东缘大吉区块山西组海陆过渡相页岩储层发育特征，初步建立过渡相高产富气页岩层段评价指标，即含气性优，包括高TOC、高孔隙度和高含气量；可压性优，包括脆性好和微裂隙较发育。各项参数评价指标见表2-3-4。

表2-3-4 高产富气页岩层段评价指标

特征	属性	判别指标
含气性优（甜）	高TOC	>3%
	高孔隙度	>2%
	高含气量	>2.0m³/t
可压性优（脆）	脆性矿物含量	>60%
	微裂隙发育程度	发育

二、综合评价结果

1. 大吉区块山2^3亚段页岩气有利区

通过调研得知，川南页岩气分类评价标准为优质页岩储层TOC值大于3%，孔隙度大于4%，脆性矿物含量大于55%；优质页岩储层厚度大于10m为一类区，厚度为5~10m为二类区，厚度小于5m为三类区。

参考川南页岩气分类评价标准，以山2^3亚段下部"甜点段"页岩为目标，优选TOC大于3%、孔隙度大于4%、含气量大于2m³/t、脆性指数大于45%作为优质页岩储层评价标准。考虑到页岩气目前开发的经济、技术条件均不具备，仍需攻关，将优质页岩储层厚度大于5m定为Ⅱ级资源，厚度小于5m定为Ⅲ级资源。

评价大吉区块山2^3亚段页岩气有利区主要分布在区块中西部，包括河东大宁—吉县地区，河西的宜川、延川和延长地区，有利区整体呈条带状南北分布，可细划分为9个有利区（表2-3-5）。

表2-3-5 大吉区块山2^3亚段页岩气有利区储量计算参数

序号	地区		面积/km²	厚度/m	密度/(g/cm³)	含气量/(m³/t)	偏差系数/(m³/m³)	地质储量/10⁸m³	储量丰度/(10⁸m³/km²)
①	河东	大宁—吉县	69	20.9	2.62	2.74	0.914	113.27	1.64
②			78	20.9	2.62	2.74	0.914	128.04	1.64
③			88	20.9	2.62	2.74	0.914	144.46	1.64
④			148	20.9	2.62	2.74	0.914	242.95	1.64

续表

序号	地区	面积/km²	厚度/m	密度/g/cm³	含气量/m³/t	偏差系数/m³/m³	地质储量/10⁸m³	储量丰度/10⁸m³/km²
⑤	宜川	53	20.9	2.62	2.74	0.914	87.00	1.64
⑥	延川	69	20.9	2.62	2.74	0.914	113.27	1.64
⑦	河西	32	20.9	2.62	2.74	0.914	52.53	1.64
⑧	延长	21	20.9	2.62	2.74	0.914	34.47	1.64
⑨		72	20.9	2.62	2.74	0.914	118.19	1.64
合计		630					1034.18	1.64

2. 大吉区块山 2³ 亚段资源量

根据国土资源部 DZ/T 0254—2014《页岩气资源/储量计算与评价技术规范》，采用体积法估算了大吉区块山 2 段页岩气资源量，计算公式为：

$$G=0.01A_g h \rho_y C_x / Z_i$$

式中　G——页岩气地质资源量，$10^8 m^3$；

A_g——页岩面积，km^2；

h——储层厚度，m；

ρ_y——页岩密度，g/cm^3；

C_x——含气量，m^3/t；

Z_i——偏差系数，m^3/m^3。

该区山 2 段页岩面积为 5648km²，储层厚度为 10～45m，页岩密度为 2.6～2.7g/cm³，含气量为 2.63m³/t，以 1000m 以深起算，计算山 2³ 亚段埋深 1500m 以浅、页岩厚度大于 15m 的面积为 2720km²，埋深 1500m 以深、页岩厚度大于 15m 的面积为 2927km²（表 2-3-6、图 2-3-6）。

表 2-3-6　大吉区块山 2³ 亚段不同厚度范围分布面积统计

页岩厚度/m	分布面积/km²	
	埋深 1000～1500m	埋深 1500～2500m
15～20	680	93
20～25	713	1363
25～30	883	1038
30～35	444	378
35～40	0	55
>30	444	433
合计	2720	2927

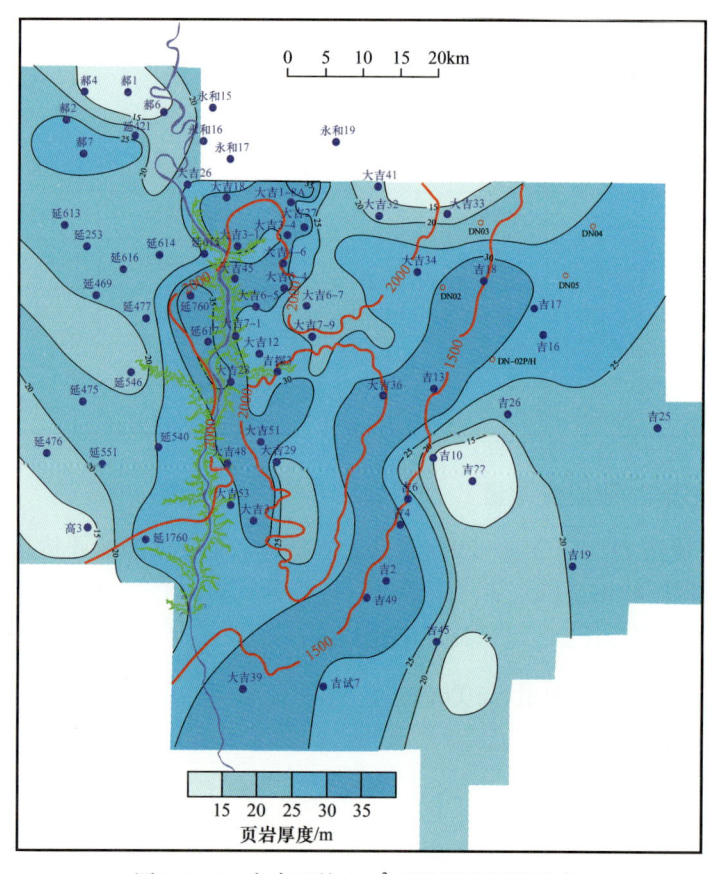

图 2-3-6 大吉区块山 2^3 亚段页岩厚度分布

利用体积法对大吉区块山 2^3 亚段页岩气进行评估，页岩气资源量达 $10072×10^8m^3$，其中 1500m 以浅为 $4733×10^8m^3$，1500m 以深为 $5339×10^8m^3$；预测资源丰度为 $1.78×10^8m^3/km^2$（表 2-3-7），其中岩心分析化验结果密度平均值为 $2.7g/cm^3$；加权平均 6 口评价井山 2^3 亚段含气量平均值为 $2.63m^3/t$。

表 2-3-7 大吉区块山 2^3 亚段页岩气预测资源量

页岩厚度/m	面积/km²	含气量/m³/t	密度/g/cm³	1500m 以浅资源量/km²	1500m 以深资源量/km²	资源量/10⁸m³	资源丰度/10⁸m³/km²
15~20	773	2.63	2.7	845	116	961	1.24
20~25	2076	2.63	2.7	1139	2178	3317	1.60
25~30	1921	2.63	2.7	1724	2027	3751	1.95
30~35	822	2.63	2.7	1025	872	1897	2.31
35~40	55	2.63	2.7	0	146	146	2.66
>30	877	2.63	2.7	1025	1018	2043	2.33
合计	5647			4733	5339	10072	1.78（平均）

3. 鄂尔多斯盆地东缘地区山 2 段资源量

鄂尔多斯盆地东缘地区石炭系—二叠系发育较好页岩层段，一批直井页岩层段压裂试气，日产气 2000～10000m³。山 2 段含气量为 0.5～1.5m³/t，估算山 2 段页岩气资源量为 (1.6～2.6)×10¹²m³，根据 TOC 大于 1.0%、页岩厚度大于 30m、有利层段山 2 段等优选原则，优选出石楼西和大吉两个有利区块（表 2-3-8）。

表 2-3-8　中石油煤层气有限责任公司矿权区山 2 段页岩气资源量估算

区块	面积 /km²	地质资源量 /10⁸m³	资源丰度 / (10⁸m³/km²)
准格尔	443.4	538.73～973.03	1.22～2.19
保德	122.6	115.86～173.79	0.95～1.42
紫金山	414.9	519.28～827.56	1.25～1.99
三交北	761	1075.36～1622.75	1.41～2.13
石楼北	680.4	1223.83～1835.74	1.80～2.70
石楼西	1148.7	2017.94～3026.91	1.75～2.64
石楼南	733.5	946.85～1635.86	1.29～2.23
大吉	3592	5482.43～8223.65	1.53～2.29
宜川 + 韩城	3402.7	4516.28～7718.79	1.34～2.27
合计	11299.2	16436.56～26038.08	1.45～2.30（平均）

估算整个鄂尔多斯盆地 10×10⁴km² 海陆过渡相页岩气资源量有望超过 20×10¹²m³，展示出广阔的勘探开发前景。

第三章　煤系多目的层钻完井技术

　　安全快速高效的钻完井技术是经济开发深层煤层气、煤系地层天然气的关键。自"十一五"以来，我国中浅层煤层气钻完井技术经历了引进试验、规模开发和自主规模开发三个阶段，各项技术、关键工具等都取得了突破，得到了长足的发展，有效支撑了中浅层煤层气的规模开发。但"十三五"以前对于深层煤层气和煤系地层天然气勘探开发的钻完井技术没有进行规模攻关试验，针对我国丰富的深层煤层气和煤系地层天然气资源的综合利用与规模开发，迫切需要攻关形成与之相适应的钻完井技术，以支撑深层煤层气和煤系地层天然气的规模效益开发。基于此背景开展了针对性的技术攻关工作，取得了重要的技术攻关进展。

第一节　技术攻关背景

　　"十一五"和"十二五"期间，攻关团队对鄂尔多斯盆地东缘中浅层煤层气钻完井技术进行了系统攻关，"十一五"期间形成了以直井、丛式井为主的钻完井技术，"十二五"期间推进了由直井、丛式井向裸眼多分支水平井、U型井、L型水平井等多类型水平井钻完井技术探索，形成了配套的技术系列。随着煤层气开发深度不断加深，"十二五"期间形成的多类型水平井钻完井技术无法满足深层煤层气和煤系地层天然气综合开发提质增效的要求。"十三五"以来，攻关团队在鄂尔多斯盆地东缘大吉地区针对深层煤层气和煤系地层天然气高效钻完井的技术难题，开展了专项攻关。

　　鄂尔多斯盆地东缘大吉地区深层煤层气和煤系地层天然气规模开发过程中主要存在以下钻井难点：复杂地表条件导致水平井靶前距大、偏移距大；上部刘家沟组、石千峰组存在恶性漏失；下部山西组煤层发育易坍塌、地层可钻性差，导致轨迹水平段控制困难；储层发育不连续，非均质性强，导致钻遇率低。针对以上问题，"十三五"期间借鉴了国内成熟的致密气水平井钻井技术，持续优化三开井眼尺寸，从三开正常井眼尺寸发展到三开小井眼尺寸；不断优化水平井井身结构，由三开到二开；不断强化钻井参数，井眼轨迹从单一的三维井眼轨迹发展到多样化井眼轨迹（三维井眼轨迹、双二维井眼轨迹、类双二维井眼轨迹），轨迹控制从"PDC+旋转导向"发展到"PDC+弯螺杆+水力振荡器"。通过以上优化和技术攻关，"十三五"期间形成了大平台丛式水平井钻完井配套技术和工厂化作业体系，为鄂尔多斯盆地东缘煤系非常规天然气资源的及时发现和高效开发提供了有力技术支撑。

第二节　井身结构优化设计

为满足提质增效的要求，不断改进完善 L 型水平井井身结构，深层煤层气水平井井身结构从三开转为二开。煤系地层天然气水平井通过优化井眼尺寸、强化钻井参数以满足长水平段钻进需求，进而形成三开常规和三开长水平段两种井身结构。

一、深层煤层气水平井井身结构优化

在开发深层煤层气过程中使用 L 型水平井，主要难点是刘家沟组中下部和石千峰组交界处井壁稳定性差、易坍塌，目的层上部碳质泥页岩段、5 号煤层不稳定易坍塌，煤层内钻进气测值较高，钻井液密度变化导致井筒内压力体系变化大，井壁不稳定。

针对以上难点，初期采用三开井身结构，二开套管下到 A 靶点，封住易坍塌地层，实现储层段专打，达到保护储层的目的。但三开井身结构存在二开井眼尺寸大所造成的机械钻速慢、钻井周期长、钻井成本高等问题，制约了深层煤层气低成本高质量效益开发。

二开井身结构可有效解决三开井身结构二开段井眼尺寸大所造成的机械钻速慢、钻井周期长、成本高等问题。在实际钻井中发现上部地层较为稳定，随着全井段防漏、防塌钻井液的不断试验，为尝试二开井身结构打下基础。

1. 三开井身结构

前期水平井采用三开井身结构，如图 3-2-1 所示，一开封固第四系地表黄土层、易

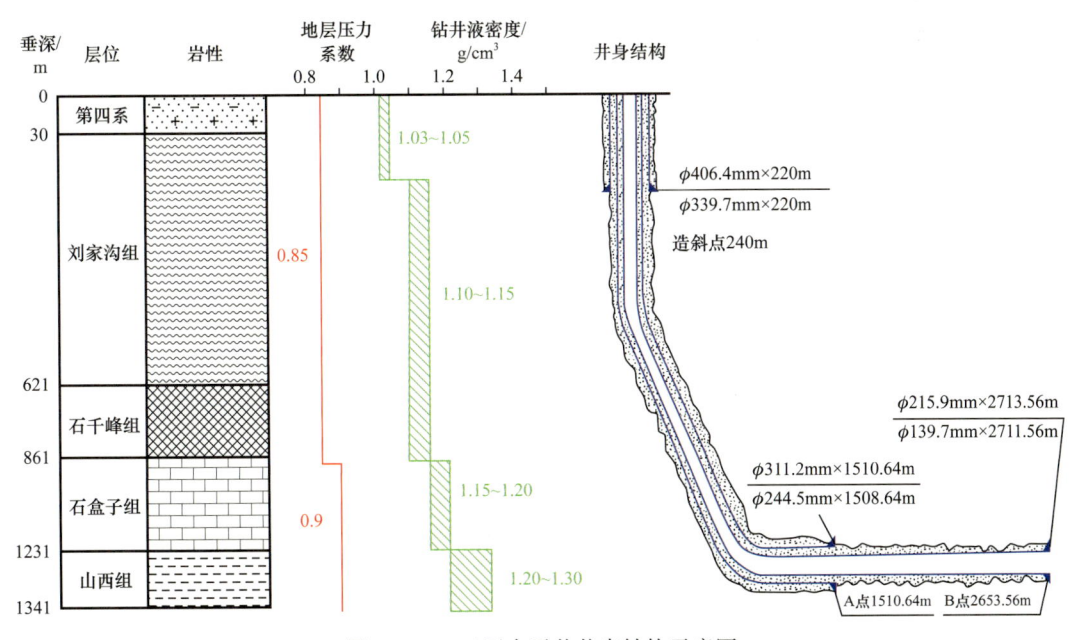

图 3-2-1　三开水平井井身结构示意图

漏地层，进入纸坊组基岩层；二开进入本溪组 8 号煤层至 A 靶点完钻，二开套管封固目的层上部碳质泥页岩层、5 号煤层易坍塌段；为三开水平段作业和完井提供有利条件，实现目的层专打；造斜段最大全角变化率为 7.5°/30m，水平段最大全角变化率为 4°/30m，各开次水泥均返至地面。

2. 二开井身结构

针对煤层气 L 型水平井钻井成本高、钻井周期长、托压严重的问题，优化井身结构由三开转为二开，一开钻穿延长组，进入纸坊组，实现提速、降本要求，平均单井直接投资比三开结构降低 20% 以上。

开钻程序：ϕ311.2mm× 一开井深 +ϕ215.9mm× 二开井深（图 3-2-2）。

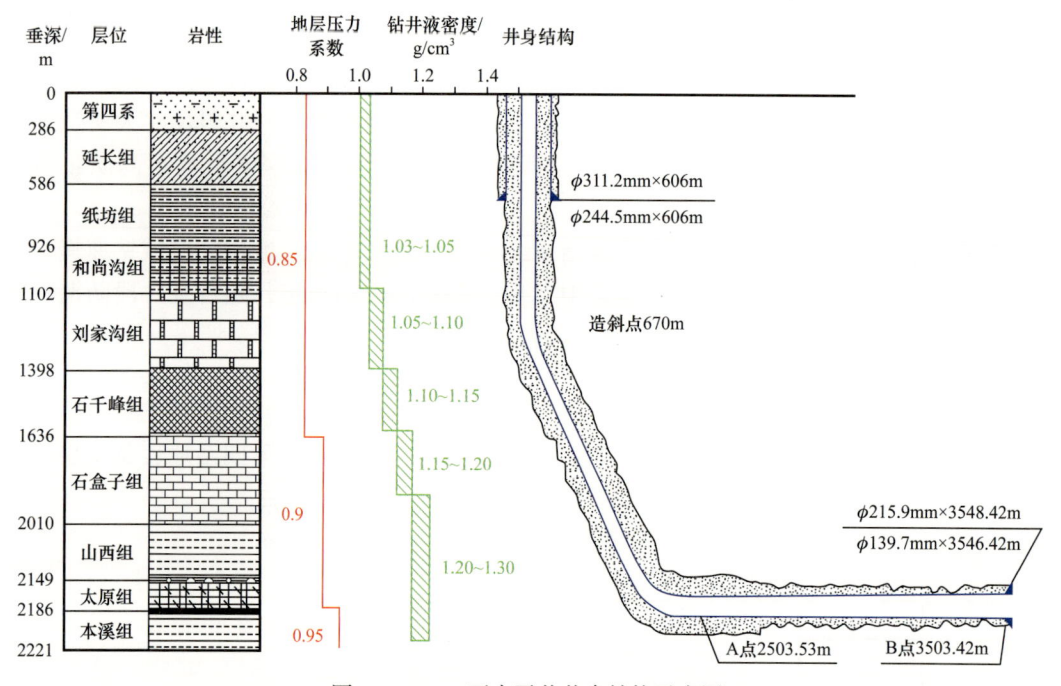

图 3-2-2 二开水平井井身结构示意图

套管程序：ϕ244.5mm× 一开套管下深 +ϕ139.7mm× 二开套管下深，各开次水泥返至地面。

3. 应用情况

通过对完钻的深层煤层气水平井统计分析发现，单井平均机械钻速明显提高，钻井周期、完井周期大幅缩短，深层煤层气钻井提速效果显著，如图 3-2-3 和图 3-2-4 所示。

新近完钻的 JS6-7P01 水平井完钻井深 3601m，水平段长 1000m，煤层段长 948m，煤层钻遇率达 94.8%。钻井周期 30.83d，相比三开井身结构的钻井周期缩短了 44.4%；完井周期 34.40d，水平段钻井周期 12.38d，平均日进尺 80.77m。一开进尺 606m，使用钻头 1 只，平均机械钻速为 10.51m/h；二开进尺 2995m，使用钻头 6 只，平均机械钻速为 7.52m/h。

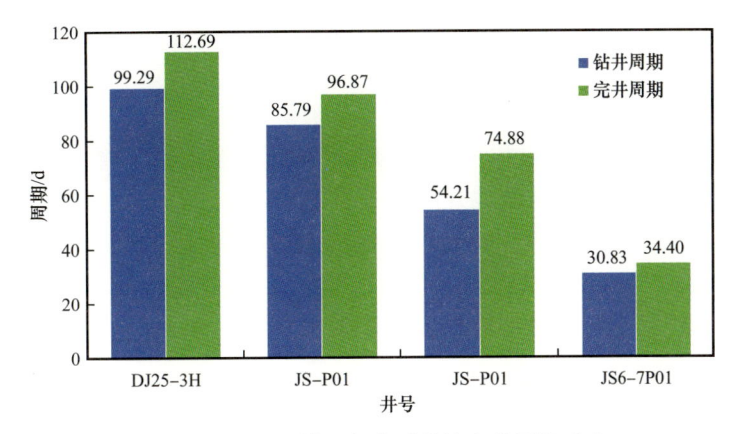

图 3-2-3　深层煤层气水平井钻完井周期对比

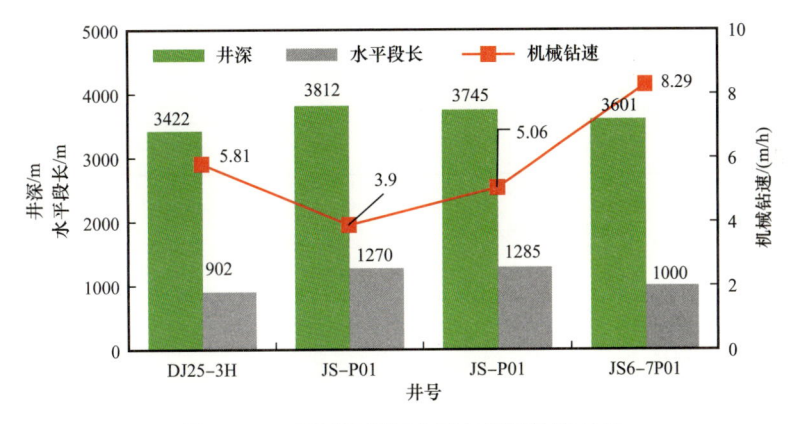

图 3-2-4　深层煤层气水平井机械钻速对比

二、煤系地层天然气水平井井身结构优化

煤系地层天然气水平井普遍采用导管+三开的井身结构：一开 ϕ311.2mm 钻头，ϕ244.5mm 表层套管封固黄土层及延长组易漏地层；二开 ϕ222.3mm 钻头打到 A 靶点，技术套管 ϕ177.8mm 下至目的层；三开 ϕ155.6mm 钻头，生产套管 ϕ114.3mm 下至井底。该套井身结构在大吉区块应用较为成熟，优点是小井眼有助于快速钻进，井眼稳定性较好，节省了套管、钻井液、水泥等物资消耗。缺点是技术套管下至 A 点，水平段轨迹调整余地有限，导致钻遇率下降；水平段延伸能力不足，钻井参数不能满足长水平段钻进需求。

考虑长水平段钻井作业的泵压、钻具下入、套管下入载荷等因素，结合目前国内外长水平段水平井普遍采用的井身结构，对大吉区块长水平段水平井井身结构进行优化，主要是增大井眼尺寸，使相关配套工具可以满足井眼要求，有利于强化钻井参数，延伸水平段长度。但二开增大井眼尺寸，采用 ϕ241.3mm 钻头造斜可能会降低造斜率，影响钻速。

井身结构优化设计原则：满足开采及完井工程需要；固封表层疏松易塌及易漏层段；目的层专封、专打，尽量减少储层伤害；落实地质工程一体化，在满足开发方案总体部署要求和安全的情况下，采用成熟可靠的钻井技术，实现高效开发。

1. 常规水平井井身结构

对示范区大吉区块在实钻过程中出现的上部刘家沟组、石千峰组易漏及下部山西组煤层、泥页岩垮塌等问题，针对性地开展井身结构优化设计。

一开 ϕ311.15mm 钻头，ϕ244.5mm 表层套管封固黄土层及延长组易漏地层；二开 ϕ222.3mm 钻头，ϕ177.8mm 技术套管下至目的层；三开 ϕ155.6mm 钻头，ϕ114.3mm 生产套管下至井底。常规水平井井身结构见表 3-2-1 和图 3-2-5。

表 3-2-1 常规水平井井身结构

开钻次序	钻头尺寸/mm	套管尺寸/mm	套管鞋所在地层层位	环空水泥浆返深/m
一开	311.15	244.5	纸坊组	地面
二开	222.3	177.8	山西组	地面
三开	155.6	114.3	山西组	地面

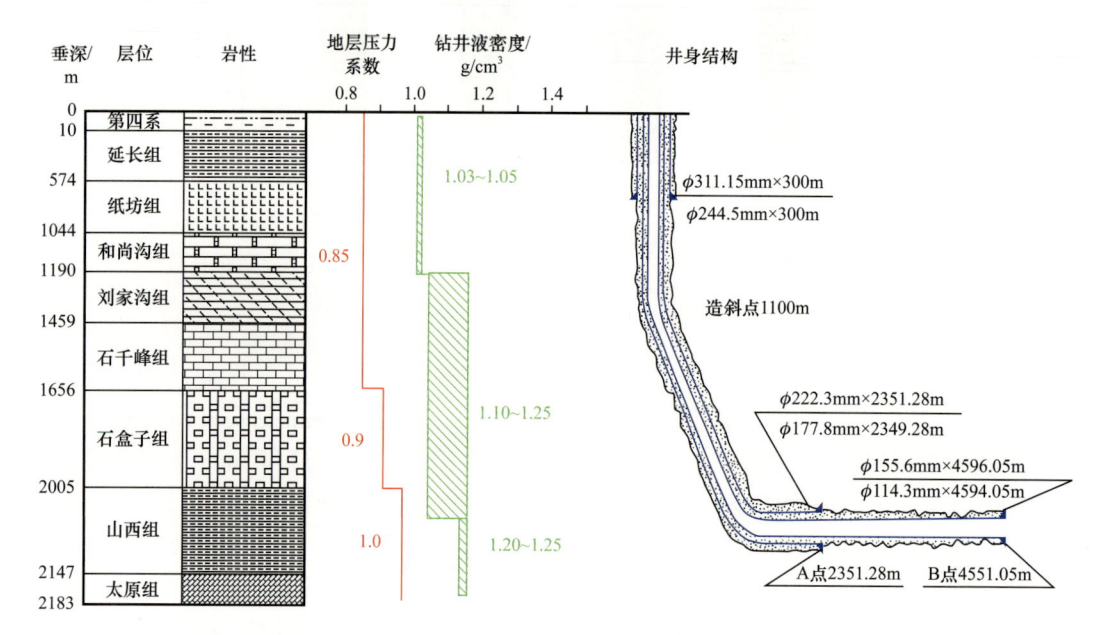

图 3-2-5 常规水平井井身结构

2. 长水平段水平井井身结构

长水平段水平井采用水平井导管 + 三开的井身结构：一开 ϕ347.6mm 钻头，ϕ273mm 表层套管封固黄土层及延长组易漏地层；二开 ϕ241.3mm 钻头，技术套管 ϕ193.7mm 下至目的层；三开 ϕ165.1mm 钻头，生产套管 ϕ114.3mm 下至井底。长水平段水平井井身结构见表 3-2-2 和图 3-2-6。

表 3-2-2　长水平段水平井井身结构

开钻次序	钻头尺寸/mm	套管尺寸/mm	套管鞋所在地层层位	环空水泥浆返深/m
一开	347.6	273	纸坊组	地面
二开	241.3	193.7	山西组	地面
三开	165.1	114.3	山西组	地面

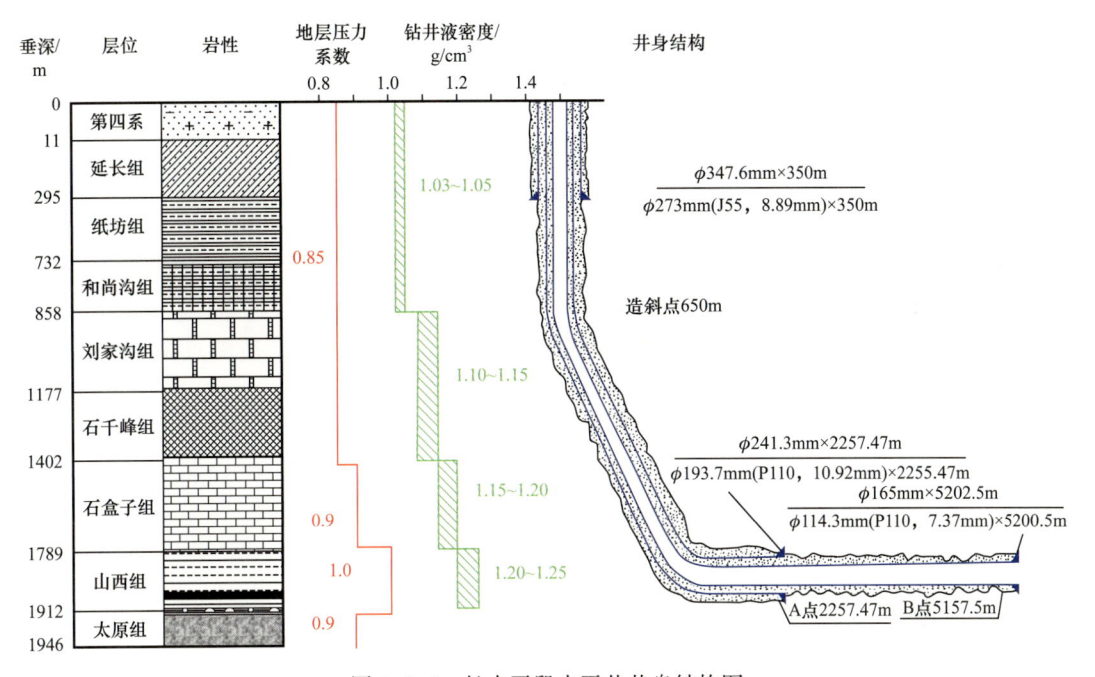

图 3-2-6　长水平段水平井井身结构图

3. 应用情况

大吉区块 2016—2020 年各年度完钻的煤系地层天然气水平井井身结构见表 3-2-3。相比于常规水平井井身结构，三开长水平段水平井井身结构能更好地释放"三高两大"（高钻压、高转速、高泵压、大排量、大扭矩）钻井参数，实现机械钻速进一步提高。

表 3-2-3　各年度煤系地层天然气水平井井身结构

年份	井身结构 一开	井身结构 二开	井身结构 三开
2016—2018	φ444.5mm 钻头 ×φ339.7mm 套管	φ311.2mm 钻头 ×φ244.5mm 套管	φ215.9mm 钻头 ×φ139.7mm 套管
2019—2020	φ311.2mm 钻头 ×φ244.5mm 套管	φ215.9mm 钻头 ×φ177.8mm 套管	φ155.6mm 钻头 ×φ114.3mm 套管
			φ152.4mm 钻头 ×φ114.3mm 套管
	φ347.6mm 钻头 ×φ273mm 套管	φ241.3mm 钻头 ×φ193.7mm 套管	φ165.1mm 钻头 ×φ114.3mm 套管

第三节　井眼轨迹优化设计与控制

大吉区块开发以来，通过不断总结、分析关键问题，持续开展井眼轨迹优化、水平段轨迹控制工艺等技术攻关及试验，探索适用于具有复杂地表条件、储层发育不连续等特点的大吉区块的水平井井眼轨迹优化及控制工艺。

一、水平井井眼轨迹优化

深层煤层气、煤系地层天然气水平井主要采用五段制常规三维井眼轨迹。尝试过双二维井眼轨迹、类双二维井眼轨迹，通过分析和实践发现，三维井眼轨迹和类双二维井眼轨迹各有优缺点，需要根据造斜点、靶前距、偏移距、靶点埋深等参数确定使用哪种井眼轨迹。大吉区块大部分井使用三维井眼轨迹设计，DJ-P37井采用类双二维井眼轨迹设计。

1. 三维井眼轨道设计

与双二维井眼轨迹相比，三维井眼轨迹光滑，造斜段长度短，造斜点深，但需要在增斜的过程中扭方位，操作复杂（时培忠，2021）。

1）设计目标

推荐三维"直—增—稳—增—稳"五段制剖面，造斜率设计在5°/30m以内，降低造斜难度，减少造斜段摩阻，保证水平段延伸。

2）设计原则

（1）保证长水平段位移延伸目标。

（2）满足井身结构封固复杂层段要求，对于偏移距小的井，快速打穿刘家沟组、石千峰组易漏地层再开始造斜；对于偏移距大的井，提前造斜、稳斜，快速通过刘家沟组、石千峰组易漏地层。

（3）简化轨道，降低轨道自由度，降低造斜率，便于施工组织和操作，平衡施工难度。

3）设计要点

设计井眼轨道在纸坊组造斜，以DJ-P24井为例，由表3-3-1可见，以14.31°小井斜稳斜钻进，提前增斜消除偏移距。稳斜通过刘家沟组易漏地层，以利于提高漏失层钻井速度。

在石盒子组造斜，增加第二段造斜。设计造斜率3°/30m，既有利于长水平段延伸，又为现场施工留有调整空间。井眼轨道如图3-3-1所示。

2. 类双二维井眼轨道设计

与三维井眼轨迹相比，类双二维井眼轨迹最大的优势在于增斜或降斜的过程中不需要扭方位，操作简单。但存在造斜点上移、造斜段长等问题（刘茂森等，2016）。

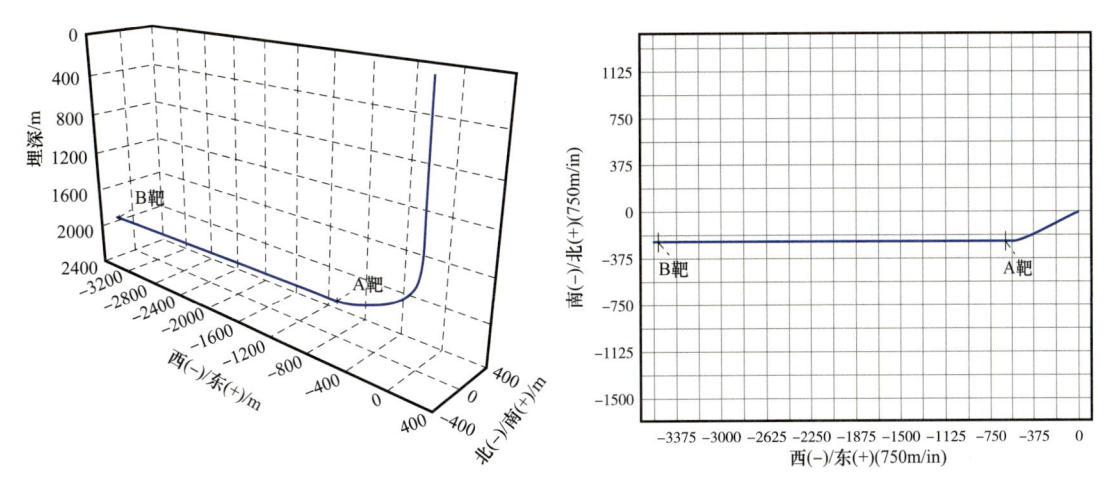

图 3-3-1　三维井眼轨道、水平投影示意图
1in=25.4mm

表 3-3-1　三维井眼轨道剖面设计

描述	测深/m	井斜/(°)	方位/(°)	垂深/m	北坐标/m	东坐标/m	视平移/m	造斜率/(°)/30m
直井段	0	0	0	0	0	0	0	0
直井段	650.00	0	0	650.00	0	0	0	0
增斜段	809.05	14.31	212.32	807.40	−16.70	−10.57	10.57	2.700
稳斜段	1438.64	14.31	212.32	1417.44	−148.25	−93.78	93.79	0
靶点 A	2257.47	89.47	270.00	1903.68	−252.10	−656.50	656.50	3.000
靶点 B	5157.50	89.47	270.00	1930.68	−252.10	−3556.40	3556.40	0
井底	5202.50	89.47	270.00	1931.10	−252.10	−3601.40	3601.40	0

1）设计目标

推荐类双二维"直—增—稳—增—增—稳"六段制剖面，造斜率设计在 5°/30m 以内，降低造斜难度，减少造斜段摩阻，保证长水平段延伸。

2）设计原则

（1）保证长水平段位移延伸目标。

（2）满足井身结构封固复杂层段要求，快速钻过漏失层，避免在漏层长时间造斜。

（3）简化轨道，降低轨道自由度，降低造斜率，便于施工组织和操作，平衡施工难度。

3）设计要点

以 DJ-P24 井为例，设计造斜率 3°/30m，既有利于长水平段延伸，又为现场施工留有调整空间（表 3-3-2）。井眼轨道在纸坊组造斜，以 16.40° 井斜稳斜钻进，提前增斜消除偏移距。稳斜通过刘家沟组易漏地层，以利于提高漏失层钻井速度。入窗之前，完成扭方位施工，降低大井斜段施工难度。井眼轨道如图 3-3-2 所示。

表 3-3-2 类双二维井眼轨道剖面设计

描述	测深/m	井斜/(°)	方位/(°)	垂深/m	北坐标/m	东坐标/m	视平移/m	造斜率/(°)/30m
直井段	0	0	0	0	0	0	0	0
直井段	450.00	0	0	450.00	0	0	0	0
增斜段	613.96	16.40	199.25	611.74	−22.00	−7.68	9.20	3.000
稳斜段	1363.78	16.40	199.25	1331.05	−221.82	−77.47	92.77	0
扭方位段	1588.09	22.00	270.00	1545.38	−252.10	−130.60	147.88	3.000
靶点 A	2262.75	89.47	270.00	1903.68	−252.10	−656.50	672.50	3.000
靶点 B	5162.78	89.47	270.00	1930.68	−252.10	−3556.40	3565.32	0
井底	5207.78	89.47	270.00	1931.10	−252.10	−3601.40	3610.21	0

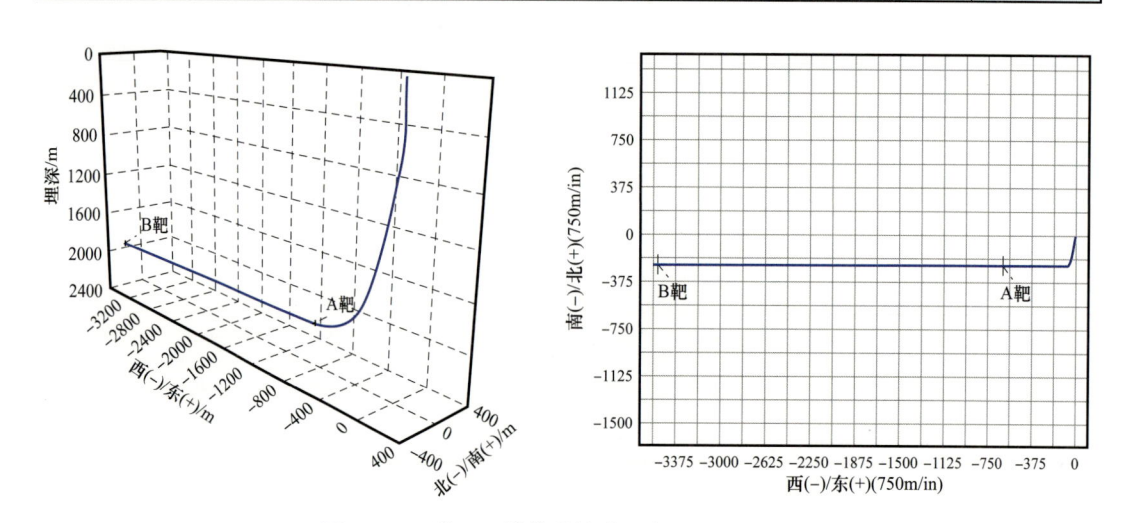

图 3-3-2 类双二维井眼轨道、水平投影示意图

3. 载荷、扭矩对比

1）三维井眼轨道和类双二维井眼轨道施工载荷对比

在井底时，三维井眼轨道施工上提钩载 1050kN（图 3-3-3），类双二维井眼轨道施工上提钩载 1100kN（图 3-3-4），由此可见，类双二维井眼轨道与三维井眼轨道施工载荷接近。

2）三维井眼轨道和类双二维井眼轨道施工扭矩对比

在井底时，三维井眼轨道施工最大扭矩为 2820kN·m（图 3-3-5），类双二维井眼轨道施工最大扭矩为 3015kN·m（图 3-3-6），由此可见，类双二维井眼轨道与三维井眼轨道施工扭矩接近。

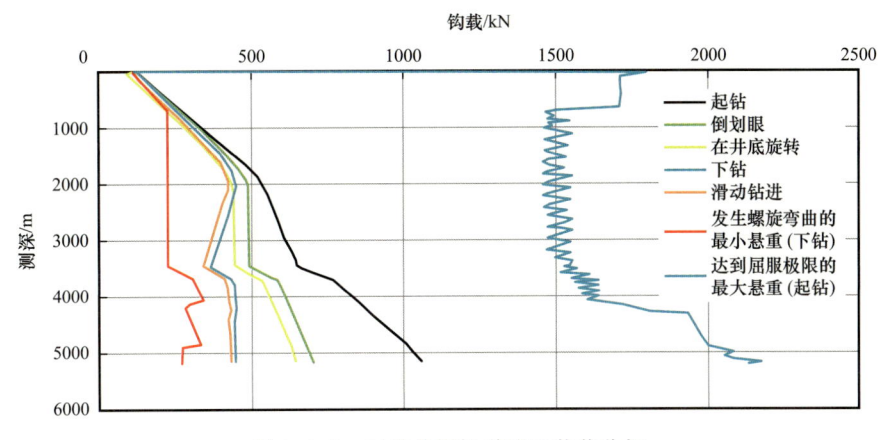

图 3-3-3　三维井眼轨道施工载荷分析

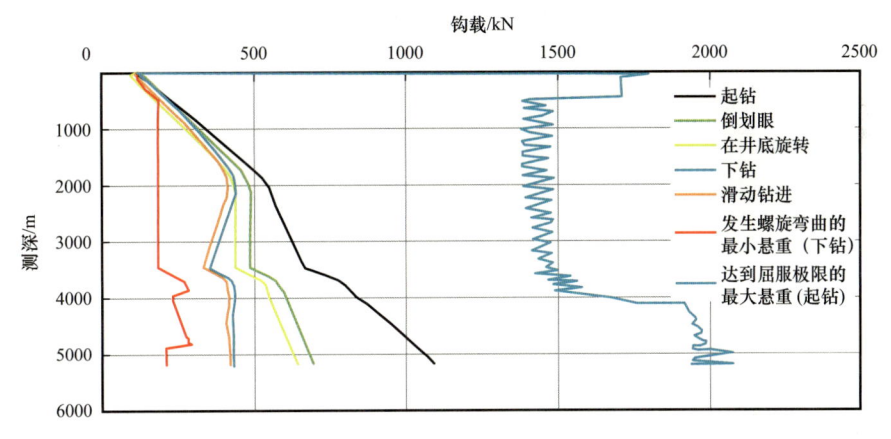

图 3-3-4　类双二维井眼轨道施工载荷分析

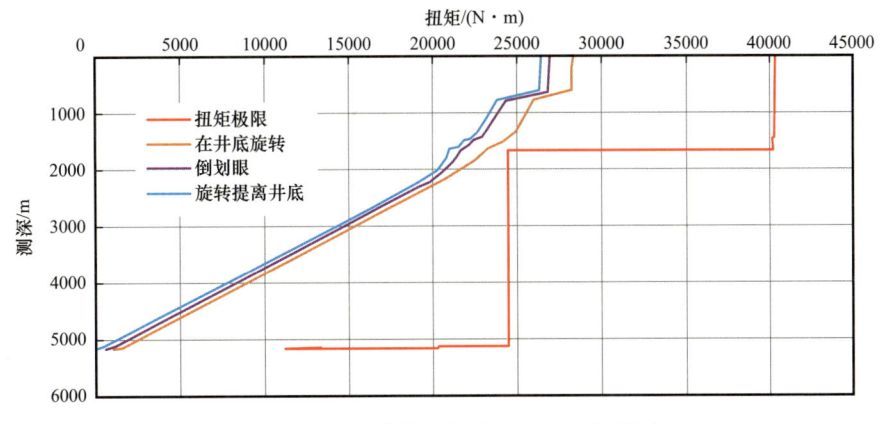

图 3-3-5　三维井眼轨道施工扭矩分析图

通过模拟分析发现，这口井类双二维井眼轨道和三维井眼轨道施工载荷、扭矩相差不大，推荐使用轨道更简单的三维井眼轨道。在实际的井眼轨道设计时应根据地层情况要求造斜点深度、靶前距、偏移距、靶点埋深等参数确定使用哪种井眼轨道。

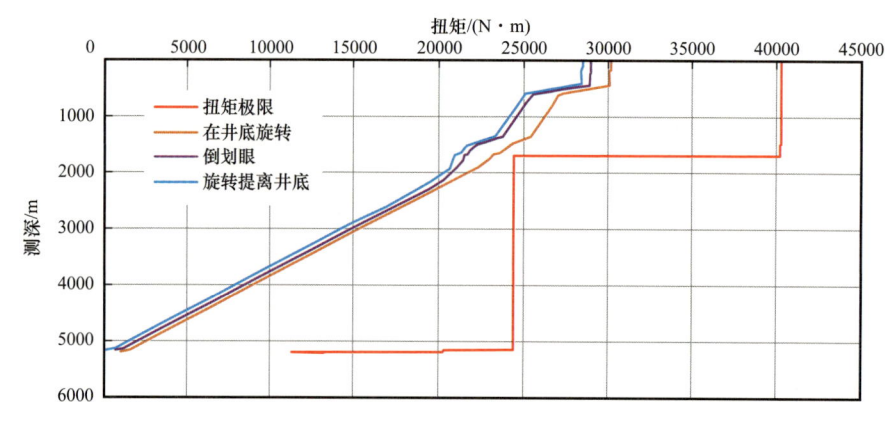

图 3-3-6　类双二维井眼轨道施工扭矩分析图

4. 类双二维井眼轨道应用效果

DJ-P37 井采用类双二维井眼轨道设计，二开预增斜完成横向位移，进入石盒子组后降斜入靶，与三维井眼相比，摩阻较低。

通过计算对比不同造斜率（4°/30m、5°/30m、6°/30m）下的摩阻、扭矩发现，造斜率为 4°/30m 时的轨迹摩阻、扭矩最小（图 3-3-7、表 3-3-3）。

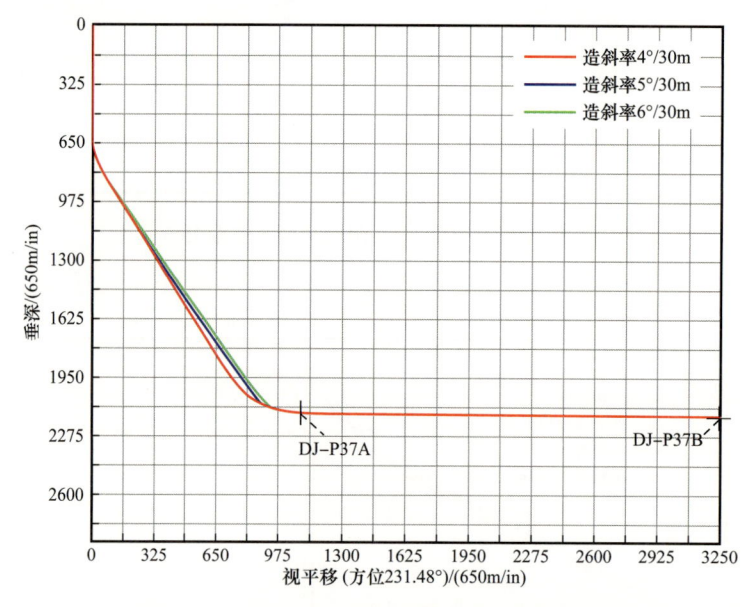

图 3-3-7　DJ-P37 井不同造斜率下轨道垂直投影

表 3-3-3　DJ-P37 井不同造斜率、不同工况下类双二维井眼轨迹施工钩载

造斜率/[(°)/30m]	滑动钻进最大钩载/kN	旋转钻进最大钩载/kN	下入套管最大钩载/kN
6	621.8	817.5	238.5
5	610.2	815.9	237.4
4	598.6	813.1	235.7

DJ-P37 井最终完钻井深 3935.83m，水平段长度 1309.93m，目的层进尺 1254m，目的层钻遇率达 95.74%。

二、水平段井眼轨迹控制技术

1. 深层煤层气水平井轨迹控制技术

1）深层煤层气水平井轨迹控制的主要难点

（1）目的层 8 号煤层气测较高，气测全烃峰值为 93.75%，气测均值为 68.75%，出口钻井液密度最低降至 1.04g/cm³（进口密度为 1.30g/cm³）。为保证安全钻进，煤层段均需控时钻进，为降低气体对钻井液性能的影响，保证井眼压力体系稳定，地面需要配备除气器。

（2）为给后续压裂创造有利条件，井眼轨迹入煤层后，向下钻 1～1.5m 着陆，要求贴煤层顶部钻进并在进入石灰岩后需重新进入煤层，对轨迹控制带来了一定难度。JS-P01 井 6 次进入石灰岩，煤层段长 753.00m，煤层钻遇率达 61.47%，JS-P02 井 5 次进入石灰岩，如图 3-3-8 所示，煤层段长 954.00m，煤层钻遇率达 74.2%。

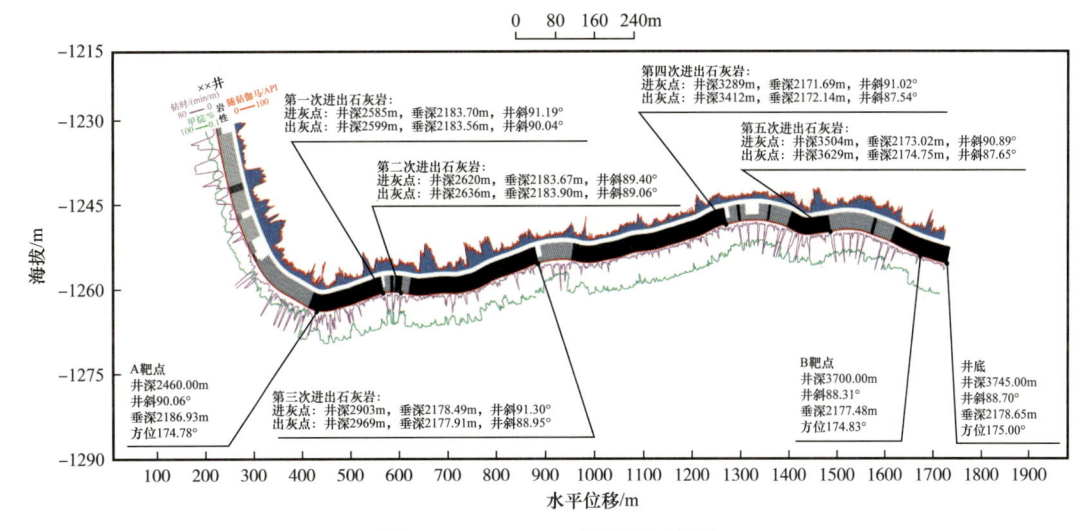

图 3-3-8 DJ-P02 井地质导向图

2）深层煤层气水平井轨迹控制技术

（1）常规钻具组合。

深层煤层气水平井采用常规轨迹控制工艺，目的是降低风险、降低成本，基本可满足地质要求，井眼轨迹稳定在煤层顶板，贴近石灰岩。

深层煤层气水平井直井段采用螺杆动力钻具复合钻进，造斜段、水平段采用倒装钻具组合，"螺杆 +MWD（伽马）"常规井眼控制工艺。钻具组合见表 3-3-4，对此钻具组合进行钻具力学分析，根据计算结果，在套管内摩擦系数为 0.25、裸眼摩擦系数为 0.30 情况下，可完成设计水平段长度，全井段不发生屈曲，计算结果见表 3-3-5。图 3-3-9 和图 3-3-10 给出了钩载、扭矩分析图。

表 3–3–4　深层煤层气水平井钻具组合

开钻次序	井眼尺寸 /mm		钻具组合
导管	406.4		406.4mm 钻头 +203.2mm 钻铤 +127mm 钻杆
一开	311.2		311.2mm 钻头 +203.2mm 钻铤 +165mm 无磁钻铤（MWD）+165mm 钻铤 +127mm 钻杆
二开	215.9	直井段、增斜段	215.9mm PDC 钻头 +172mm 螺杆（1.25°）+215mm 扶正器 +165mm 定向接头 +165mm 无磁钻铤 +159mm 钻铤 ×13 根 +127mm 钻杆
		全力增斜段	215.9mm MS1655 PDC 钻头 +172mm 螺杆（1.25°）+165mm 定向接头 +165mm 无磁钻铤 +127mm 加重钻杆 ×3 根 +127mm 钻杆 ×30 根 +127mm 加重钻杆 ×35 根 +127mm 钻杆
		水平段	215.9mm MS1655 PDC 钻头 +172mm 无扶螺杆（1.25°）+165mm 定向接头 +165mm 无磁钻铤 +127mm 加重钻杆 ×3 根 +127mm 钻杆 ×150 根 +127mm 加重钻杆 ×42 根 +127mm 钻杆

表 3–3–5　钻具摩阻、扭矩分析数据

工况	钻具尺寸 /mm	钢级	钻压 /kN	抗扭校核 /(kN·m) 最大扭矩	抗扭校核 /(kN·m) 屈服强度	抗拉校核 /kN 最大钩载	抗拉校核 /kN 抗拉强度	钻具伸长 /m	屈曲
倒划眼	127	G105	—	23.44	69.04	752.3	2462	2.46	—
起钻	127	G105	—	—	69.04	1087.5	2462	3.33	—
旋转钻进	127	G105	50	23.83	69.04	672.3	2462	2.05	—
下钻	127	G105	—	—	69.04	422.2	2462	1.34	—
空转	127	G105	—	22.62	69.04	722.3	2462	2.31	—
滑动钻进	127	G105	30	—	69.04	398.4	2462	1.20	—

（2）水平段轨迹控制模型。

通过总结深层煤层气水平井施工方法和步骤，并结合其他水平井导向施工的经验，形成了水平段轨迹控制工艺流程。对比分析邻井煤层内部及顶底板岩电性特征，划分煤层内部和顶底板的特征单元，进一步确定煤层内部导向标志和顶底出特征及判断依据，分别建立层内轨迹控制模型和顶底出轨迹控制模型（申瑞臣等，2017）（图 3–3–11），水平段钻进过程中，通过轨迹控制模型对实际轨迹加以调整与控制，完成整个水平段的钻进。

根据煤层内部特征以及井眼轨迹自然增斜趋势，优化轨迹质量，加快钻井速度，提高钻遇率，建立了水平段层内轨迹控制、顶出轨迹控制和底出轨迹控制 3 种模型。

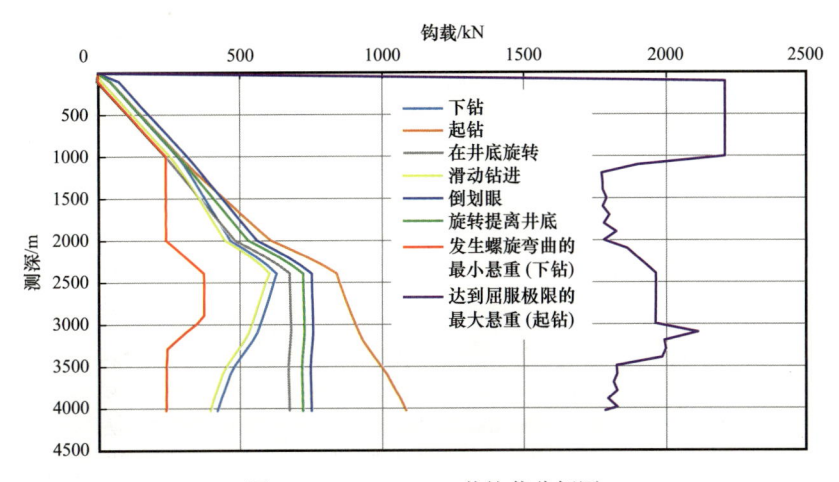

图 3-3-9　JS7-7P06 井钩载分析图

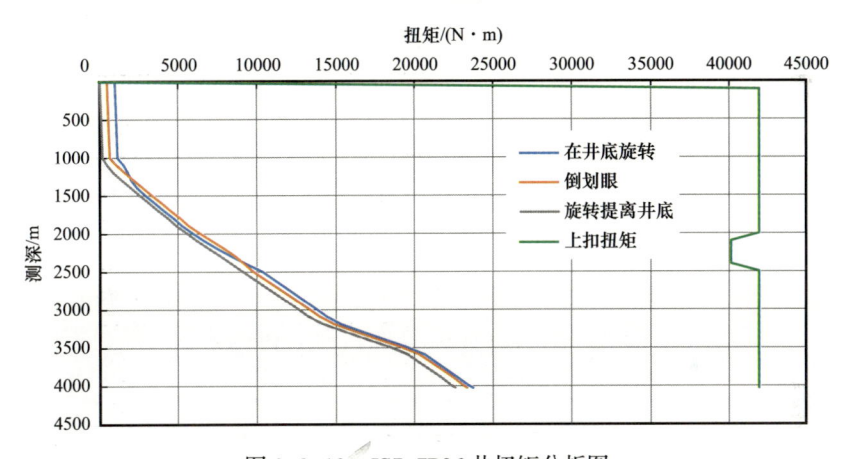

图 3-3-10　JS7-7P06 井扭矩分析图

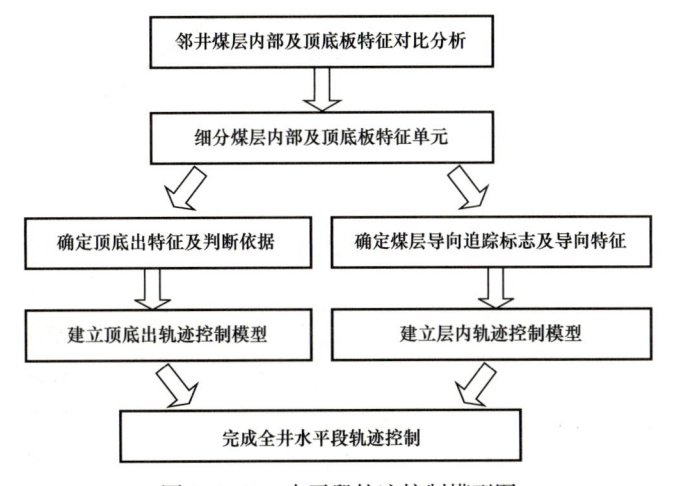

图 3-3-11　水平段轨迹控制模型图

① 层内轨迹控制模型。

在煤层内部选取上下两处跟踪参数差异明显，且距顶底板都有一定距离的范围作为导向轨迹控制区间。轨迹着陆后，控制井斜角略小于地层倾角（一般小 2° 左右，视复合钻进自然增斜趋势而定）复合钻进向控制区间下边界缓慢靠近，钻遇区间下边界时井斜角与地层倾角基本相等，继续复合钻进至井斜角略大于地层倾角（一般大 0.5° 左右）向控制区间上边界缓慢靠近，钻遇区间上边界时开始定向钻进控制井斜角略小于地层倾角，依此反复，完成整个水平段钻进（图 3-3-12）。

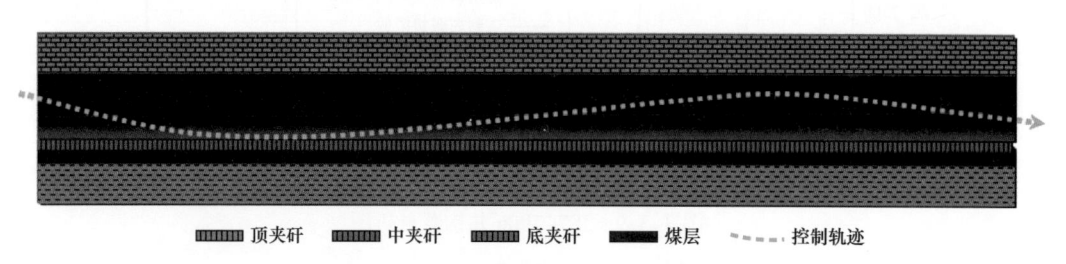

图 3-3-12　水平段层内轨迹控制模型图

② 顶出轨迹控制模型。

当轨迹顶出煤层后，在保证井下安全和井眼轨迹质量要求的前提下以最大造斜率降斜至井斜角小于地层倾角 3°～5°，向下追踪煤层，顶进煤层后按层内轨迹控制方法钻水平段（图 3-3-13）。

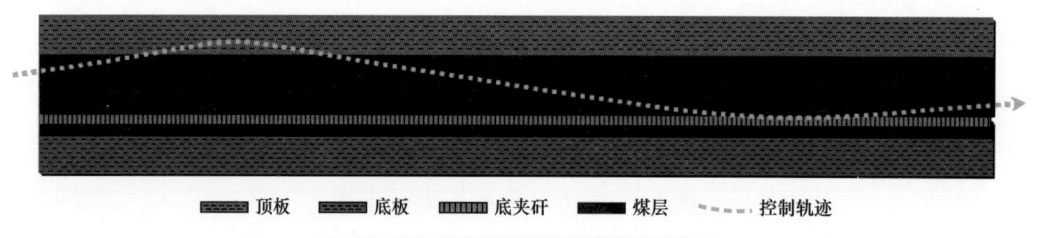

图 3-3-13　水平段顶出轨迹控制模型图

③ 底出轨迹控制模型。

当轨迹底出煤层后，在保证井下安全和井眼轨迹质量要求的前提下以最大造斜率增斜至井斜角大于地层倾角 2°～3°，向上追踪煤层，底进煤层后按层内轨迹控制方法钻水平段（图 3-3-14）。

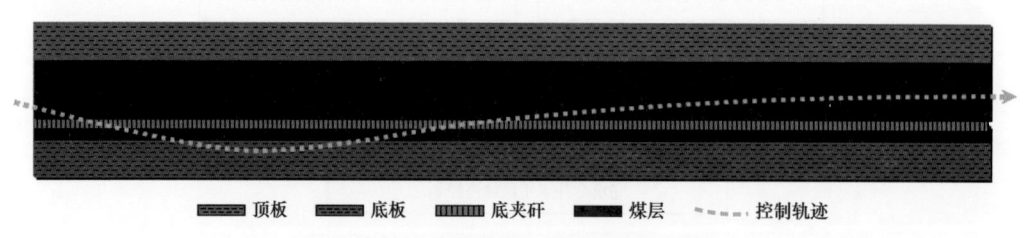

图 3-3-14　水平段底出轨迹控制模型图

2. 煤系地层天然气水平井轨迹控制技术

1）煤系地层天然气水平井轨迹控制主要难点

（1）工区内地表复杂，导致井眼轨迹位移大、靶前距大、偏移距大，上部井段稳斜段井斜角大。

（2）第四系疏松黄土层，下三叠统刘家沟组，二叠系石千峰组、石盒子组裂缝发育。部分漏失严重井，漏失量达 280~5046m³/井。

（3）二叠系山西组致密砂岩层，可钻性差，机械钻速慢，单井钻头用量多，严重制约钻井提速提效。对大吉区块已完钻水平井水平段进行统计分析，数据表明水平段平均长 1000m，平均机械钻速为 2.96m/h，平均单井使用 9 只钻头。

（4）主力储层砂体薄，横向发育不稳定，钻遇率保障困难。前期水平段长 740~1420m 的水平井，钻井周期为 49.54~85.8d，平均钻井周期为 69.17d。

（5）小井眼井身结构面临可选钻井工具受限问题，导致安全快速钻井受到制约。

2）煤系地层天然气水平井轨迹控制主要技术

针对以上问题，煤系地层天然气水平井不断优化钻具组合，先后试验了旋转导向、常规钻具组合、旋转导向+常规钻具组合、随钻测井（LWD）+弯螺杆+随钻测量（MWD）+水力振荡器。

（1）旋转导向技术。

针对大宁—吉县示范区储层砂体薄、横向发育不稳定等复杂问题，前期使用旋转导向三开轨迹控制技术（表3-3-6）。后期本着降低钻井成本、实现三开提速的原则，采用旋转导向+常规钻具组合的三开轨迹控制方案。三开前期使用旋转导向，提高机械钻速和钻遇率，三开后期复杂井段使用常规 MWD 进行施工，利用钻具组合增降斜趋势，对轨迹进行控制。

表 3-3-6 水平段旋转导向钻具组合

井号	水平段	旋转导向	伽马成像
DJ-P02	215.9mm PDC+旋转导向+接收器+柔性短节+LWD+MWD+无磁钻铤+浮阀+加重钻杆+钻杆+127mm 钻杆	√	
DJ-P03	215.9mm PDC+Archer 旋转导向+信号接收器+柔性短节+变螺纹接头+伽马成像+MWD+无磁加重钻杆+止回阀+加重钻杆+钻杆+加重钻杆+127mm 钻杆	√	√
DJ-P04	155.6mm PDC+φ123mm 旋转导向+接收器+LWD+转换接头+无磁钻铤+浮阀+加重钻杆+101.6mm 钻杆	√	
DJ-P05	155.6mm PDC+旋转导向+接头+信号接收器+MWD+转换接头+无磁钻铤+滤网接头+止回阀+加重钻杆+钻杆+加重钻杆+钻杆	√	

以 DJ-P52 井为例，说明三开旋转导向 + 常规钻具组合使用效果。DJ-P52 井三开 165mm 井眼，2254～3500m 旋转导向施工，在 3500～3666m 换常规组合，由于沿上倾方向钻进，同时地层由于水平段已施工 1249m，摩阻大，无法进行定向施工，而且容易造成井下事故。现场定向人员和甲方沟通后采用 1° 无扶螺杆，并通过调整钻压来控制井斜，达到了预期目标，复合钻进比率 100%，水平段钻遇率在 90% 以上，顺利完成施工任务。三开常规钻具组合：165mm PDC 钻头 +135mm 1° 螺杆（无扶）+120mm 定位接头 +127mm 无磁钻铤 + 浮阀 + 变螺纹 + 加重 4 根 +101.6mm 钻杆 50 柱 +101.6mm 加重钻杆 3 柱 +114.3mm 钻杆。

水平段钻进中试验旋转导向工具，能够提高轨迹控制效率及井眼质量，减弱储层砂体薄、横向发育不稳的影响，有效提升储层钻遇率，如图 3-3-15 所示。2016—2017 年在示范区完成 4 口煤系地层天然气水平井，借助旋转导向工具，优化井眼轨迹、匹配地层，提高了轨迹控制效率及井眼质量，有效保障了储层钻遇率，DJ-P02 井储层钻遇率达 97.8%。2020 年，使用旋转导向的井平均水平段进尺 1276m，平均砂岩钻遇率为 92.77%，而未使用旋转导向的井平均砂岩钻遇率为 63.24%。

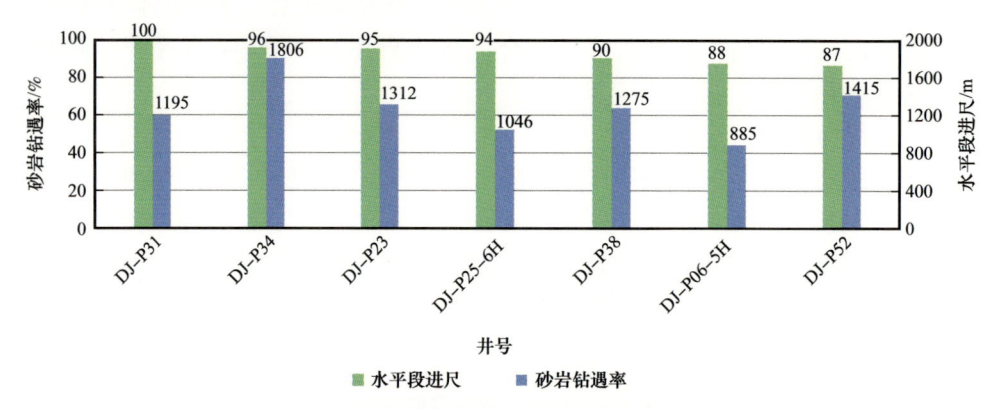

图 3-3-15　2020 年使用旋转导向技术砂岩钻遇率与水平段进尺

旋转导向的优点是钻遇率高，机械钻速较快；缺点是技术服务费用高，且小井眼长水平段水平井主力层位山西组多互层，不连续，容易出现坍塌的复杂情况，旋转导向有埋入井底的风险。

（2）常规钻具组合。

针对旋转导向成本高、经济效益低的问题，试验采用 LWD+ 弯螺杆 +MWD 钻具组合。针对水平段砂层上倾型、水平型和下倾型三类，采用了有针对性的微增钻具组合、双球扶稳斜钻具组合、微降钻具组合达到地质目的（表 3-3-7）。

大吉区块小井眼长水平段砂层主要有上倾型、水平型和下倾型三类，针对这三种类型，多使用 "ϕ155.6mm PDC+ϕ127mm 1.25° 螺杆 + 球扶（146～151mm）+ϕ146～151mm 扶正器 +ϕ127mm 无磁钻铤 + 定向接头 + 旁通阀 + 钻具止回阀 +ϕ101.6mm 钻杆若干 +ϕ101.6mm 加重钻杆若干 +ϕ101.6mm 钻杆串"，利用地层自然增斜规律，辅以钻压及定向，达到水平段控制轨迹的目的。

表 3-3-7　水平段常规钻具组合

名称	水平段钻具组合	备注
微降钻具组合	155.6mm PDC 钻头 + 直螺杆（无扶）+ 浮阀 + 定位接头 +126mm 无磁 1 根 +NC38/DPDS39B+101.6mm 加重 1 柱 +101.6mm 钻杆 90 柱 +101.6mm 加重 9 柱 +101.6mm 钻杆	螺杆 + LWD
微增钻具组合	155.6mm PDC 钻头 +1° 螺杆 + 浮阀 + 定位接头 +126mm 无磁 1 根 +NC38/DPDS39B+ 101.6mm 加重 1 柱 +101.6mm 钻杆 90 柱 +101.6mm 加重 9 柱 +101.6mm 钻杆	螺杆 + LWD
双球扶稳斜钻具组合	155.6mm 钻头 +127mm 1° 单弯螺杆（146mm 螺扶）+146mm 球形扶正器 + 浮阀 + 定位接头 + 无磁钻铤 +101.6mm 加重钻杆 1~2 柱 +101.6mm 钻杆 40~60 柱 +101.6mm 加重钻杆 10~20 柱 +101.6mm 钻杆到井口	螺杆 + LWD

DJ-P18 井水平段采用常规钻具组合，钻进过程中存在轨迹调整困难问题，无法有效实现地质目的。主要原因是 DJ-P18 井水平段前段因储层发育使定向频繁，轨迹不平滑（图 3-3-16，水平段狗腿度变化大），导致后期钻遇优质储层时因受托压影响，无法继续钻进。

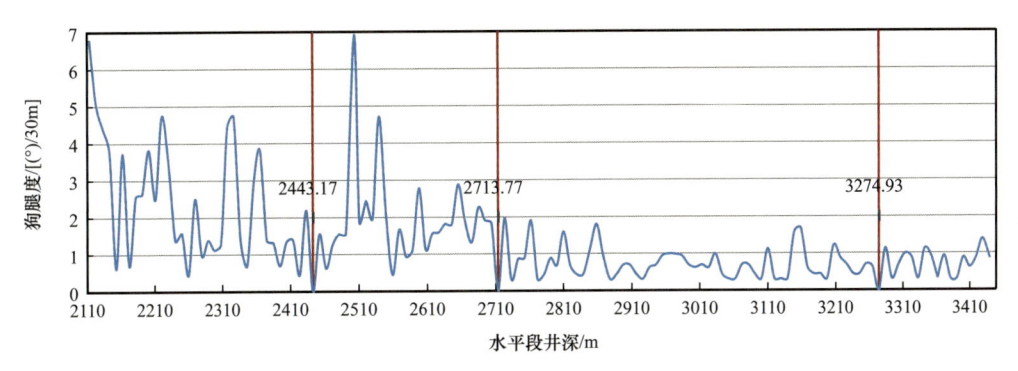

图 3-3-16　DJ-P18 井水平段狗腿度
图中的 3 条红色竖线对应的狗腿度为 0

DJ-P32 井水平段钻进过程中常规钻具组合无法有效控制井斜，受地层自然增斜影响，井眼轨迹不平滑（图 3-3-17），后期托压严重。

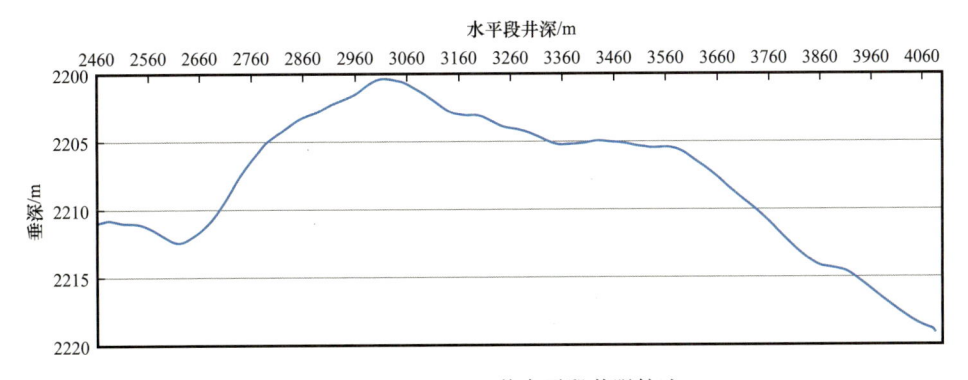

图 3-3-17　DJ-P32 井水平段井眼轨迹

常规钻具组合在轨迹控制的过程中会出现以下两个问题：

① 常规钻具组合无法有效控制地层自然造斜带来的影响，导致频繁定向，出现波浪形轨迹。

② 水平段前段轨迹不规则，导致后期托压严重，水平段轨迹控制难度大，滑动钻进困难。

（3）降摩阻工具水力振荡器使用。

针对旋转导向施工成本高而常规钻具钻进过程中存在的轨迹控制问题，试验降摩阻提速工具，采用 LWD+ 弯螺杆 +MWD+ 水力振荡器的钻具组合，主要解决滑动托压严重，工具面不稳，滑动机械钻速慢，长水平段摩阻、扭矩大等问题，期望达到长水平段钻进的目的。

① 水力振荡器使用方案设计及优化。

水力振荡器选型优化，选择合适的阀盘尺寸（图 3-3-18），工作排量及压耗计算，安装位置计算（图 3-3-19），制订详细的使用方案。

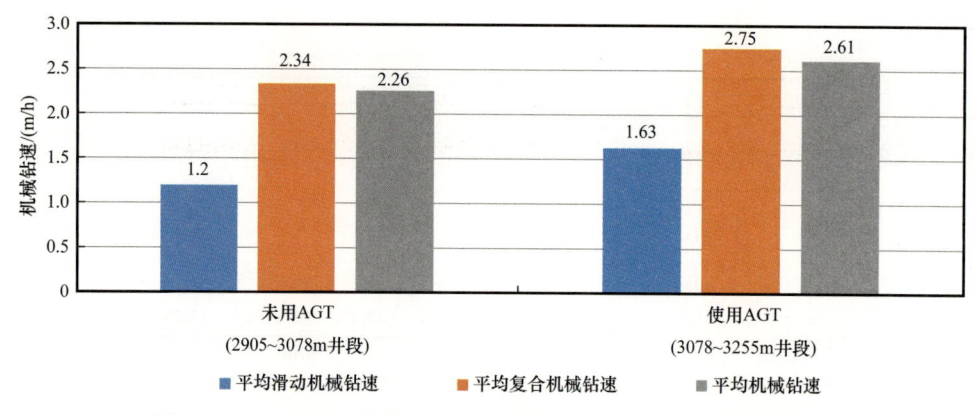

图 3-3-18　DJ-P35 井使用水力振荡器（AGT）前后机械钻速对比

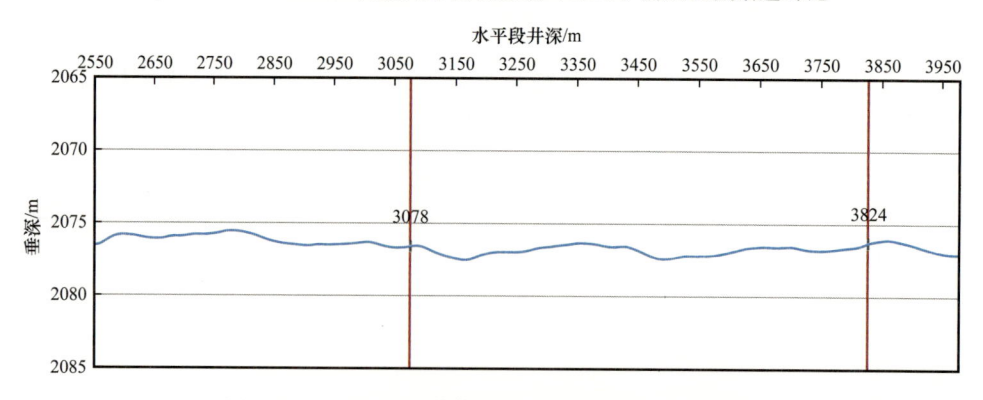

图 3-3-19　DJ-P35 井使用水力振荡器水平段轨迹图
3078～3824m 开始用水力振荡器

② 煤系地层天然气井眼尺寸 155.6mm 参数优化结果。

$4\frac{3}{4}$in 水力振荡器阀盘尺寸为 1.25in；工作排量为 20～25L/s，工作压差为 535～650psi❶；

---

❶ 1psi=6894.76Pa。

钻井液密度为 1.3~1.4g/cm³；水力振荡器推荐安放距钻头 350m；工作频率为 18~19Hz。

③ 应用效果。

DJ-P35 井 4³/₄in 水力振荡器共入井 5 次，第一趟入井因螺杆使用寿命起钻换螺杆、钻头；第二趟入井因定向仪器没信号起钻；第三趟入井因钻时慢起钻换螺杆、钻头；第四趟入井因钻时慢起钻换螺杆、钻头；第五趟入井因定向仪器没信号起钻。

DJ-P35 井在 6¹/₈in 井眼加入 4³/₄in 水力振荡器，所钻井段 3078.00~3824.00m，总进尺 746.00m，总循环时间 351.00h，总纯钻时间 262.88h，平均机械钻速 2.84m/h（表 3-3-8）。水力振荡器大幅度减小摩阻，确保了工具面的稳定，提高了滑动的机械钻速，滑动过程中有轻微托压、憋泵现象。

表 3-3-8　DJ-P35 井水力振荡器使用情况

使用井段/m	水力振荡器尺寸/in	阀板尺寸/in	距钻头距离/m	连接扣型	工作排量/L/min	工具压降/MPa	工作频率/Hz
3078.00~3824.00	4.75	1.20	471.38	3¹/₂in IF	780~960	2.50~3.50	13.79~16.98

选择 DJ-P35 井 2905~3255m 井段相邻两趟钻使用水力振荡器和没使用水力振荡器的数据进行对比，如图 3-3-18 所示，可以得出以下结论：

a. 采用水力振荡器，对整体机械钻速均有提高，使钻井效率更高；

b. 采用水力振荡器延长了钻具所能钻达的深度；

c. 采用水力振荡器有利于水平段轨迹控制，使轨迹更加光滑，实现砂岩钻遇率 98%（图 3-3-19）；

d. 采用水力振荡器减轻托压，提高钻速，节约钻井周期；

e. 加入水力振荡器后滑动过程中有轻微拖压现象，不憋泵，工具面稳定，滑动效果良好。

第四节　钻井参数分析与优化

在大吉区块深层煤层气、煤系地层天然气开发过程中，由于区块复杂的地表条件、储层发育不连续等特点，水平段轨迹调整频率高，部署水平井水平段越来越长等原因，水平段钻进过程中常出现托压问题，定向困难。各工况下模拟准确的摩阻大小为现场提供参考，进行井眼清洁水力学分析，强化钻井参数为后续长水平段钻井至关重要。

一、摩阻系数计算

受地表条件限制，大吉区块部署的水平井普遍存在靶前距大、偏移距大等问题，随着大位移井数量的增加和水平位移的不断延伸，导致水平段钻进过程中滑动钻进托压严重、摩阻扭矩大、工具面不稳等情况出现。提前预测摩阻、扭矩大小可对水平段钻进提供有力指导。影响摩阻、扭矩计算准确性的关键是摩阻系数的计算，摩阻系数选取不当会导致摩阻、扭矩不符合实际，给出符合区块实际的摩阻系数大小对该区块水平段钻进至关重要。下面根据现场实际工况参数使用不同计算方法给出符合区块实际的摩阻系数。

1. 工况参数

钻具组合：ϕ165.1mm 钻头 +ϕ120.65mm 旋转导向 +ϕ120.65mm LWD+ϕ120.65mm 无磁抗压缩钻杆 1 根 +ϕ120.65mm 浮阀 +ϕ101.6mm 加重钻杆 3 根 +ϕ101.6mm 斜坡钻杆 39 根 +ϕ101.6mm 斜坡加重钻杆 36 根 +ϕ114.3mm 钻杆。

钻井液性能：采用水基钻井液，密度为 1250kg/m^3。

模拟作业参数：钻机提升力为 4500kN；顶驱扭矩设定值为 55000N·m；循环排量为 18～20L/s；钻井泵功率为 1190kW；游动系统自重 180kN；旋转钻进钻压为 50kN，钻头处扭矩为 1000N·m；滑动钻进钻压为 30kN；倒划眼时钻头处扭矩为 500N·m；钻具上提速度为 18.29m/min；钻具下放速度为 18.29m/min。

2. 起下钻摩阻系数反算和拟合

分别使用反算、拟合两种方法计算 DJ-P23 井摩擦系数。

使用摩阻系数反算方法，根据表 3-4-1 可得起钻工况下管内三开摩阻系数为 0.243，裸眼三开摩阻系数为 0.318；根据表 3-4-2 可得下钻工况下管内三开摩阻系数为 0.197，裸眼三开摩阻系数为 0.203。

表 3-4-1　起钻工况摩阻系数反算

井深 /m	起钻载荷 /kN	管内摩阻系数	裸眼摩阻系数
1600	469	0.25	—
1700	487	0.12	—
1800	518	0.12	—
2100	562	0.19	—
2200	569	0.19	—
2300	578	0.19	0.25
2400	590	0.19	0.25
2500	600	0.25	0.25
2600	623	0.31	0.37
2700	625	0.25	0.31

续表

井深 /m	起钻载荷 /kN	管内摩阻系数	裸眼摩阻系数
2800	640	0.31	0.34
2900	663	0.22	0.28
3000	688	0.34	0.37
3100	688	0.31	0.34
3200	735	0.41	0.42
中值	—	0.25	0.325
平均值	—	0.243	0.318

表 3-4-2　下钻工况摩阻系数反算

井深 /m	下钻载荷 /kN	管内摩阻系数	裸眼摩阻系数
1800	481	0.12	—
2000	481	0.31	—
2100	485	0.25	—
2200	485	0.12	—
2300	464	0.25	0.12
2400	462	0.19	0.25
2500	460	0.19	0.19
2600	461	0.12	0.12
2700	461	0.06	0.12
2800	350	0.5	0.56
2900	470	0.06	0.06
中值	—	0.19	0.12
平均值	—	0.197	0.203

使用摩阻系数拟合方法，根据图 3-4-1 可得起钻工况下管内三开摩阻系数为 0.27，裸眼三开摩阻系数为 0.35；根据图 3-4-2 可得下钻工况下管内三开摩阻系数为 0.20，裸眼三开摩阻系数为 0.25。

3. 扭矩摩阻系数反算和拟合

使用扭矩摩阻系数反算方法（表 3-4-3），钻进工况下综合摩阻系数为 0.628。

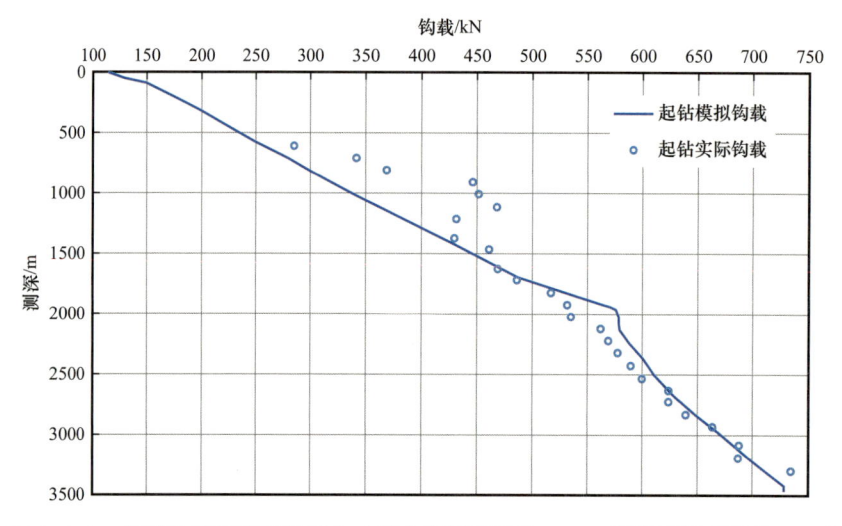

图 3-4-1 起钻载荷摩阻系数拟合（管内摩阻系数为 0.27，裸眼摩阻系数为 0.35）

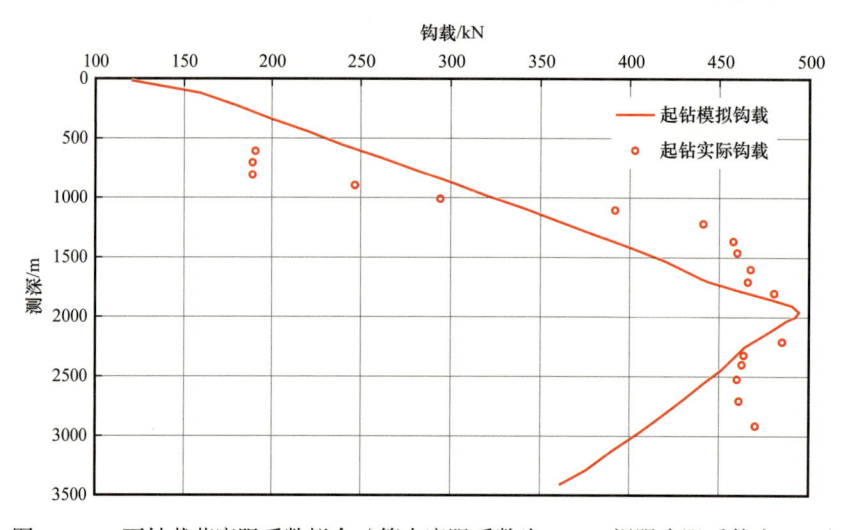

图 3-4-2 下钻载荷摩阻系数拟合（管内摩阻系数为 0.20，裸眼摩阻系数为 0.25）

表 3-4-3 钻进工况摩阻系数反算

井深 /m	钻进扭矩 /（kN·m）	裸眼摩阻系数
2400	14.6	0.86
2500	13	0.78
2600	13	0.72
2700	13	0.66
2800	14.77	0.7
2850	14.6	0.66
2900	13.3	0.66

续表

井深 /m	钻进扭矩 /（kN·m）	裸眼摩阻系数
2950	13.3	0.58
3000	13.1	0.55
3100	13	0.52
3200	20.5	0.77
3300	10.1	0.35
3350	14.5	0.5
3400	14.5	0.48
中值	—	0.66
平均值	—	0.628

使用扭矩摩阻系数拟合方法（图3-4-3），钻进工况下管内摩阻系数为0.35，裸眼摩阻系数为0.46。

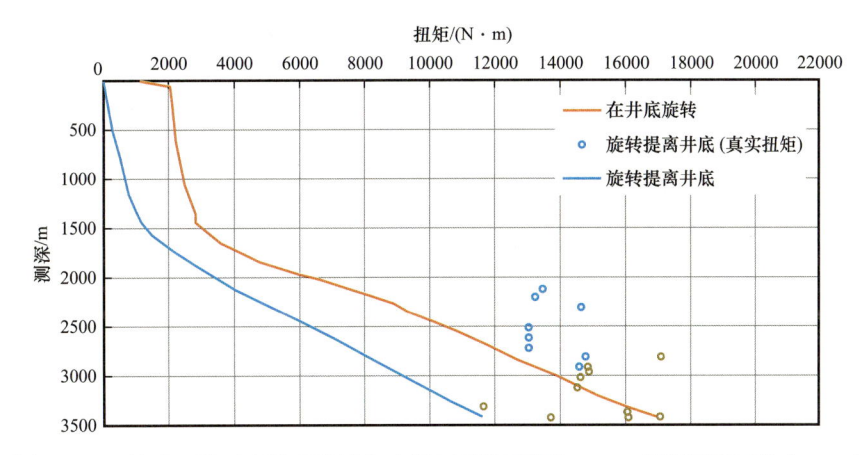

图3-4-3 钻进工况下摩阻系数拟合（管内摩阻系数为0.35，裸眼摩阻系数为0.46）

4. 摩阻系数敏感性分析

1）钻具摩阻

以DJ-P24井为例，水平段长2900m，裸眼段摩阻系数范围为0.2～0.5。从图3-4-4可以看出，当摩阻系数达到0.45～0.5时，下钻已困难，井口钩载变为负数。因此，DJ-P24井必须严格控制水平段轨迹光滑度，提高钻井液润滑性，裸眼段摩阻系数控制在0.4以下，是2900m长水平段钻井成功的基础。

2）扭矩摩阻

以DJ-P24井为例，水平段长2900m，裸眼段摩阻系数范围为0.2～0.5。从图3-4-5可以看出，当摩阻系数达到0.3时，井口扭矩已达到了20000N·m。

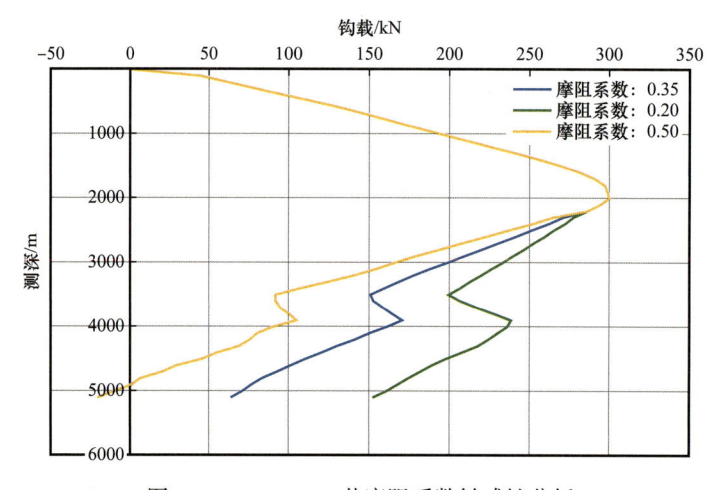

图 3-4-4 DJ-P24 井摩阻系数敏感性分析

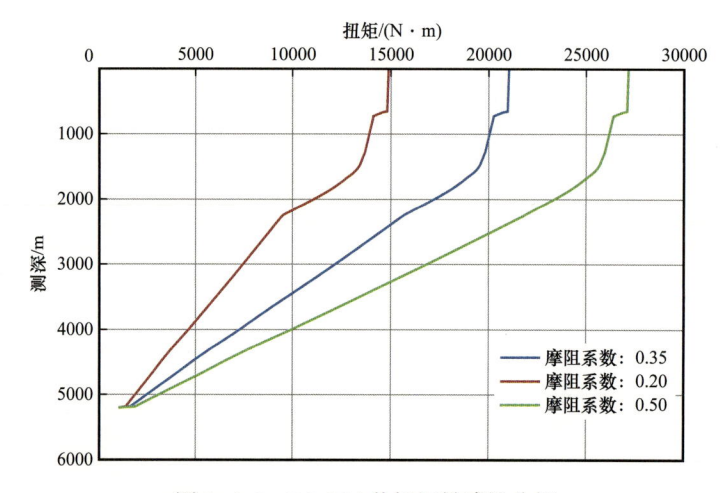

图 3-4-5 DJ-P24 井扭矩敏感性分析

5. 摩阻系数反演成果

摩阻系数反算与拟合结果对比见表 3-3-4。

表 3-4-4 摩阻系数反算与拟合结果对比

工况	反演方法	管内摩阻系数	裸眼摩阻系数
起钻	反算	0.243	0.318
	拟合	0.27	0.35
下钻	反算	0.197	0.203
	拟合	0.2	0.25
钻进	反算	综合摩阻系数 0.628	
	拟合	0.35	0.46

二、水力学分析

由于煤系地层天然气水平井常规井身结构水平段延伸能力不足,水力学参数不能满足长水平段钻进需求,对长水平段水平井进行井身结构优化,扩大三开井眼尺寸,有利于强化水力学参数,延伸水平段长度。下面对长水平段水平井进行水力学参数优化分析。

分析条件:

(1)井身结构:一开 347.6mm×273.1mm+ 二开 241.3mm×193.7mm+ 三开 165.1mm×114.3mm。

(2)模拟作业参数:钻具组合为旋转导向+组合钻杆;钻井泵 52MPa;初始排量为 0.95~1.2m³/min(15.8~20L/s)。

(3)钻井液参数:水基钻井液,密度为 1.25g/cm³。

1. 泵压与不同水眼的关系

旋转导向需要钻头压耗大于 4MPa。在 1.2m³/min(20L/s)条件下,对泵压与不同水眼的关系进行分析。根据计算结果,优选推荐 8mm×2+9mm×3 水眼组合,对应泵压为 29.3MPa(图 3-4-6、表 3-4-5)。

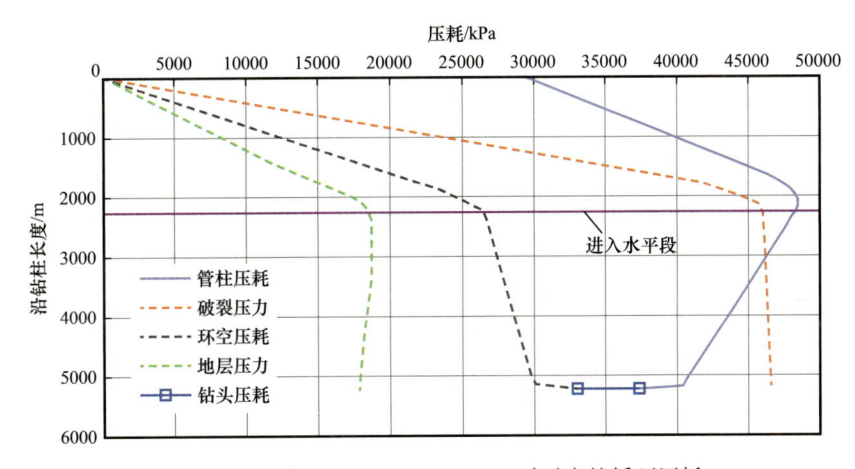

图 3-4-6 水眼 8mm×2+9mm×3 时对应的循环压耗

表 3-4-5 循环压耗分析

钻头水眼 /mm					水眼当量面积 / cm²	钻头压降 / MPa	泵压 / MPa
12	12	12			3.39	2.67	27.8
9	9	9	9	10	3.33	3.2	28.8
8	8	9	9	9	2.764	4	29.3
8	8	8	8	9	2.55	4.7	29.9

2. 钻井液流变性与井眼清洁分析

（1）密度为 1.25g/cm³；塑性黏度为 10mPa·s；在动切力为 7Pa 情况下，结合井型轨道特征，分析得出保持井眼清洁的最小排量为 1.04m³/min（17.3L/s）。

（2）密度为 1.25g/cm³；塑性黏度为 15mPa·s；在动切力为 7Pa 情况下，结合井型轨道特征，分析得出保持井眼清洁的最小排量为 1.05m³/min（17.5L/s）。

（3）密度为 1.25g/cm³；塑性黏度为 20mPa·s；在动切力为 10Pa 情况下，结合井型轨道特征，分析得出保持井眼清洁的最小排量为 0.93m³/min（15.5L/s）。

分析认为，提高塑性黏度指标有利于提高井眼清洁效果。

3. 钻井液流变性与泵压分析

（1）密度为 1.25g/cm³；塑性黏度为 10mPa·s；在动切力为 7Pa 情况下，进行泵压分析。排量为 1.2m³/min（20L/s）时对应泵压 29.7MPa。

（2）密度为 1.25g/cm³；塑性黏度为 15mPa·s；在动切力为 7Pa 情况下，进行泵压分析。排量为 1.2m³/min（20L/s）时对应泵压 32.1MPa。

（3）密度为 1.25g/cm³；塑性黏度为 20mPa·s；在动切力为 10Pa 情况下，结合井型轨道特征，分析认为保持井眼清洁的最小排量为 0.93m³/min（15.5L/s）。

分析认为，较高的塑性黏度和动切力会造成泵压升高，开泵困难。综合钻井液流变性与井眼清洁分析结果，以及钻井液流变性与泵压分析结果，认为应在保证携岩效果的前提下，使用低剪切速率钻井液。根据井眼清洁和泵压分析结果，推荐密度为 1.25g/cm³、塑性黏度为 10mPa·s、动切力为 7Pa 的钻井液。

4. 排量与水射流速度的关系

如图 3-4-7 所示，根据计算结果，推荐排量为 1.06～1.22m³/min（17.6～20.3L/s）。排量选择 1.2m³/min（20L/s）时，水射流速度为 200m/s。

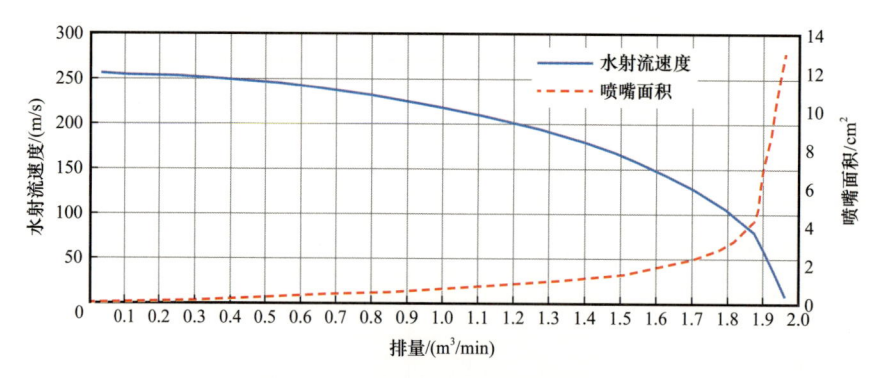

图 3-4-7 排量与水射流速度的关系

5. 排量与水功率的关系

如图 3-4-8 所示，根据计算结果，排量选择 1.06～1.2m³/min（17.7～20L/s）时，水功率最大。

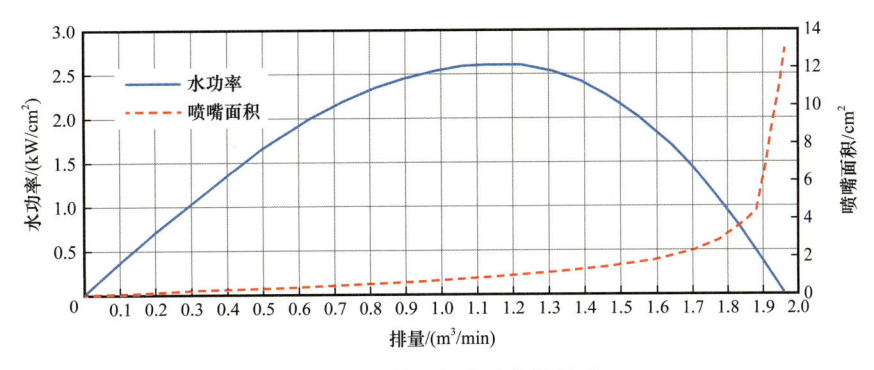

图 3-4-8 排量与水功率的关系

6. 环空返速计算

根据图 3-4-9、表 3-4-6，计算排量为 1.1～1.5m³/min（18.3～25L/s）时对应的环空返速。排量为 1.2m³/min（20L/s）时对应的环空返速为 87.67m/min（1.46m/s）。

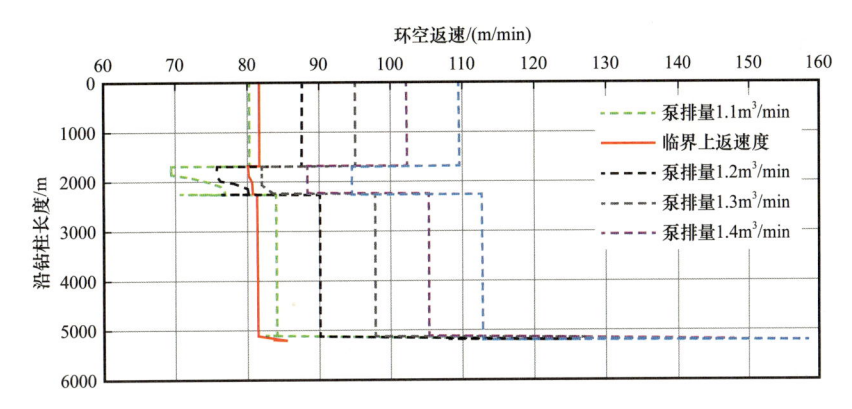

图 3-4-9 环空返速

表 3-4-6 环空返速计算

排量 / (m³/min)	环空返速 / (m/min)
1.1	80.36
1.3	94.98
1.4	102.28
1.5	109.59

7. 当量循环密度（ECD）计算

根据表 3-4-7，计算排量为 1.2～1.4m³/min（20～23.3L/s）时对应的井底 ECD。排量为 1.4m³/min（23.3L/s）时对应的 ECD 为 1.8g/cm³。分析发现，小井眼井底处 ECD 较高，应控制波动压力，防止压漏地层。

表 3-4-7 ECD 计算

排量/（m³/min）	ECD/（g/cm³）
1.2	1.75
1.3	1.78
1.4	1.8

环空返速计算，排量最小值为 1.1m³/min（18.3L/s）。通过钻井液流变性与井眼清洁分析、钻井液流变性与泵压分析，推荐密度为 1250kg/m³、塑性黏度为 10mPa·s、动切力为 7Pa 的钻井液。通过泵压与钻头水眼关系分析，优选推荐 8mm×2+9mm×3 水眼组合，在 1.2m³/min 条件下，钻头压降 4MPa。综上，排量推荐 1.2m³/min（20L/s），对应泵压 29.7MPa。

三、钻井参数优化

大吉区块水平井钻井液密度普遍为 1.25g/cm³，泵压在 16～26MPa 之间，受工具能力、机泵条件影响，钻压普遍低于 80kN，转速低于 60r/min，排量不足 16L/s，不能通过钻压、转速、排量同步强化来提速。低排量导致动力钻具输出扭矩降低，破岩能量不足导致黏滑振动增加，长时间的黏滑振动会导致频繁蹩钻、钻头失效等问题，严重制约钻井提速提效。同时由于排量较低，导致携砂不及时、大段岩屑床堆积，井下摩阻大、托压严重，而且岩屑沉积过多可能导致阻卡等井下复杂。2019 年完钻的 DJ-P13 井设计钻井参数见表 3-4-8。

表 3-4-8 DJ-P13 钻井参数

开钻次序	钻头尺寸/mm	钻头类型	钻压/kN	转速/r/min	排量/L/s	泵压/MPa
一开	311.2	PDC	10～100	60+螺杆	60	4.5
二开	222.3	PDC	10～100	50+螺杆	50	18.0
三开	155.6	PDC	30～60	50+螺杆	20	19.8

通过对钻井参数、水力参数进行强化，可提高破岩效率，保障井眼稳定，更有助于水平段的延伸。为实现长水平段目标，采用高钻压、高转速、高泵压、大排量、大扭矩"三高两大"的钻井参数，配合高性能旋转导向配套 PDC 钻头，可大幅提升机械钻速。

通过水力学模拟分析得出以下结论：

（1）优选的水眼组合为 8mm×2+9mm×3。

（2）提高塑性黏度指标，有利于提高井眼清洁效果。

（3）较高的塑性黏度和动切力会造成泵压升高，开泵困难。综合钻井液流变性与井眼清洁分析结果和钻井液流变性与泵压分析结果认为，应在保证携岩效果的前提下，使用低剪切速率钻井液。根据井眼清洁和泵压分析结果，推荐选用密度为 1.25g/cm³、塑性黏度为 10mPa·s、动切力为 7Pa 的钻井液。

（4）计算排量为 1.1～1.5m³/min（18.3～25L/s）时对应的环空返速。排量为 1.2m³/min（20L/s）时对应的环空返速为 1.46m/s。

（5）长水平段水平井钻井参数见表 3-4-9。

表 3-4-9　钻井参数

开钻次序	钻头尺寸/mm	钻头类型	钻压/kN	转速/(r/min)	排量/(L/s)	泵压/MPa
一开	347.6	PDC	60～100	60～80+螺杆/90～100	60～65	10～15
二开	241.3	PDC	120～180	80～100+螺杆/90～120	50～60	20～25
三开	165.1	PDC	100～150	80～100+旋转导向工具	20～22	28～35

2020 年完钻的 DJ-P37、DJ-P52 平台 8 口井，与 2019 年首批 3 口平台井对比，随着钻压、转速、泵压等钻井参数不断增强，机械钻速明显提升，如图 3-4-10 所示。

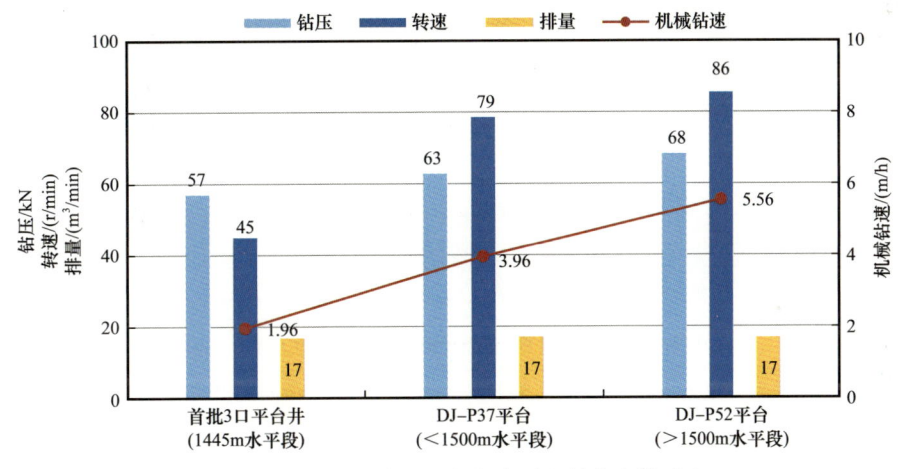

图 3-4-10　常规水平段与长水平段钻井参数对比

第五节　钻井液技术

根据大吉区块地层特点和钻井液使用情况，针对上部刘家沟组、石千峰组等地层易漏特征，目的层钻遇砂泥岩夹层保持井壁稳定性及储层保护的需要，对钻井液体系进行优化。

一、地质特点及钻井液技术难点

1. 地质特点

在大吉区块勘探开发过程中，多数井钻遇的地层自上而下为第四系，三叠系刘家沟组，二叠系的石千峰组、石盒子组、山西组、太原组，上石炭统本溪组，中奥陶统马家沟组。

刘家沟组：层厚 325m，灰紫色、灰白色、暗紫红色细—粗砂岩，夹紫红色、棕红色砂质泥岩、泥岩，含灰质结核、细砾岩。

石千峰组：层厚 250m，上部以棕红色泥岩为主，夹中厚层肉红色砂岩，下部为肉红色块状砂岩夹棕红色泥岩。

石千峰组底部为浅灰色厚层细砂岩。下部为灰色细砂岩和紫红色、棕红色泥岩不等厚互层，局部见灰色泥岩，上部以紫红色、砖红色泥岩为主。

石盒子组：层厚 370m，上部以棕褐色、黄绿色、灰色泥岩为主，下部以浅灰色含砾砂岩为主，夹棕灰色、深灰色泥质砂岩。

一般将石盒子组划分为下石盒子组和上石盒子组。下石盒子组：灰色泥岩与浅色细砂岩不等厚互层，夹砂质泥岩，底部发育细砂岩。泥岩性硬，吸水性差。该组顶部发育一层颜色鲜艳的铝土质泥岩，俗称"桃花页岩"，它是上、下石盒子组的辅助性标志层。上石盒子组：底部以砂岩为主，下部以灰色泥岩为主，夹浅灰色细砂岩；上部以浅灰色细砂岩为主，夹紫红色、灰色泥岩。大吉区块地层信息及井下复杂情况见表 3-5-1。

表 3-5-1 大吉区块地层信息及井下复杂情况

地层			岩性描述	井下复杂情况
系	统	组		
第四系			散沙、黄土层	防漏、防斜
三叠系	上统	延长组	灰绿色、深灰色泥岩与灰色砂岩互层	防漏、防斜
	中统	纸坊组	灰绿色、棕紫色泥岩，夹灰绿色砂岩、砂砾岩	防卡
	下统	和尚沟组	棕红色、紫红色泥岩夹同色砂砾岩	防卡
		刘家沟组	灰紫色、灰白色块状砂岩	防漏
二叠系	上统	石千峰组	棕红色、紫红色泥岩夹浅红色砂岩	防漏、防塌
	中统	石盒子组	上部为棕褐色泥岩夹浅灰色砂岩，下部为浅灰色、灰白色砂岩，与灰色、棕褐色泥岩互层	防塌、防喷
	下统	山西组	深灰色、灰色泥岩，浅灰色、灰白色砂岩夹煤	防塌、防喷
		太原组	深灰色、褐灰色灰岩，深灰色、灰黑色泥岩，浅灰色砂岩夹煤	防塌、防喷
石炭系	上统	本溪组	灰黑色、深灰色泥岩，煤	防喷、防塌
奥陶系	中统	马家沟组	褐灰色、灰褐色、深灰色、灰色云岩、灰质云岩、泥质云岩，深灰色灰岩	防喷、防漏

从 DJ51 井地层压力系数预测看（图 3-5-1），0~2200m 地层压力系数偏低，介于 0.8~0.9，刘家沟组、石千峰组和石盒子组正处在其间。

2. 钻井液技术难点

由表 3-5-1 和图 3-5-1 可见，钻井液技术难点为：

（1）刘家沟组岩石胶结不好，地层承压能力低，互有夹层，风化严重，结构不稳定，裂缝发育，其底部为区域漏失地层，为入井流体提供了通道，是漏失成因之一，严重时可能发生失返性漏失。

（2）石盒子组、山西组及本溪组煤层坍塌，易造成井下复杂，增加钻井周期。

（3）斜井段和水平井段长，施工中摩阻、扭矩大，尤其是滑动钻进困难。因此，钻井液必须具备良好的润滑性能。

（4）水平段泥页岩夹层存在井壁稳定问题，必须突出防塌性能。

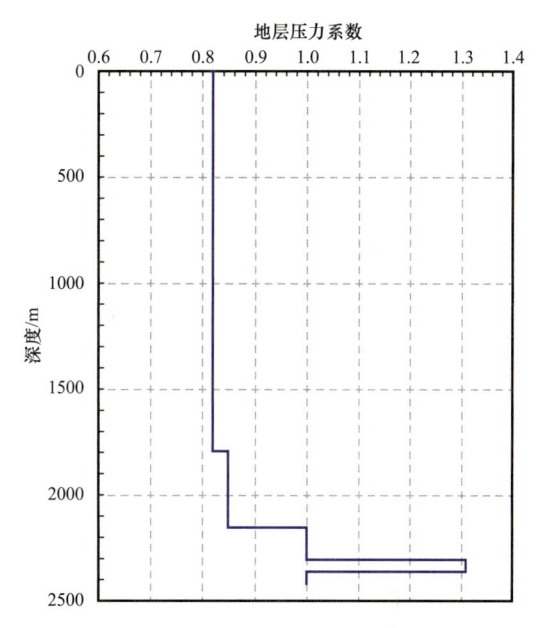

图 3-5-1　大吉区块 DJ51 井地层压力系数预测

二、钻井液体系优化设计

大吉区块储层具有致密岩石和微裂缝的典型双重介质气藏，因此储层保护钻井液体系针对基质和微裂缝展开优化。基于目标气田储层保护技术对策，进行封堵防塌剂、致密承压暂堵剂等关键处理剂优选（张杰，2016），在钾铵基钻井液体系基础上进行钻井液体系优化和综合性能评价（符礼等，2013）。

1. 致密基质储层钻井液优化

通过近 50 组配方实验，优化出致密岩石基质储层保护钻井液体系，其配方为：4% 膨润土浆 +0.6%CMC–LV+0.3%KPAM+1.5%NH$_4$HPAN+2%KCl+2% 高温高压降滤失剂 SD–201+3% 褐煤树脂 +4% 高酸溶磺化沥青 FF–1+2% 石墨润滑剂 +1%SDFS–1+ 石灰石。并对其进行了综合性能评价。

1）流变性及滤失性评价

测试优化的储层保护钻井液 80℃ /16h 老化前后流变性、滤失性及 80℃ /3.5MPa 的高温高压滤失量（表 3-5-2、图 3-5-2）。

表 3-5-2　优化基质储层保护钻井液流变性及滤失性评价结果

条件	表观黏度 / mPa·s	塑性黏度 / mPa·s	动切力 / Pa	静切力 / Pa/Pa	API 滤失量 / mL	滤饼厚度 / mm	高温高压滤失量 / mL	滤饼酸溶率 / %
老化前	43	28	15	1.5/2.5	3.4	0.5	8.0	62.39
老化后	37.5	28	9.5	0.5/1.0	3.6	0.5		

图 3-5-2 优化体系高温高压滤饼

由实验结果可知，老化前后流变性良好，老化后 API 滤失量为 3.6mL（小于 5mL），高温高压滤失量为 8.0mL（小于 10mL），滤失性能优良，滤饼酸溶率为 62.39%。

2）润滑性评价

利用极压润滑仪、滤饼黏附仪评价体系 80℃/16h 老化后的润滑性，结果见表 3-5-3。

表 3-5-3 优化储层保护钻井液润滑性能评价结果

体系	润滑系数	滤饼黏滞系数
储层保护钻井液	0.1032	0.0938

由表 3-5-3 可知，优化的储层保护钻井液老化后极压润滑系数和滤饼黏滞系数均较低，润滑性能好。

3）抑制防塌性评价

选取泥岩岩屑进行滚动分散实验和膨胀实验，评价优化储层保护钻井液体系 80℃/16h 老化后的抑制防塌性能，实验结果如图 3-5-3 所示。

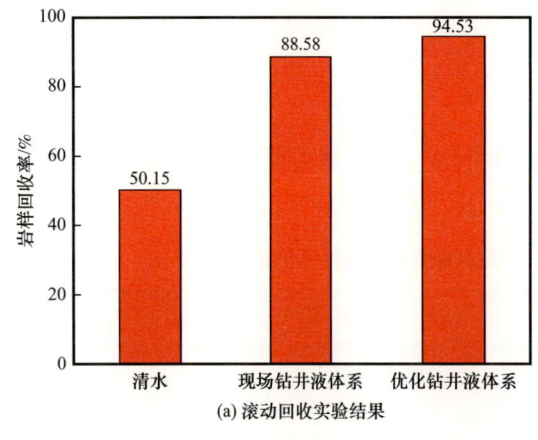

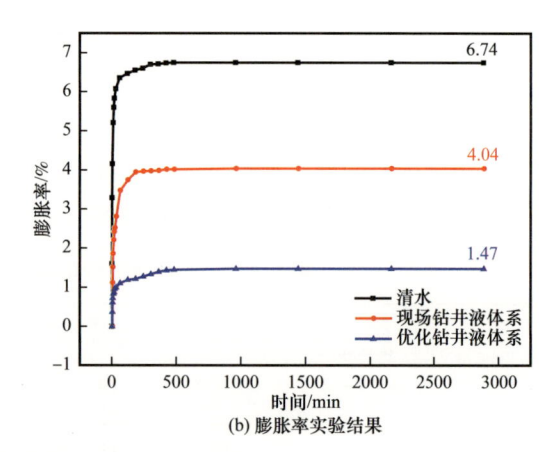

图 3-5-3 不同钻井液延长组泥岩理化性能实验结果

由图3-5-3可知，优化储层保护钻井液岩样滚动回收率达到94.53%（大于90%），48h膨胀率仅为1.47%（小于8%），具有较强的抑制性，可有效抑制储层泥页岩夹层水化分散和膨胀。

4）储层保护性能评价

（1）钻井液滤液和地层水配伍性评价。

分别采用目标气田优化的储层钻井液滤液与目标储层地层水进行配伍性实验，实验结果见表3-5-4。

表3-5-4 优化体系配伍性评价

配伍体系	温度	混合比例（体积比）	实验现象	结论
地层水	室温		配好后有极少量沉淀，进行过滤实验，无浑浊	
	80℃			
优化体系+地层水	室温	1:1	滤液颜色较深，无沉淀	配伍
		1:2	滤液颜色较深，无沉淀	配伍
	80℃	1:1	滤液颜色较深，无沉淀	配伍
		1:2	滤液颜色较深，无沉淀	配伍

配伍性实验结果表明，优化的储层钻井液滤液与地层水按比例混合，加热前后均无沉淀产生，说明储层钻井液与地层水配伍性好，不会造成储层伤害。

（2）致密岩心渗透率伤害性评价。

选取大吉区块储层致密岩心测试渗透率，然后选用优化钻井液体系在3.5MPa/80℃条件下污染125min，污染后测试渗透率，然后切除污染端面1cm后测试渗透率，计算渗透率恢复值，实验结果见表3-5-5。图3-5-4和图3-5-5为岩心污染前后对比图。

表3-5-5 优化的储层保护钻井液体系渗透率恢复值

岩心编号	污染前渗透率/mD	污染后渗透率/mD	切除后渗透率/mD	切除前渗透率恢复值/%	切除后渗透率恢复值/%
1#	0.043	0.016	0.041	37.21	95.35
2#	1.29	0.79	1.15	61.24	89.15
3#	0.438	0.199	0.394	45.35	90.06
5#	0.287	0.202	0.268	70.33	93.26
7#	0.195	0.062	0.171	31.79	87.69

由实验结果可知，优化的储层保护钻井液体系污染岩心后切除端面1cm，渗透率恢复值均大于85%，暂堵深度浅，具有良好的储层保护效果。

污染前　　　　　　　　　　污染后　　　　　　　　　污染后切除1cm

图 3-5-4　3#岩心污染实验前后照片

污染前　　　　　　　　　　污染后　　　　　　　　　污染后切除1cm

图 3-5-5　7#岩心污染实验前后照片

2. 微裂缝储层钻井液优化

根据致密气藏主要开发层位岩心描述，以及成像测井统计分析表明，目标气田储层裂缝发育明显，属典型的双重介质气藏，钻井过程中钻井液固相侵入储层造成储层伤害。采用致密承压暂堵技术对微裂缝储层进行保护。

1）微裂缝储层钻井液优化

在优化的基质储层保护钻井液体系基础上，加入承压暂堵剂，进行综合性能评价。

配方：4%膨润土浆+0.6%CMC-LV+0.3%KPAM+1.5%NH$_4$HPAN+2%KCl+2%高温高压降滤失剂SD-201+3%褐煤树脂SPNH+4%高酸溶磺化沥青FF-1+2%石墨润滑剂+1%SDFS-1+2.5%储层保护用碳酸钙+1%高酸溶纤维SDCF-1+1%超低渗透处理剂SDN-1+石灰石。

测试优化的微裂缝储层保护钻井液80℃/16h老化前后流变性、滤失性及80℃/3.5MPa的高温高压滤失量，结果见表3-5-6。

由实验结果可知，致密承压暂堵剂与钻井液体系配伍性良好，老化前后流变性良好，老化后API滤失量为2.6mL（小于5mL），高温高压滤失量为8.0mL（小于10mL），滤失性能优良。

表 3-5-6　优化微裂缝储层保护钻井液流变性及滤失性评价结果

体系	条件	表观黏度 / mPa·s	塑性黏度 / mPa·s	动切力 / Pa	静切力 / Pa/Pa	API 滤失量 / mL	滤饼厚度 / mm	高温高压滤失量 / mL
优化体系	老化前	32.5	25	7.5	1.0/2.0	3.2	0.5	8.0
	老化后	29	23	6.0	0.5/1.5	2.6	0.5	

2）微裂缝储层钻井液性能评价

在优化的基质储层保护钻井液体系基础上，加入致密承压暂堵剂，通过岩心人工造缝，垫入锡片控制裂缝开度，进行微裂缝封堵性能评价，实验结果见表 3-5-7。

表 3-5-7　微裂缝岩样暂堵实验结果

序号	裂缝开度 / μm	污染前渗透率 / mD	滤饼形成时间 / min	污染后暂堵率 / %	漏失量 / mL	突破压力 / MPa	自然返排恢复率 / %	酸洗返排恢复率 / %	滤饼酸溶率 / %
1	23.23	0.61	2	99.85	0	0.72	80.79	86.91	80.26
2	85.29	1.19	3	98.18	0	1.21	64.23	90.64	74.19
3	139.18	1.21	2	98.33	4	0.96	70.17	135.29	88.14
4	188.27	1.43	4	99.53	7	1.86	57.99	126.53	78.26
5	206.27	1.72	4	99.86	6	1.64	68.47	84.29	84.33
6	287.22	2.06	6	99.13	8	2.08	70.82	157.28	87.26

图 3-5-6 和图 3-5-7 为裂缝污染照片，由实验结果可知，对于不同缝宽的岩心，优化的微裂缝储层保护钻井液体系滤饼形成时间短，钻井液污染岩心后暂堵率高，均大于 98%，由照片可知形成内外滤饼，漏失量小，平均自然返排恢复率为 68.75%，滤饼平均酸溶率为 82.07%，污染后的岩心放入酸液中后滤饼与盐酸反应，生成大量气泡，随着时间推移滤饼不断溶解，8h 后滤饼基本全部溶解，酸洗后平均返排恢复率大于 85%，具有显著的储层保护效果。

裂缝污染装置　　　　　取出岩心　　　　　岩心裂缝剖面

图 3-5-6　188.27μm 裂缝污染实验照片

图 3-5-7　206.27μm 裂缝污染实验照片

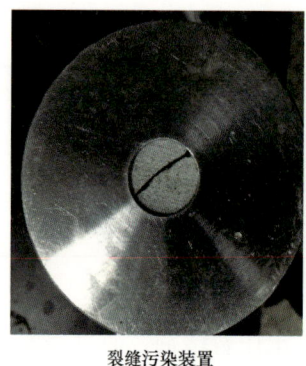

三、钻井液应用效果

基于区块钻井常用的膨润土浆钻井液＋聚合物钻井液基浆，开展了储层防漏防塌剂和裂缝封堵剂等相关钻井液用剂的优选，优选针对该区块地层的低固相钻井液体系配方为：

5% 膨润土＋水＋1% 乳化石蜡＋4%KJ-1＋1%NH$_4$HPAN＋2%SN＋2% 高温高压降滤失剂 SD201＋0.1%XC＋7%KCl＋3% 抗盐降滤失剂聚酯物 JJFD-120＋DRGH-2 环保极压润滑剂＋1%SDFS-1＋2.5% 储层保护用碳酸钙＋1% 高酸溶纤维 SDCF-1＋1% 超低渗透处理剂 SDN-1＋石灰石。

大吉区块深层煤层气水平井、煤系地层天然气水平井基本使用该低固相钻井液体系，针对不同地层特点需要进行针对性的优化。

1. 深层煤层气低固相钻井液体系

深层煤层气低固相钻井液体系设计优化需要注意以下几点：

（1）窄密度窗口（上部刘家沟组防漏，下部山西组的泥页岩和 5 号煤层防塌）钻井液密度设计。

（2）针对深层煤层的气测较高问题，提高钻井液脱气性能。

（3）满足水平段井眼稳定及井眼清洁能力，提高处理复杂情况能力。

（4）JS6-7 平台预测深层煤层气地层压力系数为 0.95，钻井液设计附加 0.07～0.15。

（5）统计部分山西组水平井钻井液密度为 1.24～1.30g/cm^3，能够保证泥岩段井眼稳定，综合确定钻井液体系设计。

深层煤层气钻井液体系见表 3-5-8。

2. 煤系地层天然气水平井钻井液体系

1）低固相钻井液体系

大吉区块煤系地层天然气水平井三开主要使用低固相钻井液体系，各开次使用钻井液体系配方及钻井液主要性能如下：

表 3-5-8 深层煤层气钻井液体系

井段	钻井液体系	配方
第四系—纸坊组上部	膨润土浆钻井液	清水 +6%～10% 膨润土（+1%～2% 堵漏剂）
纸坊组—山西组	膨润土浆钻井液 + 聚合物钻井液	聚合物井浆 +0.3%～0.5%KPAM+7%～8%KCl+1%PAC+2%～4% 防塌剂 +0.05%～0.1%XC+1%～2% 液体润滑剂 +3%～5% 超微粉 + 0.5%～1% 聚合醇 +2%～3% 润滑剂 + 重晶石粉
水平段	低固相钻井液	井浆 +0.1%～0.2%KPAM+1%～2%PAC-LV+1%～2%NPAN+ 0.1%XC+1%～2% 防塌剂 +2%～3% 润滑剂 +2%～3% 超微粉 + 重晶石粉

一开使用膨润土钻井液。配方：4%～6% 膨润土 +0.2%～0.4% HV-CMC+ 纯碱。钻井液密度为 1.02～1.04g/cm³，漏斗黏度为 35～50s。

二开时上部井段使用清水—聚合物钻井液。配方：清水 +0.1%～0.3%PHPA+0.3%～0.5%NH$_4$-HPAN+0.3%～0.5%KPAM+NaOH。钻井液密度为 1.03～1.20g/cm³，漏斗黏度为 32～38s。进入山西组后使用低固相钻井液。配方：4%～6% 膨润土 +0.2%～0.4% HV-CMC+2%SPNH+2%SAS+NaOH。钻井液密度为 1.20～1.25g/cm³，漏斗黏度为 35～42s。

三开使用低固相钻井液体系。配方：二开基浆 + 水 +4%KJ-1+1%NPAN+2%～3% SN+3% 乳化沥青或乳化石蜡 +0.1%XC+ 极压润滑剂 + 膨化石墨 + 成膜封堵剂 + 原油 + 乳化剂。钻井液密度为 1.25～1.31g/cm³，漏斗黏度为 40～70s。

2）KCl 聚合物钻井液体系

后期大吉区块煤系地层天然气水平井水平段越来越长，储层不连续，钻进过程中频繁钻遇泥岩、碳质泥岩等地层，井壁稳定性差。针对此问题，三开进行 KCl 聚合物钻井液试验和推广，有效保障了泥岩—煤层段井壁稳定，提高了水平段井眼清洁效率。由表 3-5-9 可以看出，水平段钻进过程中钻遇泥页岩基本可以保证井眼稳定。

表 3-5-9 砂岩钻遇率较低的煤系地层天然气水平井井壁失稳情况统计

井号	层位	完钻井深/m	A点井深/m	水平段长/m	砂岩段长/m	钻遇率/%	钻遇泥岩井深/m	井斜角/(°)	钻井液密度/g/cm³	失水量/mL	浸泡时间/d	复杂情况
DJ-P61	山2³亚段	3118	2491	592	106	17.91	2635	88.46	1.25	4	7.25	无
DJ-P23-6H	山2³亚段	3004	2341	618	37	5.99	2394	92.77	1.23～1.24	4	11.4	无
DJ-P21	山2³亚段	2804	2320	484	31	6.4	2342～2387	86.2	1.20～1.23	4～6	9.21	无
DJ-P07	山2³亚段	3471	2619	852	117	13.73	2781	85.80	1.27～1.28	3.5～4	22.63	轻微遇阻
DJ-P27	山2³亚段	2656	2218	393	182	46.3	2218	89.8	1.24～1.28	3～4.3	11.1	无

续表

井号	层位	完钻井深/m	A点井深/m	水平段长/m	砂岩段长/m	钻遇率/%	钻遇泥岩井深/m	井斜角/(°)	钻井液密度/g/cm³	失水量/mL	浸泡时间/d	复杂情况
DJ–P22–3H	山2³亚段	3405	2294	1066	587	55.07	2377~2716（间互）	93.14	1.24~1.35	4~5	3.5	轻微遇阻
DJ–P22–5H	山2³亚段	3408	2210	1153	595	51.6	2698~3399（间互）	91.83	1.24~1.30	4~5	14.3	划眼困难
DJ–P60–1H	山2³亚段	3359	2350	1000	552	55.2	2813~3025	87.20	1.22~1.28	4~5	14.9	无

第六节　下套管固井技术

随着鄂尔多斯盆地东缘煤系非常规天然气水平井水平段长度越来越长、靶前距越来越大，下套管困难、固井质量难以保证问题逐渐显现。通过采取套管柱校核、套管下入力学模拟分析、针对性的固井措施等手段，有效解决了固井质量的问题。

一、套管设计与校核

1. 校核工况

结合地质特点和施工特点，设计套管校核工况（表3-6-1）。

表3-6-1　工况设计

序号	校核类型	校核条件描述	管柱内部压力	管柱外部压力
1	抗内压	地层气体全部侵入井筒	地层孔隙压力 – 气体气柱压力	套管鞋以上混浆水密度0.99g/cm³，套管鞋以下地层孔隙压力
2		气侵导致井漏，灌入清水	套管鞋破裂压力 – 液柱压力	
3		一定量气体侵入井筒	井筒侵入7.95m³，气侵强度60kg/m³	
4		套管试压	井口压力 + 液柱压力	
5		关井气侵，气体运移到井口	地层孔隙压力 – 液柱压力 – 气体气柱压力	
6		下开次钻进	下开次钻井液循环压力	
7		固井后试压	井口压力 + 液柱压力	固井水泥浆液柱压力

续表

序号	校核类型	校核条件描述	管柱内部压力	管柱外部压力
8	抗外挤	井筒内全部掏空	气柱压力	套管鞋以上混浆水密度 0.99g/cm³，套管鞋以下地层孔隙压力
9		漏失	孔隙压力－液柱压力	
10		固井施工后	顶替液柱压力	固井水泥浆液柱压力
11	抗拉	管柱下入	管柱下入平均速度 1m/s	
12		管柱遇阻超拉	超拉 200kN	

2. 深层煤层气水平井套管设计与校核

深层煤层气水平井地层压力及相应的钻井液密度和各开次套管下深如图 3-6-1 所示。

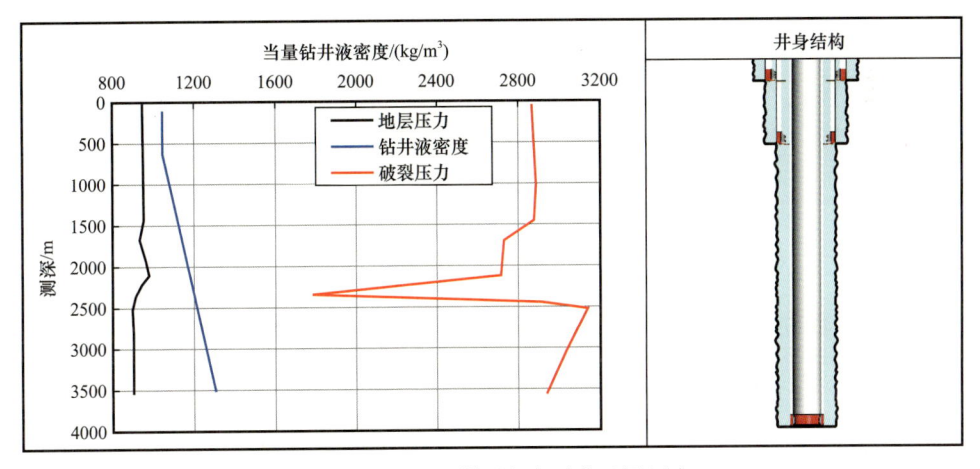

图 3-6-1 深层煤层气水平井地层压力

深层煤层气水平井套管柱设计及安全系数见表 3-6-2。

表 3-6-2 深层煤层气水平井套管柱设计

管柱	尺寸/mm	米重/kg/m	钢级	扣型	下深/m	通径/mm	安全系数			
							抗内压	抗外挤	抗拉	三轴
表层套管	244.47	59.527	N80	LTC	650.00	222.25	2.05	3.18	4.20	2.51
生产套管	139.70	38.692	Q125	LTC	3548.42	112.34	2.96	4.89	3.63	3.96

3. 煤系地层天然气水平井套管设计与校核

煤系地层天然气水平井地层压力及相应的钻井液密度和各开次套管下深如图 3-6-2 所示。

煤系地层天然气水平井套管柱设计及安全系数见表 3-6-3。

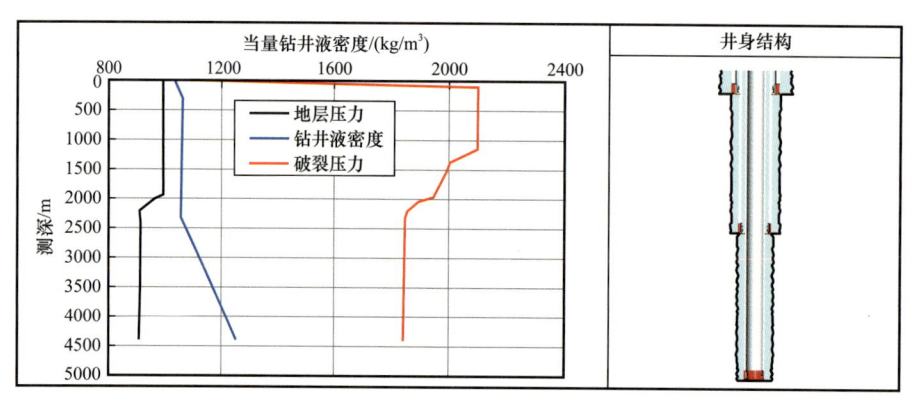

图 3-6-2 煤系地层天然气水平井地层压力

表 3-6-3 煤系地层天然气水平井套管柱设计

管柱	尺寸/mm	米重/kg/m	钢级	扣型	下深/m	通径/mm	安全系数			
							抗内压	抗外挤	抗拉	三轴
表层套管	273.05	60.271	J-55	BTC	300.00	251.31	2.12	3.53	4.62	2.30
技术套管	193.67	50.151	P-110	BTC	2285.00	168.66	3.45	2.53	3.73	3.18
生产套管	114.30	20.090	P-110	LTC	4385.46	96.39	1.90	2.85	2.76	1.99

二、套管下入分析

大吉区块多数井使用常规套管下入方式，部分井使用漂浮下套管方式，漂浮下套管主要解决的问题是：安装漂浮接箍减小了水平段的下入摩阻，相对增加了井口载荷，利于套管安全下入。漂浮下套管的优势是由于减小了套管下入摩阻，可以安装更多的扶正器，保持套管在水平段井眼内居中，有利于提高固井质量（刘甲方等，2008）。

1. 生产套管常规下入分析

（1）模拟煤系地层天然气水平井。

（2）钻井液性能：推荐选用水基钻井液，密度为 1.25g/cm³。

（3）模拟作业参数：钻机提升力为 4500kN，钻井泵功率为 1190kW，游动系统自重 180kN，套管上提速度为 18.29m/min，套管下入速度为 18.29m/min。

模拟结果见表 3-6-4 和图 3-6-3。分析结论：根据该井设计井眼轨迹、套管，综合考虑钻井液性能，三开套管在套管内摩阻系数为 0.20 和裸眼摩阻系数为 0.25 时，可以下到井底；在套管内摩阻系数为 0.27 和裸眼摩阻系数为 0.35 时，不能下到井底。

表 3-6-4 三开常规下入套管摩阻分析数据

摩阻系数	工况	套管尺寸/mm	钢级	壁厚/mm	抗拉校核/kN	
					井底钩载	抗拉强度
0.27（套管内），0.35（裸眼）	常规下入	139.7	P110	7.37	42	1978

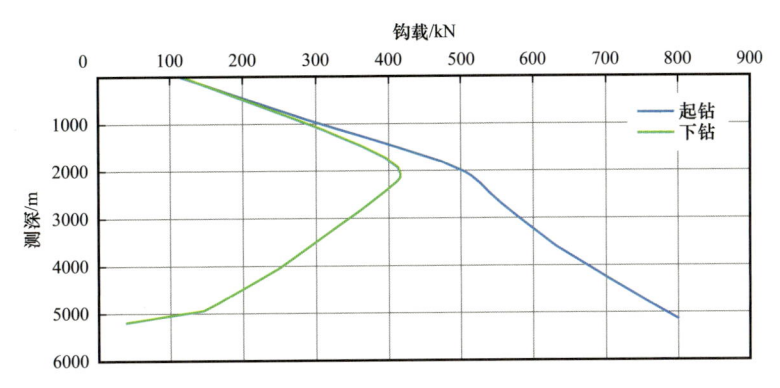

图 3-6-3　常规下套管摩阻分析（套管内摩阻系数为 0.27，裸眼摩阻系数为 0.35）

2. 生产套管漂浮下入分析

（1）模拟煤系地层天然气水平井。

（2）钻井液性能：推荐选用水基钻井液，密度为 1.25g/cm³。

（3）模拟作业参数：钻机提升力为 4500kN，钻井泵功率为 1190kW，游动系统自重 180kN，套管上提速度为 18.29m/min，套管下入速度为 18.29m/min。

（4）漂浮段长度优选选择 2550m。

模拟结果见表 3-6-5 和图 3-6-4。分析结论：根据该井设计井眼轨迹、钻具组合，在钻井液具有良好润滑性能的条件下，生产套管可采用漂浮下套管技术下入。

表 3-6-5　三开漂浮下入套管摩阻分析数据

摩阻系数	工况	套管尺寸/mm	钢级	壁厚/mm	抗拉校核/kN 井底钩载	抗拉校核/kN 抗拉强度
0.27（套管内），0.35（裸眼）	漂浮下入	139.7	P110	7.37	252	1978

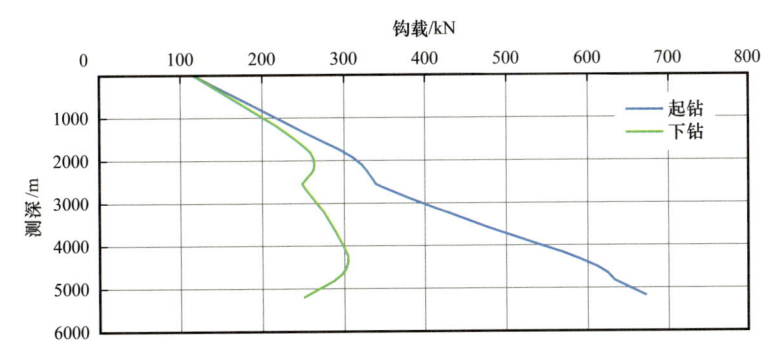

图 3-6-4　漂浮下套管摩阻分析（套管内摩阻系数为 0.27，裸眼摩阻系数为 0.35）

（5）漂浮下入实例。

X-P02 井是一口煤层气井，采用漂浮下套管方式，井身结构见表 3-6-6。

表 3-6-6　X-P02 井井身结构

开次	套管层次	钻井深度/m	钻头尺寸/mm	套管外径/mm	套管壁厚/mm	套管顶深/m	套管底深/m
1	表层套管	678	311.2	244.5	8.94	0	675
2	生产套管	1812	215.9	139.7	7.72	0	1810

X-P02 井预计完钻井深 1812m，套管下深 1810m（预设），最大垂深 610.86m，实际水平段长度 1012m。

采用常规下套管方式进行下套管的数值模拟，如图 3-6-5 所示。

重叠段摩阻系数取 0.25，裸眼段摩阻系数取 0.30～0.45，当摩阻系数大于 0.30 时，套管无法顺利下入。因此，采用常规下套管方式难以下至井底，推荐采用漂浮下套管方式。

使用 1 只漂浮接箍，漂浮接箍设计在井深 782m（垂深 610m）处时，漂浮段长为 1030m，套管数值模拟曲线如图 3-6-6 所示。

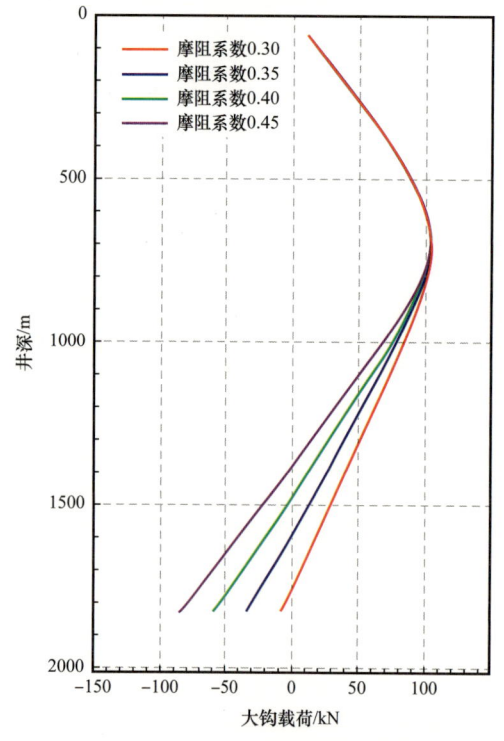

图 3-6-5　不同摩阻系数下常规下套管（φ139.7mm）大钩载荷

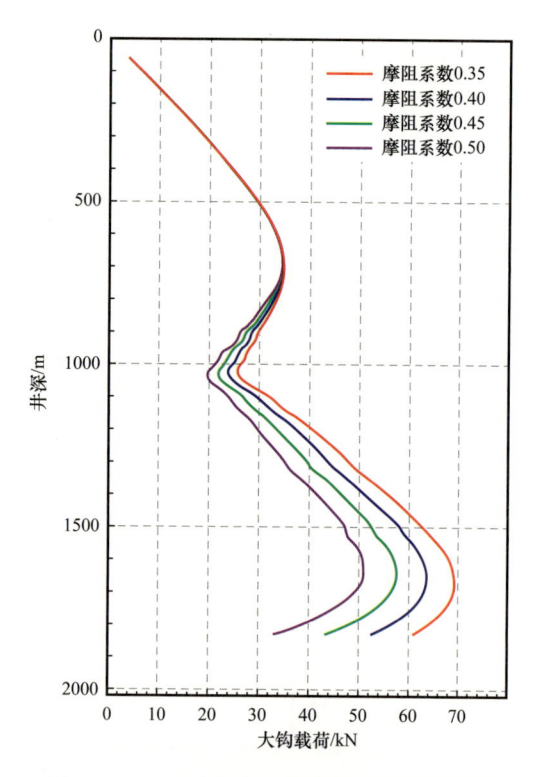

图 3-6-6　不同摩阻系数下漂浮下生产套管（φ139.7mm）大钩载荷（漂浮段长为 1030m）

当漂浮段长为 1030m、裸眼段摩擦系数为 0.50、套管下入 678m 时，大钩载荷余量为 3.4tf；套管下入 1030m 时，大钩载荷余量为 2tf；套管下入设计井深时，大钩载荷余量为 3.15tf。

为了更好地保证套管顺利下至设计位置，推荐漂浮接箍上部灌浆时采用高密度钻井液（密度为 1.50g/cm³），加重上部套管串重量，方便后续套管下至设计井深，套管下放大钩载荷模拟曲线如图 3-6-7 所示。

漂浮接箍上部灌入高密度钻井液（密度为 1.50g/cm³），当漂浮段长为 1030m、裸眼段摩擦系数为 0.50、套管下入 678m 时，大钩载荷余量为 3.4tf；套管下至 1030m 时，大钩载荷余量为 2tf；套管下至设计井深时，大钩载荷余量为 5tf。

综合考虑后期套管下入能力及套管头坐挂等情况，初步确定漂浮接箍下入位置为井深 782m（垂深 610m）处，漂浮长度为 1030m，现场实际漂浮接箍位置可根据下套管实际大钩载荷情况进行调整，确保套管下入到位。

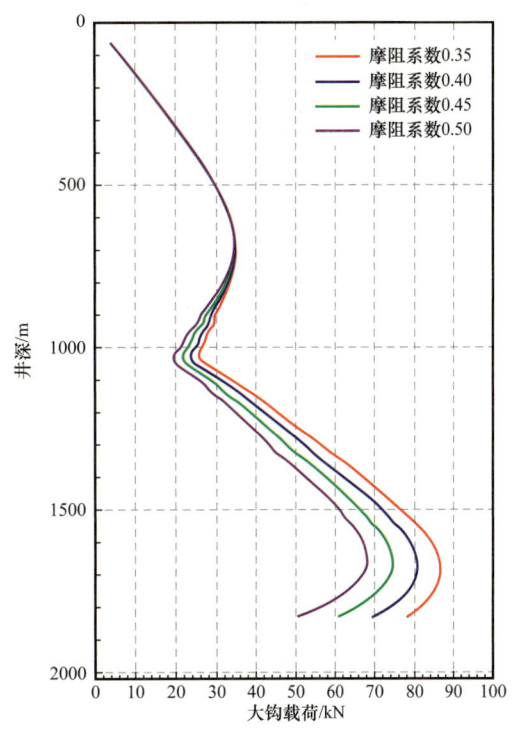

图 3-6-7 不同摩阻系数下漂浮下生产套管（φ139.7mm）大钩载荷（钻井液密度为 1.50g/cm³）

三、固井难点分析与技术措施

1. 固井难点分析

1）深层煤层气水平井固井难点

（1）深层煤层坍塌周期尚不明确，煤层段发生垮塌导致井径不规则，套管居中度难以保证。

（2）井径不规则，为了保障井眼稳定，钻井液黏度较高，静切力较大，导致死区钻井液不易被驱替而影响顶替效率。

（3）煤层段垮塌，固井过程中考虑井壁稳定，采用适应于易塌煤层的 0.8~1.0m/s 的环空返速，即以 1.8~2.0m³/min 的排量注替，难以达到理想紊流顶替效果。

2）煤系地层天然气水平井固井难点

（1）清洁净化井眼难：长水平段井壁应力稳定性差，岩屑在水平井段因自重作用贴底边下沉，容易沉砂堵塞环空，因此如何保证井壁稳定、无掉块、井眼清洁、无沉砂，为后期作业提供稳定、畅通井眼通道是关键。

（2）下套管存在困难：长水平段水平井下套管，套管在水平段贴边严重，致使下套管摩阻大，无法靠自身重量下至预定位置。

（3）固井质量难以保证：套管在大斜度井段、水平段居中度不高，可能出现岩屑和流体因自重下沉等问题；钻井液黏切高，水平段长，顶替中窜槽概率大。

由于以上固井难点，深层煤层气水平井 DJ–P25–3H 井固井质量差，20～935.90m 第一界面固井质量以差为主，第二界面固井质量以差为主，JS–P02 井固井质量差，替浆时发生漏失憋泵，测声幅显示 1300～1900m 固井质量差，水泥浆未封固。

2. 固井技术措施

1）深层煤层气水平井固井技术措施

（1）井眼准备。水平段钻进期间，经指定点循环，同时钻井液中加大防塌类药品维护，保证井眼稳定。通井采用刚性不低于钻井时的钻具结构，下至井底后，采取排量 35L/s，转速 60r/min，至少循环两周以上，分 2～3 段注入稠浆 10～15m³ 清扫；岩屑携带干净，短起下正常后在大于 45° 的裸眼井段注入封闭液，起钻下套管。

（2）优化隔离液。进行水泥浆污染实验，若无污染，调配密度比井浆低 0.1～0.15g/cm³ 的低固相钻井液作为前置液，段长 200m；若存在污染，重新配制密度比井浆低 0.1～0.15g/cm³ 的隔离液作为前置液，隔离液中不能加入对水泥浆稠化有影响的外加剂（如 KCl），再次做实验确认无污染后使用，段长 400m。

（3）充分携带岩屑。套管下入后，先小排量顶通，之后逐步提高至设计排量（砂岩气水平井 15～18L/s，深层煤层气水平井 28～30L/s），充分循环携带岩屑，至少循环 2 周（前期有复杂的井至少 3 周），确定没有漏失和憋堵现象，再进行固井作业。

（4）调整施工参数。固井采用不超过循环排量的 80% 进行施工，替浆后期压力超过 22MPa 后适当降低排量，控制最高压力为 28MPa。

（5）现场精细操作。注水泥浆时，先注入 5m³ 领浆，密度高于钻井液密度，控制在 1.30～1.35g/cm³ 之间，起到过渡作用。全程观察施工压力，重点关注水泥浆进入环空和重叠段时的压力变化，若有升高迹象，及时降低 4L/s 左右的排量。

（6）加强防气窜水泥浆体系研究。

2）煤系地层天然气水平井固井技术措施

（1）优选采用滚珠扶正器，降低套管下入摩阻，对于实施困难井采用漂浮下套管技术，确保套管安全下入。

（2）根据实钻轨迹进行套管下入分析，根据侧向力分布，优化确定滚轮扶正器安装位置。

（3）完钻起钻前在套管鞋处进行大排量循环，确保水平段岩屑上返，保证井眼清洁。

（4）下完套管后，排出后效，在井壁稳定、井控安全的情况下，循环排量不低于固井施工排量（1.3m³/min），循环时间不低于 2 周。

第七节　井下复杂处理技术

在大吉地区实际钻井过程中，井下复杂通常表现为漏失和卡钻。如图 3-7-1 显示，区内已完钻井漏失概率为 24%，单井平均堵漏损失时长 9.97 天。卡钻概率为 5%，平均单井卡钻损失时长 2.72 天，相较而言，漏失是影响区内钻井时效和钻井成本的重要因素。

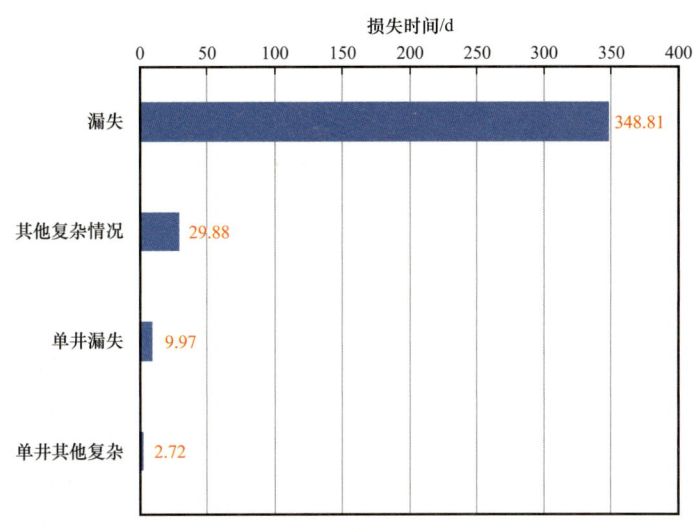

图 3-7-1　复杂情况对生产时效的影响

一、堵漏技术

1. 漏失分布和强度特征

通过筛查区内完钻井资料，重点分析典型漏失井数据，以每口井在不同地层中的漏失次数为依据，以井位图为底图绘制地层漏失频次图（图 3-7-2），以反映区块内不同地层的漏失概率。刘家沟组、石千峰组和石盒子组为区域上漏失最为频繁的 3 组地层，其次为纸坊组（区块中部和西部）、延长组（区块中部和北部）和第四系（区块中部）；和尚沟组、山西组、太原组和马家沟组的漏失频率相对较低，只在区块中部的个别井钻进过程中出现。

整体上，区块南部的 DJ16-5X4 井、DJ52 井和 DJ53 井的漏失频次最高，分别为 32 次、26 次和 18 次，而区块中部的 DJ4-13BX3 井漏失次数也多达 14 次。

以每口井的总漏失量、总堵漏时间和总漏失次数为依据，绘制单井漏失程度图（图 3-7-3），以反映单井的漏失严重程度。

整体上，区块南部 DJ29 井区的评价井（DJ48、DJ50、DJ51、DJ52、DJ53）漏失情况最为严重，单井漏失量和堵漏耗费的时间都远超区块内其他井；中部的 DJ4-13B 井和 DJ4-11X3 井则次之。个别井具有漏失次数少，但漏失量大的特点（DJ50 井、DJ51 井、DJ41 井、DJ5-7BX6 井、DJ8-3 井等）。

结合地层漏失频次图，刘家沟组、石千峰组和石盒子组的漏失频率和漏失量都显著超过了其他地层。

如图 3-7-4 显示，区内发生井漏频率最高的地层依次为刘家沟组、石千峰组、石盒子组和延长组，这些地层中发生井漏的次数占比均超过 10%，其中刘家沟组井漏占比更是高达 24%。以发生井漏时的漏速为参考标准，以 5m^3/h、15m^3/h 和 30m^3/h 为划分界限，

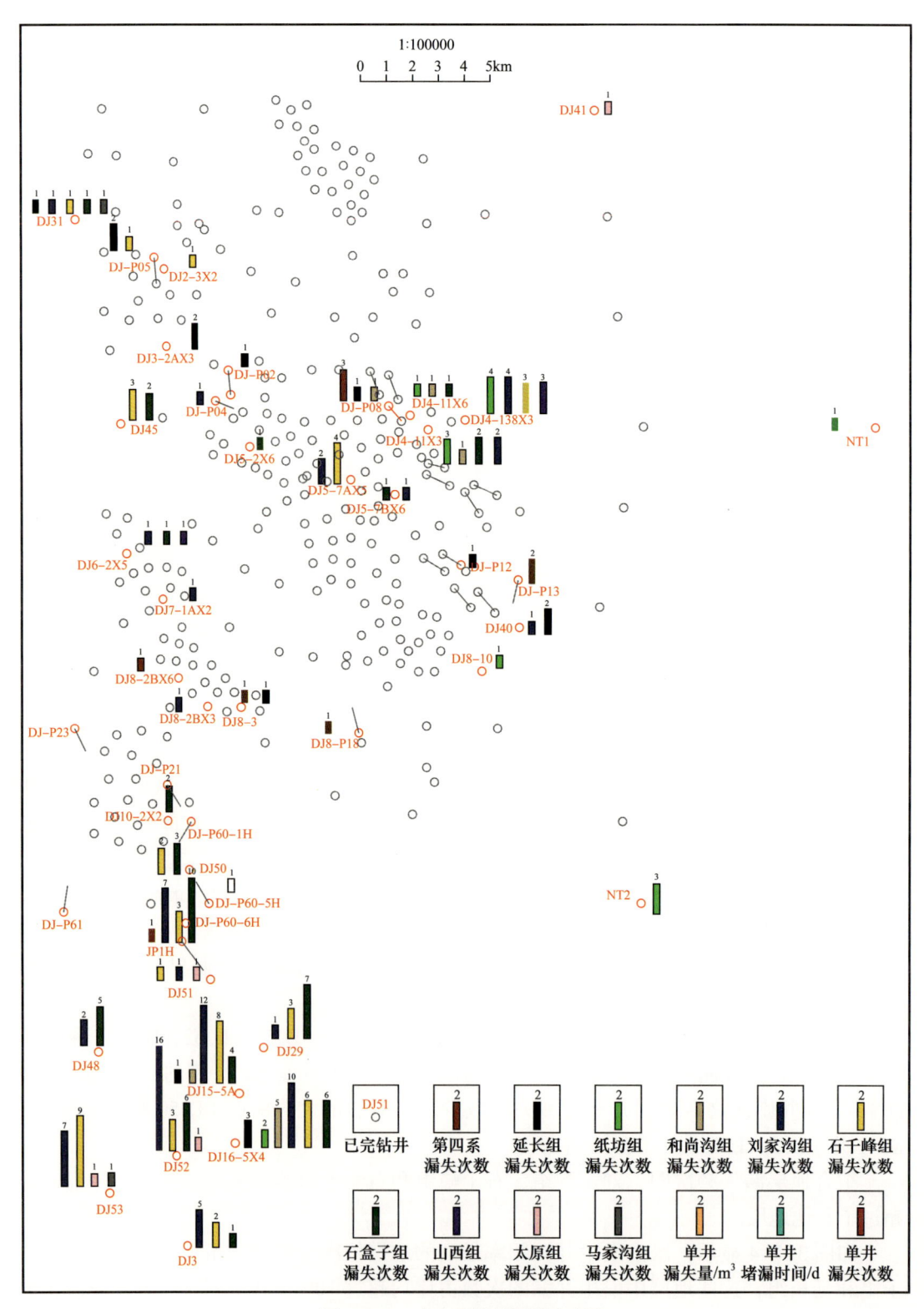

图 3-7-2 大吉区块地层漏失频次

表明区内渗透性漏失（漏速<5m³/h）的概率为6.28%，常规漏失（5m³/h<漏速<15m³/h）的概率为17.87%，严重漏失（15m³/h<漏速<30m³/h）的概率为14.49%，失返性漏失（漏速>30m³/h）的概率高达61.35%，由地层裂缝主导的失返性漏失为区内井漏主要类型（图3-7-5）。

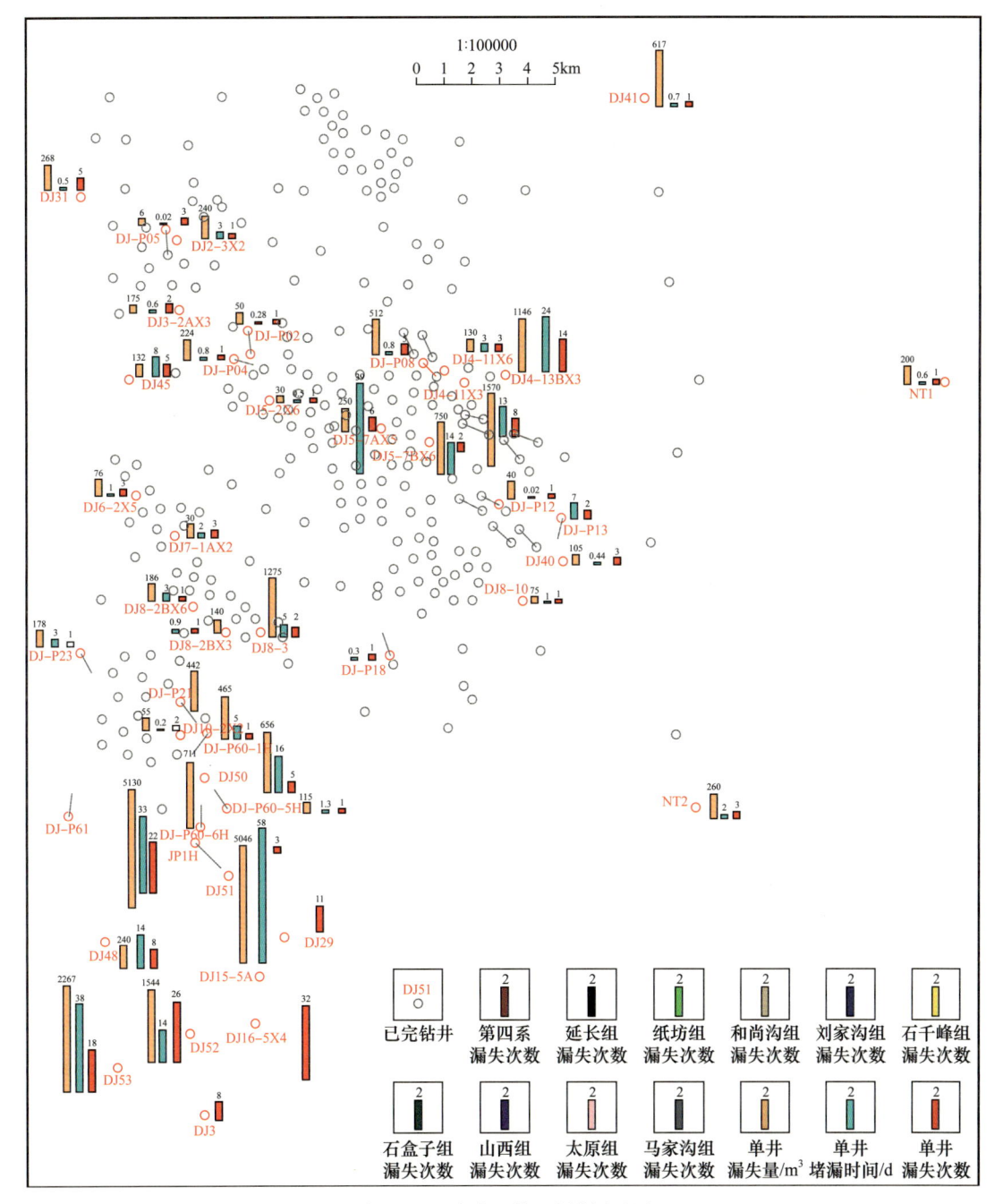

图3-7-3 大吉区块地层漏失程度

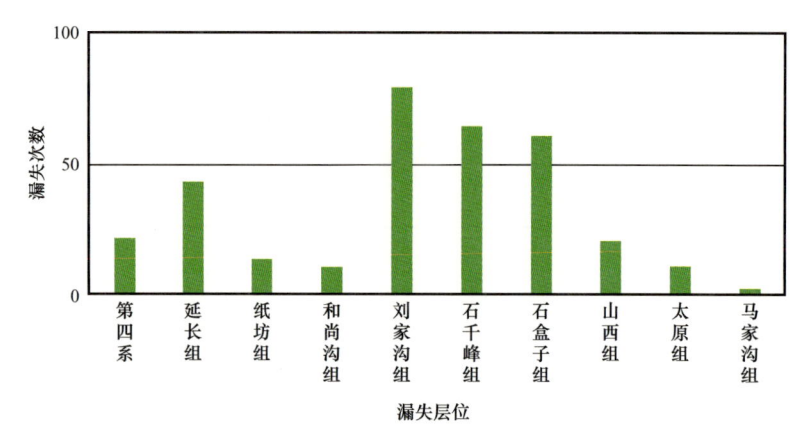

图 3-7-4 大吉区块漏失层位分布

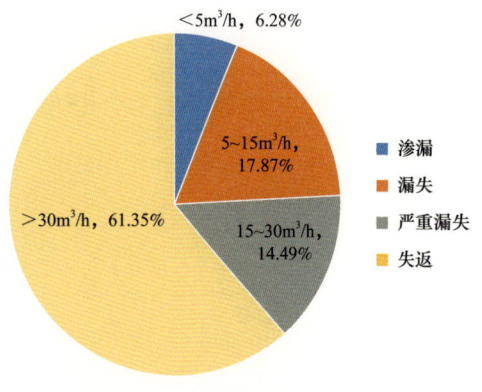

图 3-7-5 大吉区块地层漏失类型

实钻显示，区内钻井漏失具有随机性、多点性、严重性、复杂性四大特征，具体表现为：

（1）多数井发生漏失前无明显征兆。

（2）漏点多，每钻进 10～20m 就可能有一新漏点。

（3）以失返性漏失为主，漏速很大，无法建立正常的循环，而且排量越大漏速越大。

（4）无法采取随钻堵漏，必须专门堵或停钻堵，部分井漏层与水层共存，用常规桥塞堵漏技术无法解决。

（5）各种常用堵漏技术无法及时（即在几次之内）解决，需多次重复，反复堵才能堵住，个别井用于处理漏失的时间达两三个月之久，甚至被迫弃井。

区块承压能力低的地层多是裂缝发育或微裂缝发育的薄弱地层，在薄弱地层井段钻进时常表现出漏—堵—再漏—再堵，一直循环往复直至结束，采用多种堵漏方式均无明显效果（如 DJ15-5A 井），先后采用常规桥塞堵漏、注水泥、特色堵漏、高效堵漏剂堵漏、冻胶堵漏均是先漏失减少，但随着进尺增大或井下工具的变化漏失量快速增大，直至井口失返。

2. 漏失治理对策

根据漏失量与裂缝宽度对应关系（表 3-7-1）和现场防漏堵漏实践，井漏与漏失通道大小的关系通常为：

（1）裂缝开度小于 10μm 时，裂缝壁面的凸出点高度一般在 10μm 以上，通道内各种附加阻力作用很大，钻井液很难进入。

（2）裂缝开度达 10～150μm 时，裂缝通道的毛细管压力效应对流体渗漏影响很小，由于钻井液中固相颗粒本身含有较多，且随着钻井液的滤失形成滤饼，裂缝自然被封堵，即使是低固相钻井液，也很难在地面观测到明显漏失反应。

表 3-7-1　漏失量与裂缝宽度的对应关系

裂缝宽度 /mm	漏失量 /m³	漏失程度描述
<0.4	<2	渗漏
0.4～1.0	2～5	微漏
1.0～1.5	5～15	小漏
1.5～3	15～60	中漏
>3	>60	大漏

（3）裂缝开度达 0.15～0.4mm 时，由于钻井液本身的流体特性和在裂缝内表面的渗漏，钻井液中的固相颗粒会部分发生堵塞，可以通过对钻井液和钻井参数的调整实现止漏。

（4）裂缝的开度大于 0.4mm 时，漏失不会因为钻井液本身的封堵效果而停止，必须采取堵漏措施才能止漏。

（5）裂缝开度介于 0.2～1mm 时，可以采用随钻防漏堵漏的方式解决井漏问题；而当裂缝开度大于 1mm 时，必须采用停钻堵漏措施止漏；当裂缝开度大于 3mm 时，必须采用凝胶类堵漏材料才能起到较好的堵漏效果。

3. 封缝即堵承压堵漏技术

封缝即堵就是在钻井过程中利用钻井液为主体，添加相应的封缝即堵材料的技术手段在随钻中不断提高封堵层的承压能力，即随钻提高地层的安全密度窗口。技术要点在于选择能够在裂缝开始漏失后将其完全封堵的堵漏材料，形成低渗透或无渗透封堵层，提高地层承压能力，从而防止在继续钻井中再一次将裂缝压开。

在封缝即堵过程中，大的堵漏颗粒阻止了钻井液固相颗粒漏失，固相颗粒阻止或减少基液漏失，对于天然发育裂缝和诱发裂缝，防止钻井液漏入较大的裂缝（李伟等，2021）。现场常用的桥接堵漏材料一般按照形状可分为颗粒材料、纤维状材料、片状材料及其他形式的材料。

1）封缝即堵承压堵漏配方实验

如图 3-7-6 所示，利用 DL 型堵漏仪进行改造，去掉下部的弹子，加装一个不锈钢的圆柱缝板，缝板上的裂缝为楔形，用以模拟地层裂缝。圆柱厚 4cm，楔形缝长 2.5cm、宽 2.0mm×1.5mm。

模拟现场钻井液体系配制密度为 1.1g/cm³ 的聚合物钻井液，分别选用刚性颗粒（粒径由大到小分为 A、B、C、D、E、F 等级）、果壳（A、B、C、D 等级）、变形颗粒（A、B、C、D、E 等级），开展楔形 1.0mm×0.5mm 裂缝、楔形 1.5mm×1.0mm 裂缝、楔形 2mm×1.5mm 裂缝、平行缝 3.0mm×3.0mm 裂缝的承压堵漏实验，承压堵漏实验结果如图 3-7-7 所示。

图 3-7-6 改进 DL 型堵漏仪

(a) 楔形1.0mm×0.5mm裂缝承压堵漏实验

(b) 楔形1.5mm×1.0mm裂缝承压堵漏实验

(c) 楔形2.0mm×1.5mm裂缝承压堵漏实验

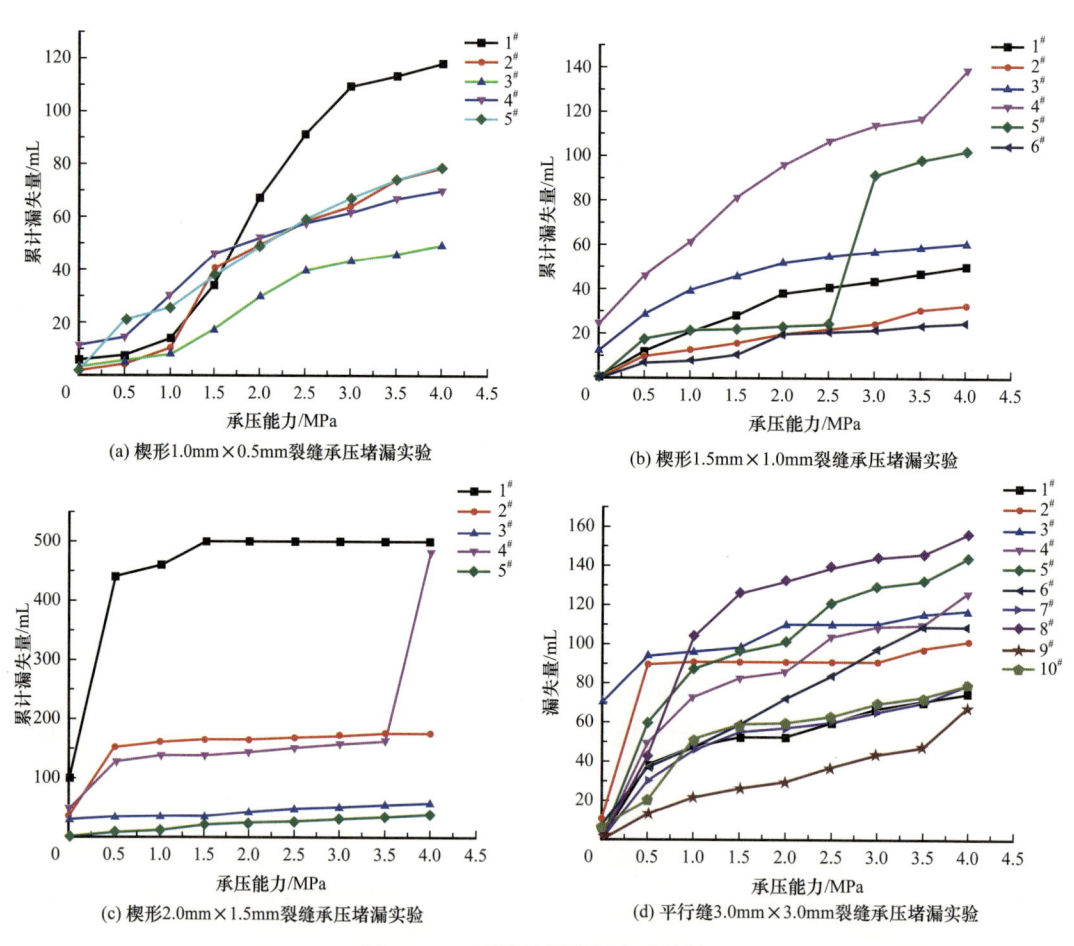

(d) 平行缝3.0mm×3.0mm裂缝承压堵漏实验

图 3-7-7 裂缝承压堵漏实验结果

随钻防漏钻井液体系不仅需要能防止钻井液漏失，还要满足随钻防漏材料的加入不能损害钻井液性能，为此开展10～20目的砂床实验，从防漏材料对钻井液性能影响以及防漏效果的角度优选优化随钻堵漏钻井液配方。

实验结果表明，对于现场所用井浆1（4%预水化膨润土+0.5%NPAN+2%NaOH+3%CFF-1）和井浆2（4%预水化膨润土+3%SMC+1%KPAN+5%FT-1+3%SMP），1%GZD-C+2%GZD-D+2%DF的加入均能大幅提高钻井液体系的防漏堵漏性能，且对于其流变性的改变不影响正常钻进。因此，井浆1+1%GZD-C+2%GZD-D+2%DF和井浆2+1%GZD-C+2%GZD-D+2%DF配方可以作为区块随钻防漏堵漏钻井液体系。

2）封缝即堵承压堵漏现场试验

（1）井漏情况。

DJ-P21井采用222.2mm钻头二开钻至井深1373m开始渗漏，漏速为3~4m³/h，钻至井深1443m，9.5h大约漏失90m³，层位刘家沟组，钻井液密度为1.12g/cm³，漏斗黏度为40s。

（2）承压堵漏试验方案。

① 继续钻进发生漏失，漏速小，则采用随钻堵漏工艺，通过加重漏斗，往井浆中加入3%~5%随钻防漏剂（GFD-C 1.5%~2.5%，GFD-D 1.5%~2.5%）。

② 继续钻进发生漏失，漏速大，则采用停钻堵漏工艺，通过加重漏斗，往井浆中加入3%~5%随钻防漏剂（GFD-B 1.5%~2.5%，GFD-C 1.5%~2.5%，GFD-D 1.5%~2.5%）。

③ 采用中等排量（10~15L/s）往井内泵入随钻堵漏浆。地面连续计量液面，观察漏失情况。漏失明显减轻或停漏，则保持防漏剂浓度；如漏失不缓解或漏速加快，用储备井浆补充，且逐步提高防漏剂浓度至上限；若漏失缓解不明显，且随钻堵漏浆的量不能够满足正常钻进要求，则停止循环，将钻具提到套管内，按照上述配方进行停钻堵漏。

④ 堵漏浆从井内返出后，全部通过40目筛布，并停运除砂器、除泥器，监测钻井液性能，加强钻井液各项性能的维护。

（3）承压堵漏试验效果。

采用全井段防漏堵漏技术钻过下部可能的易漏层，往井浆中加入3%~5%随钻防漏剂（GFD-C 1.5%~2.5%，GFD-D 1.5%~2.5%），并随时补充GFD-C和GFD-D，保持其有效浓度。

实施防漏堵漏试验后，继续钻进100m，漏失次数相对于邻井减少60%，漏失量相对减少86%，防漏井段未出现停钻堵漏情况，封缝即堵全井段实施取得成果。

全井段随钻防漏堵漏技术对钻井液性能没有影响，钻井液性能保持优良，钻进中起下钻、接单根和开泵正常，没有出现井下复杂情况，使用随钻防漏堵漏技术对录井无不良影响。

4. 隔断式凝胶段塞恶性漏失堵漏技术

恶性漏失是指钻井时泵入井内的钻井液有进无出完全丧失循环时的漏失，表现为漏速大、漏失量大、漏失易反复，漏失处理困难。发生恶性漏失的地层裂缝宽度、孔道直径一般在毫米级以上，甚至有的裂缝宽度能达到数十毫米。恶性漏失通常发生在溶洞及较大的天然裂缝性地层，在多压力系统长裸眼井段也会诱发恶性漏失（陈军等，2017）。

处理恶性井漏不仅会耗费钻井时间，损失钻井液，而且处理不当会导致井壁坍塌、卡钻和溢流井喷事故，严重时会造成油（气）井报废，造成巨大的经济损失，还会危及人身安全，造成环境污染（孙金声等，2021）。

有效解决恶性漏失堵漏问题，堵漏材料必须能够有效地克服上述技术难点，必须同时满足如下的技术要求：

（1）堵漏材料必须是流体（或通过流体携带）进入漏层，堵漏浆有高黏度和较好剪切稀释能力，不易滞留在漏层内入口处附近。

（2）堵漏浆与水相遇时，很难相互混合而各自保持成独立的一相，即水很难与它混合并冲稀它。

（3）堵漏浆黏弹性强，产生过喉道膨胀充满整个漏层空间，排出漏层中的水或钻井液（油、气），隔开地层流体（油、气、水）与井筒的联系。

（4）堵漏浆静置后产生内部结构而且会随时间而增强，其强度足以防止井底压力的破坏，或使堆积物移动的压力梯度大于（井底压力—地层压力）产生的压力梯度。

（5）堵漏浆能与其他固体材料（如桥塞粒子、体膨体、膨润土等）混合而不影响流体上述特性。

（6）油、气侵入后移动受限，堵漏浆对钻井液、固井水泥浆无明显损害。

1）裂缝性恶性漏失 SWGL 凝胶段塞堵漏实验

凝胶 SWGL 是专门设计用于堵漏的高分子聚合物，分子量适度，单个分子尺寸较小，通过分子间疏水缔合作用形成布满流体空间的网络。高分子聚合物 SWGL 溶于清水中，SWGL 利用疏水缔合，水溶液黏度高，在质量体积百分比高于 1% 时，SWGL 溶液就会形成高黏弹性凝胶（孙金声等，2020）。聚合物分子之间作用力强，表现出强的内聚力，具有较强抵抗水、油、气的冲洗能力，并能够悬浮微粒，如钻屑、重晶石、碳酸钙、陶粒、核桃壳、单封以及其他一些桥接堵漏剂等，可以混合桥接堵漏剂一同使用。

如图 3-7-8 所示，利用可视化裂缝性漏失装置，装置以 $B—B$ 线对称，相应标号为 A_i（i=0，1，2，3，4），模拟宽为 2~5mm 的裂缝，裂缝的尺寸最大为宽 × 长（705mm）× 高（宽、高可变），配制 SWGL 溶液开展凝胶启动压力和提高凝胶段塞封堵能力研究。

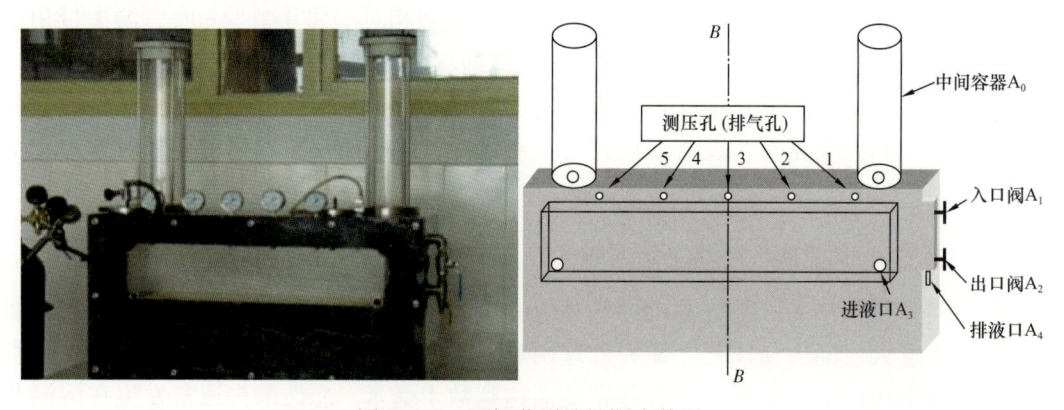

图 3-7-8　可视化裂缝性漏失装置

凝胶启动压力是指刚好能够将凝胶段塞推动的压力。特种凝胶之所以在地层中能够堵住漏失，就是因为其启动压力大于地层压力与井筒压力之间的压力差。如图3-7-9所示，实验表明，凝胶形成段塞静置3h后，采用清水反向驱替凝胶时，水不能充填裂缝的顶端和下部，水以窜槽形式进入凝胶，启动压力梯度为0.013MPa/m；凝胶形成段塞静置3h后，采用注水反向加压驱替的方式测量凝胶的启动压力梯度，观察到凝胶段塞呈现短暂的活塞式的移动，然后发生水窜和气窜，启动压力梯度介于0.0096~0.0189MPa/m。

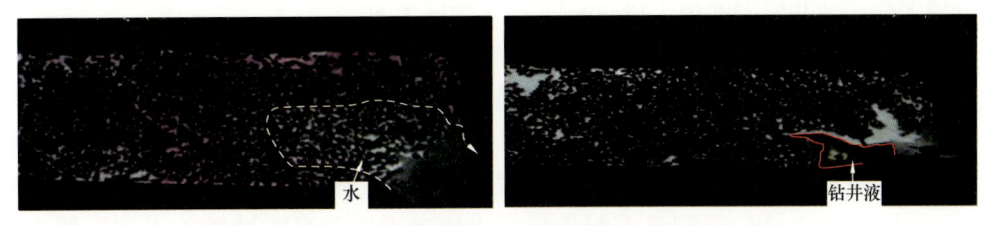

图3-7-9 清水反向驱替凝胶与钻井液正向驱替凝胶段塞

延迟膨胀封堵剂加入凝胶中可以显著增加凝胶段塞的启动压力梯度，10%延迟膨胀封堵剂加入1.5%SWGL凝胶中，凝胶段塞的启动压力和启动压力梯度大幅增加，达到了纯凝胶启动压力的10倍以上（图3-7-10），该方法已授权发明专利，专利名称为《一种延迟膨胀凝胶堵漏材料延迟膨胀性能及堵漏性能的评价方法》（韩金良等，2020c）。

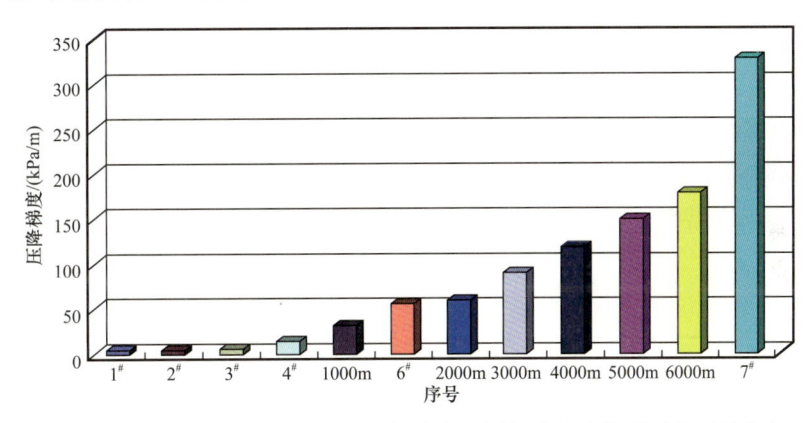

图3-7-10 浓度为1.5%的SWGL凝胶在不同填塞粒度情况下的封堵能力

研究表明，凝胶能够与桥塞颗粒、膨胀颗粒配合使用，提高凝胶段塞的启动压力梯度，即是凝胶可以结合现有桥塞类堵漏材料及堵漏技术形成综合堵漏技术，可以使综合堵漏技术实现"解决破碎性地层恶性漏失的堵漏材料及技术必须满足的几个条件"，凝胶携带着桥塞材料仍然能保持原有特性，在管路中易流动，进入漏层后移动困难，凝胶在弹性作用下产生过喉道膨胀排走地层水而充满孔道漏失空间，凝胶强的抗冲稀能力保证凝胶在孔道空间内仍保持优良的性能，从而形成隔断式凝胶段塞，而携带的桥塞则在漏层入口附近停留，起到减小漏失孔道空间而提高隔断式凝胶段塞启动压力梯度的作用，这种方式可以使桥塞材料充分发挥其堵漏能力。

对于凝胶堵漏技术，还授权了《一种自愈合凝胶堵漏材料的愈合堵漏性能评价方法》（韩金良等，2020a）、《一种有机/无机复合内刚外柔凝胶堵漏剂及其制备方法》（韩金良等，2020b）和《一种柔性凝胶颗粒堵漏剂的应用浓度和应用粒径的优选方法》（韩金良等，2020d）三项发明专利。

2）恶性漏失凝胶现场堵漏试验

（1）井漏情况。

DJ-P21井采用222.2mm钻头二开，井深1564m处发生严重漏失，漏速为60m³/h，观察出口返出少量钻井液，共计漏失钻井液30m³。层位石千峰组，块状砂岩夹棕红色泥岩、砂质泥岩，钻井液密度为1.12g/cm³，漏斗黏度为40s。

（2）凝胶堵漏试验方案。

堵漏剂配方：纯SWGL凝胶，1.0%～1.5%SWGL-2（或SWGL-1）+清水。

试验细则：根据设计的堵漏剂配方（纯SWGL凝胶），现场将新型聚合物堵漏剂SWGL经搅拌完全溶胀，测试性能达要求后，按照先快、后慢、再静堵的原则将SWGL-2（SWGL-1）凝胶泵入漏失层。先快速（钻井泵高冲数）正挤入漏失地层20～80m³ 1.2%SWGL-2凝胶堵漏剂，根据现场监测漏速、裂缝宽度、裂缝长短调整堵漏剂用量。

（3）凝胶堵漏试验效果。

泵入随钻堵漏浆后继续泵入高强度凝胶堵漏浆，随堵漏浆出钻头前2m³，关闭钻杆套管环空。继续用钻井泵泵入高强度凝胶堵漏浆，泵注过程中，保持钻杆套管环空关闭，控制套压不大于15MPa，排量为5～6L/s。凝胶泵完后，采用原井浆进行顶替，顶替液体积为钻杆内容积+裸眼段容积（10m³+8m³）18m³，控制套压不大于15MPa，排量为5～6L/s。替浆完毕，停泵，静置候堵，观察套压变化，套压降低时，开泵顶浆确保有一定的套压不降时，堵漏成功。凝胶静置5h后，下钻至井底，开泵外返排量正常。循环15min后，正常排量钻进8m，泵压排量均正常，堵漏成功。

二、卡钻事故处理技术

实践表明，鄂尔多斯盆地东缘煤系非常规气井钻进过程中井下卡钻是除井漏之外另一种显著影响钻井时效的复杂类型（图3-7-11），主要发生在刘家沟组以下的深部地层，通常采用优化井眼轨迹设计与控制、精细起下钻操作、强化井眼清洁参数等方式实现卡钻预防，采用循环小幅活动、循环震击、循环大幅活动、注解卡剂、倒扣等方式处理卡钻。

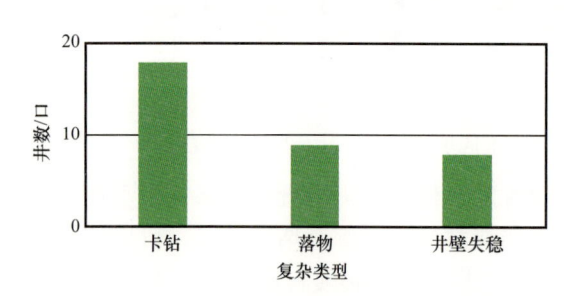

图3-7-11 鄂尔多斯盆地东缘煤系非常规气井下复杂类型

1. 卡钻事故特征判断

卡钻主要分为压差卡钻、砂桥卡钻、坍塌卡钻、缩径卡钻、键槽卡钻、泥包卡钻6种类型（范玉光等，2020）。大吉区块所发生的卡钻主要是砂桥卡钻和坍塌卡钻。

1）砂桥卡钻的判断

砂桥卡钻也称为沉砂卡钻，在较软地层中使用悬浮能力较弱的钻井液非常容易产生砂桥，在软地层中钻进的机械钻速快，产生的岩屑较多，如果钻井液悬浮能力差，产生的钻屑无法及时排除，稍有静置时间，岩屑逐渐掉落堆积形成砂桥（杨荣锋等，2011）。

钻井液中添加絮凝剂过量或钻井液黏度上升，添加的絮凝剂或钻井液黏度增加，会使得钻井液中岩屑或固相被包裹起来，同样如果稍有静置时间，这些包裹的岩屑就会逐渐掉落堆积形成砂桥。发生在钻进过程中的砂桥卡钻，是因为钻井液悬浮能力差或机械钻速低，不能清除岩屑和砂。一旦大量砂掉入井内，由于砂挤压钻井液造成对钻柱的一定浮力，大钩负荷会出现小幅下降、立管压力逐渐上升，扭矩和转速并不会立刻出现变化。随着大量砂继续沉入，立管压力持续上升或至蹩泵，逐渐造成钻具被掩埋，钻头钻进困难，扭矩升高，转速下降甚至停止。发生砂桥卡钻的钻井参数如图 3-7-12 所示。

2）坍塌卡钻的判断

钻进过程中，上部井壁坍塌使岩块突然掉入井中时，阻塞钻井液循环，立管压力立刻上升，甚至蹩泵到最高点。钻进时，钻具处于井底，岩屑突然掉入，由于钻井液对动能传递的缓释，大钩负荷会出现小幅上升，随着岩屑堆积到井下也不会出现大的变化；而在岩屑刚刚进入井内时，对扭矩和转速的影响不大，而掉块过大或较多的小块岩屑不能及时循环出井底，直到堆积在井底时，由于钻具被掩埋会出现扭矩升高、转速降低，甚至蹩钻，造成卡钻事故（纪宏博等，2008）。发生坍塌卡钻的钻井参数如图 3-7-13 所示。

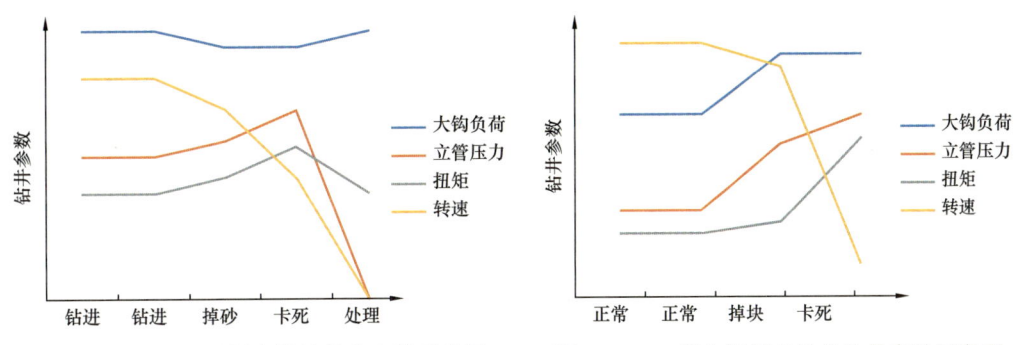

图 3-7-12　发生砂桥卡钻的钻井参数示意图　　图 3-7-13　发生坍塌卡钻的钻井参数示意图

倒划眼过程中转盘并未停止转动，钻具在上提或下放中，上部岩屑突然掉落，先是掉入井内，立管力上升，由于重力冲击作用大钩负荷立刻大幅上升，但并未立刻接触钻具影响钻柱传动，扭矩小幅上升、转速小幅下降，岩屑随着钻井液接触钻头，造成掩埋卡钻时，大钩保持附加力、立管压力持续升高甚至蹩泵，由于岩屑与钻头的接触，扭矩大幅上升，转速大幅下降甚至停止。坍塌卡钻风险预警如图 3-7-14 所示。

2. 卡钻处理技术

1）砂桥卡钻处理

发生砂桥卡钻时，应维持小排量循环，逐步增加钻井液黏度、切力，直至稳定后再逐步增加排量，力争把循环通路打开；如果钻井液只进不出，钻具遇卡，无法活动，应

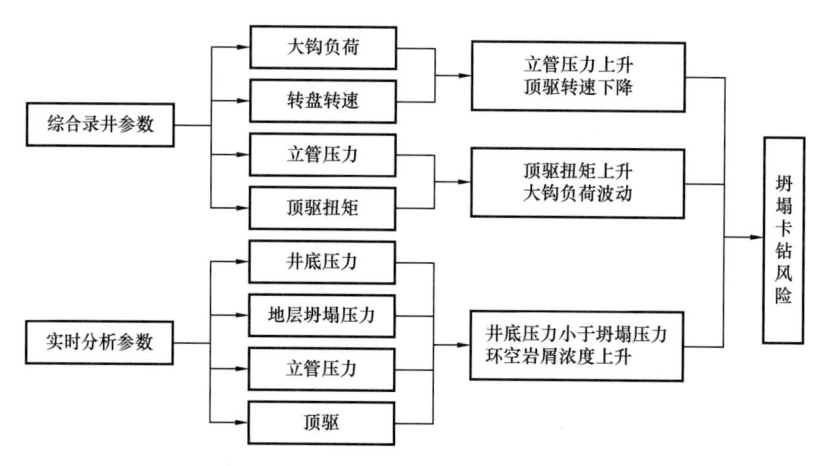

图 3-7-14　钻进过程坍塌卡钻风险预警

找准卡点，争取时间从卡点附近倒开；如果砂桥在上部，第一次倒出的钻具虽然不多，但有可能利用一次长筒套铣，即可把砂桥解除。再下钻对扣，恢复循环。如果砂桥在下部，应采用爆松倒扣的方法，一次性将未卡钻具倒完。

砂岩段井壁较为平滑规则，与钻具接触面积相对较大，因而易发生砂桥卡钻。B1X2井、B1-1X2井钻进至8+9号煤层下方20m砂岩段时，由于钻井液抗滤失性能差，导致钻井液固相颗粒吸附和沉积在井壁上形成滤饼，均发生了卡钻复杂，如图3-7-15所示。

其中B1X2井钻至923.59m，正常接单根，接完后开泵，泵压正常，上提方钻杆遇卡，下放遇阻，没有活动余地。分析原因有两点：（1）井斜大，钻铤完全贴在井壁上；（2）钻井液失水大，井壁吸附力加大。

该井先后采用活动钻具、循环震击、注入解卡剂、油泡钻具、使用反扣钻具等措施，耗费近15天才将复杂解除。

2）坍塌卡钻处理

坍塌卡钻后，通常会出现两种情况：一种是可以小排量循环，另一种是根本建立不起循环。如能小排量循环，必须控制进口流量与出口量的基本平衡。在稳定循环后，逐渐提高钻井液的黏度和切力，然后逐渐提高排量。争取把坍塌的岩块带到地面来。如果失去循环，就只能套铣倒扣，此时不能转动。在松软地层宜采用长套铣筒，或采用带公锥或打捞矛的长套铣筒，使套铣与倒扣一次完成。在硬地层，应缩短套铣筒长度，尽量减少套铣过程中的失误。套铣到扶正器时，宜下震击器震击解卡。

DJ-P33井钻进至井深2840m，维修完毕顶驱支臂和备钳后下钻至2802m提前开泵循环钻井液，泵压为20MPa，扭矩为11~13kN·m。开泵下放至2808m出现蹩泵现象，随即降排量至2个阀，泵压为11MPa，上下提拉下划至2812m，蹩泵现象仍未解决，决定起钻换通井组合通井。起至钻头位置2770m处上提附加拉力增大，由正常起钻附加拉力20t，上提正常悬重90t，此时上提遇卡，多次活动钻具将上提吨位增至110t，下放钻具悬重至50t未解卡。随即接顶驱开泵，循环正常，泵压为20MPa，开顶驱旋转，扭矩为18kN·m，顶驱蹩停。上下活动钻具无效，随即启动震击器下击无果，钻具卡死，判断原

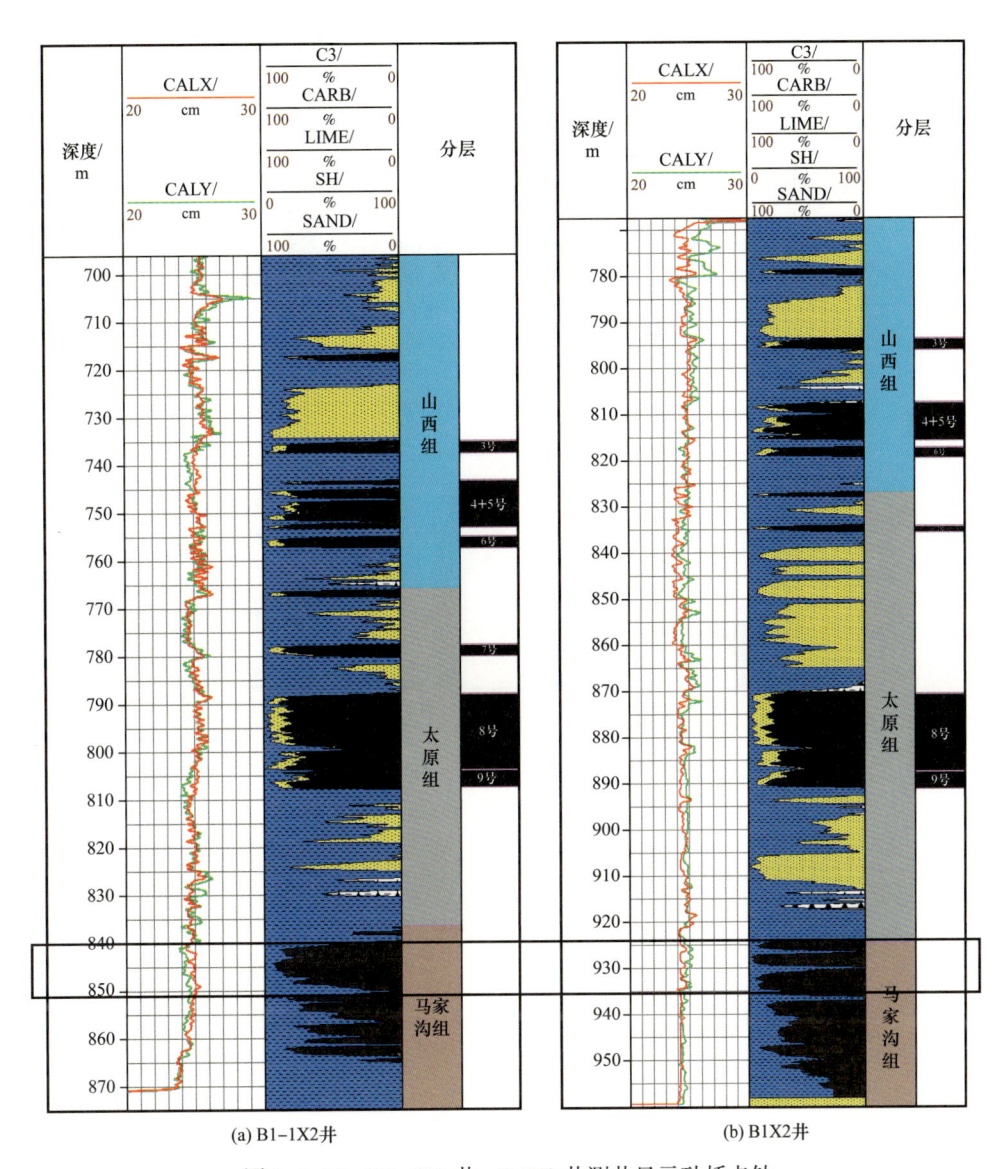

图 3-7-15　B1-1X2 井、B1X2 井测井显示砂桥卡钻

因为井壁坍塌掉块卡钻。

现场采用震击器无法解卡，后配制"柴油＋重晶石＋解卡剂＋快替"解卡剂，加扭矩 20kN·m，配合震击器下击，上提钻具 160t 实现解卡。

3. 应用效果

通过推广应用封缝即堵承压堵漏和 SWGL 凝胶段塞堵漏技术，鄂尔多斯盆地东缘煤系非常规气井漏失井占比从 2017 年的 33% 降低至 2020 年的 19%，如图 3-7-16 所示。

通过应用卡钻预防及处理技术，复杂井占比从 2017 年的 13% 降低至 2020 年的 3%，如图 3-7-17 所示。

图 3-7-16　鄂尔多斯盆地东缘煤系非常规气井漏失井占比

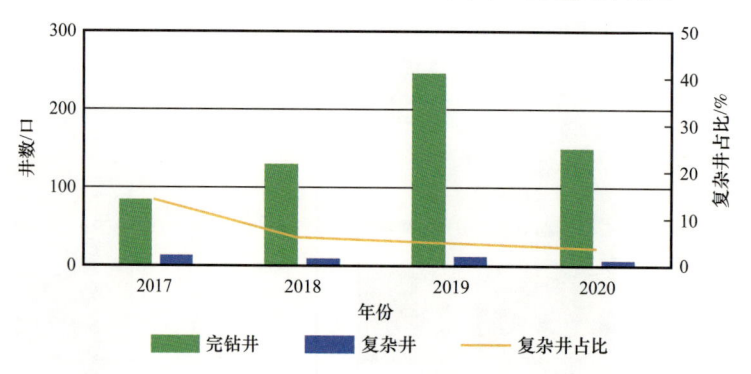

图 3-7-17　鄂尔多斯盆地东缘煤系非常规气井复杂井占比

第八节　应 用 成 效

通过"十三五"技术攻关,初步形成了深层煤层气和煤系地层天然气综合开发的钻完井技术系列,应用该技术系列在示范区开展勘探开发钻井工程取得了良好的成效。

"十三五"较"十二五"期间,整体钻井周期缩短 19.6%,机械钻速提高 13.9%。"十三五"期间通过优化水平井井身结构,将三开变二开,钻井周期缩短 54%,机械钻速提高 49%,单井成本降低 10%,解决了示范区煤层气开发随深度增加、提速提效的难题。在煤系地层天然气富集"甜点区","十三五"期间采用"大井场 + 阶梯井场"模式,规模部署的 5 个百万立方米井组共 37 口煤系地层天然气水平井,实现了全水平井开发。完钻的 27 口井入靶成功率达 100%,所统计的 13 口井平均水平段长 1346m,最长达 2100m,一开平均使用钻头 1.32 只,平均机械钻速为 9.91m/h,二开平均使用钻头 6.14 只,平均机械钻速为 6.85m/h,三开平均使用钻头 6.30 只,平均机械钻速为 4.11m/h。

除此之外,"十三五"期间还开展了井身质量控制、井壁稳定与储层保护钻井液、钻井复杂情况处理、山地"工厂化"作业优化设计等技术攻关,形成了煤系地层天然气水平井安全、快速钻井技术,建立了"1+3+4"施工模板,实现了技术增效。2016—2020 年,鄂尔多斯盆地东缘示范区水平井平均水平段长 1229m,最长 2100m,较"十三五"初期提高 51%,平均机械钻速为 3.55m/h,提高 6%,钻头用量缩减 48%。

第四章　煤系多目的层增产改造技术

大吉地区深层煤层气和煤系地层天然气开发的技术体系中，有效的增产改造技术是最为关键的"卡脖子"的重要环节。"十三五"期间，通过剖析示范区煤系多目的层地质工程难题，结合室内实验评价、物理模拟、数值模拟等方法，研究裂缝形态，分析增产机理，研发适用于储层特征的压裂液材料和针对不同储层特征的增产改造技术，初步形成了适用于示范区多目的层储层特征的储层改造技术，取得了较好的效果。

第一节　技术攻关背景

一、深层煤层气增产改造技术

通过"十一五"以来的探索和实践，尤其是"十二五"期间的技术攻关和现场试验，鄂尔多斯盆地东缘地区以原生结构煤为主的中浅层煤层气增产改造技术逐步完善成熟，形成了以大排量活性水为主的压裂工艺技术配套系列，并广泛应用于丛式井和 L 型水平井开发，极大助力了鄂尔多斯盆地东缘国家级煤层气生产基地建设。但是，对于埋深大于 1000m 的深层煤层气增产改造技术，特别是大于 2000m 埋深的超深层煤层气储层改造技术，在"十三五"以前基本没有开展相关系统性攻关研究和现场试验，是国内外的技术空白。

深层煤层气储层改造面临的主要问题是：（1）煤岩吸附能力强、渗透率低，常规压裂液体系对储层伤害大；（2）深层煤层顶板以石灰岩为主，底板以泥岩为主，储层与顶底板应力差大，净压力高；（3）深层煤层气埋深普遍大于 2000m，压裂施工压力高，储层改造体积受限。"十三五"以来，本技术攻关团队针对深层煤层气增产改造技术难题，从地质工程条件、可压性、压裂液体系和压裂工艺技术等方面开展了地质工程一体化系统攻关研究，取得了突破性进展。

二、煤系地层天然气改造技术

"十二五"期间，针对煤系地层天然气资源进行了勘探开发的试验探索，但增产改造技术的适应性还有待进一步提高。面临的主要问题为：（1）储层表现为低压、低孔隙度、低渗透特征，具有孔喉半径相对较小、排驱压力高和黏土含量相对较高等特点，造成压裂液返排难度大以及对储层伤害大；（2）示范区多目的层叠置发育，直定向井单一层系压裂改造成本高，需形成煤系多目的层分压技术；（3）部分砂体脆性指数低，需形成水平井分段大规模压裂工艺技术。

"十三五"期间，以提高煤系地层天然气单井产量、降低开发成本为目标，开展增产改造攻关试验。在此期间，为提高工程技术适应性，集中攻关了煤系多目的层分压技术、煤系地层天然气水平井分段压裂技术、低伤害压裂液体系优化技术、压裂裂缝诊断及评估技术，进一步完善了煤系地层天然气增产改造技术系列。

第二节　煤系多目的层低伤害压裂液体系

压裂液是压裂改造过程中的重要环节，起到造缝和输送支撑剂至人工裂缝的作用。示范区深层煤层和煤系地层天然气储层地质工程特征差异性大，储层物性整体上较差，需要大规模压裂改造，提高储层动用体积。压裂液规模越大，对储层伤害便随之加大。为了减缓压裂液对储层的伤害，提高低渗透储层有效支撑缝长和储层改造体积，需要研发适用于示范区煤系多目的层的低伤害压裂液体系。

一、深层煤层气压裂液体系

1. 低温低浓度瓜尔胶压裂液体系

深层煤层具有低渗透、吸附性强等特点，高分子压裂液在煤层中的破胶残渣及其吸附作用等是压裂液对煤层渗透性伤害的主要原因。通常煤层气压裂液体系包括活性水、滑溜水、清洁压裂液和低浓度瓜尔胶压裂液。活性水一直是主要的压裂液体系，对储层伤害最小，但滤失大，携砂和造缝能力较弱；滑溜水对储层伤害较大；清洁压裂液具有一定的黏度，携砂能力较强，伤害较小；低浓度瓜尔胶压裂液携砂能力最强，对储层伤害中等（李梦等，2021）。4 种液体的性能指标比较见表 4-2-1。4 种压裂液体系中，低浓度瓜尔胶压裂液在深层煤储层改造中具有一定的适用性。

表 4-2-1　4 种液体性能对比

液体类型	液体效率	携砂能力 排量 /（m³/min）	携砂能力 平均砂比 /%	储层伤害
活性水	较低	7～9	6～12	最小
滑溜水	较低	7～12	8～12	较大
清洁压裂液	中等	3～4	8～12	较小
低浓度瓜尔胶压裂液	较高	2～4	14～20	中等

1）技术需求

针对 1500m 以浅的煤层，解决提高有效支撑裂缝长度与储层伤害之间的矛盾，充分利用活性水造缝、瓜尔胶压裂液高砂比和远距离携砂特性，提高储层加砂强度。

2）压裂液体系

研发交联剂和低温破胶活性剂，降低粉饼浓度，实现低温高效破胶，减小储层伤害。新型交联剂分子链长，可提供更多交联概率，能与羟丙基瓜尔胶（HPG）形成低浓度交联冻胶，具有良好的耐温耐剪切和携砂性能。根据储层温度确定稠化剂浓度、增稠时间和最佳交联时间（表4-2-2、表4-2-3）。压裂液基液配方为0.1%～0.15%HPG+0.5%～2.0%KCl+黏土稳定剂+助排剂+杀菌剂；交联比为0.3%；形成"活性水+超低温超低浓度瓜尔胶"复合压裂液体系（粉饼浓度为0.15%，在10℃下实现破胶）。

表4-2-2 低浓度压裂液配方体系在不同储层温度下的稠化剂浓度范围

储层温度/℃	HPG浓度/%	基液黏度/(mPa·s)
≤70	0.10～0.15	9～13.5
70～90	0.15～0.20	13.5～16.5
90～110	0.20～0.25	16.5～21
110～130	0.25～0.35	21～36

表4-2-3 温度对交联时间的影响

温度/℃	增稠时间/s	最佳交联时间/s
10	21	120
20	18	90
30	10	60
40	8	50

3）综合性能

（1）耐温耐剪切能力和流变性。经过一定时间剪切后，黏度均在50mPa·s以上，能够满足压裂施工工艺性能要求，实验结果见表4-2-4。与常用瓜尔胶压裂液配方相比，可降低稠化剂用量高达30%～50%。

表4-2-4 低浓度压裂液配方体系的流变性能

	时间/min	初始	10	20	30	40	50	60	70	80	90
黏度/mPa·s	0.10%HPG（50℃）	240	73	66	82	78	85	73	75	85	81
	0.15%HPG（70℃）	383	129	111	110	118	94	101	99	96	99
	0.20%HPG（90℃）	321	95	79	82	76	76	71	71	70	68
	0.25%HPG（110℃）	343	140	131	97	89	83	80	78	85	80
	0.30%HPG（120℃）	354	153	163	116	129	134	118	114	116	108
	0.30%HPG+0.0005%APS	499	318	93	52	23	14	1.2	—	—	—

（2）破胶性能及残渣量。利用环境扫描电镜可就瓜尔胶压裂液破胶后的残渣和残胶对支撑剂缝隙堵塞进行观测，同时，可利用电子显微镜对不同浓度的瓜尔胶压裂液残渣对支撑缝伤害进行观测。降低稠化剂浓度能够大幅度减少残渣，彻底破胶，能有效降低对支撑缝的伤害。瓜尔胶残渣和残胶对支撑剂缝隙的堵塞和伤害如图4-2-1和图4-2-2所示。不同HPG瓜尔胶浓度残渣量如图4-2-3所示，可见随着浓度的降低，残渣明显降低，使用低HPG浓度压裂液体系比常规体系降低残渣量45%，可有效降低伤害。大量破胶实验表明，低浓度压裂液在不同温度下都能彻底破胶，且破胶剂用量少，破胶液清亮透明。破胶液黏度与APS加量关系曲线如图4-2-4所示。

(a) 羟丙基残胶对支撑缝的伤害　　　　(b) 羟丙基残渣对支撑缝的伤害

图4-2-1　羟丙基瓜尔胶残渣和残胶对支撑剂缝隙的伤害（环境扫描电镜）

(a) 0.55%HPG压裂液破胶后残渣对支撑缝的伤害　　　　(b) 0.2%HPG压裂液破胶后残渣对支撑缝的伤害

图4-2-2　不同浓度羟丙基瓜尔胶残渣对支撑剂缝隙的伤害（电子显微镜）

（3）压裂液滤失性能。压裂液滤失是指在裂缝与储层的压差作用下压裂液向储层中的滤失，是影响压裂液造缝能力的重要因素。常规水基压裂液主要以黏流体形成滤饼，降低压裂液滤失性能，主要以造壁滤失系数$C_{Ⅲ}$表示。在压裂施工过程中，滤失量越大，压裂液的效率就越低，增大了压裂施工难度，相应地对储层的伤害也越大。在不同温度和3.5MPa压差下测试了该压裂液配方体系的静态滤失性能。滤失实验结果见表4-2-5。

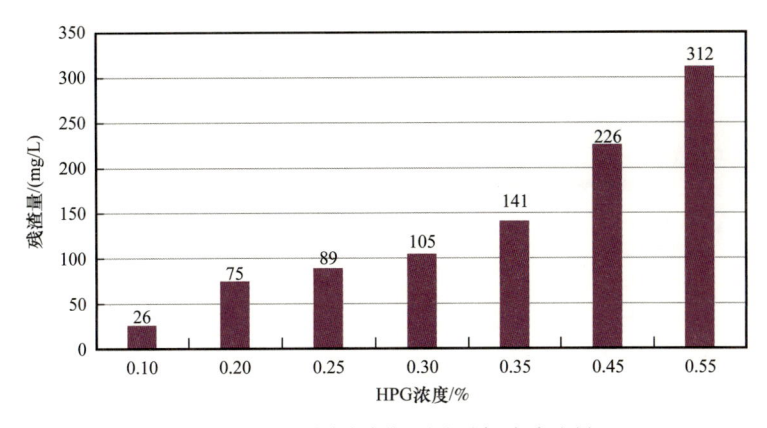

图 4-2-3　不同浓度羟丙基瓜尔胶残渣量

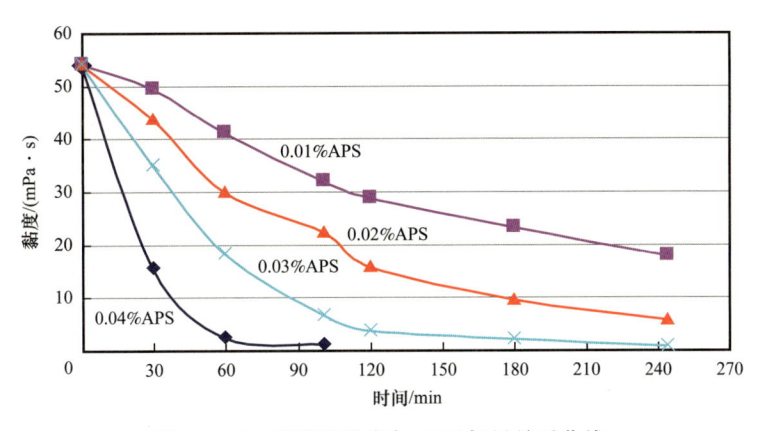

图 4-2-4　破胶液黏度与 APS 加量关系曲线

表 4-2-5　滤失实验结果

稠化剂浓度	滤失系数 $C_{Ⅲ}$ /（m/min$^{1/2}$）	静态初滤失量 /（m^3/m^2）	滤失速率 /（m/min）
0.15%HPG	1.69×10^{-3}	4.07×10^{-1}	2.81×10^{-4}
0.20%HPG	1.07×10^{-3}	8.03×10^{-1}	1.79×10^{-4}
0.25%HPG	8.27×10^{-4}	1.50×10^{-3}	1.38×10^{-4}

由以上数据可知，低浓度压裂液的静态滤失并没有因减少稠化剂的用量而增大较多，而是与常用的 HPG 静态滤失大致相同，也就不会增大对地层的伤害。

（4）压裂液伤害评价。使用特低渗透动态岩心伤害仪评价了低浓度瓜尔胶压裂液配方对煤岩心的伤害试验，由图 4-2-5 可知，两次实验的伤害率均在 10% 以下，可见压裂液配方体系对储层岩心伤害较小。

（5）压裂液携砂性能评价。如图 4-2-6 所示，在 5L/min 的注入速率下，低温低浓度压裂液冻胶的携砂能力好，实验测试 30min 平板内无沉砂，同时携砂液所波及的支撑剖面在整个裂缝内都存在，对于提高支撑剂在裂缝内的支撑有很好的效果。

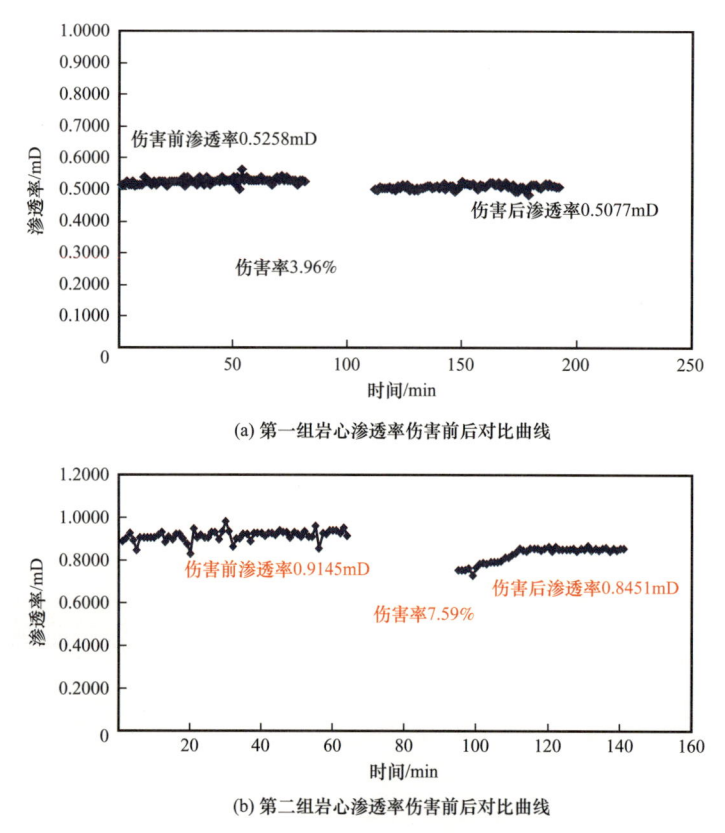

(a) 第一组岩心渗透率伤害前后对比曲线

(b) 第二组岩心渗透率伤害前后对比曲线

图 4-2-5　煤岩心伤害实验

图 4-2-6　低浓度瓜尔胶压裂液携砂实验图

2. 复合酸化压裂液体系

示范区深层煤岩取心资料揭示，深层 8 号煤层割理裂隙发育，割理裂隙中多被方解石、滑石、高岭土等酸可溶物质填充，填充物不具备酸敏感性。岩样室内溶蚀实验表明，酸液对填充物质溶解明显，基质渗透率能有效提高。

实验发现，煤样与工作液反应后，方解石的衍射峰强度骤然降低，且大量的方解石衍射峰已经消失，高岭石的衍射峰部分降低，孔隙连通性明显增大。割理裂隙中填充物滴酸液后反应剧烈，10% 酸液浸泡后平均渗透率提升 11.67 倍（表 4-2-6），基质渗透率有效提高（图 4-2-7）。

表 4-2-6　10% 酸液浸泡前后气测渗透率变化

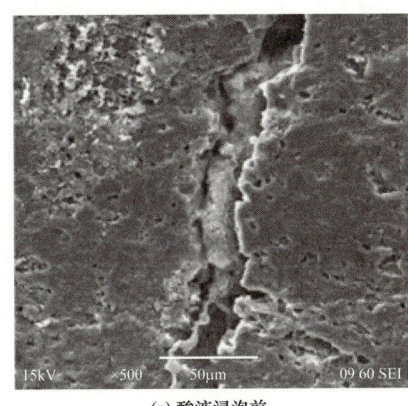

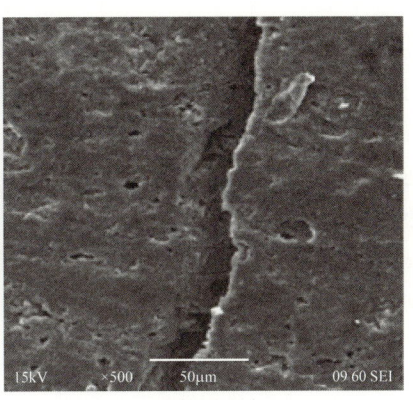

岩心编号	原始渗透率 /mD	工作液处理后 48h 渗透率 /mD	渗透率提高倍数
639/757-4	0.0547	0.5545	10.14
8-1	0.0141	0.1249	8.86
29-1	0.0598	0.9561	15.99
639/757-1	0.0133	0.1556	11.70
平均	0.03548	0.4478	11.67

(a) 酸液浸泡前　　　　　　　　　(b) 酸液浸泡后

图 4-2-7　10% 酸液浸泡前后扫描电镜

1）技术需求

由于深层煤岩具有上述地质特点，采用常规低浓度瓜尔胶压裂液具有一定局限性。在酸性条件下，不能有效解决瓜尔胶液交联和大排量施工压力高的问题，需研发一种适用于高温条件、速酸蚀性能强、吸附伤害低、实现大排量施工的压裂液体系。

2）压裂液体系

深层煤岩吸附能力强，随压裂液材料分子量增加，伤害率也快速增加。压裂液材料的分子量越高，煤层对其的吸附量越高，最高吸附量可达 80%。虽较低分子量动态伤害率较低，但静态吸附量较高，影响长期效果。研发耐酸清洁稠化剂，解决常规清洁压裂液耐酸性和携砂能力差的问题。为降低酸反应速率，提高酸液效率，优选固体酸浓度。

清洁稠化剂包括 8%～12% 叔胺、5%～10% 无水乙醇、20%～25% 十八烷基失水甘油基二甲基氯化铵、10%～15% 丙烯酸、10%～15% 丙烯酰胺、4%～8%1, 3- 丙烷磺内酯、17%～20%AMPS、8%～12%N- 乙烯基 -2- 吡咯烷酮、0.02%～0.05% 引发剂过硫酸钾（上述组分均以质量分数计），其余为水。将 0.3%～0.4% 清洁稠化剂、0.2%～0.3% 交联剂、0.8%～1.5% 缓蚀剂、0.4%～0.5% 铁离子稳定剂和 0.3%～0.5% 酸用助排剂混合，制成深层煤层气井的清洁压裂液。通过试验固体酸缓速性能，形成了"活性水 +0.3%～0.4% 清洁液 + 固体酸"复合酸化压裂液体系。体系与储层配伍性较好，长期放置无絮状物及沉淀产生，对煤层伤害率低于 8%。缓速性能优良，同等条件下较盐酸反应速率降低 80% 以上，可有效实现深度酸化。固体酸与清洁液配比反应速率测量实验如图 4-2-8 所示。

3）综合性能

压裂液体系指标：常温下基液黏度为 12～20mPa·s，交联后 60℃、170s^{-1} 剪切 60min，黏度大于 20mPa·s；降阻率大于 60%，缓速率大于 55%，腐蚀速率小于 3g/（m^2·h），铁离子稳定能力大于 85mg/mL，遇地层水、气破胶，破胶液运动黏度小于 5mm^2/s，表面张力小于 28mN/m，界面张力小于 2mN/m，煤心伤害率小于 15%，各项指标都能很好地符合行业标准，形成发明专利《一种深层煤层气井的清洁压裂液及其制备方法和应用》（李曙光等，2020）。

图 4-2-8　固体酸与清洁液配比反应速率测量实验

深层 8 号煤层井筒取心的压裂液伤害实验表明，1%KCl 溶液对深层 8 号煤层的伤害率为 5.992%，清洁液破胶液对深层 8 号煤层的伤害率为 7.956%，远低于行业标准伤害率，防膨效果较好，实验结果见表 4-2-7 和表 4-2-8。复合酸化压裂液变温剪切性能如图 4-2-9 所示。

表 4-2-7　1.0%KCl 溶液对深层 8 号煤层人造煤心渗透率伤害实验结果

工作内容	排量/（mL/min）	压差/MPa	渗透率/mD	平均渗透率/mD	伤害率/%
正向盐水	0.5	0.21	3.618	5.491	5.992
	0.5	0.21	3.618		
	1.5	0.43	5.301		
	1.5	0.42	5.427		
反向液（1.0%KCl）	排量 0.5mL/min，驱替 36min 后停留 2h				
正向盐水	0.5	0.23	3.304	5.222	
	0.5	0.22	3.454		
	1.5	0.45	5.066		
	1.5	0.45	5.066		

二、煤系地层天然气低伤害高效防膨压裂液体系

研究区煤系地层天然气储层黏土含量较高，黏土矿物成分以伊利石 + 伊蒙混层为主，伊蒙比为 15%～25%，呈现较强的水敏特征。山 2 段、山 1 段和盒 8 段主要为纳米孔和微孔，易发生水锁。针对煤系天然气储层的地质工程特点，储层改造需低伤害高效防膨压裂液体系。

表 4-2-8 清洁液破胶液对深层 8 号煤层人造煤心渗透率伤害实验结果

工作内容	排量 /（mL/min）	压差 /MPa	渗透率 /mD	平均渗透率 /mD	伤害率 /%
正向盐水	0.5	0.23	3.317	5.240	7.956
	0.5	0.22	3.468		
	1.5	0.45	5.087		
	1.5	0.45	5.087		
反向液	排量 0.5mL/min，驱替 36min 后停留 2h				
正向盐水	0.5	0.26	2.935	3.902	
	0.5	0.26	2.935		
	1.5	0.47	5.870		
	1.5	0.47	5.870		

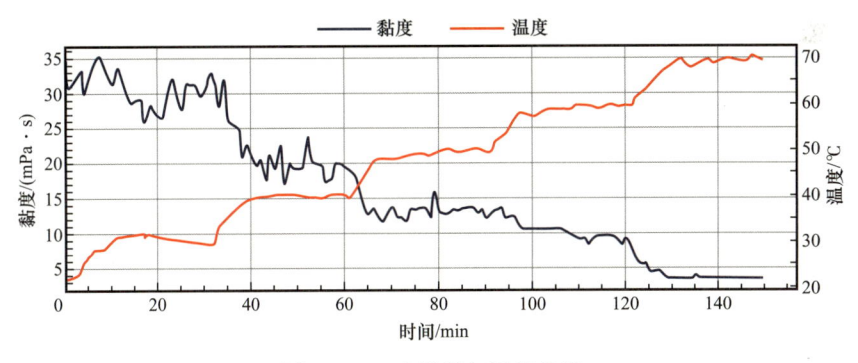

图 4-2-9 变温剪切性能曲线

1. 技术需求

针对储层特征，降低残渣含量，以减小对储层的伤害；降低表面张力，减少水锁伤害；防止黏土膨胀与微粒运移，降低黏土膨胀。

2. 主剂优选

（1）瓜尔胶浓度。针对示范区储层特点，室内经过配方优化，瓜尔胶浓度从 0.4% 降至 0.28%，基液在 30℃ 水浴放置 48h 后，基液稳定性良好。0.28% 瓜尔胶能达到 22mPa·s 的黏度，为降低储层伤害及较好携砂能力提供较好选择（表 4-2-9）。

（2）黏土稳定剂。黏土稳定剂可改变黏土表面的结合离子，从而改变黏土的物化性质，或破坏其离子交换能力，或破坏双电层离子间的斥力，达到防止黏土水合膨胀或分散运移的效果。对压裂破胶液的防膨高度进行评价，采用白色钠基膨润土，在 105℃ 下烘干 4h 以上，恒重后备用。取各配方的破胶后上层清液 10mL，加入烘干后 0.5g 的膨润土，摇匀静置 2h，在 1500r/min 下离心 15min。破胶液的防膨性能见表 4-2-10，3# 配方防膨效果最好。

表 4-2-9　基液黏度与溶胀时间的关系

配方	黏度 /（mPa·s）						
	0	4h	8h	12h	24h	48h	72h
第一阶段配方（0.4% 瓜尔胶）	31.5	32.0	31.5	31.5	31.3	31.0	30.2
第二阶段配方（0.3% 瓜尔胶）	24.0	25.5	25.5	25.5	25.5	24.9	24.0
第三阶段配方（0.28% 瓜尔胶）	22.1	22.5	22.1	22.0	21.8	21.6	21.2

表 4-2-10　破胶液防膨性能

配方	膨胀高度 /mm			膨胀高度平均值 /mm	防膨率 /%
1# 配方	1.98	1.82	1.95	1.92	78.93
2# 配方	1.59	1.71	1.56	1.62	83.63
3# 配方	2.19	2.23	2.26	2.23	74.02
清水	6.75	7	6.95	6.9	—
煤油	0.59	0.62	0.55	5.9	—

（3）助排剂。助排剂可降低压裂液破胶液的表面张力，增加返排能量，同时具有改善入井流体对储层的润湿性、降低毛细管阻力、消除水锁效应等特点，进而减少压裂液对储层的伤害，在压裂液返排方面起到了关键作用。通过表面张力仪对瓜尔胶破胶液的表面张力进行测量，表面张力为 26.56～28.06mN/m。利用接触角仪器对破胶液与岩心的接触角进行测量，破胶液与岩心接触角在 60.6°～74.6° 之间（表 4-2-11）。

表 4-2-11　破胶液表面张力和接触角

配方	表面张力 /（mN/m）	接触角 /（°）
1# 配方破胶液	28.06	74.6
2# 配方破胶液	26.39	60.6
3# 配方破胶液	26.56	71.2

3. 压裂液体系及其综合性能

依据室内实验，开展黏土稳定剂和表面活性剂的优选，形成了低伤害高效压裂液性能要求：尽量选用滤失量低的压裂液；减少压裂液滤液对基质渗透率和压裂液残渣、滤饼等对支撑裂缝导流能力的伤害；压裂液的性能在施工前和施工过程中保持相对的稳定性。

通过室内实验和现场应用对压裂液的性能不断进行调整优化，以满足储层和工艺的要求，形成了如下压裂液配方：0.28%～0.31%HPG 瓜尔胶 +0.3% 高效助排剂 +0.1% 杀

菌剂 +0.5% 黏土稳定剂 +0.3% 调节剂；交联比为 100：（0.3～0.4）；破胶剂为 0.03% 胶囊破胶剂 +0.04% 活性破胶剂。

1）流变性能

依据标准 SY/T 5107—2016《水基压裂液性能评价方法》中的压裂液耐温耐剪切能力测定方法，将基液和交联剂按照 100：0.4 交联，采用 RS6000 高温高压流变仪评价其在 70℃下的耐温耐剪切性能。

由图 4-2-10 可以看出，170s^{-1} 剪切 60min 后，0.28%CJ2-6 的低浓度瓜尔胶压裂液体系的黏度保持在 180mPa·s 以上，说明该体系在 60～70℃下具有良好的耐温、抗剪切性能，可满足压裂携砂及造缝的要求。

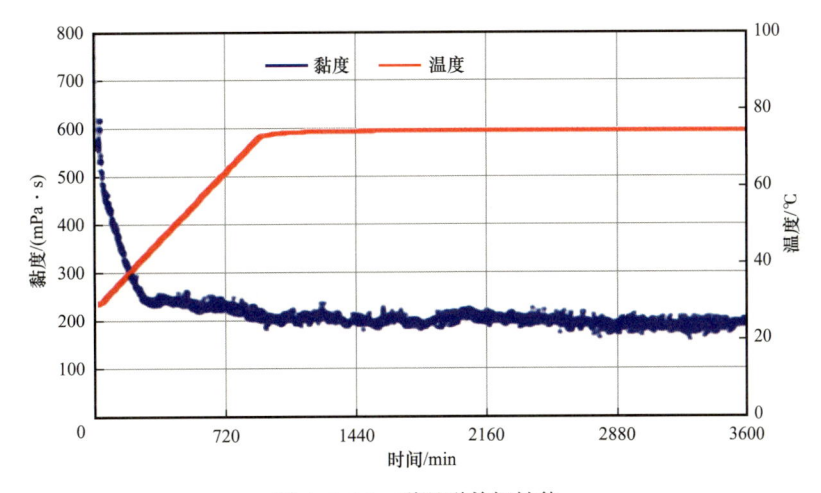

图 4-2-10 耐温耐剪切性能

2）破胶性能

破胶实验结果表明，该压裂液体系具有良好的破胶能力，能够满足不同环境下的破胶要求，如图 4-2-11 和图 4-2-12 所示。

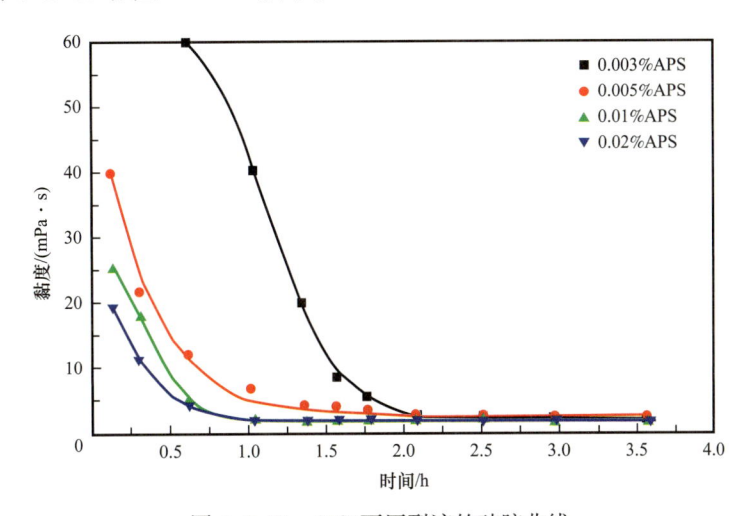

图 4-2-11 60℃下压裂液的破胶曲线

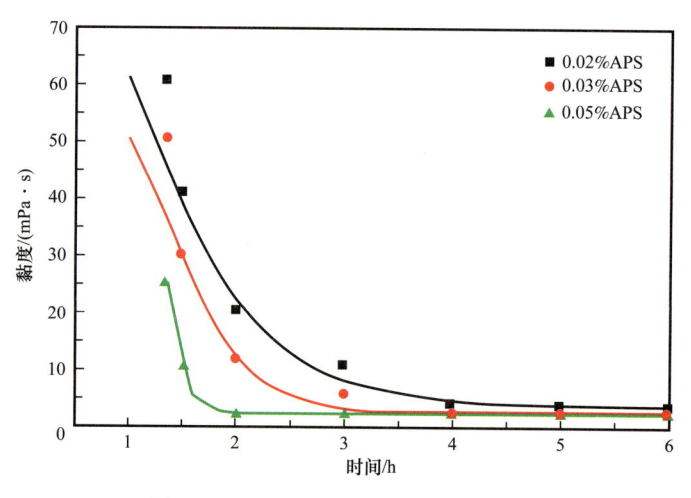

图 4-2-12　50℃下压裂液的破胶曲线

3）防膨性能

实验结果表明，瓜尔胶压裂液防膨率为 83.63%。

4）破胶性能

对压裂液的破胶液采用毛细管黏度计测量破胶后黏度，压裂液彻底破胶，破胶后黏度为 1.5mPa·s，破胶液残渣含量为 100mg/L，残渣含量低。

第三节　深层煤层气、煤系地层天然气储层改造技术

在大吉地区，对于埋深大于 1000m 的深层煤层，采用中浅层常规压裂工艺技术体系无法满足深层煤层气效益开发的需求；深层煤层上下发育的多层叠置的致密砂岩如何有效动用，高效的储层改造技术至关重要。"十三五"期间，不断探索新工艺技术，形成了深层煤层体积酸压技术和致密砂岩储层直定向井多层分压与水平井分段压裂技术。

一、深层煤层体积酸压技术

1. 地质工程评价

1）地质工程认识

（1）深层煤层埋深大于 2000m，闭合压力高（36.0~42.0MPa），塑性较强（泊松比在 0.3 左右），且煤层顶板多为石灰岩，底板多为泥岩，应力遮挡能力强，施工压力高，加砂难度大，裂缝延伸困难。

（2）与中浅层煤层相比较，深层煤层体结构较好，煤岩抗压性也更好，适合超大规模的体积压裂。酸液对煤岩强度影响较大，通过酸液的作用，煤岩局部强度降低有利于压裂过程中裂隙的启裂与延展，更加促进多裂缝的产生，提高改造效果。

2）可压性评价

岩石力学特征是储层可压性评价的关键，直接影响着压裂过程中岩石的生缝能力。

(1)脆性指数。

对岩石力学特征的评价主要通过计算岩石的脆性指数来分析。通常脆性指数越高，越易形成复杂的网状裂缝；反之，易形成简单的双翼型裂缝（路艳军等，2018）。

深层煤层脆性指数的具体计算步骤如下：① 依据测井值计算出顶底板和煤层的弹性模量和泊松比；② 对所得的弹性模量和泊松比数据进行归一化与正向化处理；③ 求取顶底板及煤层的脆性指数。

(2)断裂韧性。

断裂韧性是一项表征储层压裂难易程度的重要因素，断裂韧性越大，越不利于裂缝延展。在围压下岩石的断裂韧性与单轴抗拉强度和围压存在如下关系（陈治喜等，1997）：

$$K_c = 0.0956 p_w + 0.138 S_t - 0.0820 \quad (4\text{-}3\text{-}1)$$

式中　K_c——断裂韧性，MPa；

　　　p_w——围压，MPa；

　　　S_t——单轴抗拉强度，MPa。

结果显示，研究区 8 号煤层断裂韧性为 3.017～3.885MPa，平均值为 3.519MPa。断裂韧性越大，越不利于裂缝延伸。

(3)地应力特征及其对可压性的影响。

地应力是影响造缝及裂缝延展的重要因素（唐书恒等，2011），对缝网的影响主要体现在水平主应力差和水力裂缝与天然裂缝之间的夹角两个因素（张广清等，2019）。具体影响关系如下：

当水力裂缝与天然裂缝的夹角小于 30°时，若最大水平主应力与最小水平主应力之比在 1～1.3 之间，则压裂后能形成复杂缝网；若最大水平主应力与最小水平主应力之比大于 1.5 时，压裂后不易形成缝网。

当水力裂缝与天然裂缝的夹角较小时，无论水平主应力差大小，天然裂缝都能张开，从而形成缝网。

当水力裂缝与天然裂缝的夹角较大时，无论水平主应力差多大，天然裂缝都不会张开，主裂缝穿过天然裂缝向前延伸，不能形成复杂的缝网。

净压力系数指裂缝净压力与最大水平主应力和最小水平主应力差值的比值。净压力系数越高，越有利于裂缝延伸，即煤层的可压裂性越强。

(4)可压系数研究。

储层可压性与脆性指数正相关，与围岩和煤层弹性模量的比值正相关，与围岩与煤层的弹性模量差异负相关。建立了可压性综合指数来表征储层可压裂性。根据前期研究成果，对脆性指数、断裂韧性、围岩与煤层弹性模量比值以及最大/最小水平主应力差，分别赋予 0.35、0.3 和 0.35 的权重，具体计算公式如下：

$$F_{rac} = 0.55 BI_n + 0.15 K_n + 0.3 E_{kn} \quad (4\text{-}3\text{-}2)$$

式中　F_{rac}——可压性综合指数；

BI_n——归一化的脆性指数；

K_n——归一化的断裂韧性；

E_{kn}——归一化的围岩与煤层弹性模量比值。

煤层的可压性综合指数越高，可压裂性越好。

2. 压裂改造技术

1）压裂改造工艺

深层煤层射孔位置不同，压裂改造体积差异性较大（饶孟余等，2007）。深层煤层充分利用顶板石灰岩的特性，探索顶板酸化压裂工艺试验。

（1）顶板压裂工艺机理。

同时射开煤层和顶板压裂，使裂缝在顶板和岩性界面中延伸，大幅提高裂缝长度，同时减少煤粉产出（陈斌，1996）。通过水力压裂形成高速通道，使煤层水以最优的"通道"渗流进入裂缝，再经裂缝快速流入井筒，显著增大压降面积，确保煤层气井高产稳产（赵阳升等，2001）。

在顶板压裂这种压裂方式下，压裂裂缝通过弱面位置启裂。弱面是指煤层与顶底板间存在的明显低应力区，压裂裂缝易沿其水平延伸。煤层顶板压裂的排采渗流模型不同于直接压裂，关键在于毗邻层与煤层的沟通程度，即垂向导流能力（图4-3-1）。

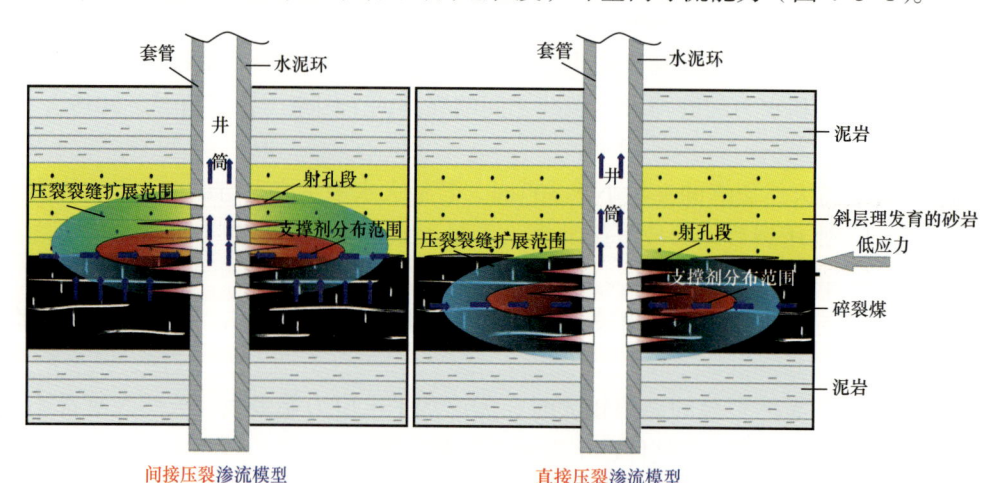

图4-3-1 顶板压裂和直接压裂煤层排采时渗流模型

（2）直定向井顶板酸化压裂工艺。

试验直井跨顶板酸压工艺技术。煤层顶板为石灰岩采用酸压工艺，随着酸液浓度的变化，对顶板石灰岩形成不均匀刻蚀，在胶结面处形成具有一定导流能力的溶蚀通道，提高裂缝长度，同时释放煤层应力，提高煤层基质渗透性（郭涛，2014）。

煤层射孔井施工规模为顶板射孔井的70%，而裂缝规模为煤层射孔压裂井的106%，表明顶板射孔具有明显提高裂缝长度的作用。跨顶板石灰岩射孔试验井，裂缝规律性强，主裂缝发育明显；只在煤层射孔的试验井，裂缝发育无规律且复杂，主裂缝扩展效果差，如图4-3-2所示。

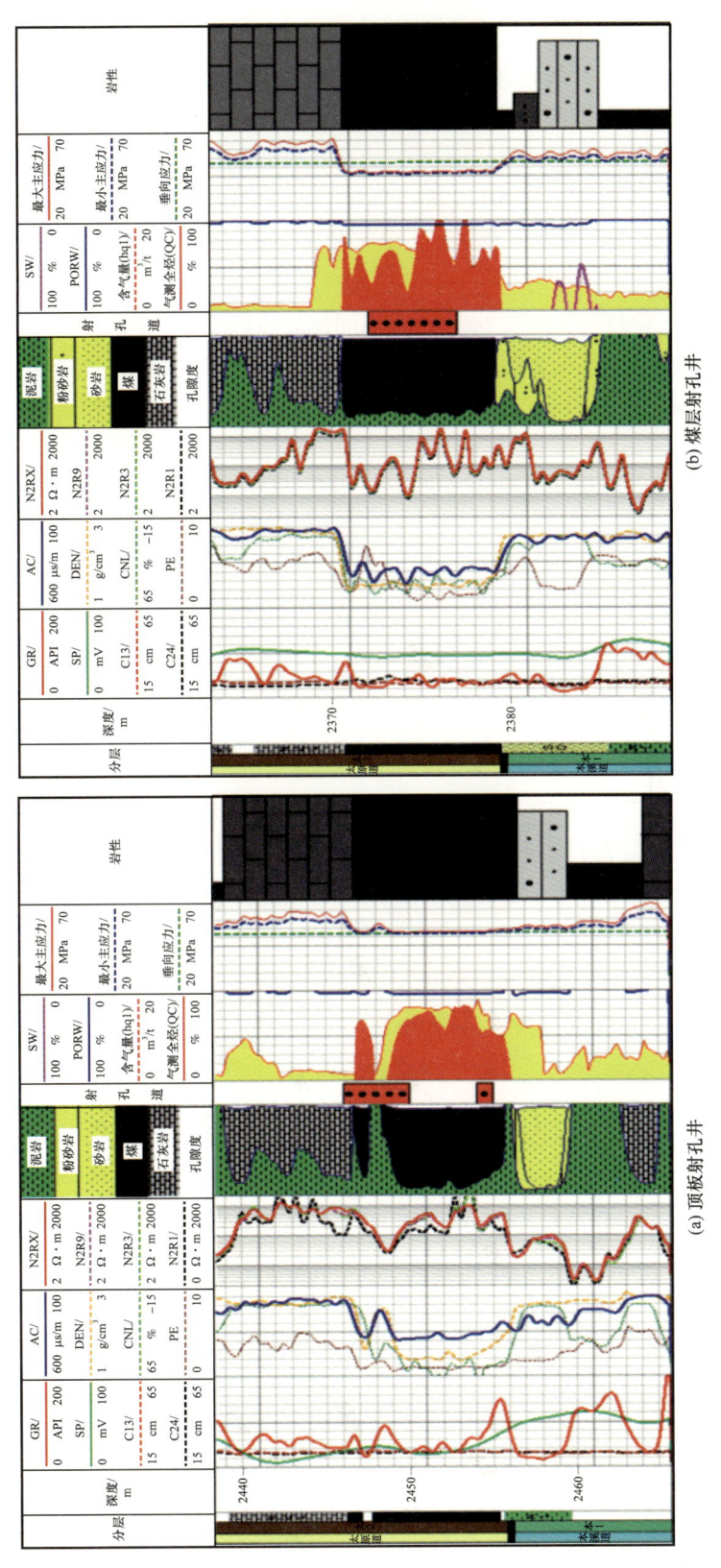

图 4-3-2 顶板射孔井和煤层射孔井对比

（3）深层煤层水平井顶板定向射孔酸压工艺。

针对水平井钻遇顶板石灰岩井段（距离煤层 0.5～2m），构建顶板水平井酸化水力裂缝扩展模型，采用"顶板定向向下射孔+（活性水+盐酸）+（清洁液+固体酸）"工艺，实现远距离酸蚀作用，形成"支撑+溶蚀"组合压裂"通道"的体积酸压工艺。

采用少段多簇分段模式，分 10 段进行压裂，单段射孔簇数 4～7 簇。平均每段总液量 2560m³，固体酸 45.9m³，砂量 58.2m³，施工排量 10～11m³/min。深层煤层气水平井体积酸压工艺获得突破。

另一口水平井试验井压裂 9 段 24 簇，采用固体酸体积酸压工艺，排采 26 天开始产气，日产气最高 $1.1×10^4$m³，截至 2020 年 10 月 26 日，日产气 9244m³，井底流压 10.86MPa，套压 5.0MPa，展现出较强的稳产、上产潜力，其中第六段压裂曲线和压裂后排采曲线如图 4-3-3 所示。

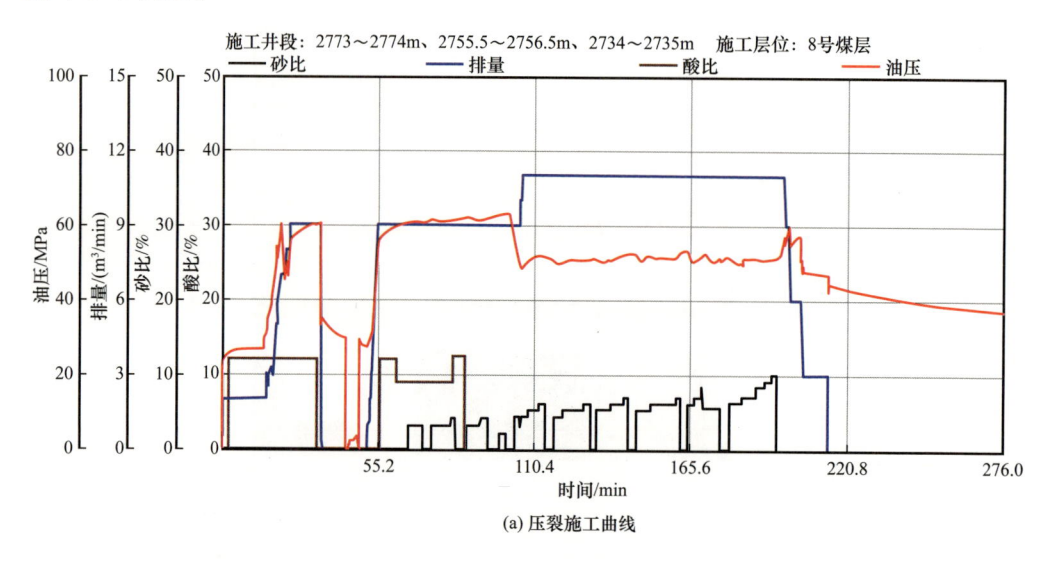

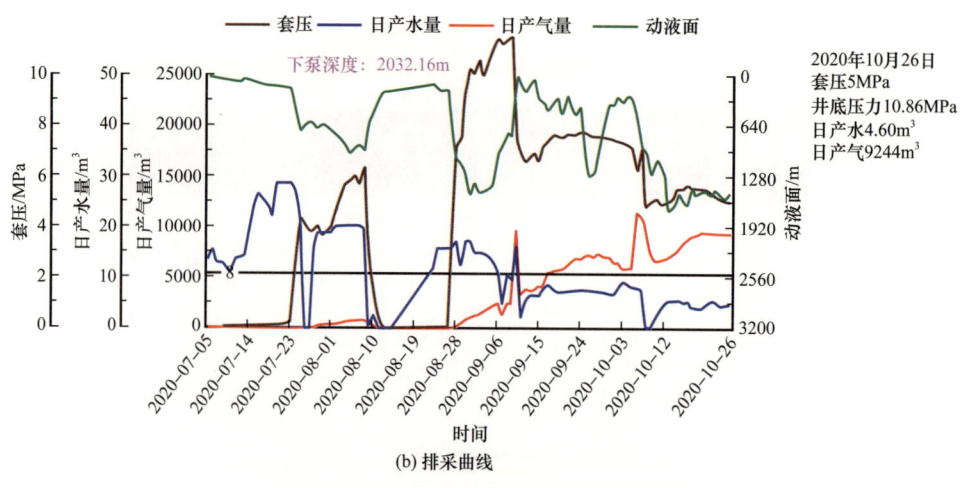

图 4-3-3 第六段压裂施工曲线和压裂后排采曲线

2）深层煤层酸压工艺试验

深煤层酸压工艺试验主要分为三个阶段（表 4-3-1）。

表 4-3-1　深层 8 号煤层压裂工艺阶段

工艺系列	盐酸体系体积酸压工艺	清洁液+固体酸体积酸压工艺	滑溜水+固体酸体积酸压工艺
工艺类型	活性水+盐酸，清洁液携砂	活性水携固体酸，清洁液携砂	滑溜水携酸、携砂
酸液作用	酸岩反应速率较快，酸液多作用在近井地带，不适合应用在水平井	酸岩反应速率较盐酸体系降低50%，酸对裂缝远端作用效果较好	酸岩反应速率较盐酸体系降低50%，酸对裂缝远端作用效果较好
水力裂缝类型	三渗流通道：压裂未闭合+溶蚀+支撑裂缝，远端裂缝基本无效	三渗流通道：压裂未闭合+溶蚀+支撑裂缝，远端裂缝基本无效	三渗流通道：压裂未闭合+溶蚀+支撑裂缝，远端裂缝基本无效
规模	排量 9~11m³/min，砂 10~35m³，酸 100~130m³，液 1000~1800m³	排量 10~11m³/min，砂 50~60m³，酸 60t，液 1600~1800m³	排量 15m³/min，砂 55~70m³ 酸 20~45t，液 1600~1800m³
工艺优缺点	有效裂缝规模较小，但导流能力高（利于快速见效）	有效裂缝规模较小，但导流能力高（利于快速见效）	压裂液对储层伤害略高，有效裂缝规模较小，但导流能力高（利于快速见效）

第一阶段：盐酸体积酸压工艺，酸岩反应速率快，酸液近井地带反应过快，酸液无法作用到裂缝中远端，导致近井裂缝复杂，加砂困难。

第二阶段：进一步降低酸岩反应速率，在室内实验分析基础上和储层裂缝改造需求上开展的活性水携固体酸和清洁液携固体酸初次试验阶段；降低用酸规模，实现降本增效，同时优化清洁液配液方式，无须配液，实现支撑剂较好分散，大幅提高加砂规模。

第三阶段：复合酸化压裂液（活性水+清洁液/滑溜水+固体酸）阶段，进一步降低酸岩反应速率，优化用酸规模。

（1）施工参数优化。

深层煤层共实施压裂 15 口井 /15 层，其中单直井 13 口井 /13 层；射孔位置为顶板+夹矸+8 号煤层上部、8 号煤层中上部、8 号煤层中下部；压裂液体系以复合酸化压裂液体系为主；支撑剂类型以 40~70 目石英砂、30~50 目陶粒为主。注入方式为光套管注入。部分深层 8 号煤层施工参数见表 4-3-2。

深层煤层典型井位于构造平缓的厚煤区，采用"活性水+盐酸+清洁液"压裂液体系。压裂施工曲线如图 4-3-4 所示。

结合前期裂缝监测结果，采用多种监测手段，裂缝高度在 20m 左右。综合裂缝扩展、井筒条件和缝高控制要求，依据净压力与施工排量理论分析结果，若裂缝高度控制在 20m，则排量为 16m³/min 时可满足控制需求，如图 4-3-5 所示。

依据生产效果和施工排量相关性分析发现，通过提高施工排量可提高改造效果，提高缝内净压力，实现对煤储层的高强度破坏性造缝效果，产能系数与施工排量系数关系如图 4-3-6 所示。

表 4-3-2　深层 8 号煤层压裂施工参数

序号	井号	压裂液体系	酸液	总液量/m³	前置液比/%	总砂量/m³	砂比/%	排量/m³/min	破裂压力/MPa	携砂压力/MPa	停泵压力/MPa
1	大吉 ×-× 向2	活性水+清洁液	盐酸	1362.0	64.6	38.2	10.0	9.6～10.0	22.4	37.8	35.2
2	大吉 ×-× 向6	（活性水）+滑溜水		1011.5	82.9	12.7	5.4	8.2	18.3	47.9	—
3	大吉 ×-× 向1			1445.0	44.6	31.0	4.1	9.8	45.7	51.8	43.5
4	大吉 ×	活性水+滑溜水		1222.3	93.1	0	0	3～3.4	21.3	—	19.8
5	大吉 ××			1765.0	33.5	26.8	2.4	11.0	19.8	43.2	26.5
6	大吉 ×××			1258.0	59.9	23.0	4.0	9.0～10.0	18.6	50.8	39.5
7	大吉 ×-× 向3	活性水+清洁液	氨基磺酸	1905.4	15.6	40.1	2.5	8.6～13.6	30.9	47.6	40.0
8	大吉 ×-× 向1	（活性水）+滑溜水		1346.3	43.7	10.8	1.7	7.3	22.4	53.2	32.3
9	大吉 ×-×× 向1			1510.2	89.4	1.5	2.0	6.0	22.8	52.0	37.6
10	大吉 ×-×× 向2			1748.0	16.8	55.0	3.9	1.5～15.0	26.8	44.5	32.4
11	大吉 ×-×	活性水+滑溜水		1879.0	38.7	53.0	4.8	8.0～12.1	47.9	33.1	16.8
12	大吉 ××××			2000.0	21.6	32.0	1.9	8.7～14.0	53.9	49.7	43.1
	平均			1537.7	50.4	27.0	3.6	8.5	29.2	46.5	33.3

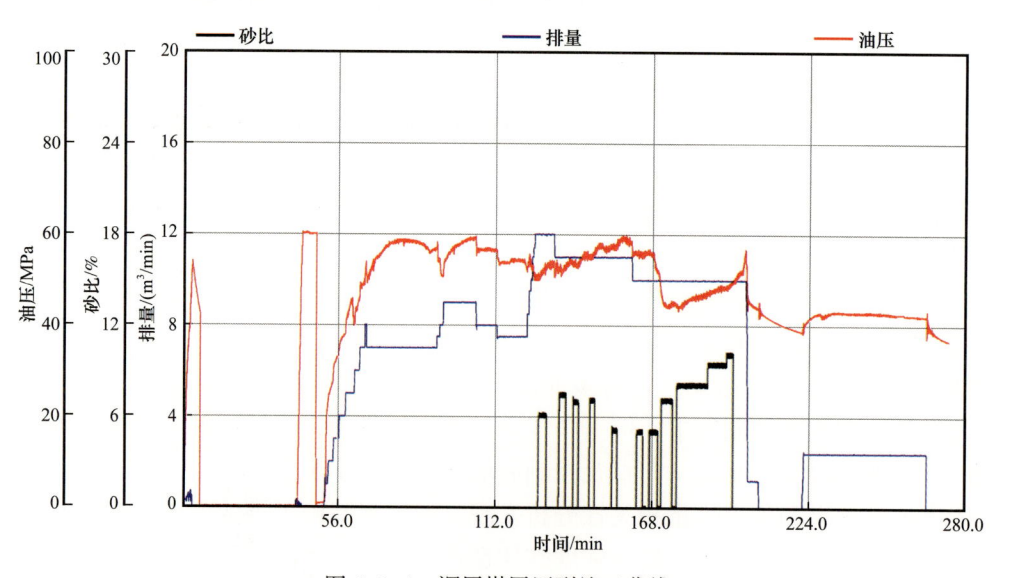

图 4-3-4　深层煤层压裂施工曲线

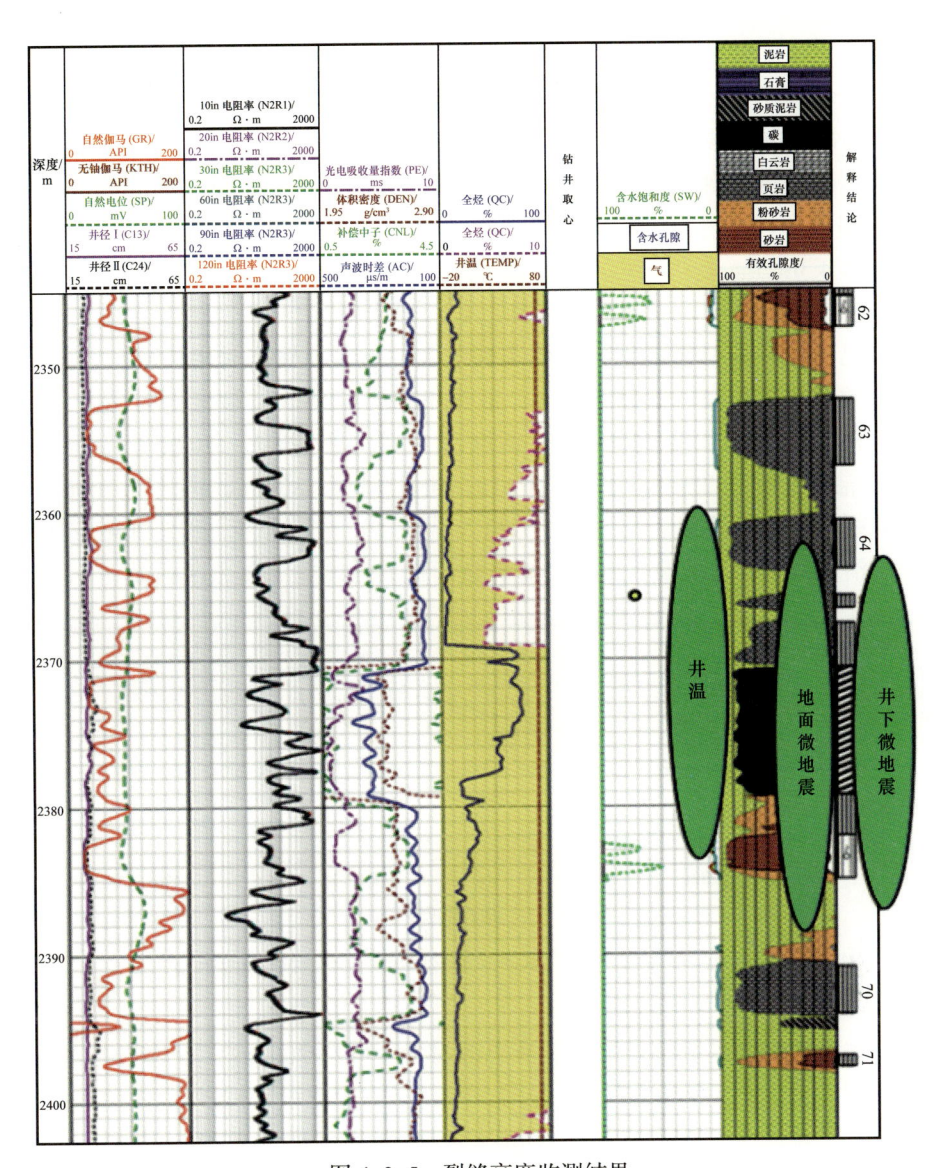

图 4-3-5　裂缝高度监测结果

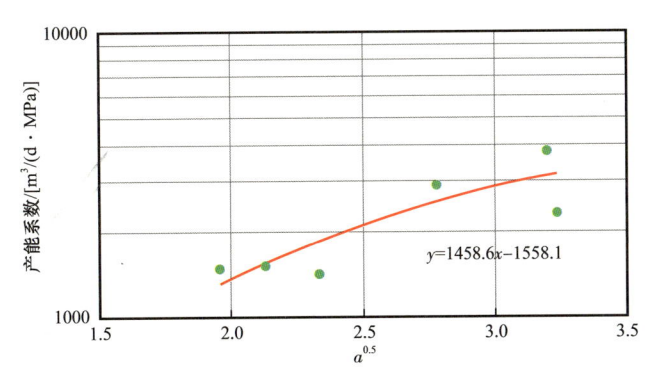

图 4-3-6　产能系数与施工排量系数（a）关系

$y=1458.6x-1558.1$

（2）用酸规模优化。

采用复合酸化压裂液，酸液可作用裂缝范围占总裂缝面积的39%～57%，平均约47.1%，则30%裂缝用酸强度为4.76m³/m。考虑清洁液携固体酸效率，则估算用酸强度为1.43m³/m，若将酸液作用在尾部30%的裂缝，清洁液携酸，则加酸强度为1.43m³/m，考虑酸液效率提升、缝内温度变化，计算总运移过程酸液消耗2.95m³/m。综合计算固体酸加酸强度为4.3m³/m。

（3）用液规模优化。

结合对已压裂井的分析认识，若要实现较大的裂缝规模，对用液量、液体黏度、排量等施工参数的要求较高。低黏滑溜水，液量1700～1800m³，裂缝仍在扩展；达到与清洁液相同规模2200m³，强度220m³/m；活性水+清洁液，液量1200m³，裂缝仍在扩展；活性水+清洁液（黏度25mPa·s，排量11m³/min，液量1800m³，清洁液1000～1100m³，裂缝扩展减缓。依据前期裂缝监测结果分析及认识，清洁液加液强度为150～250m³/m时较为合理。清洁液量和总液量与监测裂缝破裂面积关系如图4-3-7所示。

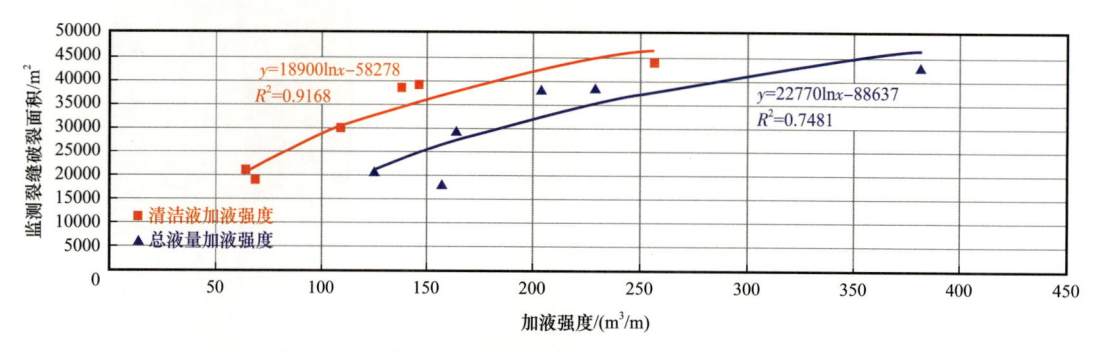

图4-3-7　清洁液量和总液量与监测裂缝破裂面积关系

3）改造工艺评价

对压裂井施工规模进行统计：压裂液总液量为1000～2000m³，平均值为1530m³，规模适中；压裂砂量偏低，30m³以下井占比50%，平均完成设计加砂比52.0%；携砂液平均压力偏高，大多高于40MPa，其中50MPa占比33.3%。裂缝监测结果显示裂缝纵向上延伸受限，主要受顶部石灰岩及底部泥岩的遮挡作用，整体形态为垂直缝为主的缝网体系。裂缝体积与产量呈线性递增关系，增大改造裂缝体积，可提高单井产能。改造工艺评价主要认识如下：

（1）施工规模对裂缝形态的影响：总液量与缝长及裂缝体积呈线性递增关系，相关性高；排量与裂缝体积呈线性递增关系；高排量、大规模改造有利于提高裂缝体积。分析统计如图4-3-8至图4-3-10所示。

（2）施工参数对产量的影响：加液强度小于160m³/m时，产量与加液强度呈线性递增关系；加液强度大于160m³/m时，产量与加液强度相关性减弱。加砂强度与产量相关性明显，呈线性递增关系。在保证基本加液规模前提下，提高加砂强度，达到提高单井产量的目的。加液强度和加砂强度与产量关系如图4-3-11所示。

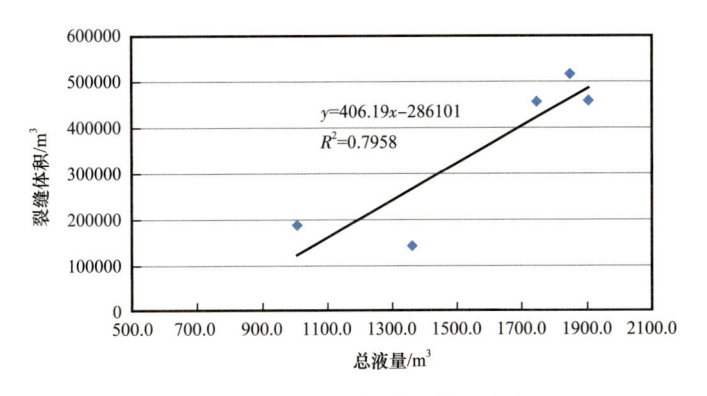

图 4-3-8 总液量与裂缝体积关系

图 4-3-9 总液量与缝长关系

图 4-3-10 排量与裂缝体积关系

(a) 加液强度与产量关系

(b) 加砂强度与产量关系

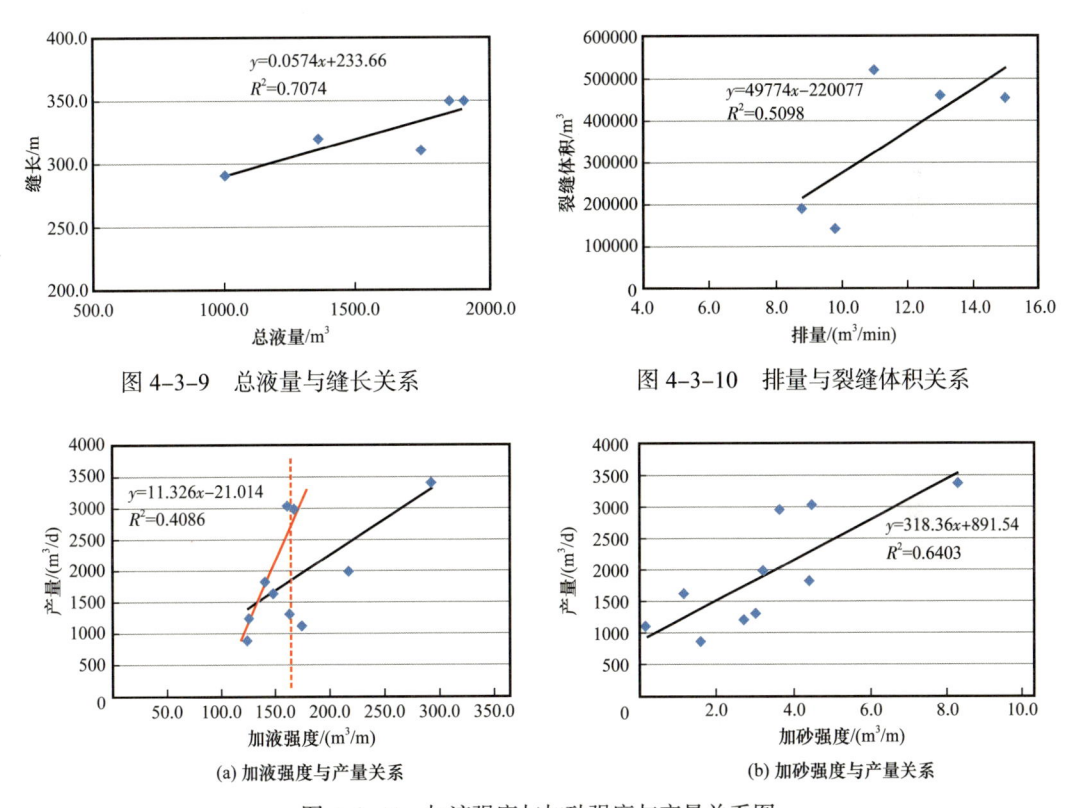

图 4-3-11 加液强度与加砂强度与产量关系图

通过室内实验和现场试验，结合多口直井深层煤层体积酸压反演评估，大排量体积压裂可以形成以垂直缝为主的复杂缝网。通过13口直井压裂后试采，深层煤层气与中浅层煤层气相比具有以下生产特征：① 临界解吸压力高，临储压力比高，平均临界解吸压力为19.18MPa，临储压力比为0.93；中浅层临界解吸压力为7.5MPa，临储压力比为0.7。② 见套压快，部分井开机就有套压，平均见套压时间为11天；中浅层煤层气平均见套压时间为9个月。③ 见气后上产速度快，深层煤层气井口产气后1~2个月内日产气量可上产至2000m³ 以上；中浅层煤层气日产气量上产到1000m³ 以上时间需5~10个月。

二、煤系地层天然气多目的层改造技术

1. 直定向井多目的层分压技术

1）多层分压可行性研究

以气层山 2 段和盒 8 段为例，统计其隔层厚度及所计算隔层应力差（表 4-3-3）。在隔层特征研究的基础上，分别模拟应力差为 4MPa、6MPa、8MPa、10MPa 和 12MPa 五种情况，压裂目的层厚度分别考虑 2m、5m、10m 和 15m 4 种情况，研究不同目的层条件下裂缝垂向延伸规律以及实现分层压裂的条件（张美玲等，2017）。

表 4-3-3 示范区隔层特征统计

井号	层位	隔层厚度	隔层特征	应力差 /MPa
DJ6	山 2 段	上 10m，下 10m	砂泥岩	8
	盒 8 段	上 5m，下大于 6m	泥岩	8
DJ3	山 2 段	上 10m，下 6m	泥岩	9
	盒 8 段	上大于 10m，下 9m	泥岩	8
DJ2	山 1 上	上大于 10m，下 8m	泥岩	7
	山 1 上	上 8m，下 4.5m	泥岩	7
DJ1	山 1 上	上大于 10m，下大于 10m	泥岩、煤层	8
	山 1 上	上大于 10m，下大于 10m	泥岩、煤层	9

不同的砂体厚度，模拟不同隔层应力差下所需最小隔层厚度的结果如图 4-3-12 所示。通过对示范区隔层特征统计，应力差普遍在 10MPa 以上，对于砂体厚度分别为 2m、5m、10m 和 15m 的储层，所需要的隔层厚度分别为 16m、10m、8m 和 6m 即可将裂缝高度控制住。区块平均储层厚度为 6~8m，隔层应力差为 10MPa，完全可以实现多目的层分层压裂（李勇明等，2007）。

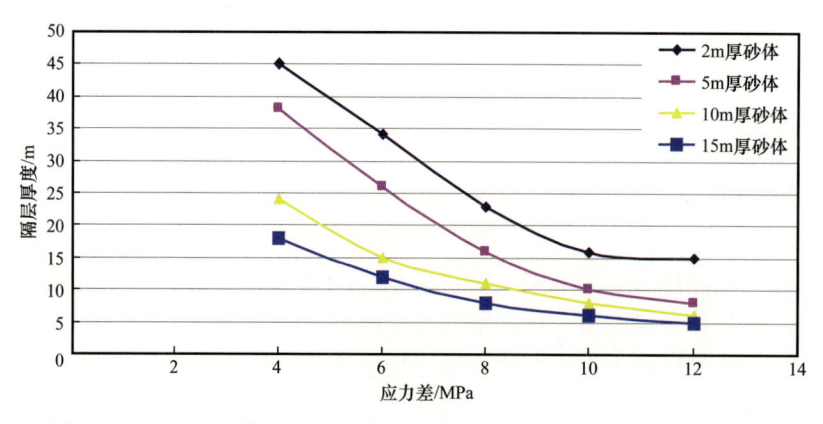

图 4-3-12 不同砂体厚度、不同应力差条件下实现分层的隔层厚度模拟

2)"油管 + 封隔器"分压技术

煤系地层天然气多层分压合采主要采用"电缆传输射孔，K344 封隔器 + 油管"压裂工艺，主要应用于常规压裂的直井/定向井。通过投球坐封，逐级打开滑套，实现多层压裂，合层排液生产。工艺具有施工成本较低、压裂生产一体化管柱、工艺简单、施工快捷、技术成熟等特点，分层油管压裂管柱如图 4-3-13 所示。

区块主力气层山 2 段目的层深 2000~2400m，盒 8 段目的层深 1500~1900m，以埋藏较深的山 2 段为例，进行施工压力预测，选择破裂压力值较高的大吉×井，计算在油管注入条件下，不同排量下不同油管直径的地面施工压力。

通过表 4-3-4 的计算可知，采用目前压裂改造中常用的 $2\frac{7}{8}$in 油管注入，最高施工排量可达到 4.5m³/min，而在 $3\frac{1}{2}$in 管柱条件下，可达到 6.0m³/min，而对于区块来说，常规压裂施工排量为 2.5~4.0m³/min 时，$2\frac{7}{8}$in 油管注入完全满足施工要求。通过计算 $3\frac{1}{2}$in 和 $2\frac{7}{8}$in 油管的抗拉强度校核和抗内压强度校核，选择加厚 N80 油管可满足管柱强度的安全要求。采用"K344 封隔器 + 油管"压裂工艺，实现多目的层分压 161 口井 325 层。

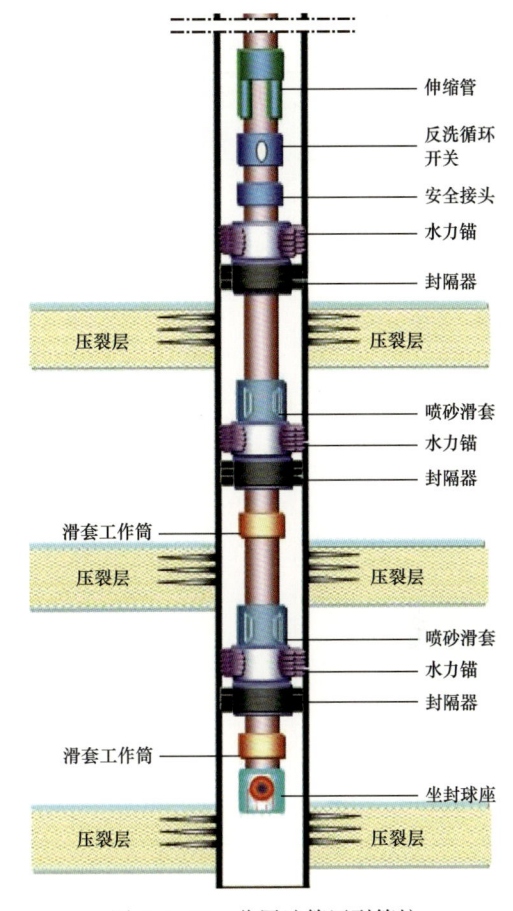

图 4-3-13 分层油管压裂管柱

3）连续油管带底封拖动压裂技术

针对小曲率定向井进入储层的井斜角普遍为 65°~85°、常规分层方式安全风险大的情况，开展连续油管水力喷射带底封拖动压裂。通过连续油管带封隔器及喷砂工具，下至压裂位置，喷砂射孔后通过环空压裂，完成后解封上提至下级压裂位置重新坐封压裂，整井压裂施工结束提出连续油管及工具，如图 4-3-14 所示。该工艺的技术特点是：无级数限制；防砂堵及处理复杂能力强；施工结束后恢复全通径；井下不留限制，后期配合连续油管可进行多种作业。形成《井内电缆承载工具》（王创业等，2020）和《油管传输定向定面射孔管柱》（刘川庆等，2020）两项发明专利。

小曲率半径定向井进入储层的井斜角较大，裂缝启裂初期，往往通过射孔段沿垂直井筒的方向延伸，然后再转向最大主应力的方向。裂缝转向的位置会产生弯曲摩阻，且裂缝宽度有限。高应力，高杨氏模量，井筒与最大主应力方向夹角小，裂缝转向更严重，裂缝窄点更明显（陈勉等，1995）。如何减少近井弯曲摩阻对施工的影响是保证压裂效果的关键。研究形成了配套压裂工艺优化技术，一是前置酸压裂技术，二是多段塞压裂技术。

表 4–3–4　不同排量下不同油管尺寸的地面施工压力

层位	油管下深/m	井底破裂压力/MPa	管柱尺寸/in	排量/m³/min	管路摩阻/MPa	液柱压力/MPa	井口施工压力/MPa
山2段	2400	50.0	$2\frac{7}{8}$	2.5	15.0	24.0	41.0
				3.0	16.8	24.0	42.8
				3.5	24.0	24.0	50.0
				4.0	32.6	24.0	58.6
				4.5	36.0	24.0	62.0
			$3\frac{1}{2}$	2.5	4.8	24.0	30.8
				3.0	6.3	24.0	32.3
				3.5	8.7	24.0	34.7
				4.0	9.6	24.0	35.6
				4.5	13.5	24.0	39.5
				5.0	14.4	24.0	40.4
				6.0	21.6	24.0	47.6

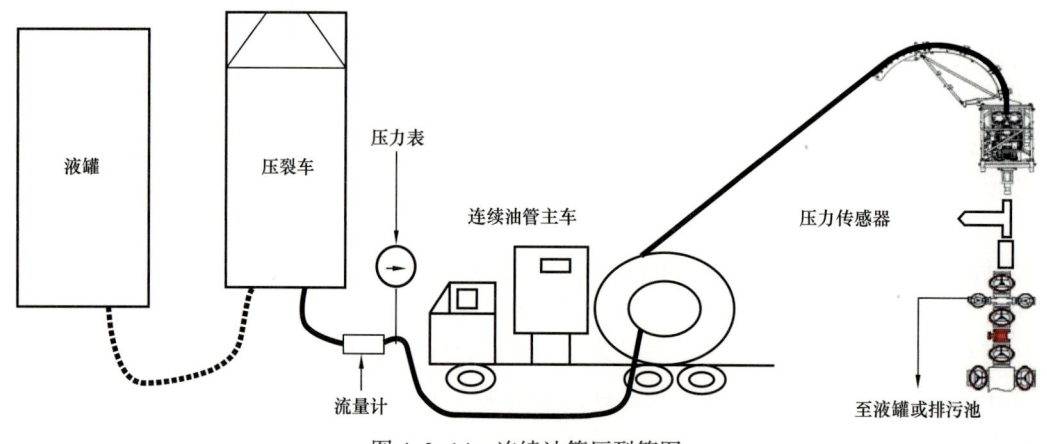

图 4–3–14　连续油管压裂简图

（1）前置酸压裂技术。在水力加砂压裂的前置液阶段加入少量酸液，能有效减小钻、固井所造成的近井地带伤害。如图 4–3–15 所示，大吉 ×–× 向 1 井压裂山 1 段时，由于近井摩阻高，施工过程多次超压，在强行试挤近 10 次后才顺利破裂岩石。

（2）多段塞压裂技术。由于受弯曲摩阻或滤失等因素的影响，难以形成主缝，造成加砂困难甚至导致砂堵，其主要问题是多裂缝和弯曲摩阻（主要是射孔问题）所导致的。加砂压裂成功的关键在于对近井地带多裂缝的处理，形成主缝，满足加砂条件。如

图 4-3-16 所示，大吉×-××向 1 井通过多个小砂量前置段塞，有效地保证了后续压裂施工的平稳进行。

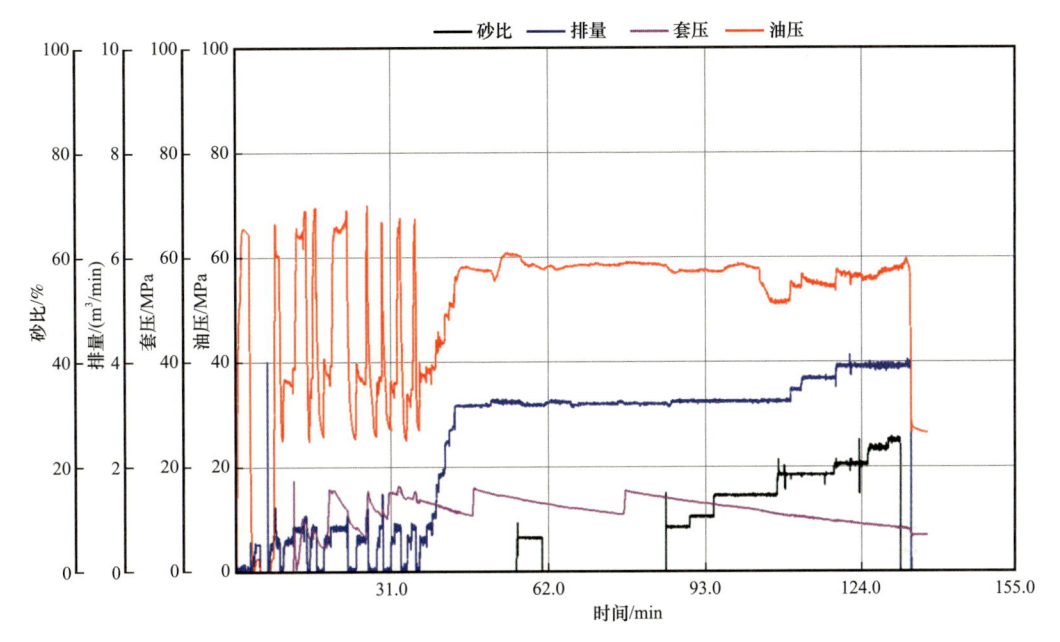

图 4-3-15 大吉×-×向 1 井山 1 段压裂施工曲线

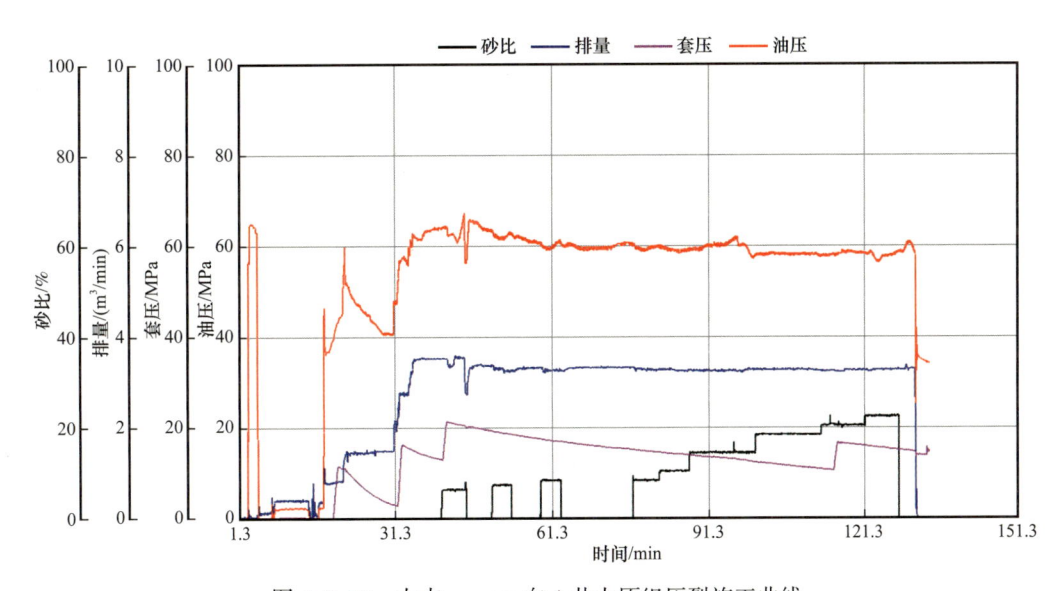

图 4-3-16 大吉×-××向 1 井太原组压裂施工曲线

应用多段塞技术，有效降低施工压力约 4.8MPa，加砂完成比例由 81% 提高至 95% 以上。

2. 水平井改造技术

为了有效提高煤系地层天然气水平井储层整体改造程度，需不断完善配套水平井压裂工艺技术（陈建军等，2017）。针对水平段岩性、物性、含气性、岩石力学特征差异大，储层动用程度低，前期压裂生产时效低等问题，攻关研究完善了煤系地层天然气水平井压裂工艺技术，形成了以中—高排量、适度规模、多粒径组合支撑剂和低伤害高效防膨瓜尔胶压裂液为主体的压裂工艺。

1）分段压裂工艺技术优选

国内外水平井分段压裂通常有两种主要工艺，分别是"桥塞+分簇射孔分段压裂"和"固井滑套分段压裂"工艺。由于储层砂体连续性差、物性较差，无法预估射孔位置，主体采用"可溶桥塞+分簇射孔分段"压裂工艺。

2）段簇间距优化

综合地质、岩石力学，建立压裂数值模型，模拟实现最优改造的分段数和人工裂缝空间展布形态，利用裂缝监测、压裂后评估分析，不断优化调整设计，形成以"少段多簇+射孔联作+高强度加砂"为核心的压裂新工艺。

（1）段间距。

利用数值模拟，提高"甜点"有效动用程度。前期水平井的水平段长一般为1100~1400m，一般分10~16级进行压裂。从图4-3-17可以看出，无阻流量与分级数有一定的相关性，分级数越大，产气量越高。段间距为80m时，产气量较高。设计段间距为60~80m。

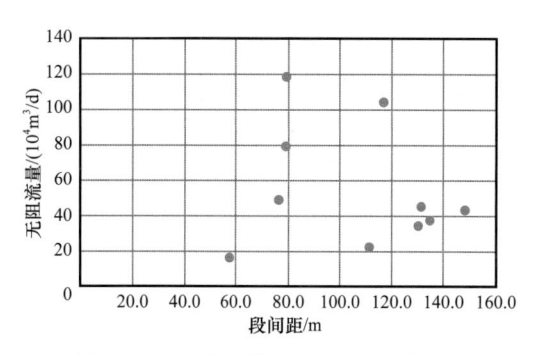

图4-3-17 水平井不同段间距产气量

（2）簇间距。

通过密切割分簇，减小基质到裂缝渗流距离，裂缝切得越密，气体渗流距离和阻力越小，产量才会越高，但由于应力阴影的存在，当簇间距过小时，中间裂缝延伸较小，需要通过模拟优化簇间距的大小，同时，分簇过密，压裂改造的成本较高。软件模拟结果表明：簇间距越大，缝宽不断增大，裂缝偏转角急剧降低（赵金洲等，2016）；裂缝均匀程度随着簇间距增大而提高（刘欢等，2017）；簇间距优化结果为15~20m（图4-3-18）。

3）"工厂化"压裂作业方法

"工厂化"压裂作业为非常规油气实现有效开发提供了高效运行模式（王林等，2012；凌云等，2014）。形成对多口井、一套压裂车组，配合射孔、下桥塞等作业，交互施工、逐段压裂工艺模式，如图4-3-19所示。

（1）水源集中供应，保障井组集中压裂供水。

制定顶层设计，完善供水、物资、风险防控方案，整体规划各项工作。严密组织与施工准备，确保各环节无缝连接，大幅提高生产时效。针对平台化压裂施工连续性强、短期集中用液量大的特点，结合井区地形地貌特征，形成水源直供井场、井场大容量蓄水系统、实时大排量连续混配的供储配一体化集中供水模式，提高井组备水效率。

簇间距10m

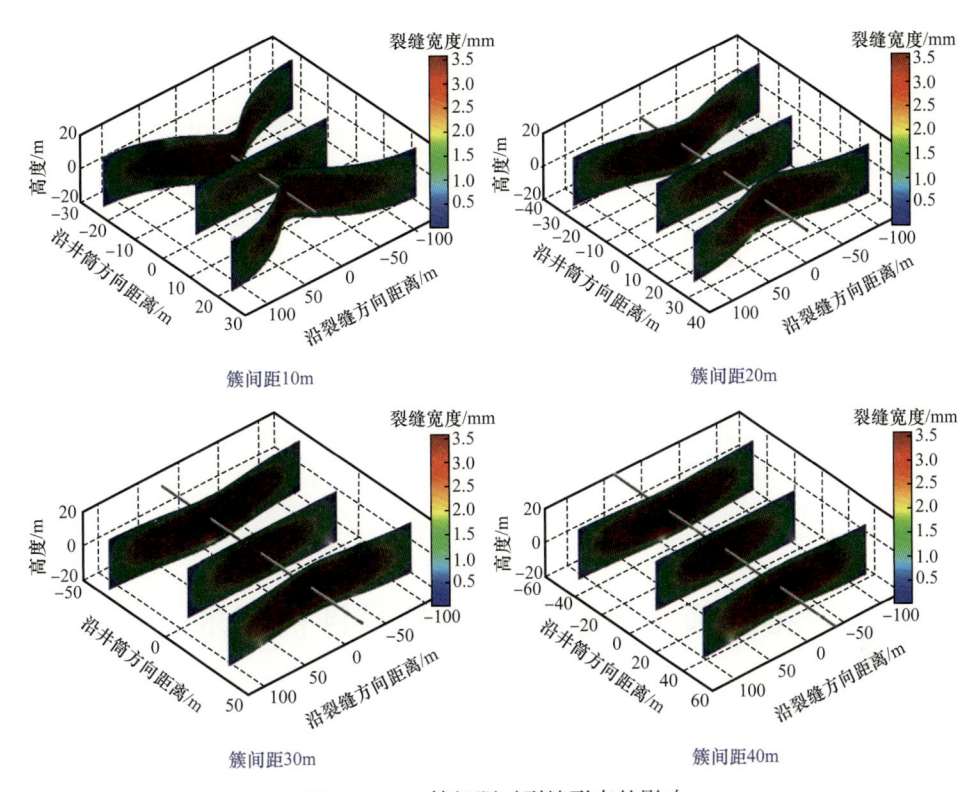

簇间距20m

簇间距30m

簇间距40m

图 4-3-18 簇间距对裂缝形态的影响

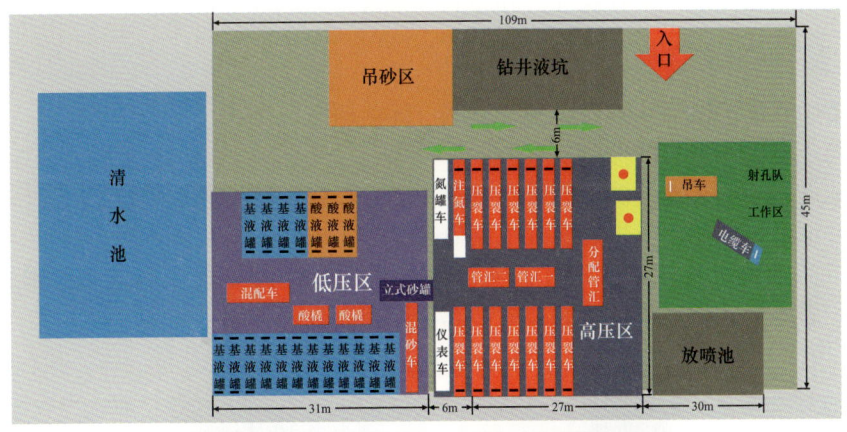

图 4-3-19 "工厂化"作业施工现场布置图

（2）建立井组拉链作业模式，实现示范井组压裂提速。通过优化作业程序，采用"5个一趟过"的施工程序和"1+1+5"的压裂模式，实现了水平井组"工厂化"作业，有效提高作业效率，大幅缩短完井周期。"5个一趟过"施工程序：压裂井口安装、试压一趟过；连油通洗井、传输射孔一趟过；井口高压管汇连接一趟过；压裂/桥射联作一趟过；排液测试一趟过。"1+1+5"压裂施工模式：1套压裂队，不动机组拉链式压裂；1套测井队，压裂和泵送桥塞分开供液，独立施工；连续供液系统，保障日供水4000m^3，保障一天压裂5段以上目标。

通过"工厂化"压裂作业，压裂提速60%，水平井采用连续混配施工，节省压裂液用量15%，产建时效提高12%；通过压裂工艺优化、压裂液质量把控、现场施工技术指挥和实时泵注程序调整优化，主力层段压裂后产量比方案配产提升20%以上。达到了"施工快（7天压39段/14天交付）、质量优（100%合格）、产量高（单井产量大于$10×10^4$m^3/d）"的目标。

第四节 压裂裂缝诊断及评价技术

"十三五"期间，为深化研究煤系地层压裂启裂、扩展（延伸）与射孔、施工参数及裂缝形态的关系，通过监测与诊断评估，深化煤岩结构、地应力对水力裂缝扩展认识，通过"裂缝监测+压力分析"技术，识别缝网形态。建立了压裂地质数学模型，形成压裂施工参数的确定方法，为开发部署和压裂方案设计提供理论依据。

一、多种裂缝监测方法评价

主要集中开展了以下3种压裂裂缝监测、评估研究应用：
（1）稳定电场压裂裂缝监测。
（2）地面微地震裂缝监测（四维层析成像能量扫描裂缝监测）评价。
（3）井下微地震监测及煤岩破裂机制研究。

监测方法的特点及适应性各有不同，具体见表4-4-1，3种裂缝监测技术成果互补、相互印证，多维度认识地层、压裂裂缝形态和压裂参数间的动态关系。

表4-4-1 不同裂缝监测方法适用性对比

类型	基本原理	技术适用性	现场要求	费用
稳定电场	布设稳定电场，接受并处理流体扩散引起的地面电位变化获得裂缝方位、长度	适合地质情况清楚老区，监测老区新井压裂影响，使用简单	地面地形条件平坦	较低
地面微地震（四维层析成像能量扫描）	能量计算确定裂缝走向及长度、能量连续性特征等	适合地质情况较复杂新区及水平井，研究地应力、裂缝方位对井距影响，使用简单	局部有网络信号	较高
井下微地震	通过井中的检波器接收微地震波，计算并描述岩体破裂事件空间位置	适合新区，地质复杂区新井、水平井。邻井井筒条件好	邻井与目标井不大于800m	高

1. 稳定电场裂缝监测及解释技术

稳定电场压裂裂缝监测技术监测裂缝启裂点到最终发育的全过程，可用于直井、斜井和水平井全井型。该项技术通过测量地层中流体扩散引起的地面电位变化，来解释推断压裂裂缝参数，监测压裂施工时注入液体的发育方向及长度等参数。

通过布置地面测点，布放测量线、供电线，连接测试设备并对测试设备进行调试。根据现场及被测井情况，选取发送与接收系统的供电参数，数据处理显示了区块一口井的测试曲线图及环形图（图4-4-1、图4-4-2）。

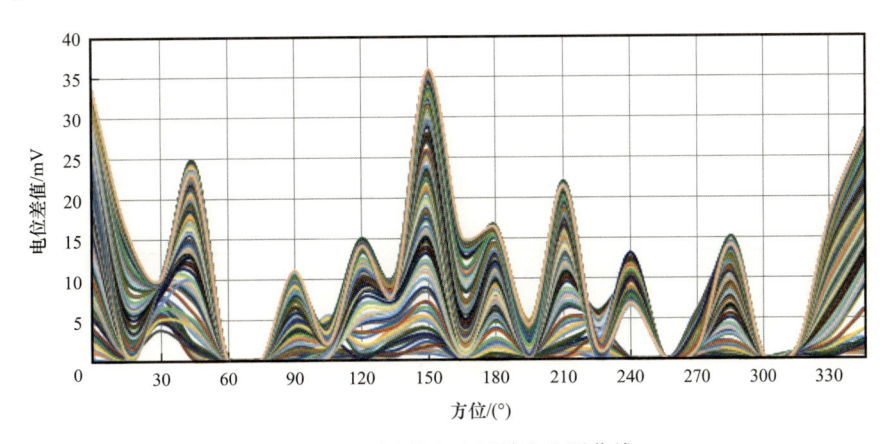

图4-4-1 压裂全过程裂缝监测曲线

根据监测结果显示，该煤层60°、75°、255°、300°和315° 5个方位无裂缝产生，其余方位均有不同程度的裂缝发育，形成两个大方向主裂缝网，裂缝长度最远距离为74m、方位为150°，其他较长的裂缝距离为69m（方位0°）、57m（方位345°），其余方位和裂缝长度如图4-4-2所示。

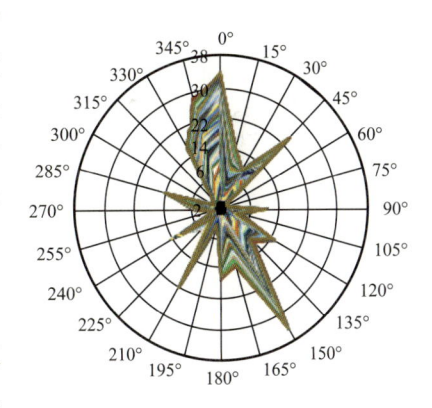

图4-4-2 裂缝监测环形图
径向数字表示裂缝长度（m）；
环向数字表示方位

2. 四维影像裂缝监测及解释技术

四维影像裂缝监测技术主要用于裂缝参数的获取及裂缝扩展、压裂效果的评价等（朱庆忠等，2010）。该技术主要采用微地震波的四维层析成像能量扫描裂缝监测技术，它通过地表多波多分量微地震信号采集、发射层析成像（SET）能量扫描定位震源点资料处理和四维影像压裂裂缝精细解释三阶段完成（沈琛等，2009）。压裂期间，通过接收地下储层高压液体流动引起的岩石微破裂所产生全体体波——纵波和横波，可监测不同时刻下地层岩石破裂和高压流体活动释放的能量分布情况。压裂时压裂液以高于破裂压力注入地层中，岩石产生剪切和弹性破裂，在裂缝周围应力比较薄弱的地方由于受到压裂液挤压，会产生微地震事件（王磊等，2012）。

通过该监测方法，对部分煤层气井进行监测解释，提高裂缝的认知程度，综合应用情况较好，例如大吉区块1口井，具体监测结果如图4-4-3所示，监测解释见表4-4-2。

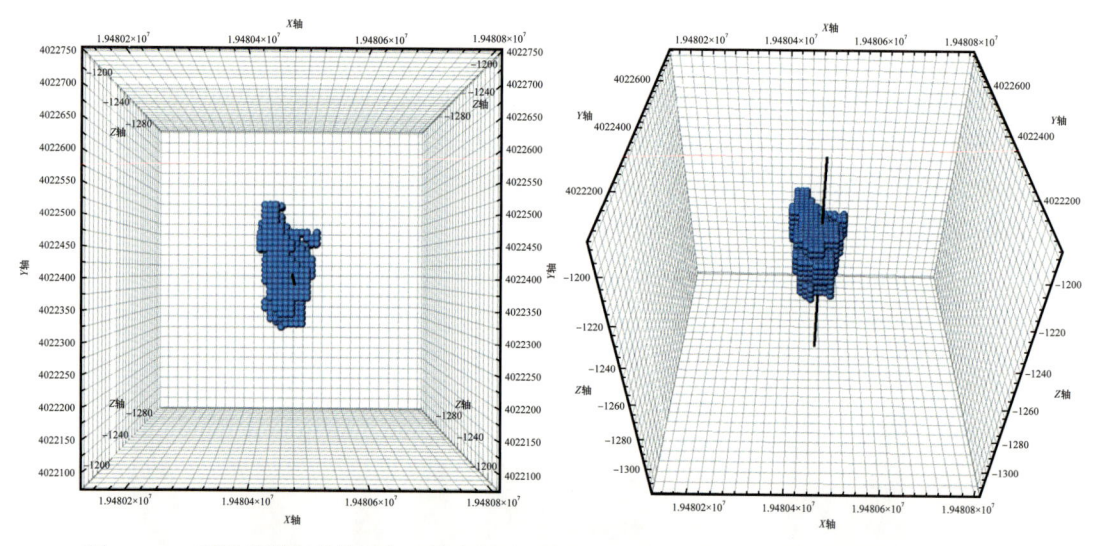

图4-4-3　裂缝监测解释俯视和立体成果（X轴和Y轴为大地坐标；Z轴为深度，单位为m）

表4-4-2　监测成果解释

层号	缝长/m	半缝长/m	裂缝高度/m	裂缝在储层位置范围/m	缝网最大宽度/m	缝网纵横比	方位/（°）	裂缝表体积/m³
1	240	西北130，东南110	20	1230～1250	110	0.46	N17°W	318000

3. 井下微地震裂缝监测及解释技术

井下微地震裂缝监测技术是油气压裂改造较常用和先进的技术方法之一，但微观上仍然难以分辨裂缝启裂规律，因此在现有井下微地震数据体基础上引用了矩张量反演地震处理技术。通过描述产生微地震信号的震源非弹性变形或裂纹，得到岩体介质破裂的震源机制解、震源参数以及震源破裂能量。认识上，由识别裂缝方位、波及长度，深化到微观上的破裂类型（张性、剪切、滑移）、倾角（水平、垂直等）、方向等，揭示裂缝扩展规律。

微地震监测以岩石的剪切滑动产生的信号为监测对象，高排量对地层的冲击较大，而煤层容易破碎（王维波等，2012），因此能量波及的范围较宽；通过大量的室内模拟实验，进一步确定了水力压裂岩石破裂规律与岩石所受力关系，以及岩石破裂产生的声发射（微地震波）信号的特征、频率、能量等参数（徐剑平，2011）。在完成室内机理研究和实验的基础上，利用微地震法对煤层气井水力压裂裂缝形态进行了现场监测，实际案例见大吉区块煤层气水平井裂缝监测结果，如图4-4-4所示。

(a) 俯视图　　　　　　　　　　　　(b) 侧视图

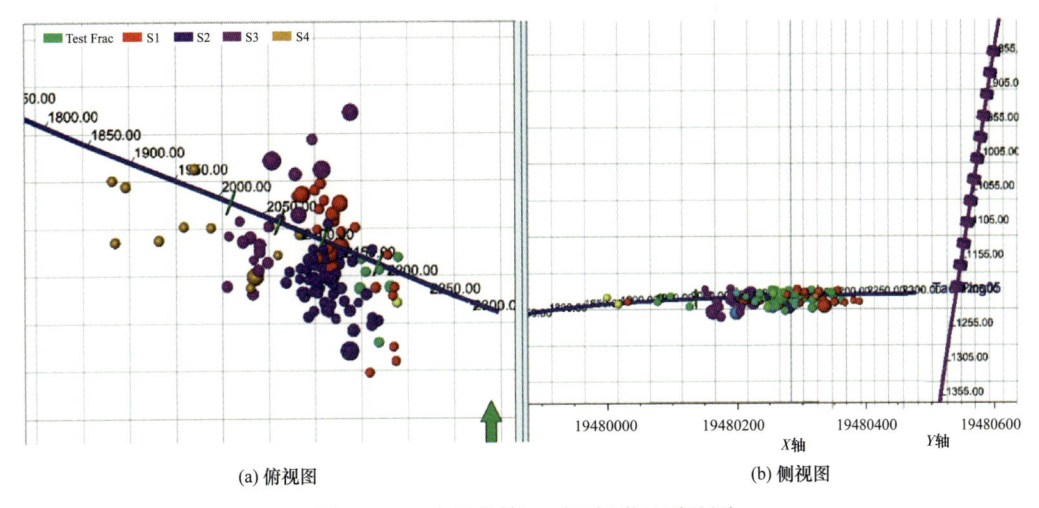

图 4-4-4　水平井第一到四级微地震监测

二、压裂裂缝综合评估技术

1. 煤层压裂裂缝综合评价技术

1）煤层微地震结合多点矩张量反演识别煤岩破裂机制

多点矩张量反演（MEMTI）技术（图 4-4-5）对微地震事件分组，破裂机理相近的微地震事件分为一组统一求解，由于从地震学破裂机理计算的理论存在多解性，因此对一个破裂震源会给出两个等效的破裂面，真实的破裂面是这两个解中的一个，之后可以通过压裂压力分析确定最终的结果（刘博等，2017；邵茂华等，2014）。

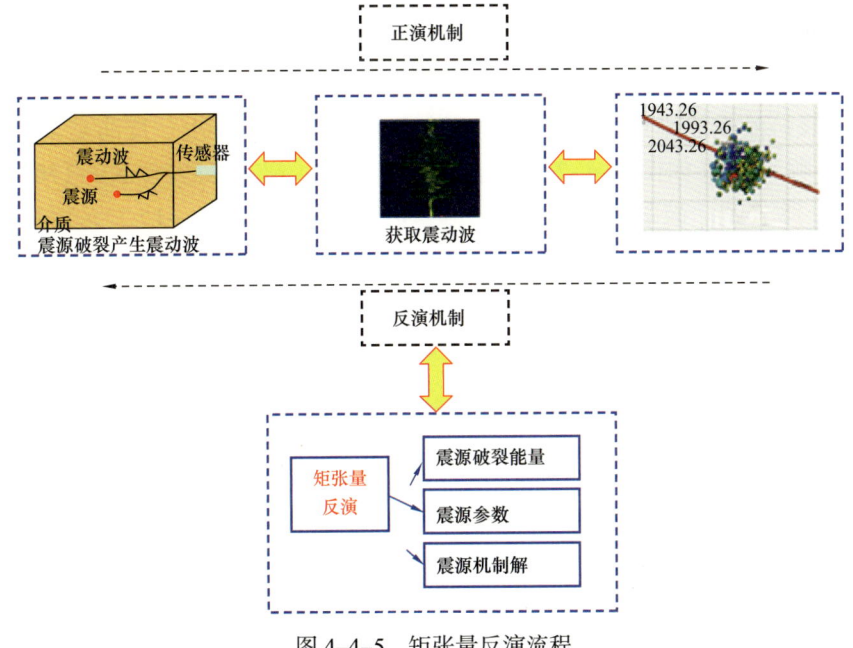

图 4-4-5　矩张量反演流程

该方法在示范区现场进行了 2 口水平井监测，目标层是 5 号煤层和 8 号煤层。其中，水平井监测 8 号煤层裂缝参数，具体结果见表 4-4-3。从结果来看，在工作液与排量基本相近的情况下，微地震事件少，裂缝延伸的长度差别大，但延伸方向基本一致，事件点呈现非对称性，段间似有重叠，裂缝形态有变化。

表 4-4-3 微地震监测结果

级数	层位	缝网长轴 /m	缝网短轴 /m	走向 / (°)	高度 /m	监测方法
第一级	8 号	159	63	NE45	10	微地震
第二级	8 号	117	40	NE23	15	微地震
第三级	8 号	79	77	NE25	20	微地震

在该井的第 2 级测试压裂排量上升过程中，微地震事件产生 6 次，主要在提排量阶段产生。按作业时间顺序归纳为两组，如图 4-4-6 所示，用多点矩张量反演。第 1 组结果：破裂面走向 NE158°/NE177°，破裂面倾角 30°/89°，破裂滑动方向 -112°/79°，裂缝张开角 29°，以剪切和张开成分为主。第 2 组结果：破裂面方位 NE-84°/ NE19°，破裂面倾角 48°/68°，破裂滑动方向 -24°/-137°，裂缝张开角度 5°，以剪切和体积膨胀为主。

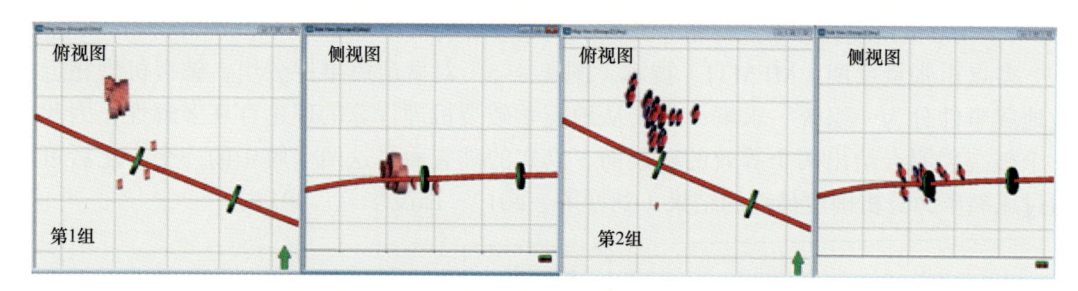

图 4-4-6 第 2 级测试压裂微地震监测矩张量反演结果

在第 2 级挤液作业排量恒定过程中，微地震事件产生 23 次，反演结果归纳为 3 组破裂类型，解释结果如图 4-4-7 所示。第 1 组结果：破裂面方位 NE-170°/ NE-41°，破裂面倾角 18°/62°，破裂滑动方向 -45°/-104°，裂缝张开角 -15.7°，以剪切破裂为主。第 2 组结果：破裂面方位 NE-64°/NE-28°，破裂面倾角 57°/76°，破裂滑动方向 21°/-144°，裂缝张开角度 -52.45°，以闭合和剪切成分为主。第 3 组结果：破裂面方位 NE127°/NE-29°，破裂面倾角 36°/74°，破裂滑动方向 -115°/-75°，裂缝张开角度 17°，以剪切为主。

在测试压裂中出现张性和剪切两种破裂类型。在挤液作业时，在稳定的低排量注入过程中，煤质破裂有一定的变化，总体多为剪切破裂（滑移），但破裂张开角及倾角是变化和多样的（包括水平裂缝）。

2）四维影像监测结合裂缝反演验证改造规模

通过四维影像裂缝监测方法对大吉区块 1 口井进行监测分析，裂缝监测结果如图 4-4-8 所示。随着施工排量、施工液量的变化，缝网长度与最大宽度不断地向前突破，最终通过能量的分析与优选，得到裂缝方位为 N12°W，裂缝长度为 200.2m，缝网最大宽度为 80m，整个缝高为 20m，缝高控制较好，满足该井施工改造要求。

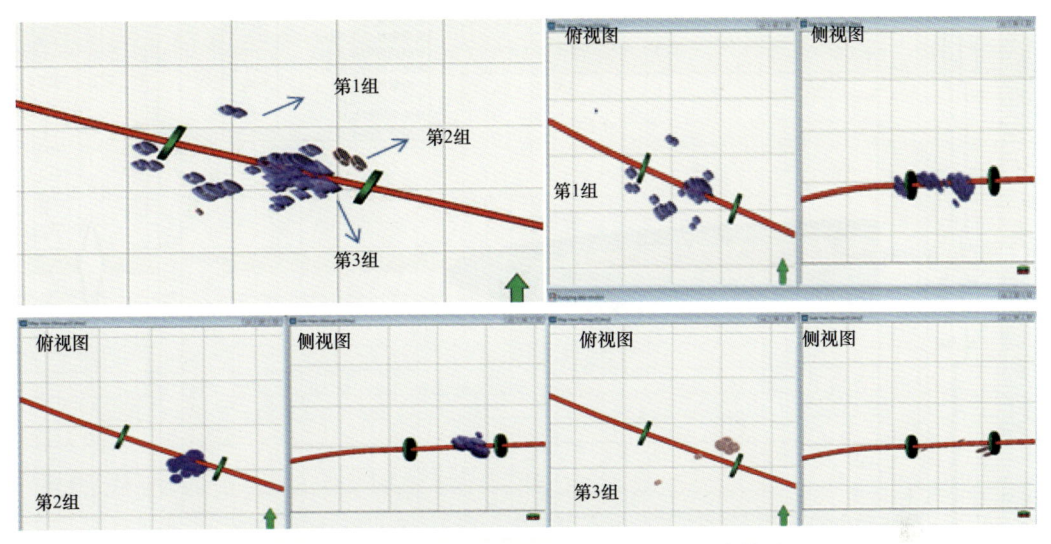

图 4-4-7　第 2 级挤液微地震监测矩张量反演结果

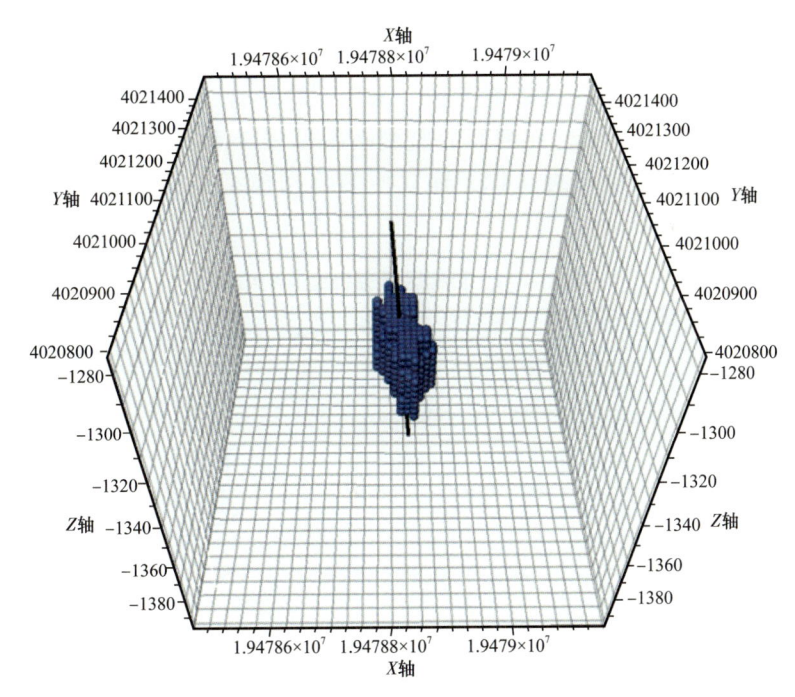

图 4-4-8　裂缝监测解释立体成果（X 轴和 Y 轴为大地坐标；Z 轴为深度，单位为 m）

运用压裂数值模拟软件进行反演模拟，如图 4-4-9 所示，获得的裂缝半长为 94.1m，与裂缝监测的裂缝半长 100.1m 接近，相差 6.0%，裂缝高度为 21.5m，与监测结果相差 7.5%，整体改造规模与裂缝监测结果相近，对后续煤层气改造规模预测提供了一定的指导依据。

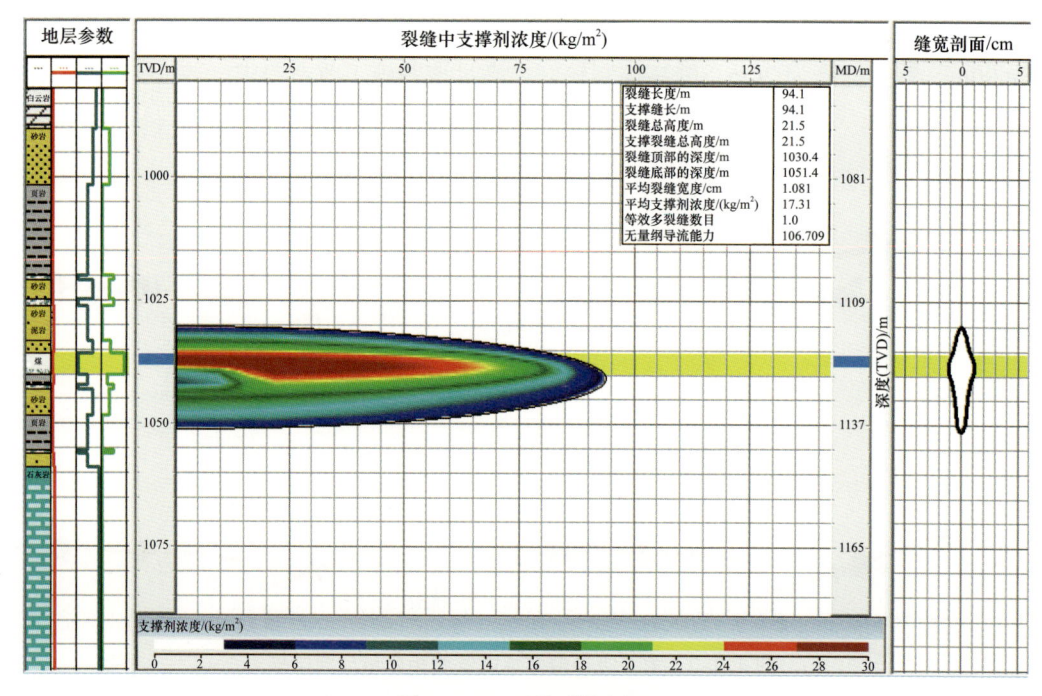

图 4-4-9　反演裂缝剖面

3) 多方法综合评估

为了进一步认识与评估压裂裂缝参数,采用三维影像(地面微地震)、井下微地震和电位法进行裂缝监测15次,详细裂缝监测结果见表4-4-4。监测井裂缝总长度基本在200m以内,为深化煤层压裂认识、建立压裂缝网模型、优化施工参数奠定了参数基础。

表 4-4-4　目标区压裂裂缝监测结果

井号	层位	用液量/m³	施工排量/(m³/min)	缝网长轴/m	缝网短轴/m	走向/(°)	高度/m	监测方法	裂缝形态
J1-××向×井	5号	1068	7.5	165	—	NE18	10	三维影像	水平
J19-×井	5号	747.8	8.0	139	—	NE90	10	三维影像	水平
平×井第一级测试	5号	111.2	8.0	80	—	NE0	—	微地震	垂直
平×井第一级	5号	606.3	4.8	140~160	—	NW20	10	微地震	垂直
平×井第二级	5号	351.0	4.0	80	—	NW25	15	微地震	垂直
平×井第三级	5号	505.0	4.3	200	—	NE21	15	微地震	垂直
平×井第四级	5号	522.0	4.3	80	—	—	10	微地震	垂直
平×井第十一级	5号	590.0	4.4	235.4	—	—	—	电位法	—

续表

井号	层位	用液量 / m³	施工排量 / m³/min	缝网长轴 / m	缝网短轴 / m	走向 / (°)	高度 / m	监测方法	裂缝形态
平×井第十二级	5号	666.0	4.3	237.3	—	—	—	电位法	—
平06井第一级测试	8号	90.8	6.0	159	63	NE45	10	微地震	复杂缝
平06井第二级测试	8号	62.8	5.5	117	40	NE23	15	微地震	单缝
平06井第三级	8号	300.0	2.0	79	77	NE25	20	微地震	复杂缝
平08井第一级测试	8号	90.8	6.0	77.6	7	应力方向	—	电位法	单缝
平08井第二级测试	8号	62.8	5.5	52.5	32	应力方向	—	电位法	网状
平08井第三级	8号	300	2.0	95.5	24	应力方向	—	电位法	网状

三维影像（地面微地震）裂缝监测结果：人工裂缝近似于椭圆形，平×井和平××井进行微地震监测的结果与排量的一致性较好，缝网短轴较大。电位法监测结果显示，缝网尺寸与液量规模一致性较好。整体上，两种裂缝监测方法通过缝网长短轴比相差较小，对于缝网（简单缝或复杂缝）的反应具有一致性。微地震监测以岩石的剪切滑动为监测对象，高排量对地层的冲击较大，而煤层容易破碎，因此能量波及的范围较宽。电位法测试的监测结果与液体滤失的范围有关系，煤层割理发育，压裂液容易沿着割理滤失，但支撑裂缝不一定延伸至监测范围。

综合3种监测方法的结果以及邻近区块的裂缝监测情况，在大吉区块老井煤层压裂施工主要形成近似椭圆形的复杂缝网。通过裂缝监测统计，形成椭圆形缝网的长短轴比为3∶1到4∶1，具体见表4-4-5。

表4-4-5 裂缝监测缝网长短轴比例

井号	层位	监测类型	缝网长轴/短轴
J1-××向×	5号	三维影像	3.6
J19-×	5号	三维影像	3.8
平×	第一级主压裂	微地震	4.0
平×	第三级主压裂	微地震	3.9
侧平×	第十一级主压裂	电位法	2.8
侧平×	第十二级主压裂	电位法	3.4

2. 煤系地层压裂裂缝综合评价技术

利用裂缝监测的方法对煤系地层天然气压裂效果进行监控，对大型压裂后人造缝的空间分布进行定量描述（赵争光等，2014），在压裂过程中，通过对微地震事件的采集、处理和解释，得出了压裂改造的裂缝发生和空间分布信息（王治中等，2006；李雪等，2012）。

1）四维影像裂缝监测应用评价

DJ-P×× 井第 1~18 级储层改造进行监测分析，如图 4-4-10 所示，该井实际监测裂缝破裂主体方向为北偏东方向，平均裂缝方位为 78.28°，缝长 230~310m，平均值为 281.67m，平均缝高为 30m，平均缝网最大宽度为 107.8m，各段裂缝表体积之和为 794.5×10^{4}m^3，实际总储层改造体积（SRV）为 736.4×10^{4}m^3，重叠比例为 7.31%。

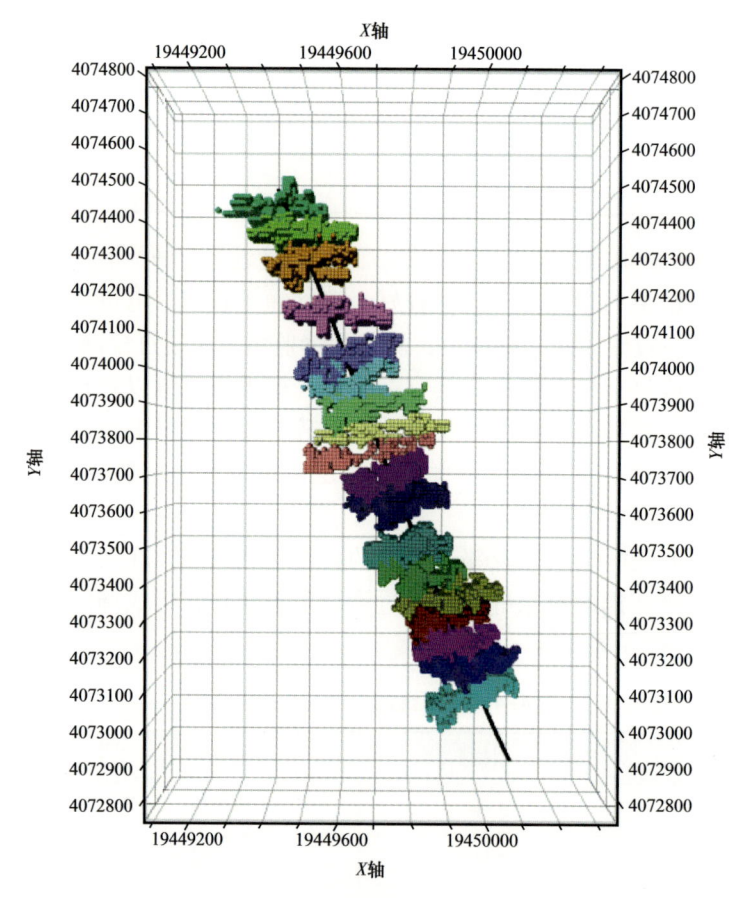

图 4-4-10　DJ-P×× 井四维影像裂缝监测成果（X 轴和 Y 轴为大地坐标）

四维影像裂缝监测的破裂能量能够准确反映不同时刻的裂缝扩展情况，通过对比不同时刻的裂缝形态，可以判断压裂裂缝的破裂情况及砂体和岩性变化。压裂裂缝的延伸受到砂体规模的影响较大，当砂体规模偏小时，裂缝长度难以扩展，砂堵风险高，后期需要根据实际的地质情况优化施工规模及加砂强度。

2）井下微地震裂缝监测应用评价

通过井下微地震裂缝监测方法对 DJ-P× 井第 1~4 级储层改造进行解释分析，如图 4-4-11 所示。

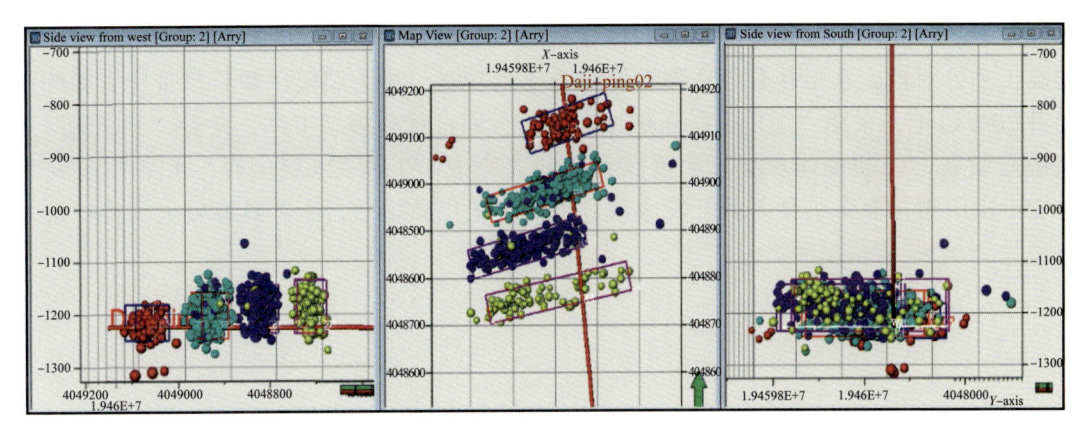

图 4-4-11　微地震裂缝监测图

各段微地震事件显示水力裂缝的走向在 N73°E—N78°E 之间，水力裂缝与井轨迹夹角在 79°~84° 之间，水力裂缝西半长在 90~253m 之间，东半长在 20~120m 之间，总长在 200~340m 之间，宽度在 56~72m 之间，高度在 60~102m 之间，累计地震矩高度在 40~64m 之间，高度上向上延伸趋势明显。各级西侧微地震体积在 $(30~80) \times 10^4 \text{m}^3$ 之间，在井筒两侧地层均一的情况下，各级微地震总体积可能是上述体积的两倍，即在 $(60~160) \times 10^4 \text{m}^3$ 之间。前 4 级西侧微地震总体积为 $240 \times 10^4 \text{m}^3$，同理，在地层均一的情况下，估计前 4 级微地震总体积为 $480 \times 10^4 \text{m}^3$。

微地震监测结果显示，水力裂缝长度延伸主要集中在前置液阶段，加砂阶段裂缝半长延伸有限，各级微地震事件间距较大，在该区块后续作业中，对于该规模的水力压裂，可以考虑适当减小段间距和簇间距。

第五节　应用成效

通过开展深层煤层气和煤系地层天然气储层岩心评价，优化压裂液体系，提高液体性能和工艺针对性。其间共计实验 285 组，完成 3 类液体体系研究，优选出与黏土稳定剂复配配方，提高防膨性能，降低成本 30%；评价形成低伤害压裂液体系，现场用量降低 14%。

通过深层煤层气地质工程和可压性评价，优化射孔选层技术；根据地质需求，以地应力建模为基础，开展压裂模拟，优化压裂参数及工程设计，实施大排量连续加砂、大规模体积压裂，提高了改造体积，降低储层伤害，达到了"压得开、铺得远、撑得住、排得出"的目标，形成了深层煤层体积酸压工艺，探索出深层煤层顶板压裂技术。

煤系地层天然气直定向井和水平井增产改造技术以储层品质和工程品质评价、生产动态分析、压裂数值模拟等多元研究为一体的水平井可压性评价方法为基础，从改造最大化、技术经济性角度出发，优化水平井段、簇间距，提高"甜点"有效动用程度，合理优化压裂工艺，形成以"少段多簇 + 射孔联作 + 高强度加砂"为核心的压裂新工艺，降低压裂费用10%。推行地质工程一体化精细压裂设计，落实"一井一策、一段一法"，提高工艺针对性，水平井分段压裂设计符合率达99%，主力层段压裂后产量比方案配产提升20%以上。采用"工厂化"压裂作业方法，通过优化施工工序，完善"工厂化"压裂配套设备，压裂提速60%。示范区直定向井完成161井325层压裂，水平井完成29井291段压裂，取得了显著的开发成效，也实现了提质增效，工艺具有极大的推广应用价值。

第五章　煤系多目的层多气合采技术

示范区内稳定发育二叠系太原组 8 号煤层和山西组 5 号煤层两套煤层，煤层埋深 1000~2400m，其上下发育多套含气地层，具有典型的煤层气和煤系地层天然气多层叠置发育特征，形成相应的多气合采技术，对于煤系多目的层资源的整体高效开发具有重要意义。

第一节　技术攻关背景

"十二五"期间的生产试验表明，示范区煤系地层存在多种类型气藏，整体开发面临系列难题。煤层气为吸附气藏，以排采降压解吸为主要采气方式；而煤系地层天然气藏为游离气藏，依靠生产压力差自喷生产，二者开采方式不同（梁冰等，2016；聂志宏等，2018）。各气藏之间压力场不同，可能存在层间干扰，影响产气能力（魏虎超等，2020）。各产层生产周期和产气规律存在差别，难以实现同步开发（曹代勇等，2014）。当前，除美国皮森斯盆地白河隆等少数先导性现场试验外（Olson et al.，2002；Spivey，2008），国内外鲜有煤系多目的层多气合采的相关报道。煤层气、煤系气两种资源接替开采时机选择面临困难，多气合采有效工艺还未形成。

针对上述问题，在"十三五"期间组织专项技术攻关，根据深层煤层气、煤系地层天然气等不同气藏的产气机理和气井生产特征，有效解决不同压力系统、不同生产方式、不同生产特征情况下，不增加井场、井位，利用同一井筒实现多气、多层合采的技术难题，研发形成适合鄂尔多斯盆地东缘煤系多目的层合采的工艺技术，为鄂尔多斯盆地东缘及同类油气资源盆地的整体开发提供重要的技术借鉴。

第二节　煤系多目的层多气合采技术思路

从深层煤层气、煤系地层天然气等不同气藏的生产特征来看，多气种存在明显的优势互补，具备两气综合开发的有利条件（琚宜文等，2011）。利用现有煤系地层天然气开发井网，在煤系地层天然气层高压、高产的生产阶段，通过工艺攻关实现煤系地层天然气回注，对煤层进行排水降压；在生产末期能量衰竭、产量不具备携液能力时，则采用机抽的方式辅助排液。利用煤层气稳产时间长的特点作为单井效益开发的有利补充，系统性提高开发效益。两气综合开发可有效延长气井生产周期，减少整体开发投入，提高单井产量和资源利用率，进一步提升项目开发的经济效益。

按照合采总体设计思路，结合气井生产过程中不同时期的特征需求，可将多气合采生产分为排采、分采、合采、间歇气举生产和辅助排液生产 5 个阶段。

（1）排采阶段：利用砂岩气对煤层气举排液。

该阶段利用砂岩层采出的高压气体，经地面流程分流和降压后回注到同井煤层气射孔段作为气举排液的气源，直至煤层气大面积解吸，具备自喷和持续携液排水采气的能力。

（2）分采阶段：砂岩气、煤层气利用不同通道，同井分采。

煤层气具备稳定的自喷生产能力后，不再利用砂岩气进行气举降压解吸，煤层气和砂岩气分别利用不同的通道自喷采出，经地面装置和流程调压后外输。该阶段内不需要外接气源和本井气源之间的气举作业。

（3）合采阶段：待两层压力系数接近后，合层开采，延长稳产期。

该阶段主要为砂岩气生产中后期以及煤层气生产中期，砂岩气地层压力衰减至与煤层气地层压力接近（煤层气地层压力稍高）时，井筒内煤层气和砂岩气均切换为具有较小过流面积的管柱作为生产通道，实现速度管柱排水采气工艺目的下的生产。该阶段内不需要外接气源和本井气源之间的气举作业。

（4）间歇气举生产阶段：煤层气和砂岩气产层均出现不同程度的水淹，外部气源周期气举，合层开采。

（5）辅助排液生产阶段：在生产末期能量衰竭、产量不具备携液能力时，采用机抽的方式辅助排液。

生产初期的特点为气举排液，初期煤层产液量大、能耗高，利用煤系地层天然气对煤层进行排水降压；生产中期的特点为气举排液，煤层开始产气，但同时产液量保持较高水平，仍然利用高压煤系地层天然气进行辅助排液；生产后期的特点为自携液生产，煤层产气量较高，但不具备携液能力，两气合采补充气量携液；生产末期的特点为机械排液，产气量下降，不具备携液能力，而是通过机抽方式辅助排液。

根据上述合采技术思路，制订了精细的攻关技术方案，在井下分采工具、管柱材料特性、井口通道分离密封、气举流态模拟计算等多个方面，设计制造相应的采气装置和工具。通过多次方案论证和室内实验验证，优选井位并开展现场试验，在煤系多目的层多气合采技术领域实现了突破。

此次攻关成果丰硕，累计形成发明专利 5 项，作业标准 6 项，新装备、工具 12 项。

第三节　两气合采工艺

一、同心管两气合采工艺

1. 技术原理及方法

根据气举工艺和生产特征需求，基于常用生产管材，通过管柱设计，在井筒内重构 3 个独立生产通道，通道一为中心连续管内通道，通道二为外层管与中心管环空通道，通道三为外层管与油层套管的环空通道,形成了以油套环空、油油环空、中心油管为生产通道的三通道同心管两气合采工艺。该技术原理是通过合采管柱将煤系地层天然气、煤层气在井下进行分隔,煤系地层天然气通过油套环空生产,在井口节流控制后回注,气举排水,注入气、煤层气、煤层水经中心管产出,在生产后期,深层煤层气与煤系地层天然气压力接近后,封隔器解封,两气通过中心管生产,进入气体携液的稳定生产阶段。

合采工艺设计主要针对上部为砂岩气、下部为煤层气的井筒。在完成分层压裂后,分两趟下入并悬挂两根不同尺寸的油管,形成同心管管柱重构的两个生产通道,主要实现的工艺流程为两气在井下实现层位封隔,独立生产。油套环空产出砂岩气,一部分外输,另一部分经地面流程实现节流和计量进入油油环空,经中心油管气举排液。排采前期通过上部煤系地层天然气回注对深层煤层进行气举排液,后期待两层压力接近后,合层开采,通过混合天然气进行自携液生产。上述工艺原理如图 5-3-1 所示。

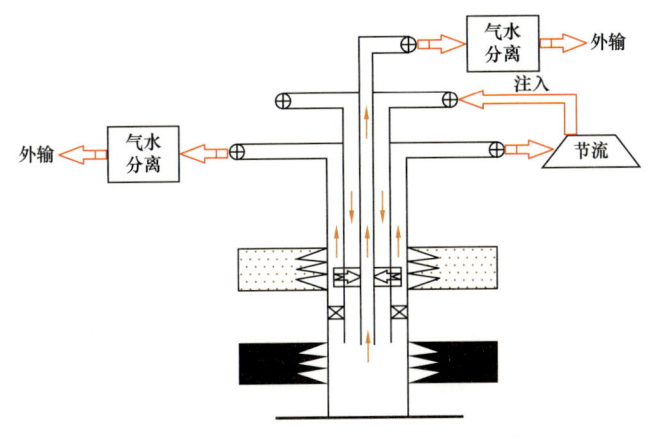

图 5-3-1 同心管两气合采工艺原理示意图

该技术的优势体现为管柱结构简单(常规管材)、需要的注入压力低、管柱摩阻小,通过一口井、一套系统,解决了通常需要两口井、两套系统开展的工作,通过同心连续管实现了单井两气合采,降低了建井费用和运行成本。

2. 同心管两气合采生产参数优化设计

在管柱设计的基础上,对注入方式(油油环空注入、中心管注入)进行了模拟分析,对不同参数进行了敏感性分析,研究了各参数对生产状态的影响程度,从而建立了合理的生产制度,优化形成了最终注气工艺方案。

在煤系地层天然气生产规律认识的基础上,对 2000m 以深煤层气的生产特征进行了分析,根据 8 号煤层勘探评价的 12 口井试采情况,深层 8 号煤层具有以下生产特征:

(1)见气早。排采初期开始见气,产气量上升速度非常快。

(2)产量高。DJ3-7 向 2 井产量达到 5000m^3/d,后期稳定排水,产量保持 3500m^3/d 以上,井底流压稳定。

(3)产水少。排采初期,受压裂液返排的影响,产水量较大,但后期稳定后,产水量在 0.2m^3/d 左右。

选取典型试采井的生产情况进行了特征分析，不同排采阶段的产液指数、气液比取值见表 5-3-1。

表 5-3-1　不同阶段的产液指数、气液比

序号	深层 8 号煤层排采阶段	计算产液指数 / [m^3/(d·MPa)]	计算气液比 / (m^3/m^3)	液量 / (m^3/d)
1	初期	10	0	≥10
2	早期	5	200	7~10
3	中期	2	200	5~7
4	稳定	1	200	3~5
5	稳定	0.5	200	1~3
6	稳定	0.1	200	≤1

在初期阶段，产液指数为 $10m^3$/(d·MPa)，气液比为 0，在不注气条件下，采用节点分析法对井生产能力进行分析。根据压力梯度剖面可以看出，在气藏压力下液面约在 305m 的位置。利用软件模拟，根据流入动态曲线（IPR 曲线）可以看出并无生产协调点，油藏压力至少到 25MPa 才能达到自喷生产的条件，所以目前不能自喷生产，需要进行人工举升辅助生产。

通过模拟的流入曲线和不同气液比的流出曲线进行产量预测，生产气液比较低时（0、$10m^3/m^3$），没有生产协调点，即产气量比较小时，井底流压比较高，没有达到足够的生产压差，不能生产。逐渐增加生产气液比（$50m^3/m^3$、$100m^3/m^3$、$200m^3/m^3$、$5000m^3/m^3$）时，有生产协调点，并且随着井底流压的降低，产液量递增。通过一系列的气液比和产液量的模拟计算，可以求出相应的注气量，绘制出气举井特性曲线，从而优化最佳注气量。

该区块有砂岩气和煤层气两个开采层段，根据基础数据分析，符合气举开采条件。以静压 18.7MPa、油压 1.6MPa、注气量 $600m^3$/d 进行模拟，结果表明注气后流入流出曲线有生产协调点，能够满足排水生产的要求。

随着地面注气压力升高，最大注气深度也相应增加，对气源的要求也越高，因此，注气压力应该选择能满足气举生产要求条件的最低压力。注气压力与注气深度的关系见表 5-3-2，注气压力取 5~14MPa，可以看出，随着压力增加，注气深度逐渐增加，当注气压力为 13MPa 时，能够满足注气深度 2200m（深层 8 号煤层平均埋深）的要求。但伴随油气井开采，地层压力逐渐降低，达到 2200m 注气深度所需的注气压力也会逐步降低。

气液比对生产也起着至关重要的作用。在生产前期，井底压力较高，煤层气并未达到解吸压力，所以以排水为主。当原始地层气液比低时，相对需要注入的气量多。不同地层压力下气液比与产量的预测见表 5-3-3，相同注气量情况下，随着气液比增加，产量逐渐增加，但是增幅逐渐减小。当气液比为 $10m^3/m^3$ 时，产量对注气量的变化非常敏感，即每增加 $1000m^3$ 的注气量，产量增加明显。当气液比为 $200m^3/m^3$ 时，产量随注气量的变化较小。

表 5-3-2　环空注入方式下注气压力与最大注气深度关系

地层压力 /MPa	注气深度 /m									
	5MPa	6MPa	7MPa	8MPa	9MPa	10MPa	11MPa	12MPa	13MPa	14MPa
18.7	835	1033	1226	1414	1594	1774	1951	2130	2200	2200
18	918	1085	1277	1466	1646	1829	2009	2188	2200	2200
17	1006	1164	1353	1543	1725	1908	2091	2200	2200	2200
16	1094	1274	1435	1625	1810	1993	2179	2200	2200	2200
15	1188	1359	1527	1710	1896	2082	2200	2200	2200	2200

注：注气量为 6000m^3/d，油压为 1.6MPa。

表 5-3-3　气液比与产气量关系

注气量 /（m^3/d）	产气量 /（m^3/d）			
	10m^3/m^3	50m^3/m^3	100m^3/m^3	200m^3/m^3
1000	24.0	32.9	40.7	47.2
2000	31.1	37.5	43.1	47.8
3000	35.8	40.6	44.7	48.3
4000	39.0	42.8	45.9	48.6
5000	41.4	44.4	46.8	48.9
6000	43.3	45.6	47.4	49.1
7000	44.7	46.5	48.0	49.2
8000	45.8	47.2	48.4	49.3
9000	46.6	47.8	48.7	49.4
10000	47.3	48.2	48.9	49.4

注：注气压力为 13MPa，油压为 1.6MPa。

在中心管生产能力与参数敏感性分析方面，利用软件模拟，采用节点分析法对煤层气生产能力进行分析。根据压力、温度剖面可以看出，在气藏压力下，液面大概在 610m 位置。根据流入流出曲线可以看出并无生产协调点，气藏压力至少到 25MPa 才能达到自喷生产的条件，所以目前不能自喷生产，需要进行人工举升辅助生产。

通过模拟 IPR 曲线和不同气液比的流出曲线进行产量预测，结果表明，生产气液比较低时（0、10m^3/m^3、50m^3/m^3），没有生产协调点，即产气量比较少时，井底流压比较高，没有达到足够的生产压差。逐渐增加生产气液比（100m^3/m^3、200m^3/m^3、500m^3/m^3）时，有生产协调点，并且随着井底流压的降低，产液量递增。以静压 18.7MPa、油压 1.6MPa、注气量6000m³/d进行模拟，节点分析结果表明，注气后流入流出曲线有生产协调点，能够满足排水生产的要求。随着地面注气压力升高，最大注气深度也相应增加，对气源的要求也越高，因此，注气压力应该选择能满足气举生产要求条件的最低压力。注气压力与注气深度的关系见表5-3-4，注气压力取5～14MPa，可以看出，随着压力增加，注气深度逐渐增加，当注气压力为13MPa时，能够满足注气深度2200m的要求。

表5-3-4 中心管注入方式下注气压力与注气深度关系

地层压力/MPa	注气深度/m									
	5MPa	6MPa	7MPa	8MPa	9MPa	10MPa	11MPa	12MPa	13MPa	14MPa
18.7	841	1030	1210	1387	1561	1734	1905	2079	2200	2200
18	905	1091	1271	1448	1622	1795	1969	2143	2200	2200
17	1039	1182	1359	1536	1713	1887	2063	2200	2200	2200
16	1140	1274	1454	1631	1807	1984	2161	2200	2200	2200
15	1244	1357	1552	1728	1905	2082	2200	2200	2200	2200

注：注气量为6000m³/d，油压为1.6MPa。

通过对在套管中下入同心双管的两种生产方案的模拟研究，可获得以下认识：

（1）两种方案都需要进行注气生产。

（2）气液比为0～500m³/m³时，环空生产时气液比为50m³/m³时即可生产，排水量为20～50m³/d；油管生产时，气液比达到100m³/m³时才可生产，排水量为20～30m³/d。

（3）达到2200m的注气深度需要13MPa的注气压力，但随着注气压力降低，环空生产的注气深度大于小油管生产的注气深度，见表5-3-5。

表5-3-5 注气压力与注气深度关系

生产方案	注气深度/m									
	5MPa	6MPa	7MPa	8MPa	9MPa	10MPa	11MPa	12MPa	13MPa	14MPa
环空生产	835	1033	1226	1414	1594	1774	1951	2130	2200	2200
小油管生产	841	1030	1210	1387	1561	1734	1905	2079	2200	2200
差值	−6	3	16	27	33	40	46	51	0	0

（4）地层压力为13～20MPa时，注气深度为2200m，注气压力为10～14MPa；地层压力小于13MPa时，注气深度为2200m，环空生产所需地层压力略低于小油管生产时的地层压力，见表5-3-6。

（5）环空生产通道面积大于小油管生产面积，而环空产量大于小油管生产产量，见表5-3-7。

（6）由表5-3-8可见，当环空生产井底流压为14.37MPa时，小油管生产井底流压为15.75MPa，环空生产井底流压比小油管生产井底流压低1.38MPa，产量则多13.7m³/d。

表 5-3-6　注气压力与举升深度关系

举升深度 /m	注气压力 /MPa	环空生产地层压力 /MPa	小油管生产地层压力 /MPa
2200	5	—	≤6
2200	6	≤6	≤7
2200	7	≤8	≤8
2200	8	≤9	≤10
2200	9	≤11	≤12
2200	10	≤13	≤13
2200	11	≤15	≤15
2200	12	≤17	≤17
2200	13	≤19	≤19
2200	14	≤20	≤20

表 5-3-7　注气量与产气量关系

注气量 /（m³/d）	1000	2000	3000	4000	5000
环空产量 /（m³/d）	24	31.1	35.8	39	41.4
小油管产量 /（m³/d）	17.7	22.8	25.9	27.7	28.8
对比 /（m³/d）	6.3	8.3	9.9	11.3	12.6
注气量 /（m³/d）	6000	7000	8000	9000	10000
环空产量 /（m³/d）	43.3	44.7	45.8	46.6	47.3
小油管产量 /（m³/d）	29.6	30.1	30.4	30.5	30.6
对比 /（m³/d）	13.7	14.6	15.4	16.1	16.7

表 5-3-8　井口油压与产气量关系

井口油压 /MPa	1	1.6	2	3	4
环空产量 /（m³/d）	47	43.3	40.6	33.7	26.6
小油管产量 /（m³/d）	31.9	29.6	28.1	23.8	19
产量对比 /（m³/d）	15.1	13.7	12.5	9.9	7.6
环空井底流压 /MPa	14	14.37	14.64	15.3	15.91
小油管井底流压 /MPa	15.52	15.75	15.9	16.32	16.81
流压对比 /MPa	−1.52	−1.38	−1.26	−1.02	−0.9

（7）环空生产注气敏感性大于小油管生产注气敏感性。由表 5-3-9 可见，环空产量为 24~47.3m³/d，小油管产量为 17.7~30.6m³/d。

表 5-3-9　注气量与气液比关系

注气量 /（m³/d）	产量 /（m³/d）		
	气液比为 10m³/m³		对比
1000	24	17.7	6.3
2000	31.1	22.8	8.3
3000	35.8	25.9	9.9
4000	39	27.7	11.3
5000	41.4	28.8	12.6
6000	43.3	29.6	13.7
7000	44.7	30.1	14.6
8000	45.8	30.4	15.4
9000	46.6	30.5	16.1
10000	47.3	30.6	16.7

综合考虑上部煤系地层天然气生产特征及稳产能力，以及小油管后期有效携液的优势，最终形成了环空注入、油管生产的生产方式，并建立了测试评价控制制度（表 5-3-10）。

表 5-3-10　同心管合采工艺采气控制制度

序号	注入压力 /MPa	注入流量 /（m³/d）	测试时间 /d	备注
1	15	4000~6000	15	
2	13	4000~6000	15	
3	12	4000~6000	15	（1）测试过程每个制度，重点关注生产的压力、注入量是否稳定。（2）每个制度测试结束前，取注入和产出的气样和水样各一个进行组分分析。（3）压力、产量数据，每12h 记录一次，并生成电子文档
4	11	4000~6000	15	
5	10	4000~6000	15	
6	9	4000~6000	15	
7	8	4000~6000	15	
8	7	4000~6000	15	
9	6	4000~6000	15	

3. 同心管合采工艺现场试验

针对上部为砂岩气、下部为煤层气的井筒,在完成分层压裂后,分两趟下入并悬挂同心管柱及配套工具,利用产出的砂岩气举升并排出同井煤层的产出水,直至煤层正常采气,实现同井筒两气合采。选取鄂尔多斯盆地东缘大吉区块具有典型储层特点的气井开展了现场工艺试验,试验期间重点测试了不同产液条件下所需的注入压力和注入产量,评价该工艺在煤系地层综合开发的推广应用条件。

1)试验井基本情况

(1)基础数据表。同心管合采工艺试验井基础数据见表 5-3-11。

表 5-3-11 同心管合采工艺试验井基础数据

井别	开发井	开钻日期	2019-09-25	完钻日期	2019-10-30
完井日期	2019-11-05	完钻层位	马家沟组	完钻井深 /m	2440.0
地面海拔 /m	805.25	补心高 /m	7.75	预测地层压力 /MPa	17~19(山西组)
人工井底 /m	2413.31	联入 /m	—	完井方式	套管完井
最大井斜 /(°)	34.46	方位 /(°)	50.67	深度 /m	2400	套管接箍数据	—
井身结构	钻头程序 /mm×m	套管名称	外径 /mm	壁厚 /mm	钢级	下入深度 /m	水泥返深 /m	阻流环深 /m
	311.2×470.00	表层套管	244.5	8.94	J55	470.00	地面	2413.31
	215.9×2440.00	生产套管	139.7	9.17	N80	2436.39		

注:全井径扩大率为 6.69%,储层井径扩大率为 7.67%。

(2)气层基本数据。同心管合采试验井气层基本数据见表 5-3-12。

(3)射孔数据。同心管合采试验井射孔数据见表 5-3-13。

表 5-3-12 同心管合采试验井气层基本数据

层位	测井解释井段 /m	厚度 /m	垂厚 /m	声波时差 /μs/m	孔隙度 /%	含气饱和度 /%	综合解释结论
8 号煤层	2302.0~2304.9	2.9	2.4	4364.8	3.65	—	煤层
	2306.3~2313.3	7.0	5.8	9374.0	3.92	—	煤层
山 2^3 亚段	2256.9~2258.8	1.9	1.6	192.59	7.34	42.15	气层
盒 4 段	1859.9~1862.3	2.4	2	264.42	11.47	41.23	气层
	1858.6~1859.9	1.3	1.2	252.38	7.45	22.24	差气层
	1853.8~1858.6	4.8	4	262.48	10.64	41.97	气层

表 5-3-13　同心管合采试验井射孔数据

序号	层位	射孔井段 /m	射孔长度 /m	试气方案	备注
1	8 号煤层	2306.0～2309.0 2301.5～2303.5	3.0 2.0	分层压裂 两气合采	附近接箍 2301.92m
2	山 2^3 亚段	2257.0～2259.0	2.0		附近接箍 2256.66m
3	盒 4 段	1856.0～1860.0	4.0		附近接箍 1860.63m

（4）作业情况简述。

该井采用三段压裂方式，先采用光套管压裂方式对 8 号煤层进行改造，测试评价后封层；再采用管柱压裂方式对煤系地层天然气盒 4 段、山 2^3 亚段分压合试，试气评价后起出压裂管柱。打捞桥塞，后下入两气合采生产管柱进行合采试验。

2020 年 6 月 12 日，采用氨基磺酸 + 滑溜液 + 石英砂压裂 8 号煤层。

2020 年 6 月 12 日至 6 月 19 日，放喷排液，2mm 油嘴—3mm 油嘴—5mm 油嘴—8mm 油嘴—敞放，套压从 27.8MPa 降至 0，累计出液 248.5m³，入井总液量为 1445.9m³，返排率为 17.1%。

2020 年 6 月 19 日至 6 月 23 日，关井，套压为 5.1MPa。

2020 年 7 月 8 日，采用冻胶酸液 + 瓜尔胶液 + 石英砂压裂山 2^3 亚段。

2020 年 7 月 8 日至 7 月 10 日，放喷排液，油管放喷，3mm 油嘴—5mm 油嘴—8mm 油嘴—敞放，油压从 10.8MPa 降至 0，套压从 10.8MPa 降至 0，累计出液 88.7m³，入井总液量 885.2m³，返排率为 10.0%。

2020 年 7 月 8 日至 7 月 15 日，关井，油压为 0，套压为 0.8MPa。

2）完井情况

该井采用同心管合采工艺完井，利用同心管带工具串（堵塞器、封隔器、气举阀、机械丢手）进行完井作业，完井结构和井口如图 5-3-2 所示。

（1）同心连续管参数：外层为 ϕ60.3mm 加厚油管，内层为 ϕ31.75mm 连续管。

（2）外管：利用 60.3mm 加厚油管，带工具串（堵塞器、封隔器、气举阀、机械丢手）下入深度 2273m（封隔器下入深度），进行同心管外管完井作业；通过打压坐封封隔器，达到煤层气与砂岩气分层的目的。

（3）内管：利用 ϕ31.75mm 连续管，进行同心管内管完井作业，下入深度 2270m。

（4）通过地面流程控制注入气量与压力，按设计的排采速率控制煤层产出水的排液量。

（5）井下设置 ϕ110mm 气举阀，开启压力 10MPa，仅受套压控制。在盒 4 段、山 2^3 亚段煤系地层天然气层出现积液时，开启气举阀通过连续管消除积液（封隔器解封最高压差为 25MPa，最高注气压力为 15MPa）。

（6）设计的流程能在需要时引入外部气源，以便启动煤层气的气举排液、控制气举阀的开启和在同井砂岩气的产出量不足时作为补充。

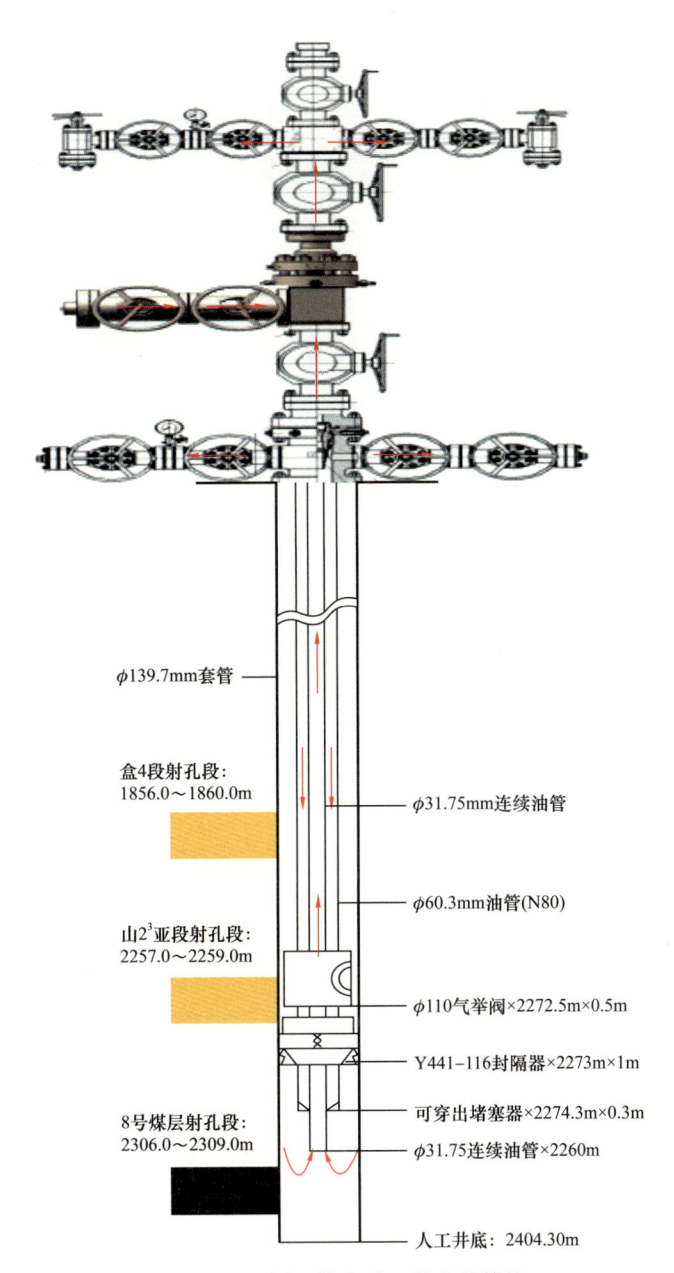

图 5-3-2　同心管合采工艺完井管柱

4. 生产控制与测试评价

同心管工艺试验井完井后关井。套压为 6MPa，油油环空压力为 13.5MPa，油压为 4.5MPa。从前期对煤系地层天然气盒 4 段和山 2^3 亚段的测试情况看，上部地层的供气能力有限，为了保证试验成功，并获得合采工艺的测试参数，选取邻井作为气源井。

该井试验过程以邻井作为气源，通过节流后，向 ϕ60.3mm 油管和 ϕ31.75mm 连续管环空注气，ϕ31.75mm 连续管气水同出。同心管合采工艺地面流程如图 5-3-3 所示。

图 5-3-3 同心管合采工艺地面流程

该井于 2020 年 10 月 27 日正式投产，平稳运行 9 个多月，气液排采运行平稳，运行情况如图 5-3-4 所示，合采工艺试验取得成功。根据制度设计，过程中分别测试了 6 个工作制度，见表 5-3-14。

表 5-3-14 同心管合采工艺采气制度测试及生产情况

测试制度	注入压力 /MPa	注入气量 /（m³/d）	产水量 /（m³/d）	煤层气产量 /（m³/d）	总产量 /（m³/d）
制度 1	15	4000	0	0	4000
制度 2	10	3000	1	1000	4000
制度 3	7	2500	1	1500	4000
制度 4	6	1500	0.5	2500	4000
制度 5	5	1000	0.3	3000	4000
制度 6	4	0	0.1	4000	4000

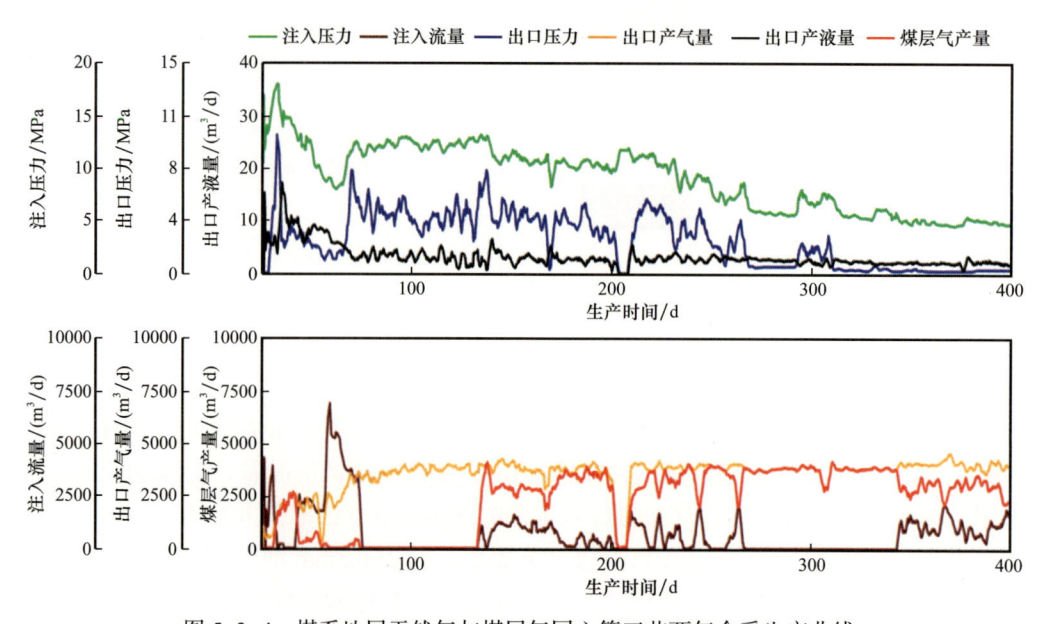

图 5-3-4 煤系地层天然气与煤层气同心管工艺两气合采生产曲线

基于生产测试结果可获得以下认识：

（1）同心管柱工艺能够有效实现同井的两气合采，工艺可行。

（2）通过排采动态可以看出，随着连续排水降压，煤层逐步开始解吸，层内建立有效流动，产气量持续上升；产出水可以被有效举升，实现连续生产。

（3）测试后期，平均注入压力为4MPa，平均注入气量仅300m³/d，平均产气量为4000m³/d（其中深层煤层气3700m³/d，煤系地层天然气300m³/d），平均产水量为0.3m³/d。根据注采参数，鄂尔多斯盆地东缘大吉区块70%以上的井可满足要求，技术适应性强。

二、集束管多气合采工艺

1. 技术原理及方法

该技术原理与同心管工艺相近，技术特色在于增加了一个通道，构成四通道生产工艺。另外，还具有一次性带压完井、增加测试通道、可交替生产（防止煤粉堵塞通道）等技术优势，属前沿储备技术，形成发明专利《集束管两气共采生产管柱》（胡强法等，2020）。该技术对煤系地层多气合采工艺的完善和提升具有重要意义。

工艺原理主要为：煤系地层天然气通过油套环空生产，在井口节流控制后回注，注入气从一根内管注入，从另一根内管（或油油环空）产出。生产后期，深层煤层与煤系地层天然气压力接近后，封隔器解封，两气通过内管（或油油环空）生产，进入气体携液的稳定生产阶段，如图5-3-5所示。集束管两气合采系统主要包括油油环空和小油管通道，如图5-3-6所示。

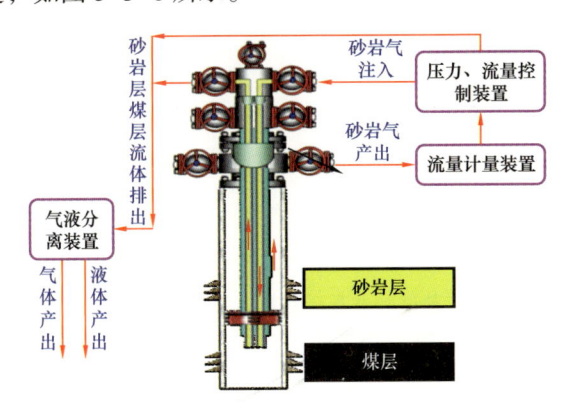

图 5-3-5　集束管两气合采工艺原理　　　图 5-3-6　集束管结构示意图

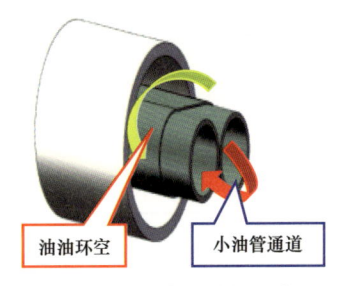

1）井内4个独立通道

上部砂岩气采出：经油套环空或油油环空采出。

深部煤层气气举排液：由一根内管注入，经另外一根内管举升煤层采出水。

集束管内管与外管之间环空：砂岩气段积液，通过砂岩气采出口泵压，气举阀打开，通过集束管环空举升砂岩采出积液。

2）地面流程3个基本功能

原有流程：砂岩气集输流程。

控制流程：砂岩气分流，控制压力、流量，注入。
分离流程：煤层气采出水分离。

2. 集束管两气合采生产参数优化设计

在集束管柱设计的基础上，与同心管柱分析方法类似，对不同参数进行敏感性分析，研究各个参数对生产状态的影响程度，从而建立合理的生产制度，优化形成最终注气工艺方案。考虑上部煤系地层天然气生产特征及稳产能力，以及小油管后期有效携液的优势，最终形成以环空注入和油管生产的生产方式，并形成测试评价控制制度（表5-3-15）。

表5-3-15　集束管合采工艺采气控制制度设计

序号	注入压力/MPa	注入流量/（m³/d）	测试时间/d	备注
1	14	4000～6000	15	
2	13	4000～6000	15	
3	12	4000～6000	15	（1）测试过程每个制度，重点关注生产的压力、注入量是否稳定。
（2）每个制度测试结束前，取注入和产出的气样和水样各一个进行组分分析。
（3）压力、产量数据，每12h记录一次，并生成电子文档
4	11	4000～6000	15	
5	10	4000～6000	15	
6	9	4000～6000	15	
7	8	4000～6000	15	
8	7	4000～6000	15	
9	6	4000～6000	15	

3. 集束管合采工艺现场试验

1）试验井基本情况

（1）基础数据。集束管合采工艺试验井基础数据见表5-3-16。

表5-3-16　集束管合采工艺试验井基础数据

井别	开发井	完井日期	2020-05-02	完钻井深/m	2428.0
地面海拔/m	805.25	补心高/m	5.9	预测地层压力/MPa	17～19（山西组）
人工井底/m	2396.5	联入/m	—	完井方式	套管完井
最大井斜/（°）	33.92	方位（°）	286.32　深度/m　1399.63	套管接箍数据/m	2193/2204/2215
井身结构	钻头程序/mm×m	套管名称	外径/mm	壁厚/mm	钢级	下入深度/m	水泥返深/m	阻流环深/m
	311.2×472.21	表层套管	244.5	8.94	J55	472.21	地面	2401.84
	215.9×2428.00	生产套管	139.7	9.17	N80	2424.69		

（2）气层基础数据。集束管合采试验井气层基础数据见表 5-3-17。

表 5-3-17　集束管合采试验井气层基础数据

层位	测井解释井段 / m	厚度 / m	垂厚 / m	声波时差 / μs/m	孔隙度 / %	含气饱和度 / %	综合解释结论
8 号煤层	2293.6～2299.2	5.6	4.8	379.97	3.8	—	煤层
	2287.6～2289.5	1.9	1.7	342.79	4.04	—	煤层
山 2^1 亚段	2177.2～2178.9	1.7	1.5	230.72	9.61	38.57	气层
	2173.6～2177.2	3.6	3.2	205.73	2.04	—	致密层
盒 7 段	2020.1～2023.5	3.4	3.1	228.5	8.1	20.55	差气层

（3）射孔数据。集束管合采试验井射孔数据见表 5-3-18。

表 5-3-18　集束管合采试验井射孔数据

序号	层位	射孔井段 /m	射孔长度 /m	试气方案	备注
1	8 号煤层	2293.0～2296.0 2287.0～2288.5	3.0 1.5	分层压裂 两气合采	附近接箍 2295.19m
2	山 2^1 亚段	2177.0～2179.0	2.0		
3	盒 7 段	2020.0～2023.0	3.0		

（4）作业情况简述。

该井采用三段压裂方式，先采用光套管压裂方式对 8 号煤层进行改造，测试评价后封层，再采用管柱压裂方式对煤系地层天然气盒 7 段和山 2^1 亚段进行分压合试，试气评价后起出压裂管柱。打捞桥塞后，下入两气合采生产管柱进行合采试验。

2020 年 6 月 23 日，滑溜液 + 石英砂 + 陶粒压裂 8 号煤层。

2020 年 6 月 23 日至 7 月 18 日，放喷排液，累计出液 336.6m^3，入井总液量 1592.1m^3，返排率达 21.1%。

2020 年 7 月 15 日至 7 月 18 日，关井。

2020 年 7 月 25 日，用冻胶酸液 + 瓜尔胶液 + 石英砂对山 2^1 亚段和盒 7 段进行压裂。

2020 年 7 月 25 日至 9 月 12 日，放喷排液，累计出液 186.7m^3，入井总液量 732m^3，返排率达 25% 后关井。

2）完井情况

集束管完井前，为保证井筒清洁，避免砂埋井下封隔器等工具和堵塞气举阀口等风险，压裂后先进行排液放喷和通洗井工序，然后下入集束管，完井结构如图 5-3-7 所示。

（1）集束管参数：外层为 ϕ60.3mm 连续管，内层为两根 ϕ31.75mm 连续管。

（2）利用集束管带工具串（堵塞器、封隔器、气举阀、机械丢手）下入深度2198m（封隔器下入深度）进行集束管完井作业；通过打压坐封封隔器，达到煤层气与砂岩气分层的目的。

（3）通过地面流程控制注入气量与压力，按设计的排采速率控制煤层产出水的排液量。

（4）在砂岩气产气通道出现积液时，开启气举阀通过连续管消除积液（封隔器解封最高压差25MPa，最高注气压力15MPa）。

（5）设计的流程能在需要时引入外部气源，以便启动煤层气的气举排液、控制气举阀的开启和在同井砂岩气的产出量不足时作为补充。

3）集束管柱入井步骤

（1）集束管下端依次连接连接器、丢手、气举阀外筒、集束管内管固定器、集束管外管连接筒、封隔器、堵塞器等工具，工具长度复核后，将连续油管及工具收入防喷管内，然后连接防喷管与井口。

（2）依次检查各管汇及阀门，确认无误后，开始下入工具。

（3）工具下至预定深度后，启动四闸板防喷器的悬挂和半封功能，将集束管悬挂在井口，确认防喷器半封密封合格后，井口泄压，使用防喷器剪切闸板剪断集束管。

（4）移开注入头，对井口处集束管管端进行修整和矫直处理，在修整后的管端安装重载连接器。

（5）注入头上的集束管也进行修整和矫直处理，同时在防喷盒下加装防喷管，在集束管上安装穿越连接器与"萝卜头"密封悬挂器，并在井口与重载连接器完成回接。

（6）吊车缓慢下放注入头并使防喷管与井口连接，关闭防喷器悬挂和半封功能，缓慢下集束管，使"萝卜头"密封悬挂器完全坐入油管头内。

（7）在集束管入口端泵压，同时缓慢起集束管，集束管悬重无增加说明成功丢手，关闭井口闸阀，井口泄压后取出送入工具。

（8）剪断由穿越连接器和悬挂器通过的集束管，并去掉外管，露出两个内管，安装井口分流装置。

（9）打开井口闸阀，向井口集束管缓慢泵压，先将封隔器坐封，封隔器坐封并验封合格后，继续泵压，压力达到堵塞器堵头剪切力时，堵头运动到集束管堵塞器的丝堵（集束管堵塞器中的筛管之下）中，煤层与集束管连通。

（10）集束管柱成功下入井内，开始投产。

4）集束管柱井口悬挂

集束管两气共采生产管柱中的外接四通位于1号阀门上端（图5-3-7），上接口用于集束管环空采气，下接口与集束管悬挂器相连，左接口用于集束管内管进气，右接口用于集束管内管采气。集束管井口分流装置位于四通中心位置，将集束管的3个通道分别连通到四通的上述3个通道中，其作用是将集束管两根内管分流，互不干涉。下部井口大四通的旁通作为油套环空采气口，油套环空为集束管外管与套管形成的环形空间，作为砂岩气的采集通道。

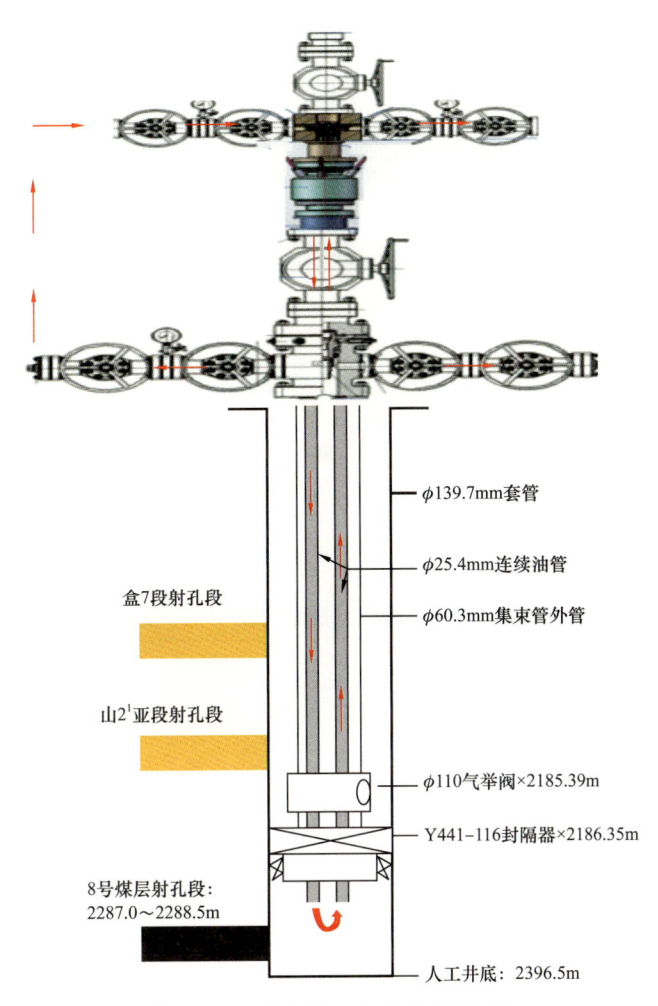

图 5-3-7　集束管合采工艺完井管柱

4. 生产控制与测试评价

为方便实施集束管合采工艺，试验过程也以邻井作为气源，通过节流后通过向一根 ϕ31.75mm 连续管注气，另外一根 ϕ31.75mm 连续管气水同出，工艺地面流程如图 5-3-8 所示。

该井于 2020 年 10 月 27 日正式投产，平稳运行 9 个多月，气液排采运行平稳，运行情况如图 5-3-9 所示，工艺试验取得成功。根据制度设计，过程中分别测试了 6 个工作制度（表 5-3-19）。

基于生产测试结果可获得以下几点认识：

（1）集束管柱工艺能够有效实现同井的两气合采，工艺可行。

（2）通过排采动态可以看出，随着连续排水降压，煤层逐步开始解吸，层内建立有效流动，产气量持续上升；产出水可以被有效举升，实现连续生产。

（3）与同心管柱生产动态相同，测试后期，平均注入压力为 4MPa，平均注入气量仅

500m³/d；平均产气量为 4000m³/d（其中深层煤层气 3500m³/d，煤系地层天然气 500m³/d），平均产水量为 2m³/d。根据注采参数，该工艺的技术适应性较强。

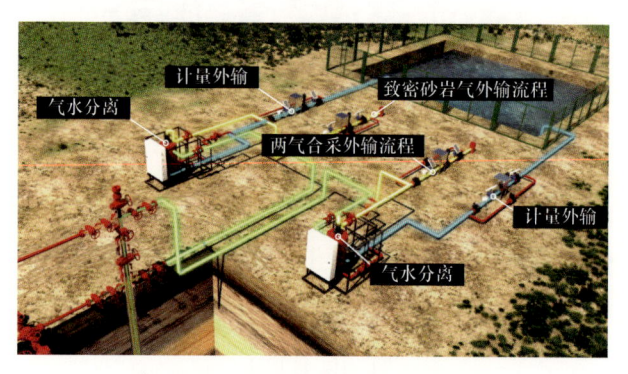

图 5-3-8　集束管合采工艺地面流程

表 5-3-19　集束管合采工艺采气制度测试及生产情况

测试制度	注入压力 /MPa	注入气量 /（m³/d）	产水量 /（m³/d）	煤层气产量 /（m³/d）	总产量 /（m³/d）
制度 1	16	4000	5	0	2000
制度 2	13	1000	13	1000	2500
制度 3	11	1500	3	2500	4000
制度 4	7	0	2	4000	4000
制度 5	6	1000	2	3000	4000
制度 6	4	500	2	3500	4000

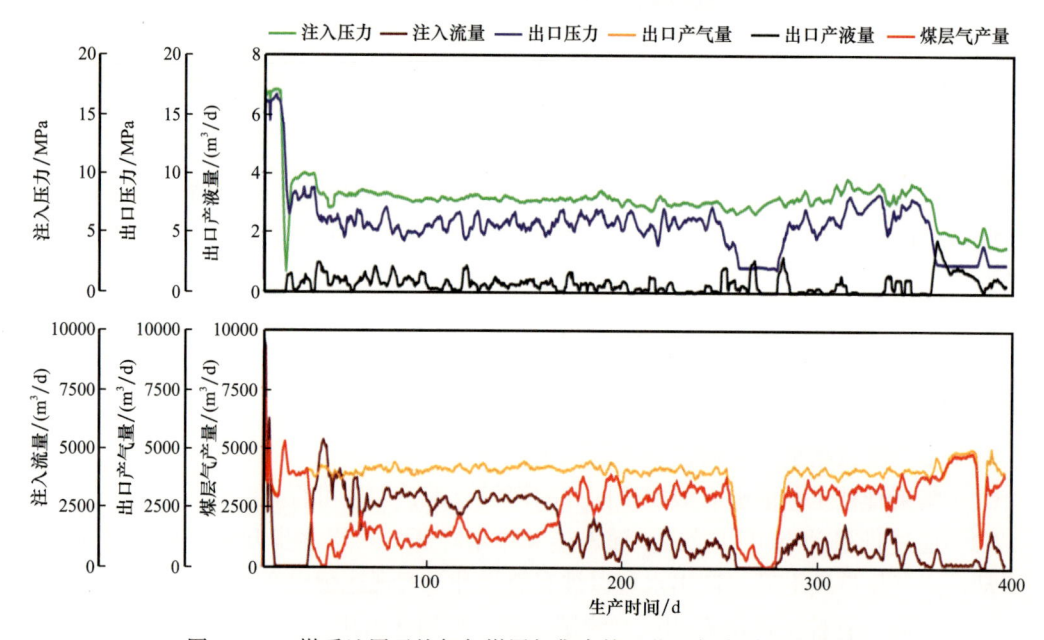

图 5-3-9　煤系地层天然气与煤层气集束管工艺两气合采生产曲线

三、煤系地层天然气与煤层气接替开采技术

1. 技术原理及方法

在同井两气合采技术的基础上，为配套和完善大吉区块煤层气和煤系地层天然气综合开发技术，对于煤系地层天然气储层较差或产量递减、水淹的井，通过深层煤层气补充，借鉴机械采油方式，辅助排水降压，实现煤系地层天然气、煤层气同井同采。

2. 工艺实施及生产动态认识

为加深深层煤层气、煤系地层天然气两气合采的认识，采用分层连续监测合采工艺，利用煤系地层天然气老井对深层煤层气、煤系地层天然气进行合层排采，明确合采动态。累计试验 3 口井，分别开展了山西组 5 号煤层与太原组—山 2^3 亚段页岩段、山西组 5 号煤层和煤系地层盒 8 段、太原组 8 号煤层和煤系地层盒 2 段、盒 7 段、盒 8 段 3 个气层的合采试验评价。

1）山西组 5 号煤层与太原组—山 2^3 亚段页岩段合采

HC41 井位于鄂尔多斯盆地伊陕斜坡东部，共 3 个生产层位，分别为山西组 5 号煤层（2041.2～2045.3m）、太原组—山 2^3 亚段页岩段 1（2070～2075m）、太原组—山 2^3 亚段页岩段 2（2080～2084m），3 层之间储层物性相差较大，在 2017—2018 年进行压裂改造，于 2018 年 11 月 23 日投产，采取排水采气措施，试验期累计产气 $7.43×10^4m^3$，累计产水 $1598m^3$。

HC41 井合采工艺：采用抽油机 + 杆式泵排采，油管外侧挂接产出剖面永久监测仪器进行井下压力、温度、流量监测。2018 年 11 月 23 日，使用"10 型抽油机 +ϕ38mm 杆式泵 + 产出剖面动态永久性监测"对太原组—山 2^3 亚段页岩、5 号煤层进行合采试验，合采管柱结构如图 5-3-10 示。

入井仪器串：煤层气井产出剖面测井仪由遥传三参数（温度、压力、接箍）、热式流量计探针持气率计、超声流量计、涡轮流量计微波持气率计组成。仪器下入 5 号煤层与页岩层的中间位置，通过定点测试，持续监测井下压力、温度及流量，如图 5-3-11 所示。本次为单点监测，仪器位于 5 号煤层与页岩层之间 2056.02m（垂深 1951m）处，可以监测到 5 号煤层产液情况和页岩层产气情况（表 5-3-20）。

依据流量监测数据，结合生产动态分析，对煤层、页岩层产水量进行计算，并绘制全生产周期产水曲线，如图 5-3-12 所示。

该井两气合采的产气总体特征表现为：前期产气稳定，加速排液降压后套压稳定的情况下气量快速上升，后期由于泵效降低，产量下降。起套压时，对应煤层位置的井底流压为 14.89MPa，未达到煤层临界解吸压力，结合监测数据判断为页岩层产气。

排采期间设计了 7 个制度进行产能测试；通过产能分析，绘制产气量—生产压差曲线（图 5-3-13），发现套压稳定，产气量上升前后曲线存在明显拐点，判断煤层开始解吸产气，导致曲线差异，计算解吸压力为 11.5MPa。该井的产气量生产曲线如图 5-3-14 所示。

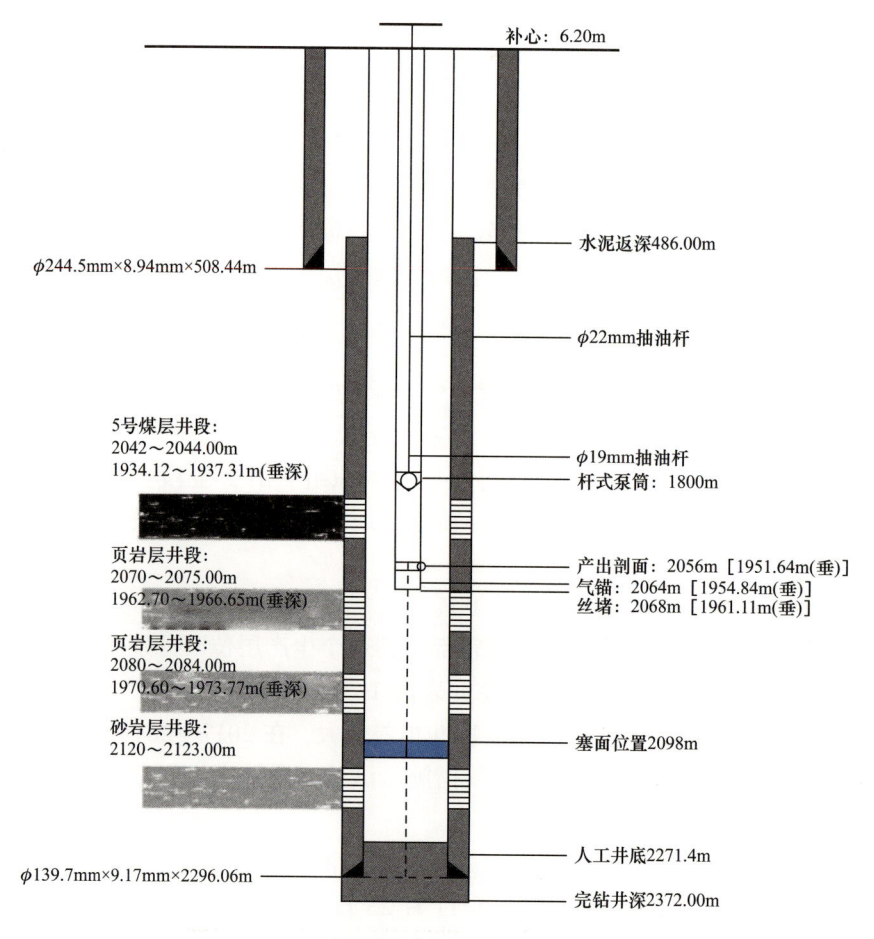

图 5-3-10　HC41 井分层连续监测合采管柱结构

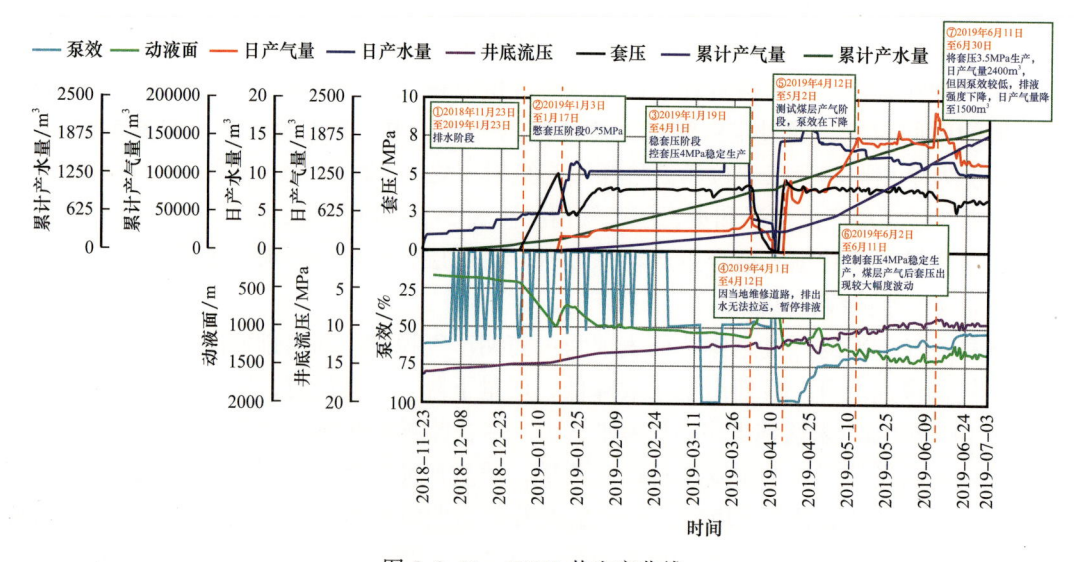

图 5-3-11　HC41 井生产曲线

表 5-3-20　HC41 井分层流量监测数据

序号	压力 /MPa	温度 /℃	水流量 /（m³/d） 5 号煤层	水流量 /（m³/d） 页岩层	气流量 /（m³/d） 5 号煤层	气流量 /（m³/d） 页岩层
1	14.695	71.64	0.35	4.36	0	0
2	14.515	71.64	0.42	5.78	0	240
3	13.59	71.64	0.22	9.24	0	258
4	13.23	71.77	2.89	7.52	0	338
5	13.005	71.9	0.67	9.76	0	345

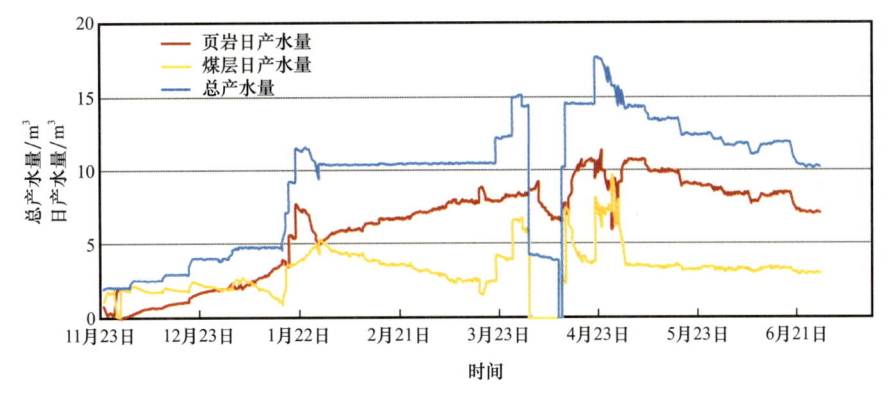

图 5-3-12　HC41 井产水量生产曲线

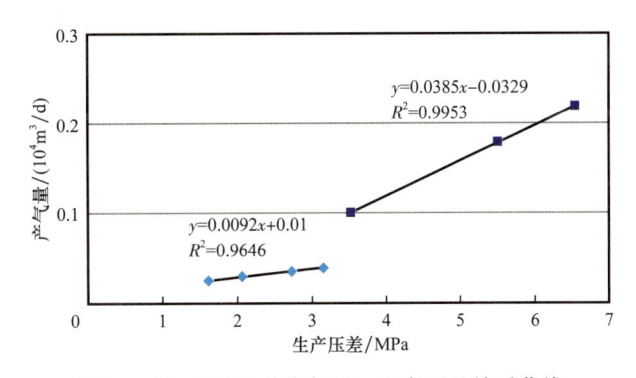

图 5-3-13　HC41 井产气量—生产压差关系曲线

基于上述分析获得以下认识：

（1）该井深层 5 号煤层、页岩层均具有一定产气能力，明确了两层的产出贡献，其中煤层气产量占比约 30%。

（2）该井深层 5 号煤层的临界解吸压力为 11.5MPa。

（3）两气合采的排采前期即可获得较高产气量，生产特征与页岩气井生产特征相符，井底流压降至临界解吸压力后，煤层开始产气，气产量逐渐上升，生产特征与煤层气井相符。

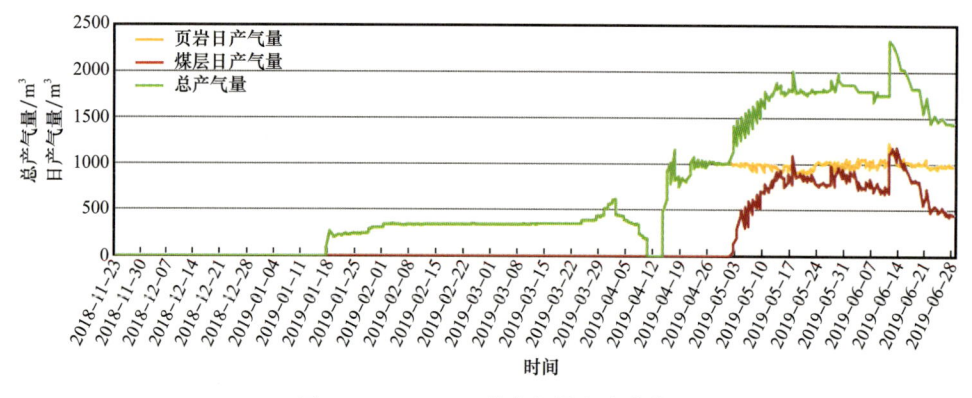

图 5-3-14　HC41 井产气量生产曲线

2）山西组 5 号煤层和煤系地层盒 8 段合采

HC6–10 向 2 井共两个生产层位，从上到下分别为石盒子组盒 8 段（2152.00～2155.00）和山西组 5 号煤层（2247.0～2249.00m），于 2020 年 6 月 15 日投产，采取排水采气措施，试验期累计产气 20.3×10^{4}m^3，累计产水 186.68m^3。HC6–10 向 2 井排采完井管柱、排采曲线分别如图 5-3-15、图 5-3-16 所示。

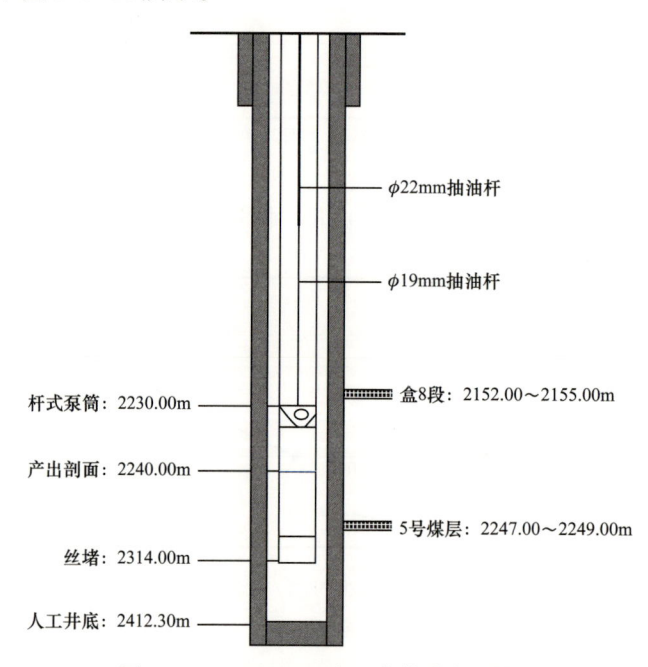

图 5-3-15　HC6–10 向 2 井排采完井管柱

3）太原组 8 号煤层和煤系地层盒 2 段、盒 7 段、盒 8 段合采

HC6–10 向 4 井构造上位于鄂尔多斯盆地伊陕斜坡，共 4 个生产层位，从上到下分别为石盒子组盒 2 段、盒 7 段、盒 8 段（1858.0～1861.0m，2110.0～2113.0m，2179.0～2182.0m）和太原组 8 号煤层（2366.5～2369.5m，2375.0～2376.0m），于 2020 年 6 月 15 日投产，采取抽油机排水采气方式，试验期累计产气 3.34×10^{4}m^3，累计产水 208.7m^3。HC6–10 向 4 井排采完井管柱、排采曲线分别如图 5-3-17、图 5-3-18 所示。

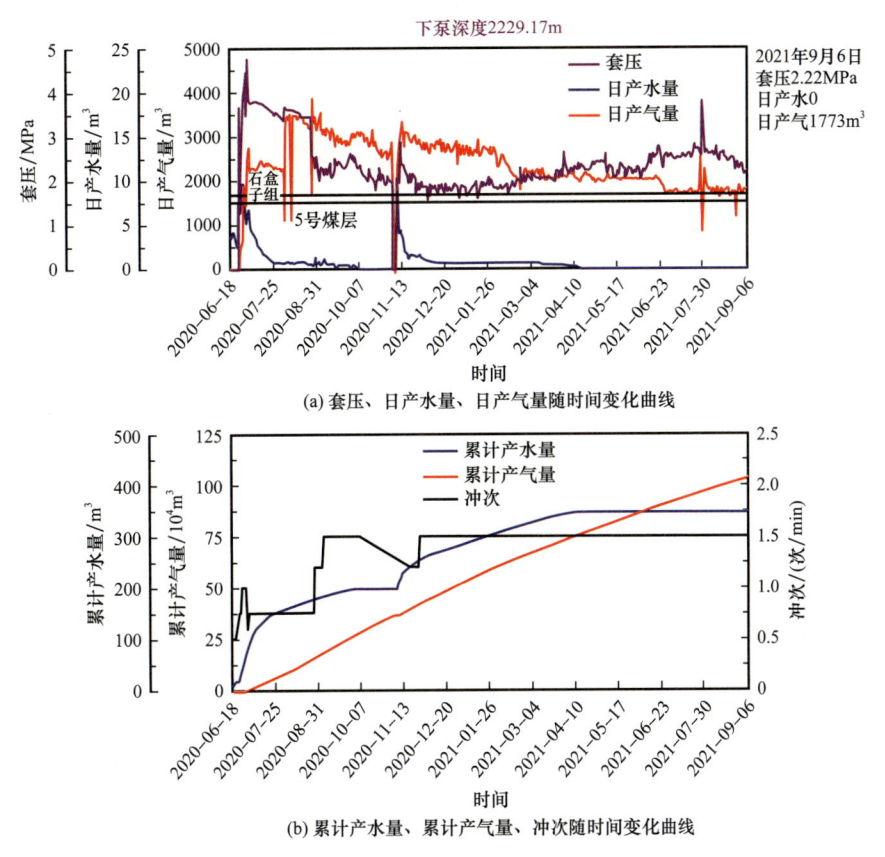

(a) 套压、日产水量、日产气量随时间变化曲线

(b) 累计产水量、累计产气量、冲次随时间变化曲线

图 5-3-16　HC6-10 向 2 井排采曲线

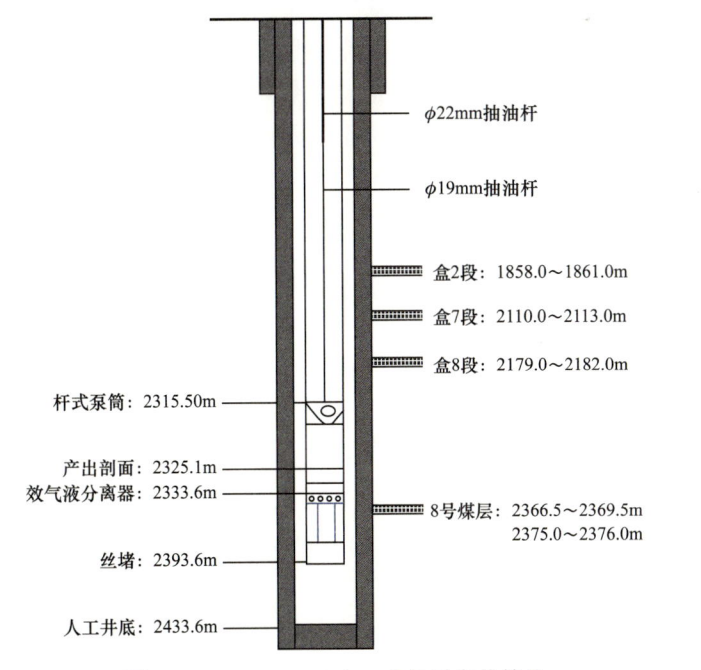

图 5-3-17　HC6-10 向 4 井排采完井管柱

(a) 套压、日产水量、日产气量、动液面随时间变化曲线

(b) 井底压力、累计产水量、累计产气量、冲次随时间变化曲线

图 5-3-18　HC6-10 向 4 井排采曲线

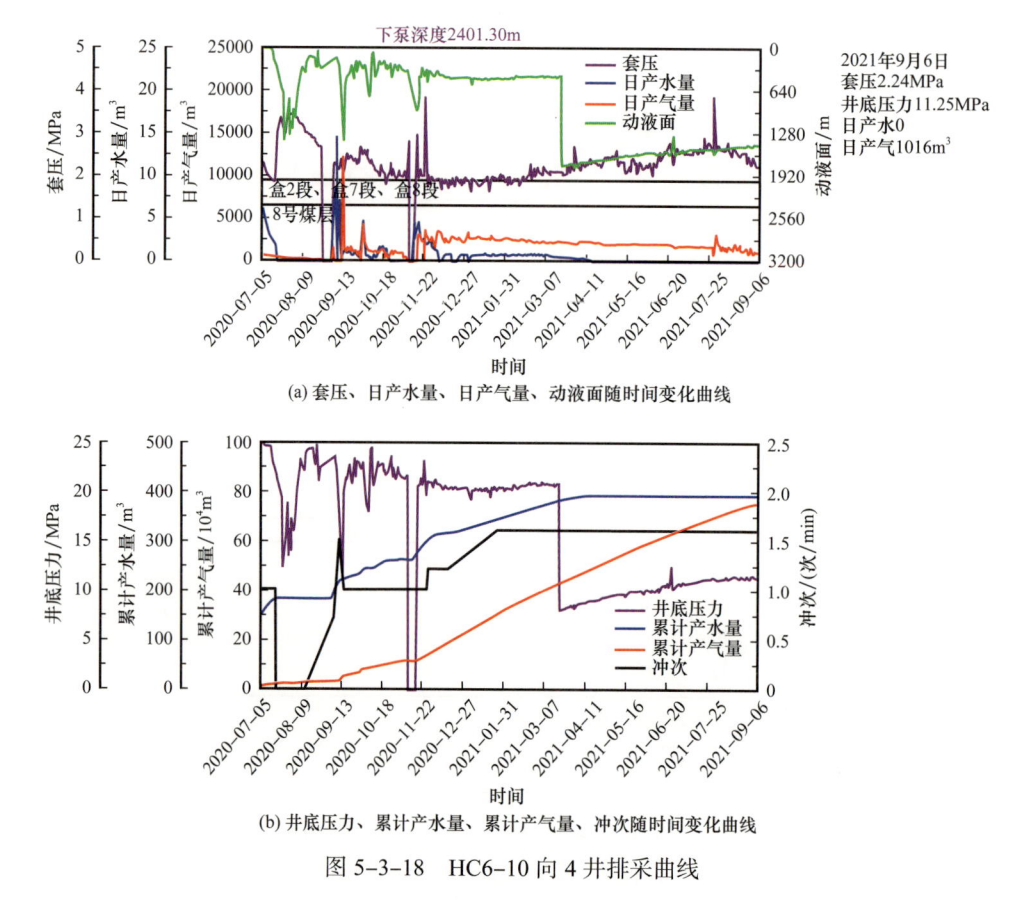

以生产及监测数据为基础，采用油藏数值模拟软件 CMG 中的 GEM 模型，建立合采数值模拟模型，开展了数值模拟研究。结果表明，在同一井筒条件下，制度陡变会造成天然气从高压层向低压层的倒灌现象，但这种影响是短时间的。但重新建立制度后，各层会按照正常的流动特征进行生产，产量各有贡献。低压条件下，多层合采具备可行性，可以作为煤系多目的层综合开发的重要补充技术。

第四节　配套设备及工具

一、多通道集束管柱

为满足多气共采，提出多通道连续管思路，由一根外管、两根内管组成。两根内管铠装后与外管配合成一个整体。

1. 集束管选型

常见的集束管缆如图 5-4-1 所示，集线缆、液压控制管和连续管为一体的一种管缆，为该类气藏开发提供新的方案。

图 5-4-1　常见的集束管缆

连续管内三根小管的集束管为已开发产品，其产品结构和性能参数如图 5-4-2 所示。

为满足两气共采技术需求，同时简化管柱结构，提出的"1+2"集束管由三根连续管组成，包括一根外管、两根内管。两根内管铠装后与外管配合成一个整体（图 5-4-3、图 5-4-4）。三通道连续管由三部分组成：外变壁厚连续管 60.3mm×（3.2～4mm）、铠装（不锈钢带）厚度 0.75mm 和两根内连续管 25.4mm×1.9mm，将各部分装配成一个整体。特别要求井下 1800m 过盈配合，井口 700m 间隙配合。"1+2"集束管构成和结构分别见表 5-4-1 和图 5-4-5。

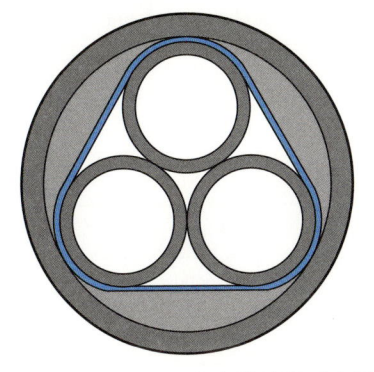

图 5-4-2　"1+3"集束管结构示意图　　图 5-4-3　集束管结构示意图

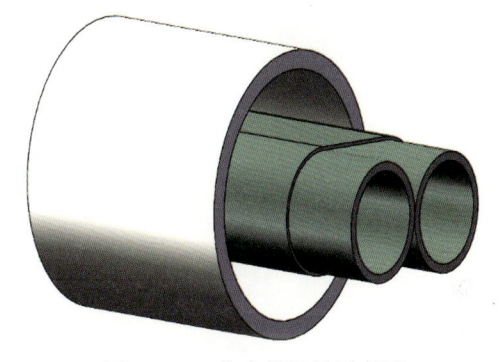

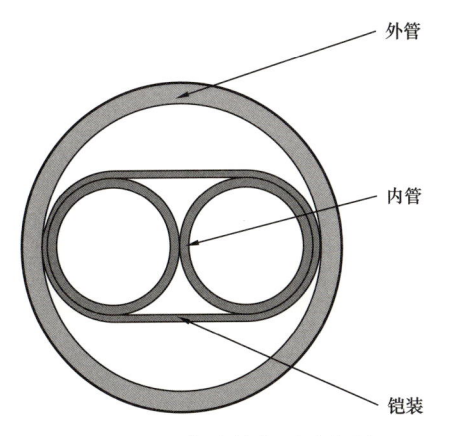

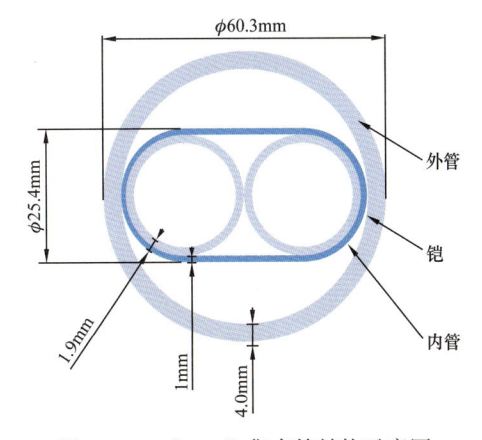

图 5-4-4　集束管截面示意图　　图 5-4-5　"1+2"集束管结构示意图

- 251 -

表 5-4-1 "1+2"集束管构成

产品组成	规格型号	参数要求	用途
60.3mm 外管	CT70，ϕ60.3mm×4mm	内压 30MPa，环向 282MPa，轴向 191MPa，综合等效应力 278MPa	砂岩气上流
25.4mm 内管	CT70，ϕ25.4mm×1.9mm	内压 20MPa，环向 129MPa，轴向 192MPa，综合等效应力 189MPa	砂岩气下流
25.4mm 内管	CT70，ϕ25.4mm×1.9mm		煤层气合采排水

集束管规格参数见表 5-4-2。集束管生产后缠绕在滚筒上（图 5-4-6），图 5-4-7（a）所示为集束管成品管首端，在集束管缠绕在滚筒橇时首先弯曲缠绕，图 5-4-7（b）所示为集束管成品管尾端，用于连接井下工具。

表 5-4-2 集束管规格参数

	型号		MCCT–ST70–60.3mm×4.0mm–2×25.4mm×1.9mm
技术规格	外管	材质	ST70
		规格	60.3mm×4.0mm
	铠	材质	钢带
		规格	厚度 =1mm
	内管	材质	ST70
		规格	2×25.4mm×1.9mm
机械性能	屈服强度 /psi（MPa）		≥70000（483）
	抗拉强度 /psi（MPa）		≥80000（552）
	屈服载荷 /kN		477.22
	单位长度质量 /（kg/m）		5.53
	横截面面积 /mm²		1733.10

2. 制作工艺流程

（1）先制作两根 25.4mm 内管，流程如图 5-4-8 所示。
（2）将两根内管定位绞装，流程如图 5-4-9 所示。
将两根小油管固定，两端剪平齐，两根内管进行匀速、等长度放管，通过专用设备将两根油管绞合在一起成为一股，在外层采用搭盖的形式装铠，钢带为不锈钢钢带，收管重新缠绕在滚筒上。
（3）成品制作流程如图 5-4-10 所示。

图 5-4-6 集束管滚筒成品

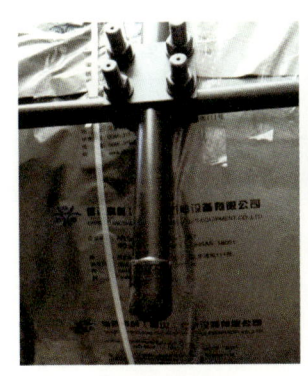

图 5-4-7 集束管成品首端和尾端
(a) 集束管成品首端　(b) 集束管成品尾端

图 5-4-8 内管制作（放带→焊接制管→热处理→定径→无损探伤→计米→收卷）

图 5-4-9 内管定位绞装（放管（两根）→绞合→装铠→收管）

3. 集束管性能试验

1）性能指标要求

（1）外管外径 60.3mm，CT70，长度 2500m，壁厚满足铠装结构和力学性能要求，其中过盈配合部分三根管的重量都由外管悬挂承担。

（2）两根内管的规格为 1in，材质为 2205 不锈钢。

（3）集束管总长不小于 2500m，两根内管铠装要求井下 1800m 过盈配合，井口 700m 间隙配合，在用手动割刀挤压切割后，1m 长度的外管能从间隙抽出。

（4）内管与外管之间不要密封隔板，环空通道要保持通畅。

（5）提供制造工艺流程，分别提供两端 1m 样管各 10 根，进行测试与检测。

集束管性能指标和承载能力分别见表 5-4-3 和表 5-4-4。

图 5-4-10 成品制作流程（放铠装组合/放带→焊接制管→定径→无损探伤→收卷→计米）

表 5-4-3 集束管性能指标

部分	材质	规格/mm×mm	最小屈服强度/psi	最小抗拉强度/psi	水压试验/MPa	内压屈服/psi
内管	2205	25.4×1.9	80000	95000	60	11400
外管	ST70	60.3×（3.2~4）	90000	97000	21	8900

表 5-4-4　集束管承载能力指标

部分	外径/mm	壁厚/mm	管截面积/mm²	单位长度质量/kg/m	$R_{P0.2}$/MPa	屈服载荷/t	内屈服压力/MPa	作业垂直深度/m	自重/t	总质量/t
外管	60.3	3.2~4	573.74/707.13	4.48/5.52	483	26.62/34.85	44.7/60.0	700+1800	13.07	21.35
装铠	—	0.75	135.31	1.06	—	—	—	2500	2.66	
内管	25.4	1.9	140.27	1.12	552	7.90	78.6	2500	5.62	

注：$R_{P0.2}$ 表示规定非比例延伸率为 0.2% 时对应的应力值。

2）验收要求及试验

（1）3.2mm 厚度长度 700m，4.0mm（含 3.6mm—4.0mm 变径段，长度约 30m）厚度长度 1800m。

（2）试压与通球试验：试验要求三个通道分别试压，厂家提前安排试压接头。

（3）成品管材环空通道进行压力密封试验。试验压力参考 API Spec 5ST—2010 压力等级，取外管的抗内压值和内管的抗外压值中较小值（暂取 21MPa）。

（4）成品管材两个内管通道分别进行压力密封试验。试验压力参考 API Spec 5ST—2010 压力等级（暂取 60MPa）；试验合格后进行通球测试（球规尺寸 ϕ18mm），保证内通径。

（5）试验合格后，吹干，充入氮气保护，两端封堵，包装运输至山西大宁煤层气区域。

（6）提供三通道连续管的出厂检测报告，包括但不限于三个通道的试验曲线报告、通球试验报告（不含外管）、管材本体材质分析报告等。

二、集束管投捞设备

煤层气与煤系地层天然气井所处的示范区内以山地为主，大部分井场道路狭窄，转弯半径小，路基为村级公路，不适应大型重型连续管作业车（李五忠等，2011）。设备配套选择上除考虑技术要求外，还需要考虑设备的通过性与安全性，同时满足现场施工的要求。因此，需要针对以上问题研制专用的集束管投捞设备。

1. 设备优选与配套方案

按照煤系地层两气合采投捞设备及技术需求开展了技术调研分析（朱森，2019），研究了投捞设备总体参数和设备方案，制订了多功能专用滚筒的研究方案。针对深层煤层气、煤系地层天然气所在的地质地貌及现场设施情况，优选了橇装式或车装式连续管配套设备，下文以橇装式设备为实施方案进行说明。

充分考虑煤层气现场施工条件，协调橇装设备配合集束管投捞现场作业。橇装设备由动力橇、控制橇、滚筒橇与井口橇组成（图 5-4-11）。

动力橇：含橇体、动力系统（含卡特柴油机、分动箱、泵）、油源系统（含液压油箱、阀门、管线）。

控制橇：含橇体、操作室（含电气系统、操作控制系统、监控系统、采集系统）、控制软管滚筒及液压管线。

滚筒橇：含橇体、可拆卸滚筒、集束管、润滑系统。

井口橇：含橇体、注入头、导向器、防喷器、防喷盒、防喷管、长短支腿、动力软管滚筒。防喷管、长短支腿水平安装。

橇装连续管设备优势为多块橇装模块组合，有效分散了设备重量及体积，满足空间狭小井场布置，便于设备运输。

配套了70MPa放喷系统、井口防喷盒与防喷器、10m防喷管，满足现场施工需求。

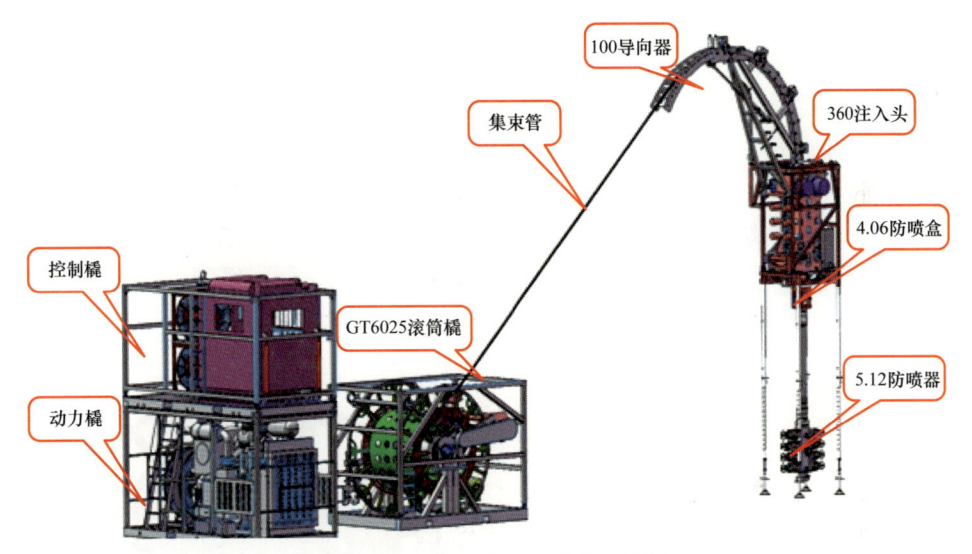

图 5-4-11　集束管投捞设备三维图

主要技术参数：连续上提能力360kN；连续下推能力180kN；最高运行速度40m/min；最高运行速度1m/min；适应连续管外径 $1\frac{1}{2} \sim 2\frac{7}{8}$in，配备2in夹持块，滚筒容量2500m（外径 $2\frac{3}{8}$in）；配套集束管包括一根60.3mm连续管（外管）和两根连续管内管（25.4mm）；防喷器规格 $5\frac{1}{8}$in，70MPa（10000psi）；防喷盒规格 $4\frac{1}{16}$in，70MPa（10000psi）；动力橇总重10t，尺寸4.8m×2.5m×2.8m；控制橇总重9t，尺寸4.8m×2.5m×3m；滚筒橇总重10t（不含集束管），尺寸4.8m×3.0m×3.5m；井口装置橇总重13t，尺寸8m×2.3m×3.125m。

2. 滚筒橇研制

滚筒是连续管作业机的重要组成部件，其工作性能的优劣直接影响整套作业设备的正常作业，其容量大小直接决定了作业设备的作业深度（刘平国等，2017）。通过"十二五"期间的发展，滚筒驱动技术由低速大扭矩马达驱动发展到高速马达＋减速器驱动、高速马达＋直角减速器＋链条驱动、高速马达＋齿轮驱动，滚筒形式由常规形式（轮毂外径最低处高于底座）发展到下沉形式，滚筒管汇承压由70MPa发展到103.4MPa，滚筒由普通作业滚筒发展到测井专用滚筒、钻井专用滚筒、扩容滚筒、快速更换滚筒等，丰富了连续管作业，拓展了连续管作业范围。

1）滚筒的作用和工作原理

滚筒是连续管作业机的关键部件之一，用于缠绕和运输连续管，它决定了连续管作业机的运输尺寸和连续管的长度，如图5-4-12所示。其主要功能是配合注入头，将钢制的连续管下入井内，并通过管汇向井筒注入必要的介质。作业完毕后，滚筒将连续管缠绕在其筒体上，进行运输（杨晓刚等，2021）。

滚筒依靠液压动力驱动滚筒筒体转动，缠绕连续管。当释放连续管，即连续管下井时，调整滚筒控制阀件，使滚筒液路压力略低于滚筒的转动压力，注入头拉拽连续管，通过连续管的张力拖动滚筒运动，滚筒与注入头间的连续管处于适当的张紧状况。当连续管从井内起出时，液压动力驱动滚筒筒体，将连续管缠绕在滚筒上。同时，滚筒转动带动轴上链轮转动，经过链条传动，带动排管器上链轮转动，即菱形轴转动，使排管器自动排列连续管。当连续管排列不整齐时，使用动力强制排管。滚筒通过外部管汇的接口连接外部设备。外部设备将作业介质泵入管汇，并进入连续管内配合井下工具作业。

2）滚筒的结构和组成

滚筒主要由滚筒体、排管系统、驱动系统、计数系统、润滑系统、管汇系统、底座、起吊装置等组成，具体结构如图5-4-13所示。

图5-4-12 连续管滚筒示意图

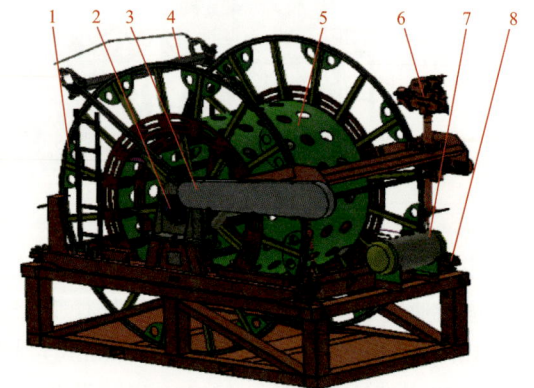

图5-4-13 滚筒结构图
1—滚筒体；2—驱动系统；3—排管系统；4—起吊装置；
5—管汇系统；6—计数系统；7—润滑系统；8—底座

集束管滚筒尺寸（长×宽×高）为2290mm×2200mm×3370mm，容量为2500m（$2\frac{3}{8}$in集束管）。

驱动系统采用液压马达+减速器驱动形式，减速器配制动装置。液压马达最高转速为5500r/min，最大扭矩为386N·m（43MPa）；减速器最大扭矩为80000N·m。

排管器既可以通过链条传动进行自动排管，也可通过液压马达进行手动强制排管，自动与手动转换通过液压离合器实现，避免使用机械离合器因摩擦面磨损导致的不断调整。并通过液压缸来调整排管器支臂仰角，以适应不同井口高度和滚筒上不同层数集束管的排放，最大仰角可达 87°。

排管器上设置可调计深器，可适用 $1\frac{1}{2} \sim 2\frac{7}{8}$ in 外径的集束管。可调计深器上安装五位数机械计数器，可清零。也安装电子编码器，将信号反馈至数据采集系统，可以和注入头编码器的信号切换显示。

在可调计深器后部安装有涂抹式集束管润滑装置，并可通过气动控制系统在控制室进行远程控制，集束管润滑油罐容积为 112L。

内部管汇内分一个注液通道、一个注氧通道和一个电信号传输通道，其规格为 2in、105MPa。注液通道与注氧通道分别布置在主轴两端，其中注液通道工作压力为 35MPa，注氧通道工作压力最大为 4MPa，滑环采用四通道。注氧通道采用不锈钢材质，法兰连接。

内、外部管汇工作压力为 10000psi。外部管汇系统配套有 1.75in 旋转接头 1 个，喀麦隆生产的 2in、105MPa 高压液体涡轮流量计 1 个，旋塞阀 2 个，压力传感器 1 套，传感器测量循环压力并将参数传输到控制室。内部管汇系统配套有 2in FIG 1502 翼形连接活接头、旋塞阀、T 形三通和堵头等，留有投球口。

集束管滚筒控制液压管线连接形式为快速接头，可实现快速拆装。选用由 FMC 厂家生产的快速接头，规格为 1.75in、105MPa。

集束管滚筒两侧设置钢制耳板，配索链与紧链器，以便在运输途中固定滚筒体。

3）滚筒关键技术

滚筒减速器内置传动采用减速器预置在滚筒体轴内，通过法兰连接，一端与滚筒支座连接，保持静止不动；另一端与滚筒体轴连接，随滚筒体一起转动。因此，可以由高速液压马达和减速器直接驱动，从而带动筒体转动收放连续管。马达 + 减速器直接驱动形式滚筒。直接驱动形式的减速器预置在滚筒轴内，有效节省了滚筒宽度空间，可缠绕更多连续管。另外，采用多级减速齿轮组，有效提高减速比，为滚筒提供满足要求的驱动扭矩。滚筒远程控制如图 5-4-14 所示。

在排管系统中，配备了液压离合装置（图 5-4-15），只需要连续管作业机操作人员在操作室内控制手动换向阀来改变液压控制系统的液压控制方向，即可实现对液压离合装置的离合状态控制，同时也可控制强制排管马达的正、反运转和停止。在手动强制排管情况下，主动摩擦片和从动摩擦片在液压动力作用下互相脱离，从而实现主动轴和从动轴分离，强制排管马达不需要克服排管转换装置的摩擦力矩进行额外做功，延长了排管转换装置中离合部分和强制排管马达的使用寿命。液压离合技术有效地解决了原机械离合器时摩擦盘磨损和压紧螺母松动问题，实现了自动排管与强制排管器快速切换，从而避免了操作人员频繁调整压紧螺母，修正了机械离合器，降低了劳动强度。

3. 控制橇研制

连续管作业机除了具备常规装备所需的液压控制系统之外，还有为其特殊工况而配置的独有控制系统，如注入头超压反馈遇阻停机控制系统、滚筒随动控制系统及其他安全控制系统等。液压系统分为液压控制系统和液压传动系统，任何一个完整的液压系统都是由动力元件、控制元件、执行元件、辅助元件和液压油组成的。下面着重对控制元件、执行元件、辅助元件和液压油进行介绍。

图 5-4-14　滚筒远程控制图　　　　图 5-4-15　滚筒液压离合装置

控制元件（即各种液压阀）在液压系统中控制和调节液体的压力、流量和方向，根据控制功能的不同，液压阀可分为压力控制阀、流量控制阀和方向控制阀。控制模块结构如图 5-4-16 所示。

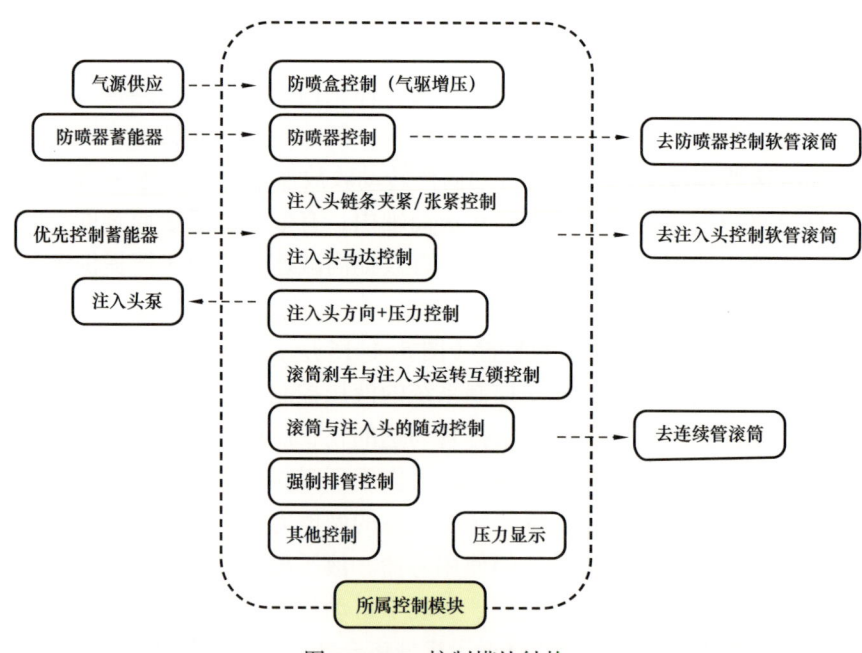

图 5-4-16　控制模块结构

执行元件的作用是将液体的压力能转换为机械能，驱动负载做直线往复运动或回转运动，如液压缸、制动器和液压马达等。

辅助元件包括油箱、过滤器、胶管及管接头、密封圈、压力表、油温油位计等。

液压油是液压系统中传递能量的工作介质,有各种矿物油、乳化液和合成型液压油等几大类,其工作流程如图 5-4-17 所示。各区域、各季节的环境温度差异较大,推荐使用宽温带液压油,对于四季温差较大的区域,不同季节推荐更换相适应牌号的液压油,寒冷气温下启动设备之前需要对液压油进行预热,当液压油温度过高时需要对回油进行冷却,所有这些措施均为保持液压油的黏度在液压元件最佳工作性能范围内,以提高液压系统稳定性和元件寿命。

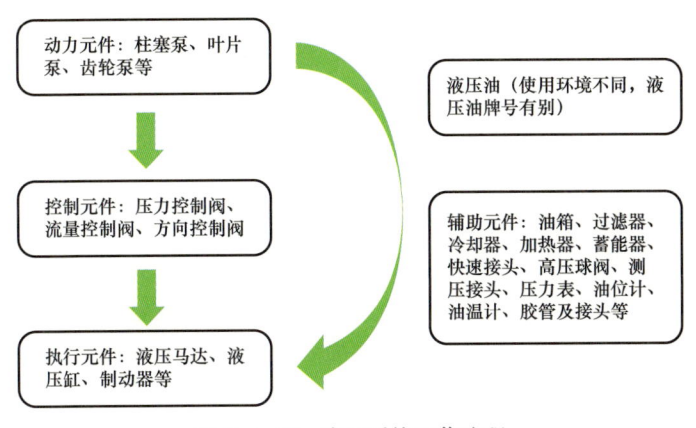

图 5-4-17 液压系统工作流程

4. 动力橇研制

动力橇含橇体、发动机、分动箱、液压泵、蓄能器、液压油箱及散热器、动力软管滚筒,配备起吊索具,如图 5-4-18 所示。

图 5-4-18 动力橇

橇体由底座及框架组成,橇体底座有叉车梁,与框架不可拆卸。框架顶部四角有吊装角件,橇体索具通过卸扣安装在角件上,可起吊整个动力橇。操作橇可叠装在动力橇上。

5. 井口橇研制

井口橇由注入头、导向器、防喷器、防喷盒、注入头支腿等组成。由底座及框架组成，橇体底座有叉车梁，橇体框架起保护作用，通过销轴与橇体底座连接，可拆卸。橇体框架顶部四角有吊装角件，橇体索具通过卸扣安装在角件上，可起吊整个井口橇。

为达到煤层气两气合采的目的，提出了集束连续管完井的思路，研制了集束管投捞设备。该套设备主要由动力橇、控制橇、滚筒橇和井口橇4个模块组成。集束管作业机的基本功能是在作业时向油气井中的生产油管或套管内下入和起出集束管进行各类特定的井下作业及完井作业，并把集束管整体紧密地缠绕在滚筒上以便移运。整机由控制室集中操作控制，升降式控制室视野开阔，配备有冬季取暖装置和夏天制冷装置，操作条件良好。

滚筒橇的主要作用是缠绕集束管，可缠绕集束管2500m，可满足两气合采的最大深度。控制橇的主要作用为通过控制面板操控控制注入头、防喷器防喷盒。动力橇的主要作用为提供动力驱动注入头泵、滚筒泵以及系统泵完成特定的动作。井口橇的作用是将集束管下放至井内，其最大作用则是配合防喷器、防喷盒形成防喷系统，保证施工过程安全。

该套集束管投捞设备布局合理，方便设备操作、检查和维护。配置有必要的操作平台、操作通道、工作梯、警告标识。所有电路均有代码标识，所有可拆卸软管都带有编号标识，以方便与相对应的接头连接，快速接头带保护帽。软管和电线固定牢靠。

三、井下封隔及连接工具

根据以往深层煤层气开采经验以及集束管后环空过流面积的需要，集束管选用2.375in 连续管作为外层管柱，两根1.0in 连续管作为内层管柱，随集束管一起下入井内的工具串为：外卡瓦连接器 + 机械丢手 + 内管固定器 + 气举阀工作筒 +Y441 封隔器 + 堵塞器，如图5-4-19所示。其中，关键工具为气举阀工作筒、Y441 封隔器。工作参数根据大宁—吉县立体勘探区井况设计。

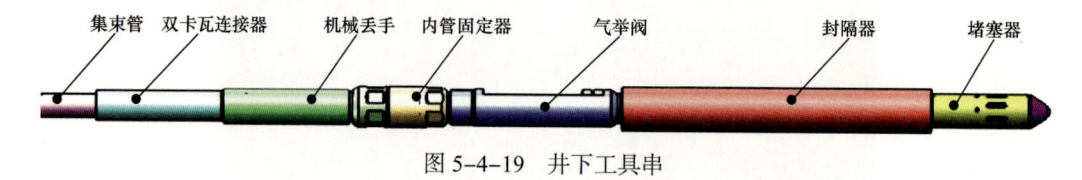

图5-4-19 井下工具串

1. 双卡瓦连接器

双卡瓦连接器用于连续油管与井下工具之间的连接。其原理是利用紧握油管带锯齿的卡瓦作"楔作用"，然后增加拉力，使得越抓越紧，提供较大的拉力，具有尺寸紧凑、结构简单、抗拉强度大等特点，其主要尺寸参数见表5-4-5。

现场试验在国家油气井井口设备质量监督检验中心的监督下进行，卡瓦载荷的试验结果见表5-4-6。

表 5-4-5 双卡瓦连接器主要尺寸

产品名称及规格型号	2.375in 外卡瓦连接器
最大长度 /mm	420
最大外径 /mm	79
内通径 /mm	54
本体耐压 /MPa	35
本体抗拉 /t	≥50
卡瓦最大载荷 /t	≥20
连接螺纹	$2^7/_8$in UP TBG 外螺纹

表 5-4-6 双卡瓦连接器载荷测试结果

序号	载荷 /t	试验步骤	滑移距离 /mm	判定结果
1	25	0~10t 保压 1min，10~20t 保压 1min，20~25t 保压 1min，泄压	3	合格
2	25	0~10t 保压 1min，10~20t 保压 1min，20~25t 保压 1min，泄压	5	合格
3	25	0~10t 保压 1min，10~20t 保压 1min，20~30t 保压 1min，泄压	5	合格

注：标准要求测试载荷不小于 25MPa，滑移距离小于 10mm。

2. 内管固定器

针对集束管两气共采工艺方法，对集束管内管与外管井下固定及密封装置的设计尤为重要，为了解决集束管在井下实现内管与管内环空两个通道相互干扰、密封及安装难的问题，设计了一种集束管内管井下渐变式固定密封装置，如图 5-4-20 所示。该装置可保证井下集束管内管准确插入固定装置中，同时密封隔绝集束管环空与内管两通道，实现砂岩气和煤层气两气开采通道互不干扰的功能。该内管固定器的主要尺寸参数见表 5-4-7。

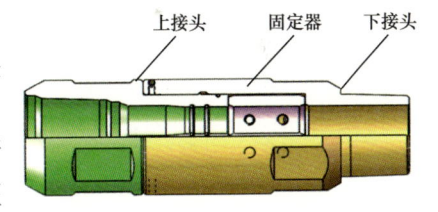

图 5-4-20 内管固定器装配图

为了实现集束管两气共采时的排水采气工艺，实现两气分层共采的技术要求，为此设计了一套集束管内管井下渐变式固定密封装置。该装置主要包括集束管内管固定上接头、集束管内管分离内通道、集束管内管分离通道、集束管外管连接筒、密封垫圈、集束管内管固定接头、固定螺钉。

集束管内管井下渐变式固定密封装置主要安装步骤如下：

（1）将集束管两内管剥离一定长度，通过打压的方式将集束管两内管打压插入集束管内管固定上接头的两个内通道内，集束管两个内管与集束管内管固定上接头的两个内通道间采用密封垫圈实现集束管环空与内管连接通道的密封。为了便捷快速地使集束两内管打压插入集束管内管固定上接头的两个内通道中，集束管内管固定上接头中的集束管内管分离通道由上到下设计为漏斗状。

表 5-4-7　内管固定器主要尺寸

产品名称及规格型号	2.375in 内管固定器
最大长度 /mm	350
最大外径 /mm	110
内通径 /mm	57
本体耐压 /MPa	35
本体抗拉 /t	≥50
连接上螺纹	$2^7/_8$in UP TBG 内螺纹
连接下螺纹	$2^7/_8$in UP TBG 外螺纹

（2）集束管内管通过打压的方式由集束管内管固定上接头内通道穿越伸出，为了防止集束管内管上下串动，通过设计集束管内管固定接头，通过专用的辅助工具对集束管内管进行造坑，采用螺钉式连接方法将内管与集束管内管固定接头固定。

（3）将集束管内管固定上接头与集束管外管连接筒以周向的均匀分布螺钉连接，并保证集束管内管固定接头位于集束管外管连接筒内部阶梯端面。

整个集束管内管井下渐变式固定密封装置的结构紧凑，实现了集束管两个内管的固定和集束管环空与内管连接通道密封隔离。

3. 封隔器

Y441 液压封隔器设计有特殊胶筒组成的密封系统，该封隔器所独有的棘轮锁环装置将锁紧和保持坐封力，以使卡瓦和胶筒坐封持久有效，封隔器坐封和解封参数分别见表 5-4-8 和表 5-4-9。

表 5-4-8　封隔器坐封参数

工具名称	动作	剪钉孔数 /个	剪钉安装数 /个	单个剪切力 /MPa	坐封启动压力 /MPa	最小坐封压力 /MPa
封隔器	打压坐封	8	6	1.4	8.2	13.8

表 5-4-9　封隔器解封参数

工具名称	解封方式	剪钉孔数 /个	剪钉安装数 /个	单个剪切值 /kN	解封上提力
封隔器	上提解封	16	12	17.79	22t+26MPa

打压坐封时液压作用在上下活塞上，首先活塞上行剪断启动销钉以及卡瓦套上各剪切销，上活塞带动缸套及导环继续上行压缩胶筒和张开卡瓦。压力越高活塞推力越大，

胶筒越压越实，密封效果越显著；锥体挤入卡瓦越多，卡瓦张力越大，使锚定更为有效。解封时，直接上提剪断缸套上释放剪切销；然后再持续上提，先后解封卡瓦及胶筒。

装配完成后封隔器如图 5-4-21 所示，其原理如图 5-4-22 所示，坐封试验步骤如下：

（1）按试验工单领料，组装，并将待试验品平稳放置；

（2）开小组会议，与参与人员沟通试验步骤，明确试验注意的事项；

（3）清理现场，做好安全防护工作，设置安全警示牌，连接好高压管线；

（4）集中人员到安全指定位置（除试验人员外）；

（5）开始试验（如无特别说明，试验过程中温度应不低于最高额定温度）。

图 5-4-21 装配完成后封隔器

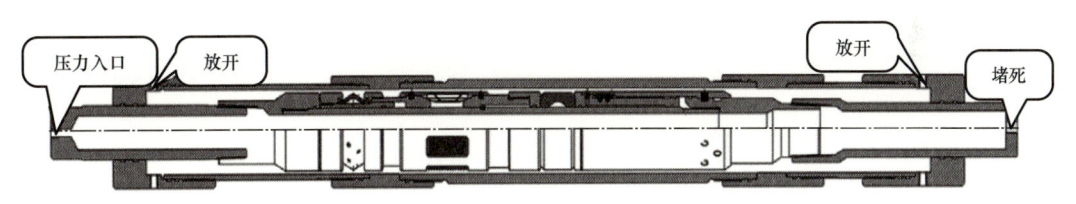

图 5-4-22 封隔器装配原理示意图

试验条件：介质为皂化液；常温，坐封启动压力 1000psi（7.0MPa），坐封压力 13.8MPa（2000psi），坐封活塞面积 $6.14in^2$（$39.6cm^2$）。

此外，封隔器及套管需水平且平稳放置。试验结果表明，常温条件下，打压 13.8MPa 来坐封封隔器，封隔器坐封良好（表 5-4-10）。封隔器环空承压试验、环空压差试验均合格。

表 5-4-10 试验总结

测试项目	设计值	测试值
坐封试验	总封隔器设计的最小坐封压力为 13.8MPa（2000lb）	常温条件下，打压 13.8MPa 来坐封封隔器，封隔器坐封良好
上环空 16MPa、下环空 8MPa 承压试验	上环空 16MPa、下环空 8MPa 承压试验，稳压 15min，后压降≤1%	常温条件下，上环空打压 15.6MPa，下环空打压 12.4MPa，稳压 18.0min 后，上环空的渗漏率为 −0.64%，下环空的渗漏率为 0.81%
上环空 16MPa 承压试验	下环空打压 16MPa，稳压 5min，后压降≤1%	常温条件下，下环空打压 16.2MPa，稳压 7.5min 后，渗漏率为 −0.62%
解封试验	封隔器解封值为 20.6t，活塞面积为 $42.23in^2$，需要打压 7.4MPa	封隔器解封试验中，打压 8.5MPa，解封销钉剪断，压力突降，封隔器顺利解封

四、井下气举阀优化设计

井下气举阀的作用为控制外层连续管及其与套管之间环空的单向（外层连续管与油层套管环空→外层连续管内通道）循环连通，并通过控制压力实现通道的连通与关闭（蔡道钢等，2020），其工作参数设计见表5-4-11，装配图及产品主要尺寸参数分别见图5-4-23和表5-4-12。

表5-4-11 气举阀产品数据

产品名称	气举阀	规格型号	KFG-25.4
产品操作参数		生产压力≤15MPa 温度 10～100℃ 气体注入速度≤10000ft³/d 阀孔尺寸 3.2mm 单向阀最大承受压差 20MPa 投入和捞出方法：固定式	
金属材料	304	非金属材料	耐油胶
总长 /mm	353	底部连接	$\frac{3}{8}$in NPT
额定压力下的温度 /℃			10～100
额定压力 /MPa	35	运输方法	装入缓冲套
最大运输外径 /mm			40
投捞方法			固定式
技术/作业手册			气举阀产品说明书（A/0）版
质量控制等级	Q2	设计确认等级	V3
产品功能性测试等级	F3	环境服务等级	E4

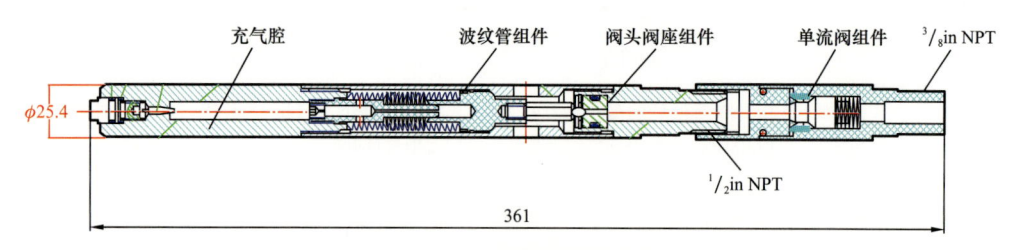

图5-4-23 KFG-16气举阀装配图（单位：mm）

表5-4-12 气举阀产品主要尺寸

规格型号	KFG-25.4
最大长度 /mm	353
最大外径 /mm	25.4

固定式注气压力操作气举阀是气举井卸荷和控制注气量的工具，可用于连续（间歇）气举完井、各类油井作业后排液或气井排积水（胡尊敬等，2020）。气举阀内有波纹管加载元件，作用在波纹管有效面积上的注气压力控制着气举阀在井下的打开和关闭，当注气压力高于阀的调试打开压力时，波纹管被压缩拉动阀头上行阀孔处于开启状态，气举阀开始工作；当注气压力低于阀的调试关闭压力时，波纹管伸长推动阀头下行气举阀关闭。固定式注气压力操作气举阀安装于偏心工作筒中。

气举阀打开压力检测试验步骤如下：

（1）气举阀按照额定压力在波纹管内充入压力。

（2）将气举阀安装在压力试验台架上，确保气举阀出口没有阻碍，与大气连通。

（3）将入口压力增加到额定压力的90%。

（4）按照大约 0.2MPa/min（约等于 30psi/min）的速度缓慢增加气举阀入口压力。

（5）当入口压力增加到某一数值时，可以在气举阀出口处听到"嘶嘶"的气流声。

（6）记录下这时的入口压力，即气举阀打开压力。接受准则为气举阀的打开压力在设定的打开压力 ±2% 范围内。

在施工过程中，推荐使用配套工作筒为 KPX-102-25.4 偏心工作筒，如图 5-4-24 所示。固定式偏心工作筒是油田气举采油完井管柱中的一种井下工具，用来安装、密封、固定气举阀。它相当于一个特殊的油管短节，通过上下接头连接于完井管柱上，气举阀安装在工作筒后被锁定、密封，油套管环空中的高压气体通过侧腔上的进气孔经过气举阀进入油管。该工作筒的产品数据参数和尺寸参数分别见表 5-4-13 和表 5-4-14。

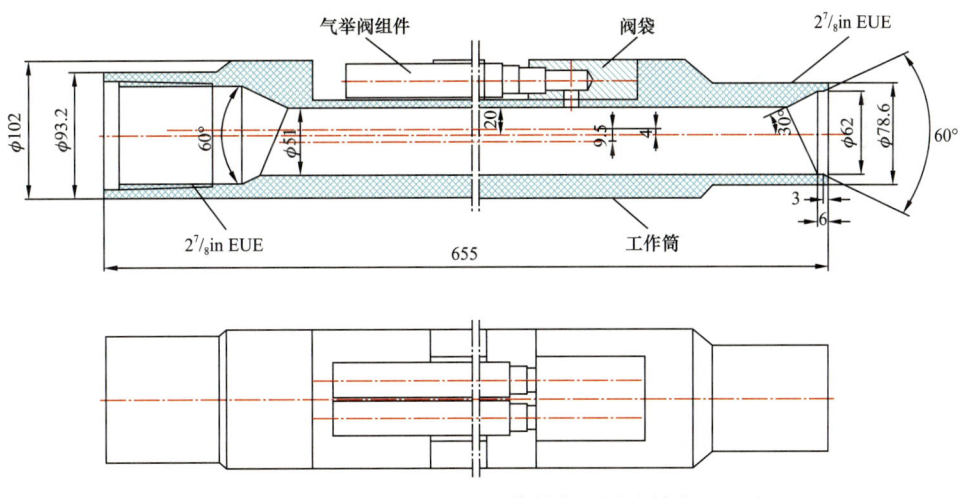

图 5-4-24　KPX-102-25.4 工作筒装配图（单位：mm）

上述工艺的检验流程如下：

（1）在试验区内准备好所用工具及试验设备。

（2）检查工具及试验设备的完好性，确保所有试验装置均在有效期内，禁止使用未经检测的设备或检测过期的设备，保证试验数据的准确性。

（3）将工作筒固定在 C 形钳上。

表 5-4-13　工作筒产品数据

产品名称	偏心工作筒	规格型号	KPX-102-25.4
产品特性	可以和固定式气举阀配套使用的偏心工作筒		
金属材料	20CrMo	非金属材料	—
最大外径 /mm	ϕ100	回转直径 /mm	ϕ107
通径 /mm	61	总长 /mm	538
顶部 / 底部连接	$2\frac{7}{8}$in UP TBG	额定压力 /MPa	35
单流阀承压 /MPa	20	可装气举阀个数 / 个	2
额定压力下的温度范围 /℃	10~100		
运输方式	垫木防震包装后采用各种运输方式		
最大运输状态外径 /mm	165		
投捞方法	固定式		
技术 / 作业手册	《工作筒产品说明书》（A/0 版）		
质量控制等级	Q3		
技术验证等级	V3		
产品功能性测试等级	F3		
环境服务等级	E4		

表 5-4-14　工作筒产品主要尺寸

产品名称及规格型号	KPX-100-16 偏心工作筒
最大长度 /mm	538
最大外径 /mm	100
内通径 /mm	61
连接上螺纹	$2\frac{7}{8}$in UP TBG 内螺纹
连接下螺纹	$2\frac{7}{8}$in UP TBG 外螺纹

（4）将气举盲阀安装在工作筒上。

（5）气举阀安装好后利用通杠进行工作筒的通过试验。

（6）如以上几步进行顺利，则将工作筒外螺纹的试压接头接好，然后通过手摇泵灌液，直到液面到达管口，将内螺纹的接头连接好；连接进油管，后将工作筒斜放在 C 形钳上，打开外螺纹接头放气阀，试验台以低压快速灌液，直到油从放气阀口外冒；此时关闭试验台，手动关闭放气阀，将工作筒放平，确认所有螺纹都是拧紧状态，将隔离板安装到指定位置，试压区域内严禁站人。

（7）在开启试验台前操作人员检查各阀门位置。检验人员操作试验台，缓慢升压，直到压力升到规定值，关闭试验台，按规定时间保压，时间到后查看压力表压降并将所有数据记录。

（8）试验完成后先泄压，直到压力表读数为零，将接头处放气阀打开一点，将筒内余压放尽，确保筒体内无压力残留后方可进行拆卸。

（9）试压液放尽后将气举盲阀卸开，换装气举阀。

（10）试验完成后将试验台内余液放尽，将设备擦拭干净放置，其他工具按规定放回原来位置。

五、多通道管柱井口悬挂及分流工具

集束管悬挂器作为悬挂技术的关键配套装置，悬挂器作业完毕后将永久留置于井口处悬持连续管。集束管悬挂器采用螺杆结构精确控制卡瓦和密封胶筒组合体的张开与抱合，实现了卡瓦被提前预置在大通径连续管悬挂器内部，免除了投放卡瓦的不便和额外费用，同时可实现对连续管的多次重复悬挂和密封，增强对复杂工况的适应性和操作的便捷性。悬挂器采用分体式结构，为卡瓦预置预留了空间，并且不对主通径产生影响，使得连接法兰可以采用标准尺寸和结构，增强了现场连接的适应性。控制卡瓦运动的螺杆采用倾斜式设计，避免了零部件之间的安装和运动干涉，同时使得卡瓦做锥面精确移动，保证了抱合连续管时动作的准确性和悬挂的可靠性、有效性。用于密封连续管和井口的环空采用分体式设计，一方面解决了常规整体式密封胶筒无法容纳大直径工具通过的问题，另一方面巧妙应用连续管管重来压缩多瓣式密封胶筒，实现了多瓣胶筒自密封和环空密封，如图 5-4-25 所示，形成发明专利《集束管井口割管对接内通道连接装置》（朱峰等，2020）。

集束管悬挂器配套悬挂工艺，由于具备了大通径和预置悬挂密封组合体结构和功能，现场施工时无须额外配套大通径专用防喷器和操作窗等井口装置，作业工艺简单，安全和作业效率提升明显。

通过集束管实现砂岩气和煤层气的分采，同时利用砂岩气的能量实现煤层的举升排水。集束管采气井口如图 5-4-26 所示，利用坐在 1 号阀之上的悬挂器，完成管柱的悬挂和环空密封。在悬挂法兰面之上，对两根内管进行对接侧向引出。这样通过最下面的侧阀控制砂岩气的开采压力和流量。两个侧向引出通道，一个回注、一个混出。

1. 悬挂装置结构设计

集束管悬挂装置主要由壳体、顶盖、密封圈、压缩式密封垫片、锁紧螺杆、锁紧螺母、固定块、螺钉、卡瓦、密封橡胶、密封支撑块、支撑螺钉组成，其技术参数见表 5-4-15。

该悬挂器壳体为中通式结构，内孔上部为锥形喇叭口形状，有效内通孔直径与标准法兰公称内通孔尺寸对应，内通径与井口生产主阀公称通径一致，壳体下部为标准法兰或载丝法兰结构，壳体上部外表面设置有与顶盖下部内表面密封配合和连接的外螺纹，并通过螺纹下部设置的台阶限位；顶盖上部为标准的法兰或载丝法兰结构，内通径与井口生产主阀公称通径一致，法兰颈下部外台肩为倒 V 形，密封支撑块同为多瓣式结构，数量与卡瓦相同，其上端面与密封橡胶抵触，密封支撑块下端面设置有数个数量和位置均与密封橡胶上轴向通孔对应的阶梯式沉头通孔，沉头通孔深度大于支撑螺钉的螺帽 5~10mm，以防止密封橡胶被压缩时随动的支撑螺钉露出下端面，干扰其他零部件，支撑螺钉由下及上穿过沉头孔及密封橡胶与卡瓦上对应的空洞，将三者固定在一起，密封支撑块最大圆弧半径必须大于壳体公称通径。

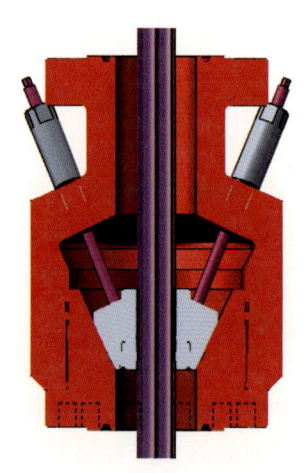

图 5-4-25 集束管外管悬挂和密封状态 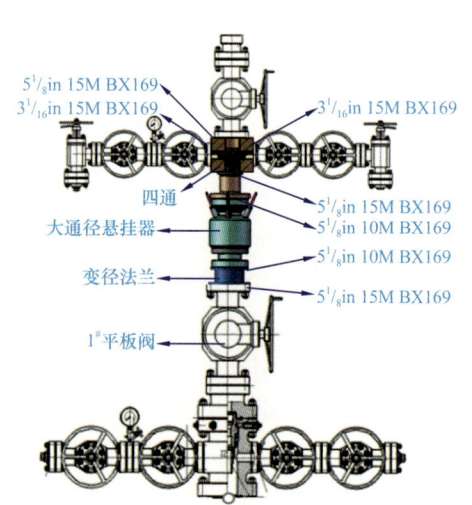　　图 5-4-26 集束管完井采气井口示意图

表 5-4-15　集束管悬挂器技术参数

参数	指标
垂直通径 /mm	130
适用连续管规格 /in	2/2.375
额定工作压力 /MPa	35
强度试验压力 /MPa	52.5
气密封试验 /MPa	35
额定悬挂载荷 /t	32
产品等级	API 6A EE-PSL3G-PR I
工作温度 /℃	−46~82（L 级）

2. 分流装置研制

为了形成集束管两气共采中排水采气的工艺，实现两气分层共采的技术要求，为此

设计了一套井口多通道分流装置（图5-4-27）和方法，形成发明专利《集束管井口多通道分流装置》（吕维平等，2020）。

集束管井口多通道分流装置主要包括外接四通、专用连接器上接头、左偏心接头、右偏心接头、紧固螺钉、专用中间连接头、专用连接器下接头、集束管内管、集束管内管固定器、集束管外管。

为了防止内管入井后存在上下串动的风险，在井口位置设计有集束管内管固定装置，以外管为依托通过专用的辅助工具对内管进行造坑，采用螺钉式连接方法将内管固定。

为了实现两气分层共采的需求，需在井口设计不同的通道，将集束管的内外管环空通道进行分流，为此设计专用连接器将集束管内外管环空分离。首先将集束管内管分离，将两根内管分别插入专用连接器下接头相对应的内孔中，内孔分别设有密封环，防止与其他环空相通；由于外接四通的两个旁通处于水平位置，下接头无法将两内管环空进行有效的分离，需增加上接头将两个内管通道进行偏心分离；进一步通过设计独立的左偏心接头及右偏心接头分别将集束管两内管环空引入四通阀旁通；为了防止四通主通道压力过大将左偏心接头及右偏心接头与专用连接器上接头分离，特在偏心接头与上接头位置设计专业紧固螺钉，将偏心接头与上接头固定，偏心接头与四通旁通之间都设计有密封环，起到旁通密封的作用。

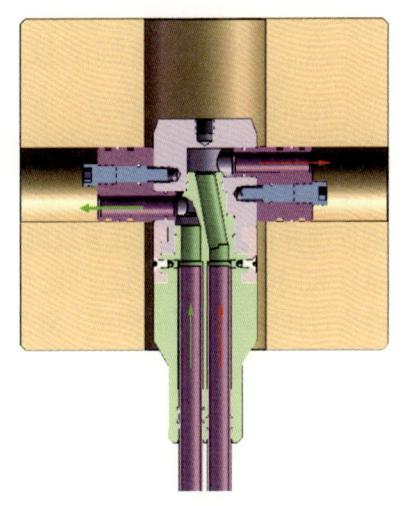

图5-4-27 井口分流装置

由于集束管在施工过程中两根内管的方向与四通阀旁通的位置无法确认保持一致，在上下接头之间设计专用中间连接头，专用中间连接头与专用连接器下接头通过螺钉紧固连接，而与专用连接器上接头不固定连接，其配合面通过留有空隙来保证专用连接器上接头能够360°旋转。当安装左、右偏心接头时，通过设计的工装旋转连接器，保证紧固螺钉螺纹孔位与连接器上接头螺纹孔位一致，即实现内管的方向与四通阀旁通的位置保持一致。集束管井口多通道分流装置所有与内管连接部位均需采用密封垫圈实现密封，形成发明专利《集束管穿越式井口悬挂装置及地面悬挂装置》（吕维平等，2020）。

集束管悬挂装置研制，由于具备了大通径和预置悬挂密封组合体结构和功能，现场施工时无须额外配套大通径专用防喷器和操作窗等井口装置，避免现有工艺需额外配套送入工具和使用泵车的麻烦和费用，同时减少了井口拆装次数和人员井口带压作业时间，显著降低了施工硬件配套费用和泵车租赁费用，作业工艺简单，安全和作业效率提升明显；井口分流装置的研制解决了集束管入井后上下串动的风险，通过设计的专用连接器实现了分流效果，同时解决了集束管在施工过程中两根内管方向与四通左右旁通的位置方向无法一致的难题，实现了两气共采工艺中左右旁通一进一出的功能和外接四通上口采集集束管环空砂岩气功能，实施过程简单，降低了劳动强度，减少了人工成本。

六、分层产能测试仪

针对砂岩储层条件差、压力系数低或煤系地层天然气开采后期产量递减严重的老井，通过生产管柱挂接参数测井仪进行各层的压力和产量监测，用于层间作用分析。煤层气井多为多层合采，需进行产出剖面测试，明确各产层产能状况（气、水产量）。常规产出剖面测井仪器，包括五参数测井仪、七参数测井仪、超声多相流测试仪、累积式气体流量计和同位素示踪流量计等，中石油煤层气有限责任公司在忻州、韩城、临汾开展了多井次过环空产出剖面测试，效果较差，仪器适用性不高。主要存在以下问题：

（1）环空测试空间小，仪器外径偏大，测试中容易遇阻、遇卡、缠绕油管等，测试成功率低。

（2）动液面位置不同（处于两层之上、两层中间、两层之下），井筒内水流向复杂，准确测取水流量难度较大。

（3）产气量较小，达不到部分仪器最低启动流量，入井后无法测取产气量。现有仪器外径偏大（$\phi 26mm$），测试过程容易遇卡，施工成功率低。

针对煤层气井的测试需求及上述难点，对煤层气井测井仪进行了整体的系统化设计和开发，形成了一套一次下井可进行多种测试技术测量的煤层气井产出剖面测井仪，形成发明专利《一种测井仪》（方惠军等，2020）。该设备具有以下特点：

（1）高可靠、紧凑型结构设计。

通过紧凑的结构设计、机械和电路部分的高度集成及有机融合，形成了一套外径仅为$\phi 22mm$，可同时进行温度、压力、磁性定位、热式流量、超声流量、探针持气、微波持气等多参数测量的煤层气井测井仪 CLT22A（图 5-4-28）。通过高集成度、高精度主控芯片的设计应用，在简化电路的同时，提高了仪器精度和抗干扰能力。研制了采用虚拟示波技术、支持 Relogging 功能、多任务多窗口的便携地面系统（图 5-4-29）。

图 5-4-28 仪器实物照片

遥传三参数 温度、压力、接箍　　热式流量计 探针持气率计　　超声流量计　　涡轮流量计 微波持气率计

总体结构设计具有以下特点：在充分考虑保证机械强度的条件下，采用钛钢和特殊轻质材料，以提高仪器的耐压、耐腐蚀能力；采用紧凑的结构设计、合理的整体布局，以缩短仪器长度，方便现场施工。整套仪器由遥传三参数（压力、温度、磁定位）、热式流量计探针持气率计、超声流量计、涡轮流量计微波持气率计等组成，各短节之间采用

标准化机械接口连接，具体使用时可根据煤层气井不同的生产状况选择不同的串接组合。

（2）主要参数指标。

仪器经过耐温耐压实验，温度/压力重复性、一致性检测，流量标定、持水率标定等一系列室内实验，满足现场测试需求，主要指标为：仪器外径22mm；耐压60MPa，耐温150℃（3h）；涡轮流量测量范围室内未标定；磁性定位器线圈阻值（2.3±0.1）kΩ（油管、套管均可测）；温度测量范围0~150℃（精度±1℃，分辨率0.2℃，时间常数≤2s）；压力测量范围0.1~60MPa（精度0.8%F.S，分辨率0.03MPa）；热式流量测量范围0~1600m³/d，精度3%F.S；超声流量计测量范围5~100000m³/d，精度±5%F.S；电导含气率测量范围60m³/d气流量（静水中），精度±5%F.S；微波含气率测量范围400m³/d气流量（静水中受实验条件限制，仅能测试0~400m³/d，实际测量范围更大），精度±5%F.S。

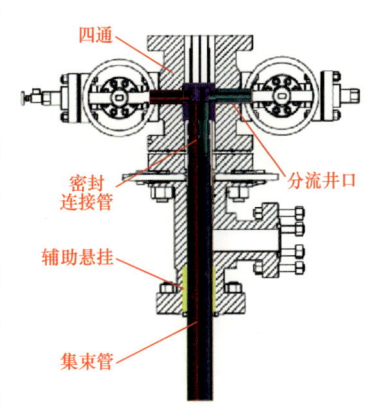

图5-4-29 地面系统示意图

（3）功能及原理。

① 遥传三参数温度、压力、接箍功能：测量井下温度、井下压力和井下工具深度；将热式流量、探针持气率、超声流量、涡轮流量、微波持气率等数据编码统一遥传至地面。

② 热式流量计探针持气率计功能：测量井下气体流量、气水两相中的持气率；探测动液面深度。

原理：根据热消散效应的金氏定律定制恒功率式热式流量计，通过测量外置式环境温度传感器和加热式温度传感器的温差，通过拟合即可计算出气体流量；当以水为连续相、气相为间歇泡状流时，持气率表现为探针频率占空比输出；探针对气相表现为高电位，对水相表现为低电位。

③ 超声流量计（气超声、水超声）功能：测量井下流体体积流量。

原理：通过测量顺流体流动方向的超声波传播时间和逆流体流动方向的超声波传播时间，求出时间差，通过计算拟合即可计算出体积流量。

④ 涡轮流量计微波持气率计功能：测量井下单相流或多相流体积流量、气水两相中的持气率；探测动液面深度。

原理：气相、液相或气水两相冲击涡轮叶片旋转，通过计算转速、标定拟合即可计算出体积流量；根据微波在气相和水相中衰减程度、传播相位差的不同，高度集成的微波测量芯片通过天线发射和接收微波后，自动计算出衰减比和相位差，再通过标定拟合即可计算出持气率；微波持气率对水相表现为低值，对气相表现为高值。

仪器研制完成后，在HC3-3-028井进行了现场应用试验，该井的基础数据、生产数据、射孔数据分别见表5-4-16、表5-4-17和表5-4-18。采用的仪器串包含温度—压力—磁性定位、热式气体流量计、涡轮流量计、探针持气率计、微波持气率计和超声流量计。测井过程中，采用连续测量与定点测量组合的方式。通过连续测量方式，探测液面的深度，定性判断产气层位的产出状况；通过定点测量方式，定量解释产气层位的产气量。

表 5-4-16　HC3-3-028 井基础数据

参数	数值	参数	数值
完井钻深 /m	739.00	油管规格 /in	2
套管规格 /mm	ϕ139.7	油补距 /m	0.60
人工井底 /m	763.5	泵	ϕ38mm 斜井泵
泵顶深度 /m	732.8	井口	偏心井口

表 5-4-17　HC3-3-028 井生产数据

产气量 /（m³/d）	产水量 /（m³/d）	套压 /MPa	冲次 /（次 /min）
559.44	5.08	0.35	2.8

注：数据为测试时实际生产数据。

表 5-4-18　HC3-3-028 井射孔数据

层位	射孔井段 /m	射开厚度 /m
3 号煤层	642～646	4
11 号煤层	710.00～716.50	6.5

相较常规外径为 26mm 的仪器，新型外径 22mm 的仪器一次测试成功，上提、下放测试过程中无遇阻、遇卡现象。本次测井的定量解释结果以点测资料为依据，以连续测井曲线为辅，结合井身结构进行综合分析，测得气、水产量与实际产量对比误差分别为 3.2% 与 3.5%，主力产气层为 3 号煤层，主要测试数据见表 5-4-19。

表 5-4-19　HC3-3-028 井测试成果数据

层位	深度 /m	液面深度 /m	测点深度 /m	测量方式	气体流量 /m³/d	单层产气量 /m³/d	水相流量 /m³/d
3 号煤层	642～646		604.5	热式流量计	542.29	536.51	
11 号煤层	710～716.5		660.5	热式流量计	5.78	5.78	
			718.1	热式流量计	0		
		720.3					
			721.2	超声流量计			5.20

续表

层位	深度 / m	液面深度 / m	测点深度 / m	测量方式	气体流量 / m³/d	单层产气量 / m³/d	水相流量 / m³/d
			722.4	超声流量计			5.33
井底	763.5						

利用新型煤层气井产出剖面测井仪，采用连续测量与定点测量组合的方式，在大吉区块开展现场测试7井次，石楼北区块测试3井次，煤层气井产出剖面测试数据见表5-4-20，对合采各层位的气、水产能有了进一步的深化认识。

表5-4-20　煤层气井产出剖面测试数据

井号	液面 / m	套压 / MPa	5号煤层					8号煤层			
			产气量 / m³/d	产水量 / m³/d	中深压力 / MPa	温度 / ℃	产气量 / m³/d	产水量 / m³/d	中深压力 / MPa	温度 / ℃
JX2-14井（第1井次）	1018	1.02	540	2.3	0.87	49.1	175	5.2	1.24	50.3
JX2-14井（第2井次）	975	0.62	481	3.3	0.79	49.25	21	7.6	0.92	49.81
JX1-17井（第1井次）	758	0.1	22	0	2.22	45.63	0	2.65	2.95	48.09
JX1-17井（第2井次）	737	0.1	8.6	0	2.37	46.64	0	1.47	3.06	48.24
J4井	1033	0.1	0	0	0.69	47.95	504	0	—	—
Z1井	708	2.03	266.1	0	3.71	46.13	835.5	4.55	3.83	47.75
Z2井	894	0.28	0	0.068	—	—	0	0.471		
JS2井	531	1.98	41.6	6	3.55	33.8	444.7	5.7	3.64	34.86

第五节　技术推广应用前景

"十三五"期间，中石油煤层气有限责任公司围绕鄂尔多斯盆地煤层气和煤系地层天然气多层叠置发育的有利特征，依托国家科技重大专项开展了技术攻关与研究。根据深层煤层气、煤系地层天然气等不同气藏的气体产出机理和气井生产特征，有效解决了在不同压力系统、不同生产方式、不同生产特征情况下，不增加井场、井位，利用同一井筒实现多气、多层合采的技术难题。经过5年的技术攻关，研发形成了适合鄂尔多斯盆地东缘煤系多目的层合采的工艺技术，通过开发技术配套，形成了多气种（煤层气＋致密气+海陆过渡相页岩气）立体、整体勘探开发的格局。

（1）不同类型气藏协同开发。在大宁—吉县示范区西部深层煤层气区域，开展了煤系气（煤层气+致密气+海陆过渡相页岩气）立体勘探开发，提出了不同类型气藏协同开发模式，形成了多气种立体、整体勘探开发的格局，建成大宁—吉县深层煤层气与煤系地层天然气整体开发示范基地。2016年以来，在大宁—吉县示范区累计完钻601口井，建产能$10\times10^8m^3/a$（其中煤层气$2\times10^8m^3/a$、煤系地层天然气$8\times10^8m^3/a$）。2020年，实现产量$7.2\times10^8m^3$，示范基地初具规模。

（2）同井不同层系接替开采。2019年，积极开展深层煤层气试采评价，累计进行14口井试采评价，平均单井日产气$1982m^3$（部分井日产气量达到$5000m^3$），平均套压2.70MPa，平均流压9.82MPa，表现出良好的上产势头，为气井的层系接替打下基础。

（3）同井不同层系合采。针对煤层气和煤系地层天然气多层叠置发育的典型特征，突破形成的同心管合采工艺、集束管合采工艺，为同井多气协同高效开发提供了有利技术条件。试验评价的注采参数，大宁—吉县示范区70%以上的开发井可满足合采工艺，表现出极强的适应性。以资源为基础、合采技术的集成配套为保障，有效促进开发方式的转变，对于同井多气，同井台/井区多井多层综合开发提供重要的技术借鉴，对鄂尔多斯盆地东缘以及同类油气资源盆地的整体开发具有重要意义。

第六章　煤系多目的层生产优化技术

根据示范区储层特征，煤系多目的层在纵向分布上差异较大，且深层煤层气、煤系地层天然气生产特征差异较大，不同井型对采气工艺的要求也不相同，对示范区煤系多目的层生产优化提出了更高要求。基于示范区不同储层特征，"十三五"期间通过技术攻关，形成了适用于示范区不同资源类型的采气工艺技术。

第一节　技术攻关背景

"十二五"后期，随着大吉区块勘探开发工作的深入推进，深层煤层气、煤系地层天然气资源逐步发现，因资源类型增多，气藏埋深增加，开发井型多样，排采制度和采气工艺适应性有待提高，主要表现为煤系多目的层生产变化规律认识不清晰、排采制度未定量、排采连续性差，需进一步加强技术攻关，获得改善气田开发效益的有效技术对策。

经过"十三五"期间对示范区深层煤层气和煤系地层天然气整体开发系列配套技术的持续攻关，形成了深层煤层气、煤系地层天然气生产优化技术，主要包括深层煤层气定量化排采技术、深层煤层气排采工艺及配套技术、煤系地层天然气井产能评价与生产制度优化技术、煤系地层天然气排水采气技术、生产监测技术等，有力支撑了鄂尔多斯盆地东缘示范区煤系地层天然气产量规模快速增长。

第二节　生产制度优化

一、深层煤层气定量化排采技术

煤层气高产稳产的必备条件是丰富的煤层气资源和良好的渗流能力。深部储层埋深大（2000m以深），储层渗透率极低（注入/压降测试结果表明，原始渗透率不足0.1mD），须采用大规模压裂工艺充分改善煤储层的渗流能力，才能达到高产。在排采实践中发现，相比中浅层煤层气，深层煤层气表现出游离气含量高、临界解吸压力高、见气早、上产快等特点（闫霞等，2021），原有的中浅层煤层气排采制度在深层煤层气排采过程中表现出很不适应的问题。区块初期的试采效果表明，排水降压过快，煤储层将产生压敏、速敏效应，且容易产出大量煤粉，导致渗透率急剧下降，压降无法进一步向远端扩展，解吸范围有限，供气源不足，无法维持煤层气井的稳产。

因此，示范区深层煤层气排采控制成为影响稳产效果的重要因素，为了获得最大限度的压降解吸范围，使煤层气井不仅能够高产，更要实现稳产，需要提高对深层煤储层排采规律的认识,精细控制排采参数,合理控制井底压力和产气、产水量变化,实现深层煤层气井精细高效排采。

1. 定量化排采技术思路

1)深层煤层与中浅层煤层排采敏感性对比

在相同的地质条件下,渗透性的高低是影响气井高产与否的关键,排采过程中影响渗透性的因素主要有压敏与速敏(屈平等,2007;吕玉民等,2013)。

深层煤层压敏评价:选取中浅层煤岩与深层煤岩进行室内压敏实验,在一定围压下,煤储层渗透率均出现不同程度的下降,表现为煤层压敏性较强;对比二者的变化,在围压为1MPa时,深层煤岩测试渗透率为原渗透率的69%,远高于同区块中浅层煤岩的33.23%~41.95%,深层煤岩与中浅层煤岩相比,表现出排采效果受压敏影响较小的特点,因此,排采过程中井底流压降速指标可高于中浅层煤层气(图6-2-1、表6-2-1)。

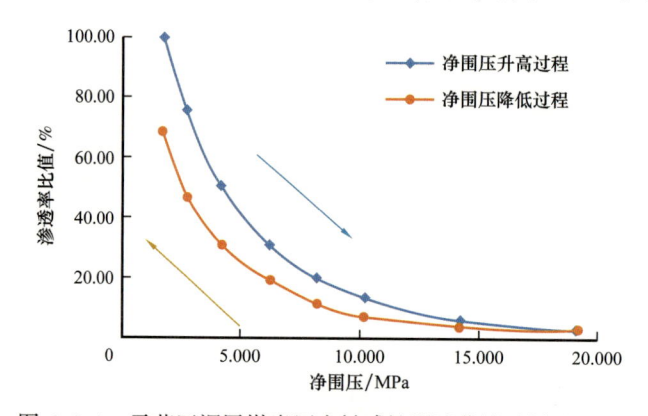

图 6-2-1 示范区深层煤岩压力敏感性测试曲线(样品 29-4)

表 6-2-1 临汾地区中浅层煤岩不同围压下渗透率数据

煤层	岩心编号	煤层测试渗透率/mD	围压 1MPa 渗透率/mD	围压 1MPa 百分数/%	围压 6MPa 渗透率/mD	围压 6MPa 百分数/%	围压 12MPa 渗透率/mD	围压 12MPa 百分数/%
5 号煤层	J19-1	0.5457	0.1850	33.90	0.0370	6.78	0.0028	0.51
5 号煤层	J19-2	1.2742	0.4247	33.33	0.2124	16.67	0.0345	2.71
5 号煤层	J19-3	0.8178	0.2045	25.01	0.0409	5.00	0.0038	0.46
8 号煤层	G4-1	1.1246	0.4718	41.95	0.2798	24.88	0.0741	6.59
8 号煤层	G4-2	1.5906	0.5285	33.23	0.5236	32.92	0.2227	14.0
8 号煤层	G4-3	1.1243	0.4115	36.60	0.2758	24.53	0.0764	6.80

深层煤层速敏评价:深层煤岩硬度大,排采时出水清,煤粉含量少,相比中浅层煤岩,速敏影响相对较小,因此产气增速控制相对较宽松,可根据套压变化及时调整产量。

深层产气特征：根据示范区 10 口深层煤层气井的生产情况发现，深层煤层气游离气含量高、压裂后排液时点火可燃，投产后见套压早、临界解吸压力高、产气上产快等生产特点，统计示范区 10 口井的见气时井底压力为 11.5~24.23MPa，平均值为 17.76MPa（表 6-2-2）。

表 6-2-2 示范区深层煤层见气时井底压力统计

序号	井号	动液面 /m	见气时井底流压 /MPa
1	DJ3-7X2	216	18.13
2	DJ52	813	11.5
3	DJ43	953	13.3
4	DJ3-4X6	693	19.50
5	DJ6-10X1	958	14.4
6	DJ4-8X1	68	24.23
7	DJ2-2AX2	661	17.59
8	DJ-P25-3H	701	17.77
9	DJ7-5	556.84	20.87
10	DJ3-6X1	285.6	20.26
平均值		590.54	17.76

2）深层煤层气排采设计

针对深层煤层气具有游离气含量高、临界解吸压力高、见气早、产气上产快等生产特点，基于等温吸附理论和煤岩敏感性分析（图 6-2-2），借鉴中浅层煤层气排采控制阶段划分的经验，以日产气量变化为依据，排采控制过程中，将憋套压阶段与产气上升阶段合并，突出对压裂后放喷阶段的排液控制，深层煤层气排采阶段划分为未见气、初始产气、产气上升、产气稳定与产气衰减五个阶段（陈刚等，2011；周芳芳等，2021）；并以初始压力、解吸压力和稳产压力为三个控制节点，重点做好压裂后放喷、投产启抽、

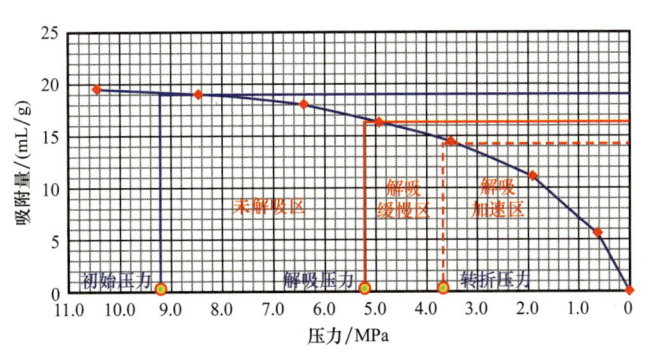

图 6-2-2 J-U2 井等温吸附曲线

见气调整与平衡排采的生产控制，通过控制井底压力的降低速度，提高降液阶段的返排率，扩大泄压体积，提高稳产效果，确保产量"上得去、稳得住"（冯春梅，2021；赵兴龙等，2021；张越等，2021）。

2. 定量化排采技术方法

在充分总结示范区现场排采实践经验的基础下，按照气井生命周期生产，以保持和改善渗透率为核心目标，通过精细控制井底流压降幅及产气增幅，产气后以合理套压放产，尽量不憋压为原则，产量上升阶段根据套压变化阶梯式提产，保持气水相对渗透率平衡。由此制订深层煤层气"5321"排采管控方案，即划分五个排采阶段、抓住三个关键控制点、实现"两项参数"平衡、形成一个排采标准模板，指导示范区"一井一法"的制定。

1）五个排采阶段

煤层气井以排水降压、扩大渗流通道、形成面积降压为排采理念，针对深层煤层气井见气早、产气上升快的特征，将中浅层煤层气排采中的憋套压阶段与初始产气阶段进行合并，划分形成了未见气、初始产气、产气上升、产气稳定及产气衰减深层煤层气五个排采阶段（图6-2-3），对见气后的气液两相流阶段划分成产气上升阶段、稳产阶段和衰减阶段。

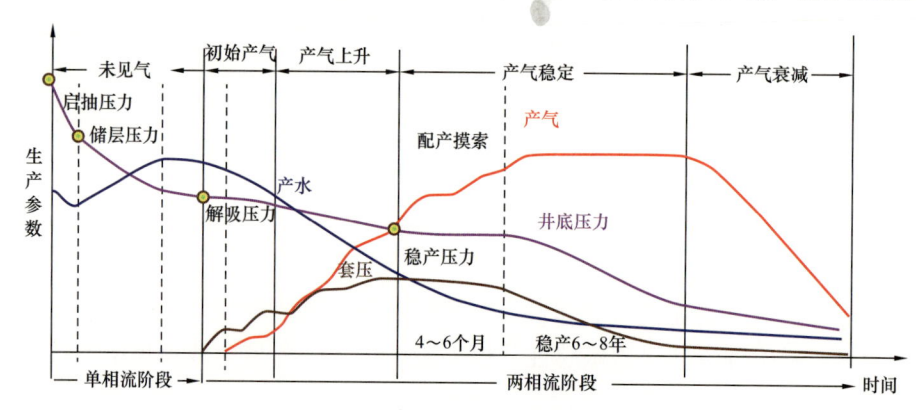

图 6-2-3　深层煤层气排采设计示意图

2）三个控制关键点

关键点1：在排采初期，快速摸索出各井的产液能力成为关键，根据各井实际的产液能力，确定合理单井初期降液制度。

关键点2：当井底压力降至临界解吸压力时，煤层单相流向气液两相流转变，气相渗透率（K_g）上升、水相渗透率（K_w）下降，表现为套压快速上升、产水骤降；为避免出现套压快速上升、产水骤降的情况，在井底压力达到解吸压力前回调排采强度，缓速降压，扩大压降范围。

关键点3：随着井底压力单位压降时甲烷解吸气量增加，在接近稳产压力时摸索合理配产，实现套压与日产气量的平衡。

3）平衡套压和日产气量两个参数

对于深层煤层气，游离气含量高，套压上升较快，而高套压生产易导致煤层气进入排液管柱，造成抽油泵气锁，泵效降低，严重时气体从井口密封填料处喷出，带来井控风险。因此气井生产过程中,需要通过调整日产气量实现套压稳定。当套压持续上升时,需适当调高产气量,控制套压增速小于 0.5MPa/d;套压趋于稳定,则稳产观察,通过调整日产气量与套压的平衡关系,逐步摸索单井的合理日产气量。

4)形成深层煤层气定量化排采标准模板

基于气井生命周期排采管理,将深层煤层气排采划分成未见气、初始产气、产气上升、产气稳定及产气衰减五个排采阶段,通过定量化调整套压、产气增速、井底流压降速等参数,实现气井稳定生产(表 6-2-3)。

(1)未见气阶段:为煤层单相流阶段,根据示范区深层煤层气生产特征,为延长单相流的精细管控,将排采管理的起点提前至压裂后返排阶段,分为压裂后自喷排液阶段与抽油机排液阶段。

压裂后自喷排液阶段:煤层压裂后 2h,由于压裂波及范围煤层的压力高于原始煤层压力,排液初期为自喷返排阶段,既要防止排液速度过快造成煤层速敏效应,又不宜太低,造成近井地带煤粉堵塞;使用 2~10mm 油嘴,逐步控制返排至不产液。

抽油机排液阶段:使用抽油机+有杆泵排采方式,以最低冲次起抽排液,使用井下压力计监测井底压力,通过调整制度求取地层供液能力,为减少压裂液对生产的影响,当井底压力高于煤储层压力时,以较快速度降低井底压力至储层压力,疏通渗流通道,携带出煤粉,此阶段控制井底压力下降速度为 0.1~0.2MPa/d;当井底压力降至煤储层压力时,降低井底压力下降速度,使其缓慢地降低至解吸压力,实现慢速、稳定降压,防止近井地带解吸造成段塞流,此阶段控制井底压力下降速度为 0.045~0.1MPa/d,发现压降过快后须主动降低水量。

(2)初始产气阶段:随着井底压力降至煤层临界解吸压力,煤层甲烷解吸,储层中单相流逐步形成气液两相流,为降低气相影响,保持水相渗透性,提高煤层排液波及范围,控制井底压力下降速度小于 0.08MPa/d,因示范区外输压力较大(3~5MPa),当套压为 5MPa 时,开始放产,控制初始产气量增幅小于 300m³/d,套压下降幅度小于放产前套压的 30%,若套压下降过快,则调小或关闭针形阀。

(3)产气上升阶段:随着排液的进行,煤层甲烷解吸增多,套压快速上升,需要通过增加产气量,调控套压增幅;但产气量增多,气流对煤层产生冲蚀作用,易产生煤粉堵塞渗流通道,根据套压变化进行产量阶梯式提产,可通过降低产水量,控制套压、日产气量过快增加。排采中要求:控制井底流压降幅及产气增幅,井底压力下降速度低于 0.1MPa/d,产气量增幅控制在 200~300m³/d 之间,采用阶梯式提产方式,每次提高产气量后必须稳定 15 天方可继续提产;如在产气量调整过程中,套压下降速度超过 0.3MPa/d,必须回关针形阀稳住套压排采。

(4)产气稳定阶段:以产气为主,产水减小,需要继续稳定排采,不断扩大解吸面积,延长稳产时间,提高气井产气量。套压、井底流压等参数相对稳定,控制井底流压缓慢下降,下降速度不超过 0.02MPa/d,控制套压在 0.5MPa 以上。

(5)产气衰减阶段:以气流为主,基本不产水,可以间抽排液;井底流压缓慢下降,产气量逐步衰减降低。

表 6-2-3　定量化排采控制参数

排采阶段		控制指标	控制方法
未见气阶段	井底压力>煤储层压力	井底压降速率为0.1~0.2MPa/d	最低冲次启抽，通过调整制度求取地层供液能力，为减少压裂液对生产的影响，以较快速度降低井底压力至储层压力，疏通渗流通道，携带出煤粉
	临界解吸压力<井底压力≤煤储层压力	井底压降速率为0.045~0.1MPa/d	使井底压力缓慢降低至解吸压力，发现压降过快后须主动降低水量
初始产气阶段		井底压降速率小于0.08MPa/d，初始产气增幅小于300m³/d	控制井底流压降幅及套压增幅，保持水相渗透性，套压下降幅度不得超过放产前套压的30%，井底流压日降幅不得超过0.1MPa，若套压下降过快，则调小或关闭针形阀继续憋套压生产
产气上升阶段		井底压降速率小于0.1MPa/d，产气增幅控制在200~300m³/d之间	控制井底流压降幅及产气量增幅，通过调节水量和针形阀，保持气相渗透率在80%以内，每次提高产气量后必须稳定半个月可继续提产，如在短期稳定期间，套压下降速度超过0.3MPa/d，必须回关针形阀控制住套压继续稳套压排采
产气稳定阶段		井底压降速率不超过0.02MPa/d，控制套压在0.5MPa以上	应稳定产气量，控制压降速率排采
产气衰减阶段		井底压降速率不超过0.01MPa/d，控制套压在0.5MPa以上	以气流为主，基本不产水，可以间抽排液；井底流压缓慢下降，产气量逐步衰减降低

3. 定量化排采技术应用

定量化排采技术在示范区深层煤层气 14 口井应用，选取 DJ6-10X1 井和 DJ7-5 井进行说明。

1）DJ7-5 井

该井煤层段 2232.2~2238.6m，2020 年 5 月 7 日采用固体酸 + 清洁液携砂工艺压裂，压裂液总液量 1879m³，总砂量 53m³，砂比 4.8%。

（1）未见气阶段：2020 年 5 月 27 日使用油嘴控制排液，套压 13.4MPa，油嘴直径 2mm—3mm—5mm—8mm，套压降为零，改套管敞放，累计排液 401.3m³，返排率 21.36%（图 6-2-4）。

2020 年 7 月 7 日使用有杆泵排采，冲程 5m，冲次 0.3~0.5 次 /min，井底流压 22.01MPa，日产液 1.58~2.63m³，至 2020 年 8 月 1 日投产 25 天，排液 60.53m³，井底流压 20.9MPa，井底流压平均降幅 0.045MPa/d，见套压，套压 1.8MPa，临储压力比 0.93。

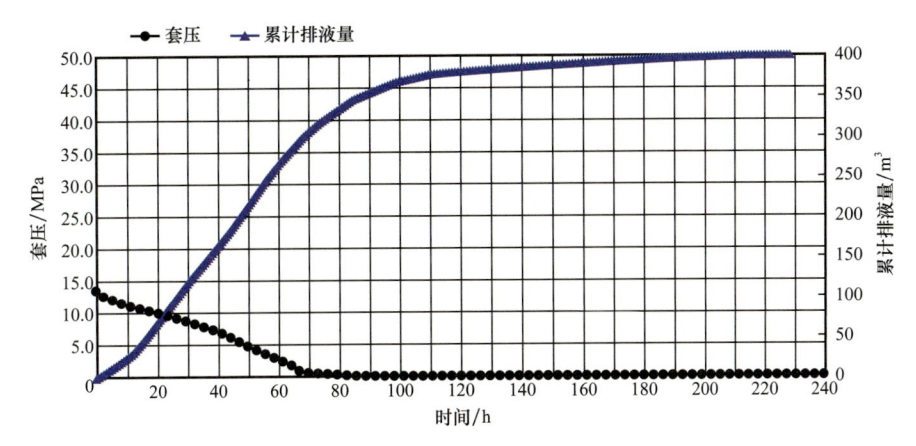

图 6-2-4　DJ7-5 井深层煤层压裂后返排曲线

（2）初始产气阶段：见套压 2 天，套压快速升高至 5.61MPa，以 128m³/d 放产，套压继续上升，降至排液量，逐步开大针形阀，至 2020 年 9 月 25 日，产气量升高并稳定至 1160m³/d，套压至 4.6MPa 后停止上涨。

（3）产气上升阶段：自 2020 年 9 月 26 日，逐步调整排液量至 1.2m³/d，产出水清澈无煤粉，套压上涨，增加日产气量，至 2020 年 12 月 11 日，排采 77 天，协调套压、日产气量，套压至 7.5MPa，日产气 5000m³，均达到稳定。此阶段井底流压从 15.4MPa 降至 10.15MPa，平均井底流压降幅 0.068MPa/d，高于设定值。

（4）产气稳定阶段：至 2021 年 7 月 29 日，生产 231 天，日产气量稳定在 5000~4626m³/d 之间，套压稳定在 7.5~4.4MPa 之间。此阶段井底流压从 10.15MPa 降至 5.17MPa，平均井底流压降幅 0.02MPa/d。DJ7-5 井排采曲线如图 6-2-5 所示。

2）DJ6-10X1 井

该井煤层段 2370.9~2379.1m，2019 年 12 月 25 日采用活性水 + 盐酸 + 清洁液体系压裂，压裂液总液量 1445m³，总砂量 31m³，砂比 7.8%。

（1）未见气阶段：在压裂后使用 2mm 油嘴—4mm 油嘴—6mm 油嘴—8mm 油嘴控制放喷排液，2020 年 1 月 16 日完成排液，累计排液 270.2m³，返排率 18.06%。

2020 年 4 月 4 日使用有杆泵排采，冲程 4.2m，冲次 0.4~0.5 次 /min，井底流压 20.75MPa，日产液 2.37~2.77m³，至 2020 年 4 月 26 日投产 22 天，排液 47.4m³，井底流压 18.8MPa，井底流压平均降幅 0.045MPa/d，见套压，套压 1.7MPa，临储压力比 0.88。

（2）初始产气阶段：见套压 2 天，套压快速升高至 2.16MPa，以 350m³/d 放产，逐步开大针形阀，日产气量稳定上升，至 2020 年 5 月 19 日产气 20 天后日产气量达 1000m³，套压相对稳定（2.1~2.0MPa），日产气量增幅 32.5m³，井底流压 15.68~16.64MPa，略有上升。

（3）产气上升阶段：自 2020 年 5 月 20 日，逐步开大针阀，在套压稳中略有上升的基础上，日产气量稳定上升，16 天后产气量达到 2000m³，至 2020 年 6 月 21 日上产 37 天，日产气 1000~3000m³，套压相对稳定（2.0~3.0MPa），日产气量增幅 54.05m³，井底流压 16.64~11.47MPa，平均降幅 0.1MPa/d。

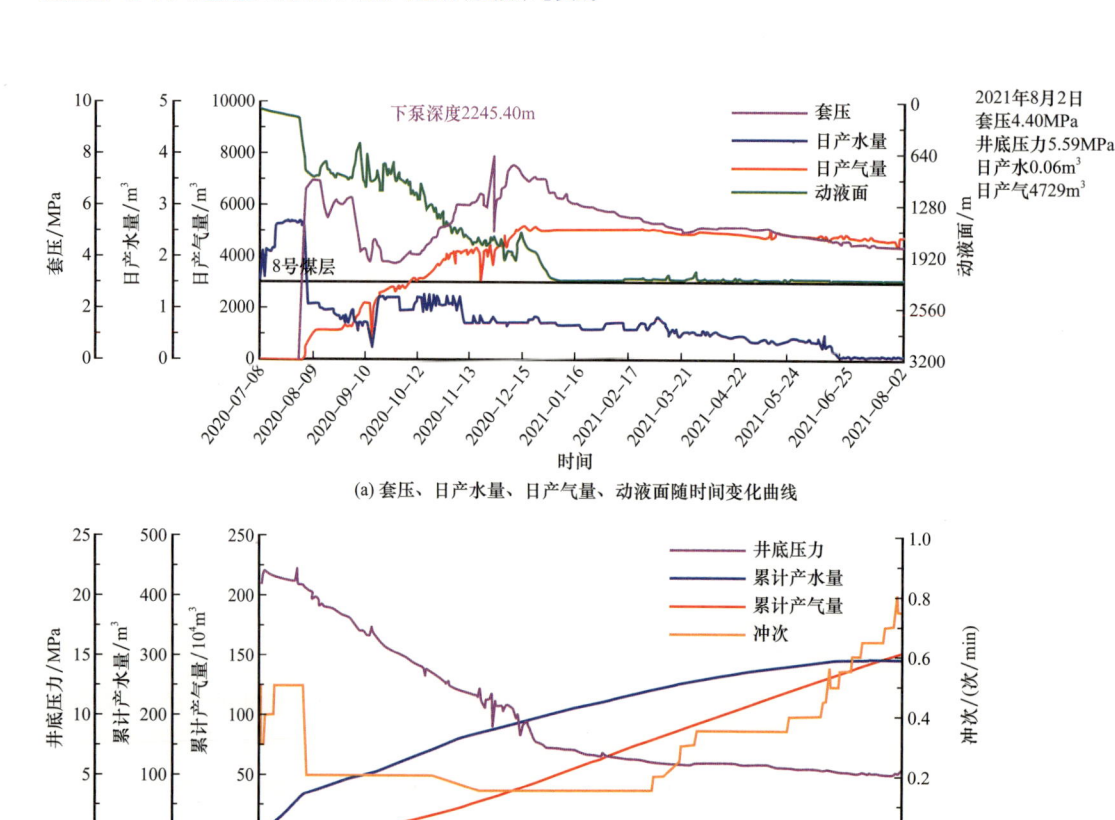

(a) 套压、日产水量、日产气量、动液面随时间变化曲线

(b) 井底压力、累计产水量、累计产气量、冲次随时间变化曲线

图 6-2-5　DJ7-5 井排采曲线

（4）产气稳定阶段：至 2021 年 7 月 29 日生产 404 天，日产气量稳定在 3000～4500m³/d，套压稳定（3.0MPa—3.3MPa—2.4MPa），此阶段井底流压从 11.38MPa 降至 2.81MPa，平均井底流压降幅 0.02MPa/d。DJ6-10X1 井排采曲线如图 6-2-6 所示。

二、煤系地层天然气井产能评价及生产制度优化

1. 新井产能评价与配产方法

示范区煤系地层具有"低压、低孔、低渗"特征，储层非均质性强。开发前期，对区块整体产能特征认识较少，因此多采用回压试井、修正、"多点法"产能试井对煤系地层天然气井进行系统求产，求取产能方程及绝对无阻流量，在完成合理配产的同时，对该区气井产能特征进行分析评价。测试中发现，示范区属于超低渗透气藏，储层物性较差，产能试井时要达到稳定流动历时较长，造成测试时间长、天然气浪费气量大，在该区的适应差；因此，对所有开发井进行"多点法"产能试井不现实。

经过理论研究、现场实践，在不断优化、完善的基础上，形成了一套适用于该区地质特征的气井产能核实方法。

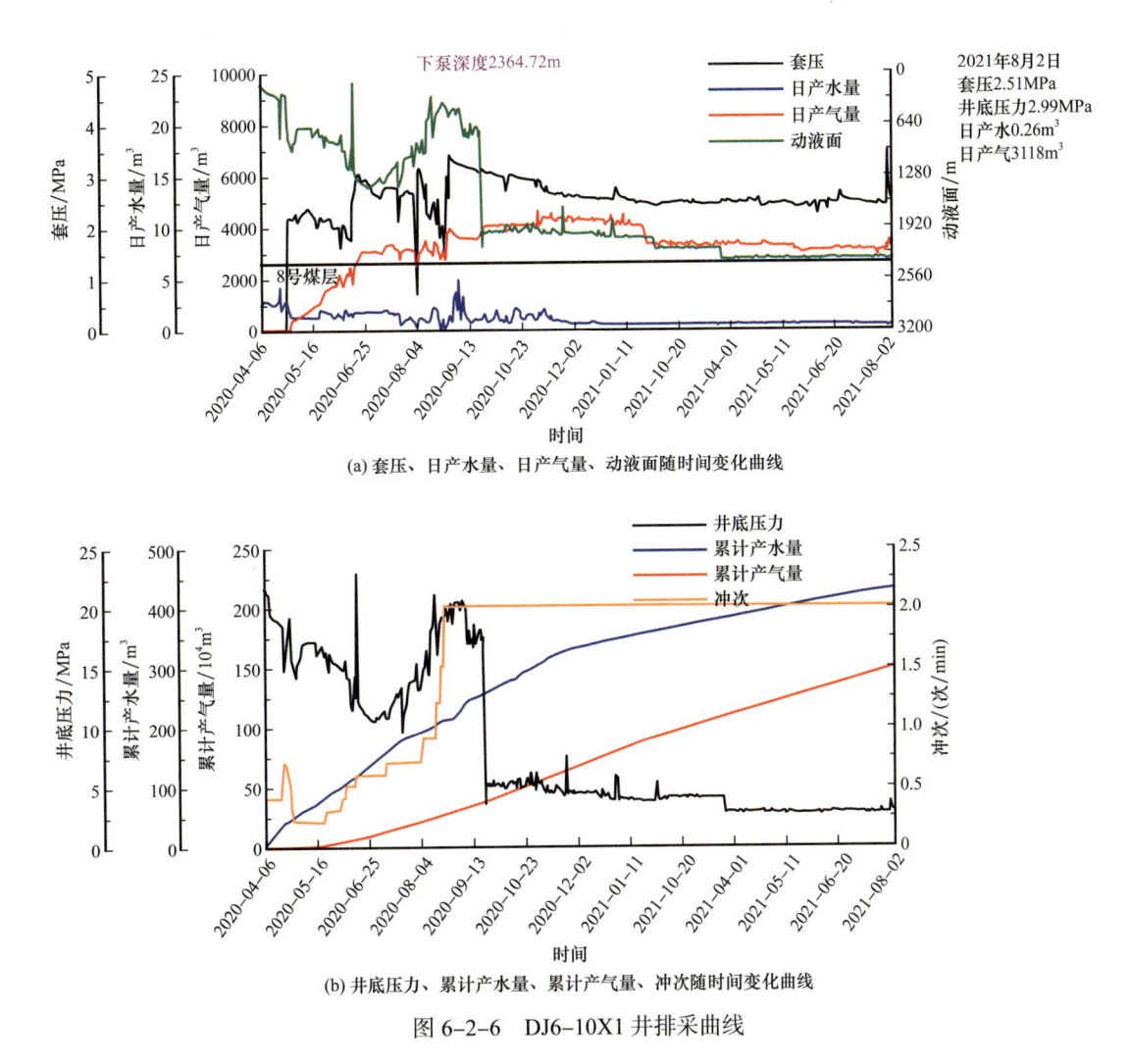

(a) 套压、日产水量、日产气量、动液面随时间变化曲线

(b) 井底压力、累计产水量、累计产气量、冲次随时间变化曲线

图 6-2-6　DJ6-10X1 井排采曲线

1）"一点法"产能评价技术

该方法是对陈元千"一点法"公式的修正，相比于"多点法"，"一点法"测试只需要测试一个稳定制度的产量和压力，测试时间短，便于现场快速求产（梁斌等，2018）。但"一点法"属于经验公式，如要通过该方法求准绝对无阻流量，需要有适用于该区的准确的产能系数 α。

依托示范区大量的"多点法"产能试井数据，对"一点法"产能系数 α 逐步进行修正，确定 α 为 0.92，与其他方法相互验证，精度较高，相对误差小于 10%。

相应的绝对无阻流量计算公式见式（6-2-1）：

$$Q_{AOF} = \frac{2(1-\alpha)Q_g}{\sqrt{\alpha^2 + 4(1-\alpha)\dfrac{p_r^2 - p_{wf}^2}{P_r^2}} - \alpha} \quad (6\text{-}2\text{-}1)$$

式中　p_r——地层压力，MPa；

p_{wf}——井底流压，MPa；

Q_{AOF}——绝对无阻流量，m³/d；

Q_g——稳定流量，m³/d。

在后续的产能评价工作中，对探井、评价井、重点开发井采用"多点法"进行较精确的产能评价，对普通开发井采用"一点法"进行快速求产，综合应用两种试井方法进行新井产能评价，为合理配产及快速建产、最优化生产制度提供数据支撑。

2）基于绝对无阻流量的经验配产法

经验配产是在国内外大量气井生产实践的基础上总结出来的配产方法，根据不同的稳产期需要，在具体生产过程中不断加以分析和调整。区块根据井类别及绝对无阻流量的大小，按照高产低配的原则进行配产，Ⅰ类井按绝对无阻流量1/5～1/3配产，Ⅱ类、Ⅲ类按绝对无阻流量1/3配产，采用此方法配产84口井，后期井调整幅度均小于10%，配产符合率高。以DJ14X1井为例，基于测试求产数据，建立气井二项式产能方程，绘制IPR曲线及采气指示曲线，该井计算绝对无阻流量为10.26×10^4 m³/d，使用采气指示曲线论证最大合理产量上限值3.18×10^4 m³/d，该合理产气量约为绝对无阻流量的1/3，进一步验证该方法的可行性。

3）基于放喷排液压力恢复的配产法

对于没有现场产能试井资料，无法利用试气资料进行配产的情况，根据示范区经验，气井放喷排液阶段压力恢复数据与产量具有良好的正相关关系，通过统计已投产井日产气量与放喷排液时第一小时恢复压力数据，并拟合出二者回归公式，如图6-2-7所示。作为示范区的经验公式，可对部分压裂后未试气求产的气井进行配产，见表6-2-4。

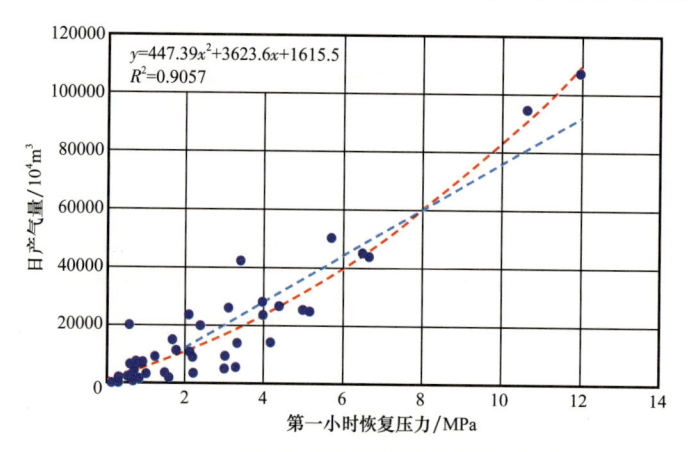

图6-2-7 放喷排液压力恢复与产能关系曲线

2.老井综合产能评价

示范区煤系地层天然气井投产后，在生产中分为上产稳产期与递减期，通过采用多种配产方法相互验证，生产过程中动态优化配产，保障了气井稳产（孙贺东等，2020）。该区2015—2017年投产的100口井，井均生产3.8年，日产能力63.5×10^4 m³，平均年产能综合递减率为11.8%，井均累计产气1690×10^4 m³，各项指标达到方案设计要求。

表 6-2-4　放喷排液压力恢复配产

类别	第一小时恢复压力 /MPa	配产 / (10⁴m³/d)
Ⅰ	3.5～7.5	2～5
ⅡA	2.0～3.5	1.0～2.0
ⅡB	0.9～2.0	0.5～1.0
Ⅲ	0.1～0.9	0.2～0.5

（1）上产稳产期：利用压降速率法，实施阶梯配产，动态优化气井生产制度。

经过产能快速评价进行新井初步配产后，按照开发方案生产周期，制定单井阶段压降速率标准，实施阶梯配产，最终获得气井符合稳产期设计要求的合理配产，压降速率法阶梯配产技术路线如图 6-2-8 所示。统计已投产 187 口井，井均套压较初期下降 5.41MPa，井均生产时间 2.6 年，压降速率 0.005MPa/d。

以 DJ-P03 井为例，采用压降速率法进行生产制度优化，上产、稳产期为 1.3 年，压降速率控制在 0.012MPa/d，稳产期平均日产气 $10 \times 10^4 \mathrm{m}^3$，递减期压降速率为 0.005MPa/d，平均日产气 $6.33 \times 10^4 \mathrm{m}^3$，累计产气 $1.03 \times 10^8 \mathrm{m}^3$。DJ-P03 井生产曲线如图 6-2-9 所示。

图 6-2-8　压降速率法阶梯配产技术路线

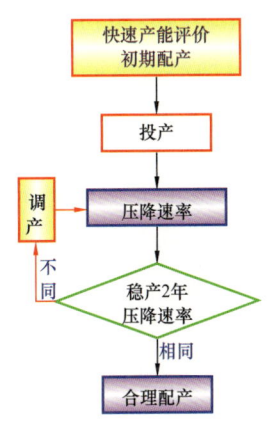

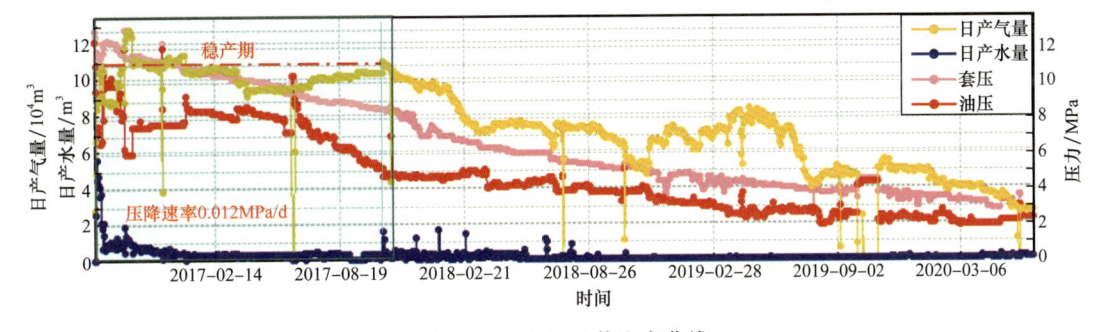

图 6-2-9　DJ-P03 井生产曲线

（2）递减期：利用采气指示曲线法，获得合理生产压差，优化生产制度。

采气指示曲线法的基本理论出发点，是为了最大限度降低地层中非达西流效应引起的附加压降，最大化发挥地层能量。理论研究表明，在产量比较小时，气井生产压差与产量呈直线关系；随着产量的增大，生产压差的增加不再沿直线增加而是偏离直线，这时气井表现出了明显的非达西效应。为了减小非达西流动能耗，配产时应考虑这一极限产量。

由气井的二项式方程 $p_\mathrm{R}^2 - p_\mathrm{wf}^2 = A q_\mathrm{g} + B q_\mathrm{g}^2$ 可得到：

$$\Delta p = p_R - p_{wf} = \frac{Aq_g + Bq_g^2}{p_R + \sqrt{p_R^2 - Aq_g - Bq_g^2}} \quad (6-2-2)$$

式中 p_R——原始地层压力，MPa；

p_{wf}——井底流压，MPa；

Δp——生产压差，MPa；

q_g——产气量，m³/d；

A、B——二项式产能方程系数。

式（6-2-2）两边同除以 q_g，得到采气指数的倒数（$p_R - p_{wf}$）/q_g 与产量关系，如图 6-2-10 所示。从中可看出：当气井产量较小时，采气指数的倒数（$p_R - p_{wf}$）/q_g 与产量近似呈线性关系；但气体黏度小，渗流速度高，在储层中容易出现紊（湍）流和惯性力，当产量增大到某一值后，存在压力损失，二者之间的线性关系发生变化。为了合理地利用地层能量，可把采气指示曲线上翘偏离直线段那一点的产量确定为气井的最大合理产量，流速即为临界流速，对应压差即为合理生产压差。

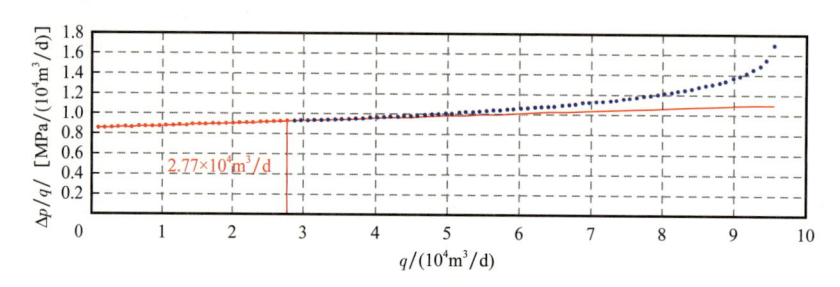

图 6-2-10　采气指示曲线预测合理产量

基于示范区 69 口井（山 2³ 亚段）生产压差评价结果（图 6-2-11），生产压差范围为 0.91～4.79MPa，而该区合理生产压差为 3.0MPa，由此认为气藏投产中前期，受提产保供、提产携液等因素影响，气井高负荷运行，生产压差高于合理压差，随着接替井不断投产，对高负荷生产井生产制度进行优化，生产压差基本处于合理范围。

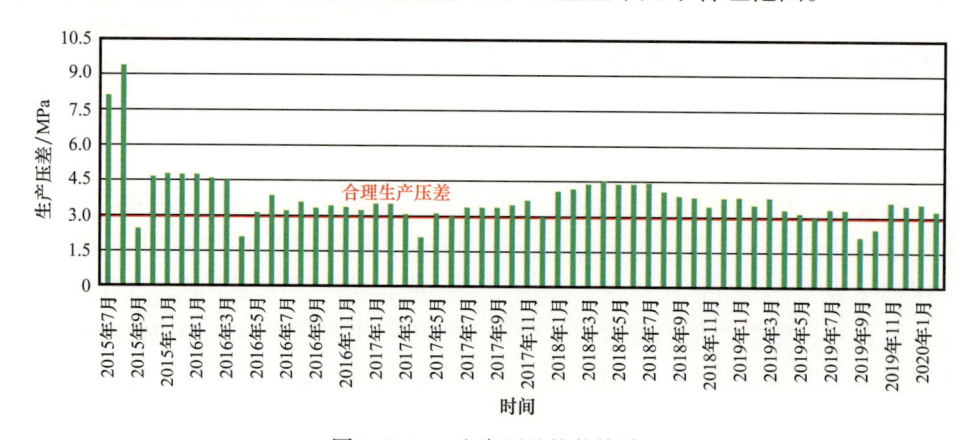

图 6-2-11　生产压差柱状统计

3. 气井生产制度优化

1）气井合理生产压差与产气速度优化的必要性

（1）致密气井生产压差大、配产高，易造成产量、压力递减快，地层能量损失较大。

对示范区山 2 段两个以上测压点的投产气井采用采气指示曲线法评价，16 口测压井合理生产压差为 2.73~3.28MPa，平均为 2.98MPa（图 6-2-12）。

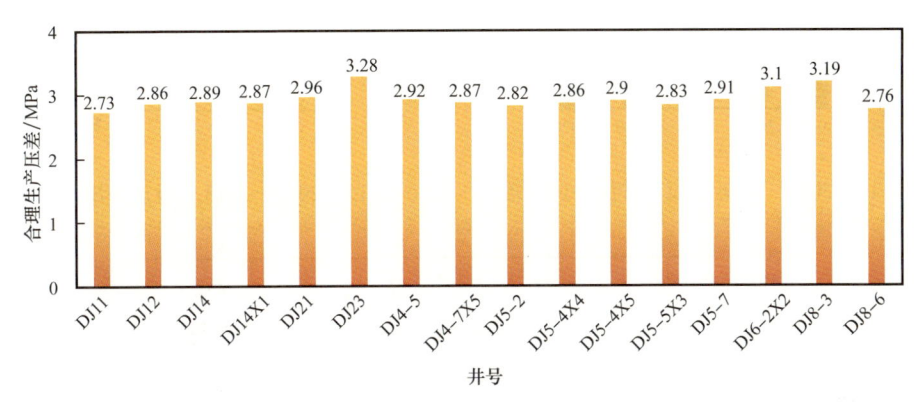

图 6-2-12　气井合理生产压差统计

统计示范区上述 16 口投产气井生产情况，自 2017 年 10 月起，超合理生产压差 2.73~3.28MPa 开采超 30 个月，其间压力快速下降，大压差过快释放气井产能，导致在 2019 年底出现产量快速递减的情况（图 6-2-13）。

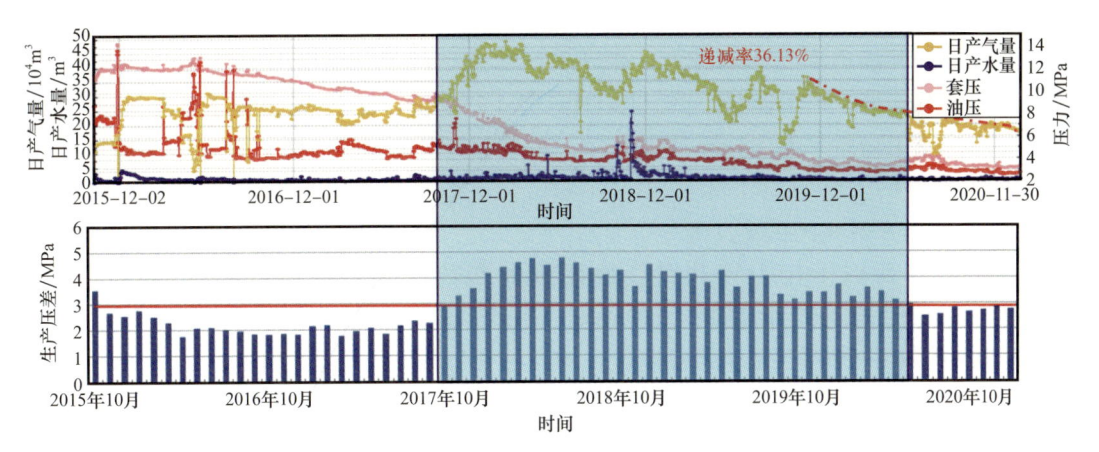

图 6-2-13　示范区气井生产对比

对比投产气井的压力下降情况（图 6-2-14、图 6-2-15），至 2020 年，2015—2016 年 8 口投产井地层压力年均下降 2.63MPa，压力保持水平 28.83%；2017—2018 年 7 口投产井地层压力年均下降 2.74MPa，压力保持水平 49.75%，不合理的生产压差，造成地层能量过快释放。

（2）致密气井生产压差过大，易产生压敏效应，导致地层渗透率下降。

示范区为低渗透储层，压力敏感性强，投产初期生产压差越大，压敏引起气井渗透率降低值越大,对 DJ15 井进行敏感性试验,发现压敏造成的渗透率损失可达 86%(图 6-2-16)。

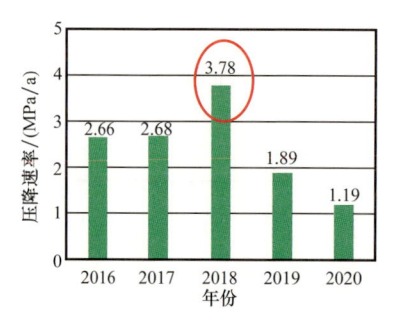

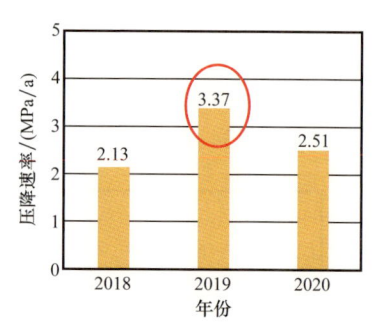

图 6-2-14　2015—2016 年投产井压降速率统计　图 6-2-15　2017—2018 年投产井压降速率统计

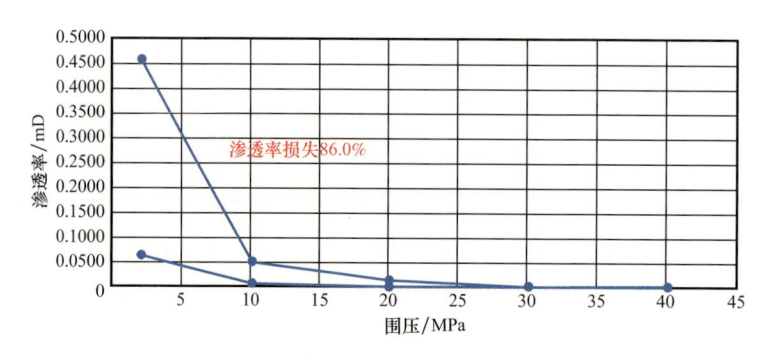

图 6-2-16　DJ15 井山 2^3 亚段(2124m)受压敏影响渗透率变化

同时,气井渗透率受影响越大,相同生产压差条件下,压敏引起气井产能下降越严重,造成动态储量、可采储量下降。以 DJ5-4X4 井为例,2019 年底该井超合理配产运行仅 7 个月,使用物质平衡法计算动态储量、可采储量分别减少 $709 \times 10^4 m^3$ 和 $626 \times 10^4 m^3$,影响比例超 10%。

2)气井生产制度优化及应用

以产能负荷因子作为气井产气量评价的参数。示范区 148 口投产井标定产能 $146.27 \times 10^4 m^3/d$,实际产量 $162.24 \times 10^4 m^3/d$,平均产能负荷因子 1.11。其中,产能负荷因子大于 0.9 的气井 59 口,是生产制度优化的目标井,如图 6-2-17 和图 6-2-18 所示。

直井/丛式井标定结果与制度优化调整方案如下:

(1)上产稳产期:44 口井标定产能 $56.95 \times 10^4 m^3/d$,实际产量 $60.11 \times 10^4 m^3/d$,产能负荷因子 1.06。产能负荷因子小于 0.9 的井 16 口,产能负荷因子大于 0.9 且产量小于临界携液流量的井 11 口,建议保持目前生产水平;产能负荷因子大于 0.9 且产量大于临界携液流量的井 17 口,标定产能 $33.22 \times 10^4 m^3/d$,实际产量 $38.66 \times 10^4 m^3/d$,产能负荷因子 1.16,井均套压 5.16MPa,建议按产能负荷因子 0.9 的生产水平进行配产,日产控制在 $30 \times 10^4 m^3$ 左右,见表 6-2-5 和图 6-2-19。

(2)递减井:59 口井标定产能 $70.94 \times 10^4 m^3/d$,实际产量 $82.03 \times 10^4 m^3/d$,产能负荷因子 1.16。产能负荷因子大于 0.9 且日产量大于临界携液流量的井 24 口,标定产

能 $54.6\times10^4\text{m}^3/\text{d}$，目前日产 $69.11\times10^4\text{m}^3$，产能负荷因子 1.27，井均套压 4.60MPa，建议此类井按产能负荷因子 0.9 的生产水平进行配产，日产量控制在 $50\times10^4\text{m}^3$ 左右，见表 6-2-6 和图 6-2-20。

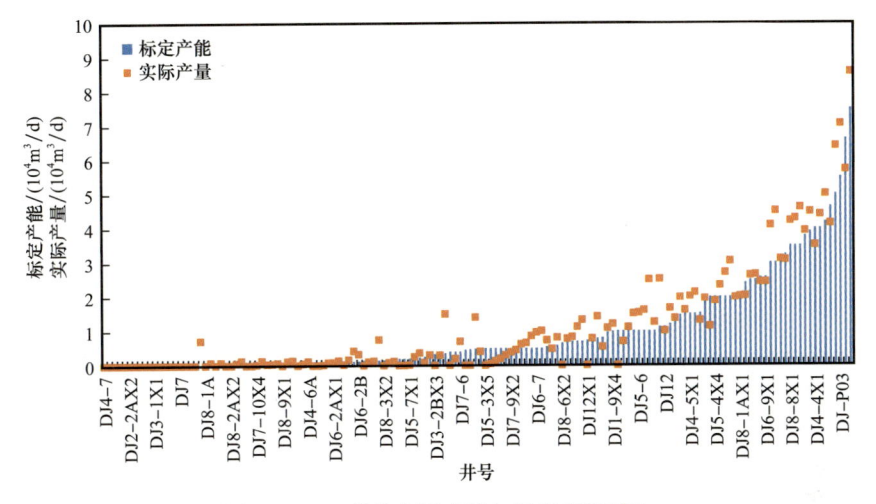

图 6-2-17 单井实际产量与标定产能对比

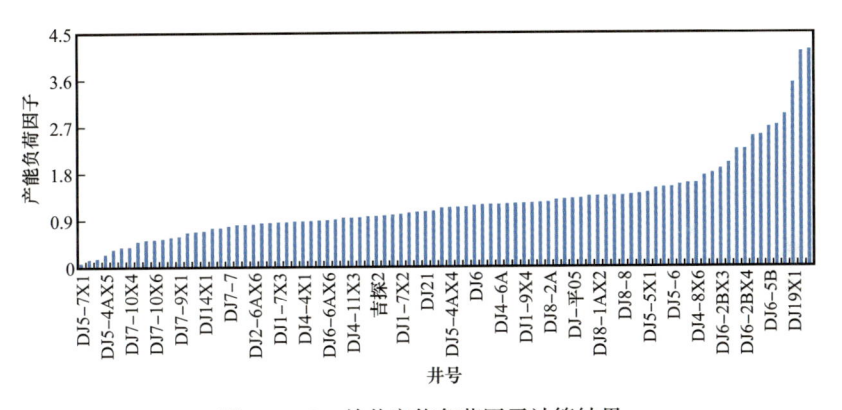

图 6-2-18 单井产能负荷因子计算结果

表 6-2-5 大吉区块 44 口上产稳产期老井标定产能与实际产量匹配情况

分类	临界携液流量	井数/口	标定产能/$10^4\text{m}^3/\text{d}$	实际产量/$10^4\text{m}^3/\text{d}$	产能负荷因子	调整建议
产能负荷因子≤0.9		16	20.14	16.76	0.83	不调整
产能负荷因子>0.9	日产气量<临界携液流量	11	3.69	4.70	1.27	不调整
	日产气量>临界携液流量	17	33.22	38.65	1.16	调整
合计		44	57.05	60.11	1.06	

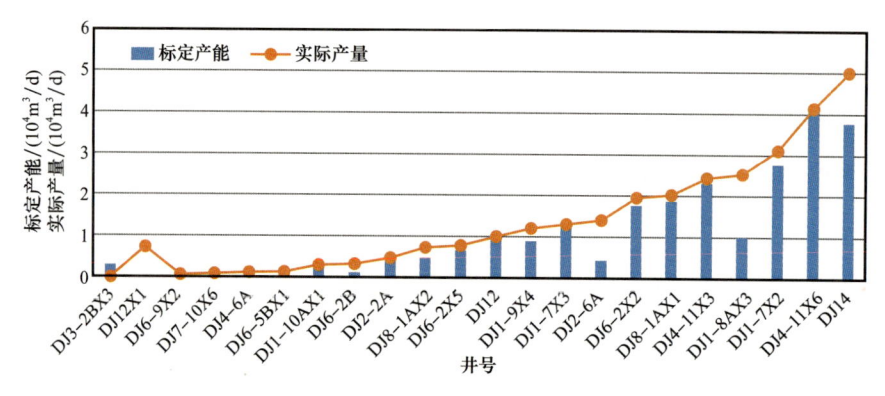

图 6-2-19　上产井实际产量与标定产能对比

表 6-2-6　大吉区块 59 口递减井标定产能与实际产量匹配情况

分类	临界携液流量	井数/口	标定产能/10⁴m³/d	实际产量/10⁴m³/d	产能负荷因子	调整建议
产能负荷因子≤0.9		22	13.08	7.3	0.56	不调整
产能负荷因子>0.9	$q_g < q_c$	13	3.26	5.6	1.72	不调整
	$q_g > q_c$	24	54.6	69.1	1.27	调整
合计		59	70.94	82.0	1.16	

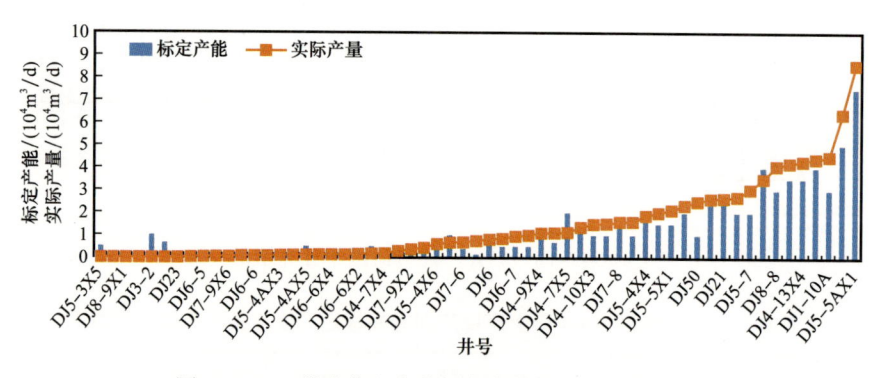

图 6-2-20　递减井生产井标定产能与实际产量对比

（3）间歇生产井：21 口井标定产能 $4.04×10^4 m^3/d$，实际产量 $3.17×10^4 m^3/d$，产能负荷因子 0.78。间歇生产井由于产量低，不能连续生产，建议维持现状，如图 6-2-21 所示。

通过产能评价开展生产制度优化，预测区块生产能力，2019 年 12 月 31 预测日产气量为 $165×10^4 m^3$，与实际产量误差仅为 3.13%，证明了产能标定及产量预测模型的准确。

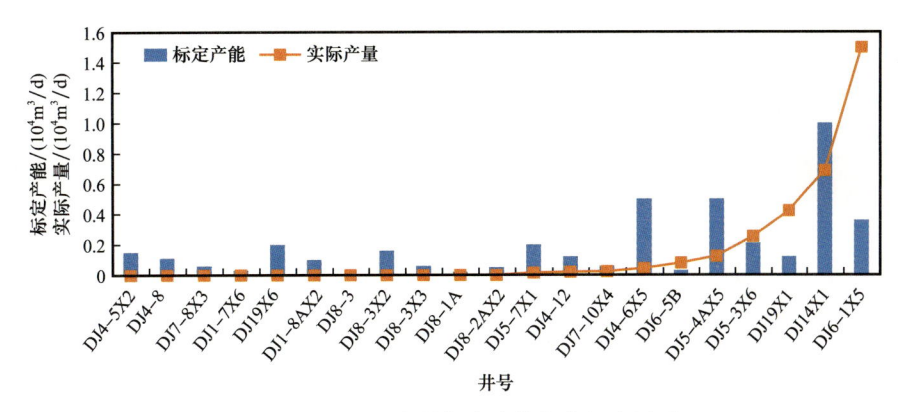

图 6-2-21　间歇生产井标定产能与实际产量对比

第三节　采气工艺优化

一、深层煤层气采气工艺

生产实践表明，水平井是实现深层煤层气经济效益开发的主要井型，与常规的丛式井相比，因井身轨迹复杂、产水量增大，对采气工艺提出更高的要求。在"十二五"期间，示范区中浅层煤层气井生产试验了有杆泵、射流泵、电潜泵等排采工艺，发现使用无杆泵一次性投入和维护成本极高，排液量与排采制度不相符，最终确定有杆泵排采作为主体工艺。由于深层煤层气目的层加深、井身轨迹复杂，使用有杆泵排采，面临管杆偏磨问题突出，腐蚀性强、气液比高、井底压力高和泵阀门启闭延迟造成泵效低等问题，需要进一步改进（赵阳升等，2001；李贵红等，2020）。

1. 深层煤层气有杆泵排采面临的挑战

通过现场生产实践，发现相比中浅层煤层气，深层煤层气具有井深大、游离气含量高、见套压时间短、套压上升快、井底压力高等生产特征，对"抽油机＋有杆泵"排采工艺带来较大挑战，需要对井下管柱结构和井控控制措施进行优化和配套。形成实用新型专利《一种煤层气井排采管柱结构》（师伟等，2017）。

（1）有杆泵排采存在一定的井控风险。

深层煤层多分布在 2000m 以深，以地层压力系数 0.85 计算，预测地层压力在 17.0MPa 以上，井底压力较高，在排采过程中，以较高产量、较高压力生产时，气体进入油管易形成低密度气液混合液体，导致井口压力较高，存在出液口产气，甚至气体喷出的风险。同时，随着气体通过油管随着产出液生产到地面，需要解决地面油管产气的问题。

（2）高井底压力生产，需要解决井下气液分离问题。

深层煤层气具有游离气含量高、井底流压高的生产特征，统计示范区 10 口井的井

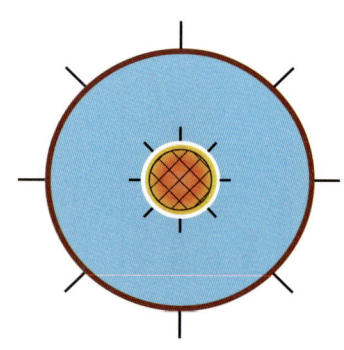

底压力，见气时井底压力为11.5～24.23MPa，平均值为17.76MPa。有杆泵在高井底压力工作时，因抽油泵活塞抽汲作用泵筒压力降低，根据理想气体状态方程，游离气小气泡在吸液口、泵筒膨胀、聚集，形成较大气泡（图6-3-1），充满泵筒，降低泵效（表6-3-1）；随着产液量下降，产气稳定阶段平均井底流压为4.26MPa，平均套压为2.23MPa，单井日均产气1960m³，单井日均产液1.15m³，其中丛式井日产液0.1～1.4m³，平均值为0.49m³，水平井大吉-平25-3H井日产液2.4m³，吉深-平01井处于排液阶段，日产液6.8m³；平均泵效达22.02%，其中使用小油管重力分离防气锁工艺井8口，泵效低于10%。

图6-3-1 高压气体膨胀示意图

表6-3-1 深层煤层气排液泵效

井号	日产水量/m³	井底压力/MPa	泵效/%
DJ2-2AX2	0.25	2.31	7.6
DJ3-2AX3	0.36	4.69	9.12
DJ3-6X1	0.64	1	6.88
DJ3-7X2	0.3	3.01	2.74
DJ4-8X1	0.15	4.9	3.09
DJ43	1.38	1.92	6.53
DJ52	0.24	3	8.23
DJ6-10X1	0.35	4.1	2.55
DJ7-5	0.52	5.98	29.95
DJ-P25-3H	2.4	7.63	41.19
DS-P01	7.27		89.08
平均	1.155	4.26	22.02

（3）地层水矿化度高，需要解决因结垢、腐蚀而引起的卡堵泵、管杆腐蚀等问题。

深层煤层气部分井矿化度非常高（227000～332000mg/L），随着温度、压力降低，饱和盐水中盐析出，同时压裂酸化产生的CO_2随着排采不断释放，与Ca^{2+}、Na^+结合形成垢，见表6-3-2。

示范区因结垢导致卡堵泵3次，检泵时的垢样如图6-3-2所示，对垢样进行分析，分析结果见表6-3-3，垢样成分以$CaCO_3$、Na_2CO_3为主。

表 6-3-2　深层煤地层水样水质分析结果

井号	pH 值	总矿化度 /mg/L	离子含量 /（mg/L）					
			K^+	Na^+	Ca^{2+}	Mg^{2+}	Cl^-	HCO_3^-
DJ3-4X6	5.00	332006	828.32	43942.11	50875.5	16298.9	211574.6	274.59
DJ3-6X1	5.00	215588	1549.55	35470.9	35816.8	1265.91	141446.3	—
DJ2-2AX2	4.64	236176	1070.68	42764.02	27837.5	15716.8	157473.3	305.48
DJ3-2AX3	5.13	226982	1002.57	38340.31	21598.1	17172.0	147812.4	267.73

图 6-3-2　DJ3-4X6 井结垢情况

表 6-3-3　垢样成分分析结果

序号	检测项目	DJ3-4X6 井	DJ3-6X1 井	DJ3-2AX3 井
1	二氧化硅 /%	6.6	3.96	0.5
2	氧化钙 /%	2.24	4.48	45.92
3	氧化钠 /%	44.68	43.14	0.4
4	五氧化二磷 /%	0.02	0.02	0.26
5	氧化镁 /%	0.20	0.65	0.58
6	硫 /%	0.05	0.51	0.09
7	氧化钾 /%	—	0.20	0.02
8	二氧化钛 /%	0.05	0.02	0.06
9	三氧化二铁 /%	1.2	0.88	8.8
10	三氧化二铝 /%	2.61	0.82	0.59
11	二氧化锰 /%	0.036	0.052	0.558

同时压裂时使用盐水或氨基磺酸作为前置液，测试排液 pH 值低于 5.5，偏酸性，井下管杆存在腐蚀情况。

2. 深层煤层气有杆泵举升及配套工艺

针对深层煤层气井管杆偏磨、抽油泵漏失严重、泵效低、窜气风险等问题，通过加强管杆三维受力分析（马卫国等，2009），优化管杆柱设计（何志平，2007），采用内衬油管、防腐油管等材料，优化配套工艺，形成深层煤层气高效举升及防偏磨、防气锁、防腐防垢等配套工艺（郭庆时等，2010；张晓芳等，2002；李志勇等，2009）。

1）防偏磨工艺

通过对现场管杆偏磨情况的统计，结合井眼轨迹数据的统计结果，优化井下管杆的扶正防磨设计，推广应用内衬油管，延长因管杆偏磨的漏失周期。

（1）影响因素分析。

管杆偏磨的主要影响因素为摩擦系数、井斜、全角变化率和杆柱失稳等。对于水环境下较大的摩擦系数，煤层气井不同于油井的特征是地层产出液为水，虽然井下引起偏磨的机理相同，但管杆在水环境的摩擦系数要远大于在油环境的摩擦系数，颜廷俊在2014年提出了摩擦系数—含水量曲线，根据该曲线可知，当油井出液含水量小于70%时，摩擦系数介于0.06~0.13；当含水量超过85%后，摩擦系数保持在0.25左右；当含水量介于70%~85%时，摩擦系数介于0.13~0.25，即水环境下摩擦系数远高于油环境，如图6-3-3所示。

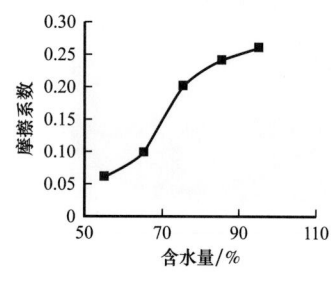

图6-3-3　摩擦系数—含水量曲线

对于井斜影响，统计示范区中深层直井和定向井最近一次检泵周期情况，直井检泵周期758天，定向井检泵周期806天，可见井斜不是偏磨的主控因素。

针对全角变化率，取33口偏磨检泵井样本，全角变化率大于1（黑色），与偏磨位置（白色）的位置关系如图6-3-4所示，可以看出，多数井偏磨位与全角变化率大于1的位置重叠，说明偏磨位置与全角变化率的大小基本吻合，全角变化率越大，偏磨越严重。同时选取J2-27井、J1-04井和J2-21井3口偏磨程度不同的井（表6-3-4），全角变化率越大，偏磨越严重。

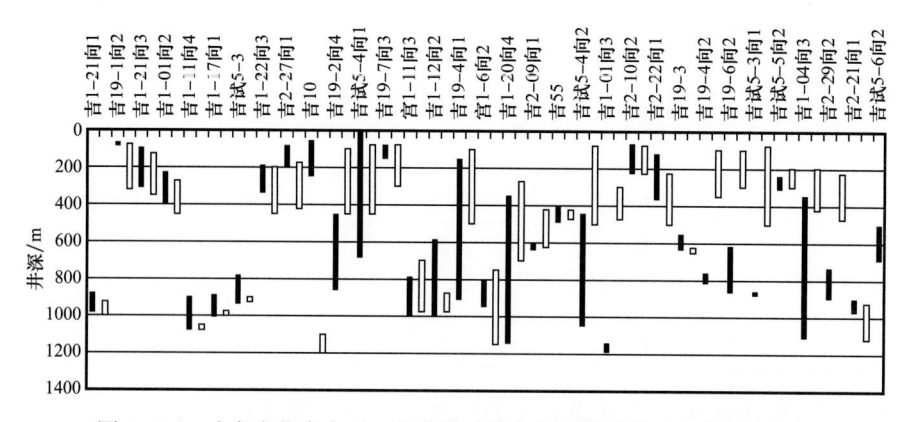

图6-3-4　全角变化率大于1的井段（黑色）和偏磨段（白色）的关系

（2）防偏磨措施。

① 优化扶正防磨设计。

在全井变化率变化不大，即井眼轨迹较平缓的情况下，全井可使用普通油管配套加装扶正器的抽油杆，对于扶正器的加装，在全井变化率较大的位置，加密扶正器的安装。同时使用高分子（超高分子量聚乙烯）卡箍式扶正器，利用 AB 胶增加扶正器锁紧力，减缓了扶正器的滑移。

表 6-3-4　筛选井的偏磨情况

井号	投产以来检泵情况	偏磨情况
J1-04	检泵 1 井次，其中偏磨 0 井次	轻微
J2-21	检泵 4 井次，其中偏磨 3 井次	严重
J2-27	检泵 8 井次，其中偏磨 5 井次	严重

形成推荐做法：使用插接式扶正器防偏磨，扶正器安装在距抽油杆接箍位置 30cm 处，并在井筒全角变化率大于 1°/30m 位置和泵上 200m 位置加密扶正；在检泵中发现插接式扶正器在 1300m 以深井段存在破裂的问题，1300m 以深扶正器更换成钢制滑套扶正器。各类扶正器材质动摩擦系数见表 6-3-5。各类扶正器材质室内耐磨性能检测数据见表 6-3-6。

表 6-3-5　各类扶正器材质动摩擦系数

名称	动摩擦系数	
	水润滑	自润滑
超高分子量聚乙烯	0.05～0.1	0.1～0.22
聚四氟乙烯	0.04～0.08	0.04～0.25
聚己二酰己二胺	0.14～0.19	0.15～0.4
聚甲醛	0.1～0.2	0.15～0.35

表 6-3-6　各类扶正器材质室内耐磨性能检测数据

类型	编号	平均摩擦系数	磨损体积 /mm³	对摩擦钢球的磨损情况
PA66GF30 增强尼龙	1	0.6960	2.1324	较明显
	2	0.7343	2.2578	较明显
	3	0.6631	2.3112	较明显
	平均	0.6978	2.2338	—
超高分子量聚乙烯	1	0.3861	1.4683	不明显
	2	0.3707	1.6869	不明显
	3	0.3455	1.6899	不明显
	平均	0.3674	1.6150	—

②推广使用内衬油管。

内衬油管可较大幅度减小相对摩擦系数，减缓偏磨影响，对偏磨严重井推广使用内衬油管，防偏磨效果显著。内衬油管如图 6-3-5 所示。

图 6-3-5 内衬油管

2）防气锁工艺

针对受气体影响，泵效低（低于 10%）的问题，在常规重力防气锁工艺的基础上，从抽油泵与井下气液分离器结构入手，研发形成重力 + 离心气液分离工艺、多级限流高效气液分离 + 分段柱塞防气杆式泵组合工艺，并在丛式井、水平井进行试验，试验井排采前期泵效均在 80% 以上，动液面降至煤层附近时仍具有 30% 泵效，显示出较好的排液效果。

（1）气锁原因分析。

相比中浅层煤层气，深层煤层气临界解吸压力较高（平均 19.2MPa），临储压力比高（平均 0.93），日产液量普遍偏小，见套压时间短（平均 11 天），见气后上产速度快，产气后 1~2 个月内可上产至 2000m³/d，产气量高，井底流压大，气液比较高，气体易进入油管，导致水中气量逐步增大，阀门不能关闭，导致抽油泵气锁，严重的造成油管窜气，影响连续排采。

（2）防气锁措施。

①分段柱塞防气杆式泵设计。

大斜度井段，抽油泵在井筒倾斜，固定阀座与阀球分离，造成抽油泵漏失严重，降低泵效。当井斜角超过 45° 时，球阀关闭滞后严重，甚至失效，导致大量气体进入泵筒后，由于气体的可压缩性，导致泵游动阀打不开或打开缓慢，导致泵效降低（何鸿铭等，2020）。

针对大斜度井常规抽油泵的不适用性，研究形成分段柱塞防气杆式泵（图 6-3-6），该抽油泵固定阀采用弹簧强制启闭的结构，防止井斜较大造成无法及时、完全闭合；游动阀采用分段柱塞结构，柱塞主要是利用同心杆代替传统的阀球，从而避免了因上、下冲程过程中因游动阀球关闭不严造成的泵漏失或泵效低的问题，可以保证较大井斜下仍保持较好的泵效，同时对杆式泵密封面做了进一步的改进，增加了杆式泵本身的密封性，有效缓解了气锁的影响，如图 6-3-7 所示。

现场应用时，分段柱塞杆式泵泵挂最大下入井斜 82°位置，可较好地满足煤层气井独特的排采需要，同时配合内衬油管，利用内衬油管的耐磨、耐腐蚀的特点，可实现不动管柱的多次换泵作业，既降低了生产成本，又减少了对排采效果的影响。此外，与电潜离心泵和电潜螺杆泵相比，特种（分段柱塞）杆式泵投入成本大幅降低。

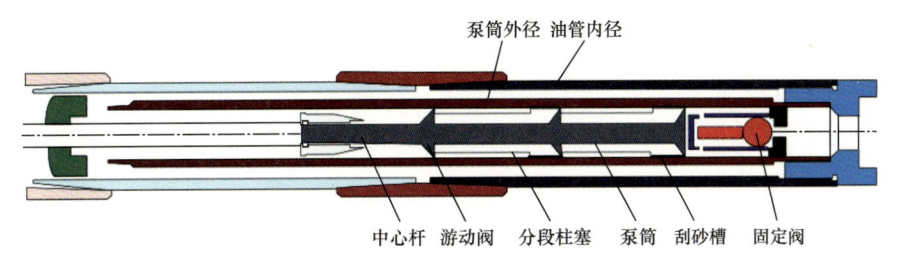

图 6-3-6　特种（分段柱塞）杆式泵示意图

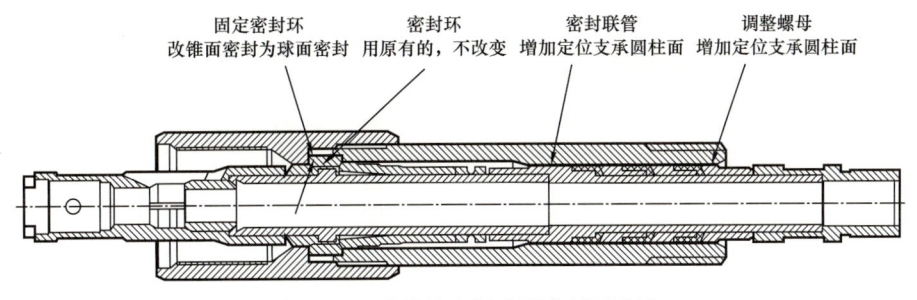

图 6-3-7　分段柱塞杆式泵密封面改进

② 丛式井优化设计重力 + 离心复合气液分离工艺。

将螺旋气锚下至煤层下 30～50m，实现井筒气液的重力分离，同时气液进入螺旋气锚后，进一步进行离心分离，由此实现重力分离和离心分离效果叠加，选取 5 口井开展试验应用，并统计排采过程中泵效变化（表 6-3-7），泵效均较高，取得了较好的排液效果，达到了防气锁设计的目的。DJ7-5 井井下防气锁管柱如图 6-3-8 所示。

③ 水平井优化设计多级限流高效气液分离 + 分段柱塞杆式泵复合工艺。

与丛式井不同，水平井目的层位于井筒最低点，没有用于重力分离的井筒条件，对气液分离工艺提出更高要求；在 DJ25-3H 井试验使用多级限流高效气液分离器进行气液分离。该气液分离器通过优化吸液口进液方式，将进液均匀分布在整个气液分离器多个吸液孔，通过分流降低气液流速，提高气体逸散的速度，使气液得以充分分离。

DJ-P25-3H 井 2020 年 7 月 3 日开井，日产水量逐步提高到 28.36m^3，继续排采 52 天后日产水量降至 10m^3，油压为 0，套压逐步升高到 11.5MPa，泵效均保持在 70% 以上，显示出较好的气液分离与防气锁效果，见表 6-3-8 和图 6-3-9。

3）防腐防垢工艺

深层煤层气井采出水具有弱酸性、高矿化度、高碱度、低硬度的特点，井下管柱结垢、结晶严重，优化形成防腐防垢工艺（李忠城等，2011；刘丙生等，2006；孙桀等，2009）。

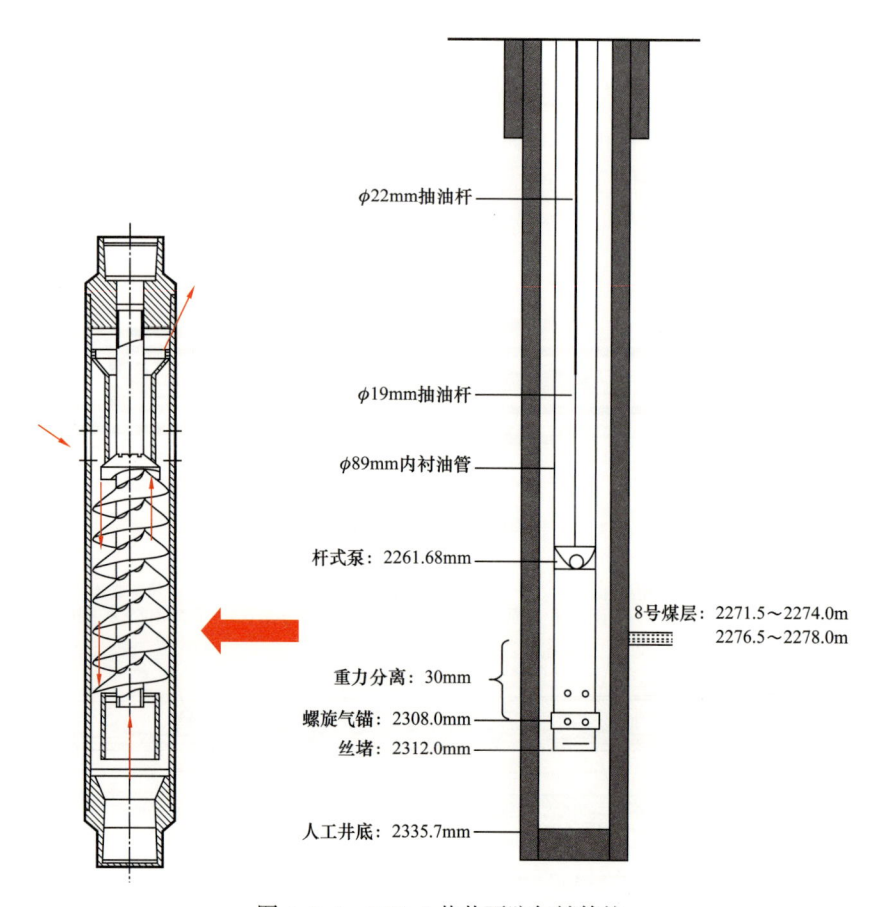

图 6-3-8 DJ7-5 井井下防气锁管柱

表 6-3-7 定向井防气体影响泵效统计

井号	泵效 /%					
	排采初期	排采 10 天	排采 20 天	排采 30 天	排采 60 天	排采 120 天
DJ7-5	87.19	91.34	91.34	93.91	62.61	104.34
DJ2-2AX2	148.14	65.9	77.64	98.76	77.64	32.34
DJ3-6X1	93.82	79.01	69.14	85.05	83.1	82.75
H3	152.80	92.30	84.79	61.77	58.3	40.1
DJ40	99.65	89.05	86.55	89.23	87.2	88.47

表 6-3-8 水平井防气体影响泵效统计

井号	泵效 /%					日产气量 /m³
	排采初期	排采 30 天	排采 60 天	排采 90 天	排采 120 天	
DJ-P25-3H	100	93.91	88.58	77.08	70.07	6756

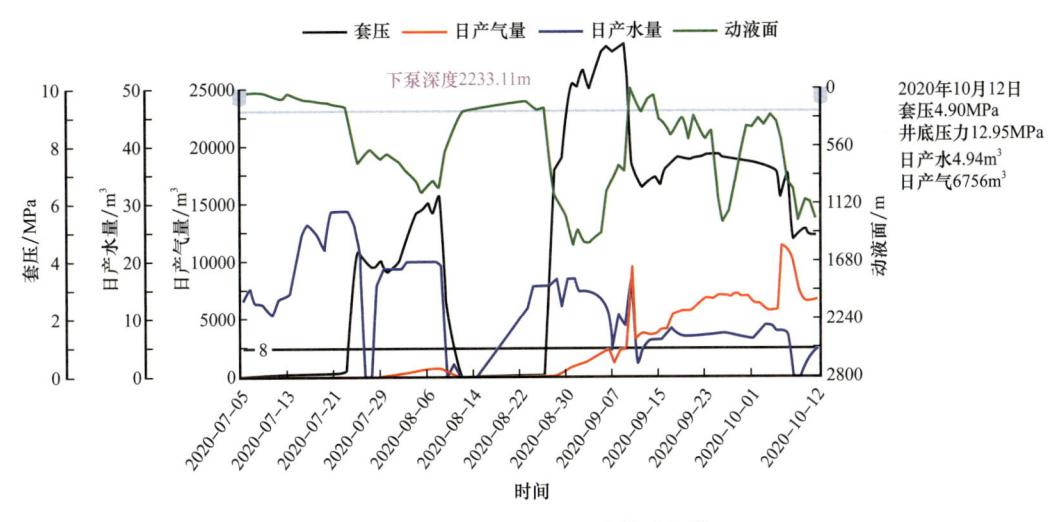

图 6-3-9　DJ-P25-3H 井排采曲线

（1）镀钨防腐抽油杆工艺。

镀钨防腐抽油杆（图 6-3-10）具有防腐抗磨、不易结垢、镀层附着力强的优点，可有效降低高矿化度采出水对抽油杆的腐蚀。

图 6-3-10　镀钨防腐抽油杆

（2）防腐油管工艺。

防腐油管分为表面涂层类防腐油管、表面处理类防腐油管、内衬材料类防腐油管和防腐材质类防腐油管，均可减少油管腐蚀，提高油管使用寿命。示范区推广使用内衬油管防腐蚀。

（3）缓蚀剂、阻垢剂工艺。

针对示范区深层煤层气水样分析，实验室根据水样分析结果配制模拟地层水，离子含量见表 6-3-9。

对市场上 18 种常用阻垢剂进行筛选（图 6-3-11），优选出 XT-3100（聚丙烯酸类）和 DR-3（有机膦酸类）两种阻垢剂，在 50mg/L 浓度下，阻垢率分别为 82.12% 和 91.39%。

定期添加缓蚀阻垢剂、除垢剂，能和金属表面发生物理化学作用，形成保护层，从而显著降低金属的腐蚀，降低井下结垢对排采的影响。

表 6-3-9　模拟地层水离子含量

矿化度/(mg/L)	离子含量/(mg/L)						
	K^+	Na^+	Ca^{2+}	Mg^{2+}	Cl^-	SO_4^{2-}	HCO_3^-
138054	1642.51	23285.71	20974.05	3747.90	87525.39	463.06	686.57

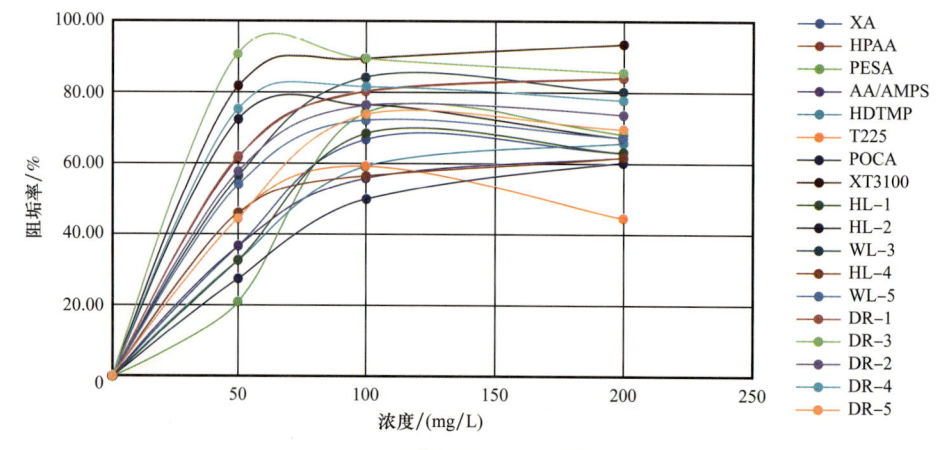

图 6-3-11　阻垢剂实验室评价结果

4）防喷工艺

（1）井口防喷。

在井口防喷盒与高压三通中间设计增加了一个手动双闸板防喷器，额定工作压力为 21MPa，一旦发现有井控风险，关闭手动双闸板光杆防喷器可实现密封 21MPa，确保油管关闭，套管正常采气，如图 6-3-12 所示。

（2）井下安装球阀开关。

在井下管柱安装球阀开关，当油压较高、井控风险较大时，可以通过上提抽油杆关闭井下球阀开关，实现油管的封闭。井下管柱开启与关闭原理如图 6-3-13 所示。

二、煤系地层天然气采气工艺

示范区煤系地层天然气井具有生产初期压力高、下降快、稳产时间短、气井产能低、携液能力差等特点，气井没有明显稳产期，气井进入积液阶段比较快，其中 78% 的气井长期处于低压、低产生产阶段，日产气量低于临界携液流量，需要配套排水采气工艺。经过"十三五"期间的工艺攻关，形成了"积液判断和以泡沫助排为主，柱塞气举和优选管柱为辅"的排水采气技术系列。

1. 积液判断方法

1）气井积液过程分析

示范区块内气井积液的主要来源是压裂返排液和地层产出液。根据临界携液流速理论，当气井开井以较合理产量稳定生产，产气量大于气井临界携液流量时，气流将井内液体全部排出井口；随着生产时间的延续，气井产能下降，当气井产量低于临界携液流量时，气井没有足够能量将所有液体带上地面，液体会在重力作用下滑脱，不断积聚增多而形成积液；随着积液的增多，对井底回压增大（陈欢等，2018），如图6-3-14所示。

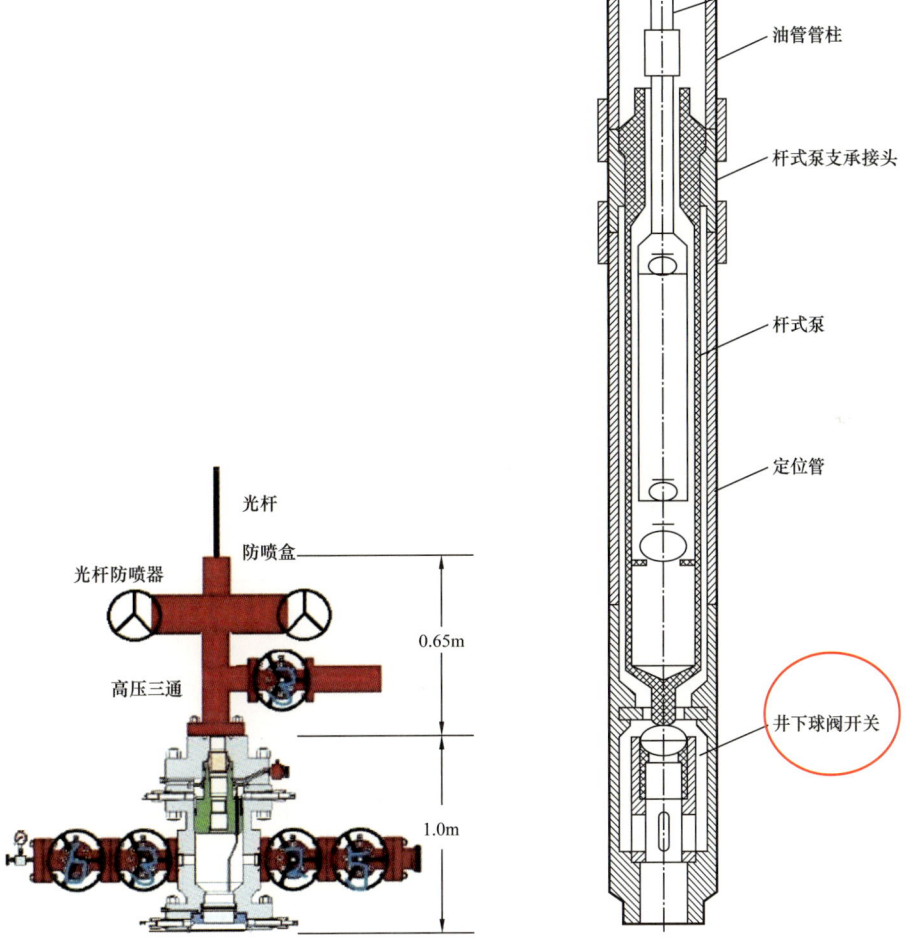

图6-3-12　井口防喷原理

图6-3-13　井下管柱开启与关闭原理

2）积液判断方法

示范区经过现场实践，主要应用临界携液流量法、生产动态法、回声仪测试法和流压梯度测试法4种积液判断方法（表6-3-10）。通过临界携液流量法和生产动态法进行定性分析，筛选积液气井，使用回声仪测试法和流压梯度测试法定量获得液面高度和井筒气液流态。

（1）临界携液流量法。

气井开始积液时，井筒内气体的流速为气井临界携液流速，对应的流量成为气井临界携液流量。当井筒内气体实际流速小于临界流速时，气体就不能将井内液体全部排出井口。因此，通过对比气井日产量和相对应的临界携液流量，可以判断出气井是否可能

- 301 -

产生积液。目前计算临界携液流量的模型较多，利用这些模型计算，其结果与实际情况差别较大。根据文献调研，选取临界携液流量的经典计算模型 Turner 模型、Coleman 模型和李闽模型，分别计算气井临界携液流量，同时使用流压梯度测试的液面数据对比，来判定示范区临界携液模型的适用性（表 6-3-11、表 6-3-12）。

对比发现，使用 Turner 模型、Coleman 模型和李闽模型判断气井积液与实际流压梯度测试法的判断结果相一致，考虑到李闽模型是对 Turner 模型进行了改进，建立椭球体的液滴模型更贴近气井真实液滴形状，计算的最小携液流量与现场更加贴合，示范区选用李闽模型作为临界携液流量计算方法（表 6-3-12）。

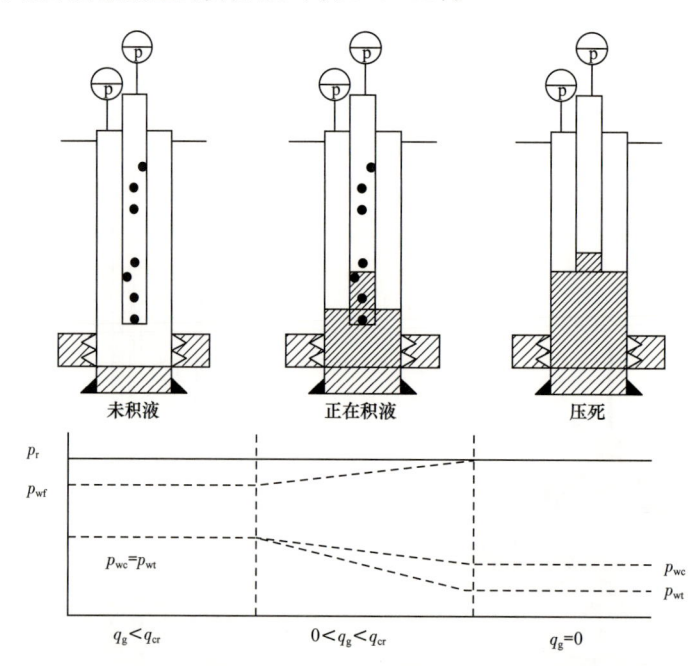

图 6-3-14 气井积液过程及油压、套压和流压变化趋势示意图

p_r—地层压力；p_{wf}—井底流压；p_{wo}—油管液柱压力；p_{wt}—套管液柱压力；Q_g—日产气量；q_{cr}—临界携液流量

表 6-3-10 气井积液判断方法

序号	积液判断方法	判断效果	备注
1	临界携液流量法	通过对比气井产气量和生产管柱的临界携液流量，对气井是否可能受积液影响进行定性分析	定性
2	生产动态法	受积液影响，气井通常会在生产动态上体现出积液特征，生产动态分析通常用于日常筛选积液井	定性
3	回声仪测试法	利用回声仪测试液面数据较为准确，结合液面测试数据，能够优化泡排加注制度	定量
4	流压梯度测试法	能够准确测试井下气液两相流状态	定量

表 6-3-11 临界携液流速计算模型的对比

模型	Turner 模型	Coleman 模型	李闵模型
液滴模型形状	圆球体	圆球体	高宽比很高的椭球体
v_{cr}	$v_{cr}=6.6\left[\dfrac{\sigma(\rho_L-\rho_g)}{\rho_g^2}\right]^{0.25}$	$v_{cr}=4.45\left[\dfrac{\sigma(\rho_L-\rho_g)}{\rho_g^2}\right]^{0.25}$	$v_{cr}=2.5\left[\dfrac{\sigma(\rho_L-\rho_g)}{\rho_g^2}\right]^{0.25}$

注：v_{cr} 为气井的临界携液流速，m/s；ρ_L 为液相的密度，kg/m³；ρ_g 为气相的密度，kg/m³；σ 为气液的表面张力，mN/m。

（2）生产动态法。

通过对积液井进行分析发现，受积液影响气井通常会在生产动态上体现出积液特征，气井存在明显的油套压差，或气井油套压差增大、油压下降、套压升高、产气量较少等都是典型的积液特征，根据 U 形管原理，气井的油套压差能够反映出油管液面和油套环空液面的高度差，1MPa 油套压差可换算为 100m 油管液柱，需要采取相应的排水采气措施。

（3）回声仪测试法。

回声仪测试法操作简单，无须作业费用，在生产初期是液面测试的重要手段，为泡排加注制度优化提供依据。为准确判断积液情况，可使用回声仪分别测量油管、套管环空液面位置，根据管柱内容积（内径 62mm 油管每 100m 积液约 0.3m³，油套环空每 100m 积液约 0.7m³），获得井下积液量。

（4）流压梯度测试法。

为准确获得井下积液情况，可使用井筒流压梯度测试，通过下入存储式压力计，获得井筒气液两相流压力与压力梯度，分析出井筒气液两相流流态。

2. 排液采气工艺

示范区气井总体产水量低，前期以返排压裂液为主，生产过程中产水量呈明显下降趋势，平均水气比为 0.07m³/10⁴m³。其中，主力产层山 2³ 亚段产层水气比为 0.05m³/10⁴m³，单采本溪组产层水气比为 0.27m³/10⁴m³，其他合采层系水气比为 0.05m³/10⁴m³，与苏里格气田相比较小。通过"十三五"期间的工艺研究与应用，形成了"以泡沫助排为主，柱塞气举和优选管柱为辅"的排水采气技术系列，主力气田增产。

1）泡沫助排工艺

（1）工艺原理：该工艺主要是通过向井筒注入一定比例的起泡剂后，在天然气流的搅动下，降低积液密度，减小地层水的表面张力，使井底积液转变成泡沫状流体，可以达到容易举升的目的。其助排作用是通过泡沫效应、分散效应、减阻效应及洗涤效应来实现的。一般适用于气流速度低于临界流速、自喷功能不强的气井（张红亮等，2019）。

表 6-3-12 Turner 模型、Coleman 模型和 Limin 模型计算结果与实测积液结果比较

井号	气层中深/m	测试时间	流压/MPa	油压/MPa	套压/MPa	实测结果 日产气量/m³	日产水量/m³	疑似液面位置/m	是否积液	Turner模型 Q_{cr}/10^4m³/d	Turner模型 是否积液	Coleman模型 Q_{cr}/10^4m³/d	Coleman模型 是否积液	李闵模型 Q_{cr}/10^4m³/d	李闵模型 是否积液
DJ4-7X5	2390.5	2018-01-22	5.988	5.6	6.2	91329	0.0640	无	N	2.14	N	1.79	N	0.82	N
DJ4-7X5	2390.5	2018-05-03	8.017	3.80	3.90	9700	0.0240	1591.41	Y	2.08	Y	1.73	Y	0.79	N
DJ4-7X5	2390.5	2018-08-05	6.53	3.80	3.80	26165	0.0000	1597.04	Y	2.08	N	1.73	N	0.79	N
DJ4-9X1	2292	2018-07-27	5.729	4.20	4.40	7586	0.0400	1752.45	Y	2.11	Y	1.76	Y	0.81	Y
DJ5-5AX1	2214	2018-01-22	8.446	3.80	7.00	79247	0.1260	无	N	3.15	N	2.63	N	1.20	N
DJ5-7	2239.5	2018-01-23	5.184	3.80	4.10	60493	0.4800	无	N	2.08	N	1.73	N	0.79	N
DJ7-9X2	2221.5	2018-05-13	5.111	4.20	6.10	9141	0	1296.5	Y	2.11	Y	1.76	Y	0.81	N
DJ1-7X3	2818	2019-04-02	10.122	4.30	8.70	1021	0	1915.08	Y	2.12	Y	1.76	Y	0.81	Y

由于该工艺是利用地层自身的能量实现采气，具有投资小、成本低、见效快、设备配套简单、操作简便等特点。在实施过程中，一般不需要关井和修井，且泡沫助采剂和起泡剂在气井中的适应能力很强，为大吉区块煤系地层天然气主体排水采气工艺。

（2）工艺适用范围为：日产液量小于等于 100m³、井深小于等于 3500m、井底温度小于等于 120℃、气流速度大于等于 0.1m/s。

（3）泡排剂的选择：示范区气井以山 2^3 亚段、本溪组为主力产层，地层水矿化度为 6917～344939.7mg/L，要求筛选出适应于高矿化度地层水的泡排剂，见表 6-3-13 和表 6-3-14。

表 6-3-13　山西组储层水质情况

序号	井号	生产层位	矿化度 /（mg/L）	pH 值	水型
1	DJ6-7	盒 8 段、山 2^3 亚段	192215	5.79	CaCl₂
2	DJ7-8	山 2^3 亚段、太原组	153650	5.57	CaCl₂
3	DJ8-8X1	山 2^3 亚段	9643	6.44	CaCl₂
4	JT2	盒 8 下亚段、山 2^3 亚段	6917	6.05	CaCl₂
5	DJ4-7X5	山 2^3 亚段	27091	6.14	CaCl₂
6	DJ4-8X3	山 2^3 亚段、太原组	110153	4.91	CaCl₂
7	DJ14	山 2^3 亚段	33172	6.43	CaCl₂
8	DJ4-10X2	山 2^3 亚段、本溪组	57646	5.37	CaCl₂

表 6-3-14　本溪组储层水质分析

井号		DJ28	DJ1-7	DJ22	DJ9-1X3
离子含量 /（mg/L）	Na^+/K^+	46754.05	40414	45567.7	47321.69
	Ca^{2+}	75661.6	76184	60771.34	76171.98
	Cl^-	218068.7	197045	215340.7	212568.07
	HCO_3^-	0	21	21.36	
	SO_4^{2-}	73.1	5072	232.43	105.92
矿化度 /（mg/L）		344939.7	320020.0	327691.8	341735.41
pH 值		4.26	6.00	4.24	3.07
水型		CaCl₂	CaCl₂	CaCl₂	CaCl₂

① 起泡剂初选：通过对比不同药剂的实验，最终选择 UT-11C 和 UT-7 两种泡排剂，主要成分 / 组成为油患子皂角植物提取物、二十二碳链磺酸钠、AEO-9 的混合物等，适应于高矿化度地层水的天然气井（表 6-3-15）。

表 6-3-15　泡排剂主要成分及指标

项目	指标
外观	棕红色，透明、无异味
pH 值	5.0~8.0
密度（20℃±5℃）/（g/cm³）	1.00~1.10
表面张力/（mN/m）	≤40
发泡力（起始泡高）/mm	≥70
携液量（mL/15min）	≥60
热稳定性（起始泡高）/mm	≥70

② 泡沫密度性能评价：采气用起泡剂（UT-11C）原液，在不同充气量（0.1m³/h、0.3m³/h）和不同温度（22℃、70℃）下，气流搅动产生泡沫的密度为0.03367~0.03510g/cm³，说明温度和气体流速对泡沫密度影响不大（表6-3-16）。

表 6-3-16　泡沫密度及影响因素评价

测试温度/℃	原液体积/mL	充气量/m³/h	1000mL泡沫质量/g	泡沫密度/g/cm³
22	150	0.1	34.23	0.03423
		0.3	35.10	0.03510
70	150	0.1	33.78	0.03378
		0.3	33.67	0.03367

③ 泡沫破灭性能评价：采气用起泡剂（UT-11C）原液，在不同充气量（0.1m³/h、0.3m³/h）和不同温度（22℃、70℃）下，测试起泡能力和泡沫稳定性。对比22℃、70℃条件下，不同充气量的泡沫起泡能力与稳定性，温度越高，充气量越大，UT-11C起泡能力越好；充气速度对细密泡沫自动破灭时间影响不大（表6-3-17）。

表 6-3-17　泡沫起泡能力与稳定性

测试温度/℃	原液体积/mL	充气量/m³/h	泡沫到达1000mL刻度时间/s	泡沫破灭时间/min
22	150	0.1	30	555
		0.3	19	548
70	150	0.1	20	130
		0.3	16	120

④ 腐蚀性评价：选择示范区集气管网常用的 L245N、20 锅炉钢、20 钢三种材质制作钢材挂片样本，进行泡排剂和消泡剂的腐蚀性挂片评价试验。结果表明，泡排剂和消泡剂不会加快水样对钢材的腐蚀速率（图 6-3-15）。

⑤ 泡排制度：通过对示范区气井泡排进行摸索，对积液井首次加注要求关井 24h 待充分起泡后开井；维护性加注在开井状态下，套管加注。随着气井生产时间的延长，对加注制度进行调整，形成不定期泡排、周期泡排和间歇泡排 3 种生产制度。图 6-3-16 为 DJ12X6 井的泡沫加注制度及生产曲线。

不定期泡排：$1.5 \times 10^4 m^3 <$ 日产气量 $< 3 \times 10^4 m^3$，气井积液量较小，积液周期长，单次泡排可以有效排出积液，可维持较长时间无措施生产。

周期泡排：$0.35 \times 10^4 m^3 <$ 日产气量 $< 1.5 \times 10^4 m^3$，套压呈锯齿状波动，井筒持续积液，单次泡排无法排净积液，且泡排后维持时间较短。

间歇生产：日产气量 $< 0.35 \times 10^4 m^3$，间歇生产，关井恢复压力后油管加注。

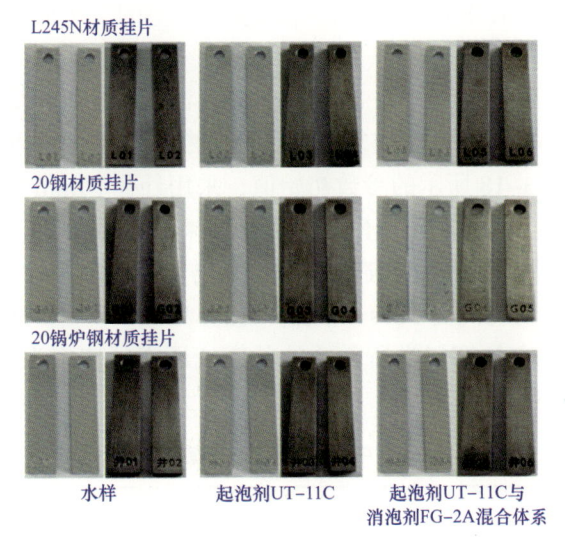

图 6-3-15　泡排剂的挂片腐蚀评价

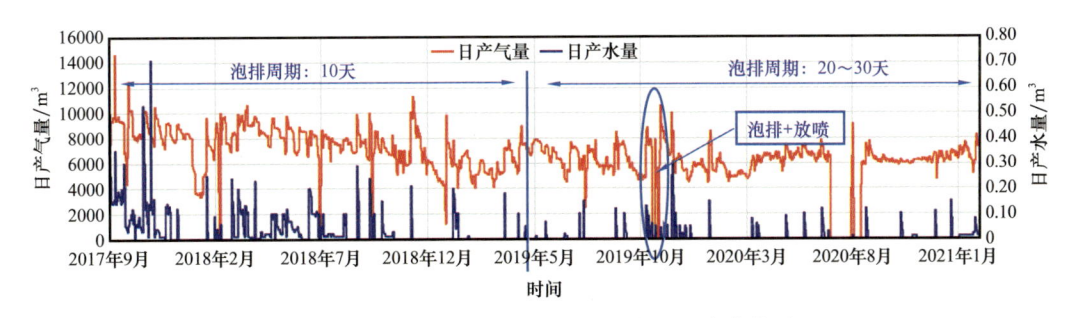

图 6-3-16　DJ12X6 井泡沫加注制度及生产曲线图

（4）应用效果：2016—2020 年，大吉区块煤系地层天然气井实施的泡排工作量分别为 145 井次、348 井次、623 井次、974 井次和 990 井次，累计恢复产气量分别为 $107 \times 10^4 m^3$、$360 \times 10^4 m^3$、$643 \times 10^4 m^3$、$2155 \times 10^4 m^3$ 和 $1033 \times 10^4 m^3$，工作量和累计恢复产

气量逐年增加，措施有效率在80%左右，有效保证了老气田生产的平稳运行。

2）柱塞气举排液工艺

（1）工艺原理：柱塞举升排水采气工艺技术是开采液体的一种举升手段，能自由选择注气或不注气。若注入高压气对气井进行能量补充，则称为柱塞气举；若依靠气井自身能量进行柱塞运动，则称为柱塞举升，两者可灵活转换。该工艺适用于带液能力较弱、逐渐积液的自喷井，具有施工简便、投资小、投捞作业方便、易于管理、无动力消耗等优势，并能有效防止结垢和结蜡，减少井筒液体的滑脱现象，从而提高气井的采气能力（宁碧等，2016）。

（2）工艺适用范围：适用于地层产水量大、积液周期短、泡排工艺无法满足生产需求的致密气井，要求为直井或小斜度井（井斜不大于60°），油管内径一致且光滑畅通，气液比大于1000m³/m³，井底压力不小于管网压力的1.5倍，载荷系数小于0.5。

（3）柱塞气举的优化设计。

通过建立柱塞运行的数学模型，计算柱塞环空气液流动压差损失、柱塞运动启动压力、柱塞运动压力损失和柱塞运动时间，可以求解柱塞的工作周期和单次排液量，进而得到柱塞气举工作效率。

同时在获取井底流压函数$p(t)$、气液比、井口油压、油管长度和柱塞质量后，可以计算井底的流压函数，即井底压力恢复率，从而判断该井是否可以依靠地层压力实现柱塞气举排液。采用表6-3-18所示的参数初始值，采用外径60mm柱塞，计算井底所需流压、柱塞运动时间和需要的井底压力恢复速率，结果见表6-3-19。计算结果显示，在井口油压为5MPa时，需要的井底流压随日举升次数增加而减小，最大压差约0.88MPa，对应的柱塞上行和下行运动时间为320s。根据产液量12.2m³/d计算出的单次所需排液量和启动压力，得到实现自主柱塞气举所需要的井底流压恢复速率为0.0005~0.0058MPa/s，恢复29~38min再次进行气举。

表6-3-18　气举柱塞排液计算初始参数值

参数	数值	参数	数值
地层压力/MPa	17	管内径/mm	62
卡定器深度/m	2200	平均气液比/（m³/m³）	1640
气体相对密度	0.65	日产气量/10⁴m³	2
井口油压/MPa	5	柱塞质量/kg	6

表6-3-19　柱塞气举参数计算结果

举升次数/（次/d）	单次举升液柱高度/m	柱塞的启动压力/MPa	柱塞的运动时间/s	流压恢复速率/（MPa/s）
40	101	5.8846	320	0.0005
80	50	5.4472	380	0.0006
120	34	5.3101	440	0.0011
160	25	5.2330	500	0.0058

（4）柱塞气举排液技术应用。

示范区 DJ28 井于 2017 年 10 月投产，投产初期日产气 $8\times10^4\mathrm{m}^3$，日产水 $6\mathrm{m}^3$，产气量和套压递减快，至 2018 年 4 月产气量递减至 $5\times10^4\mathrm{m}^3/\mathrm{d}$，日产水 $1\mathrm{m}^3$，套压降速为 0.08MPa/d。受积液影响，2018 年 8 月日产气量降至 $1.7\times10^4\mathrm{m}^3$，开始使用柱塞工艺生产。柱塞生产初期日产气量增至 $2\times10^4\mathrm{m}^3$，日产水增至 $2\mathrm{m}^3$，已累计使用柱塞气举工艺生产 700 余天，能够连续有效排除积液，取得了较好的应用效果（图 6-3-17）。

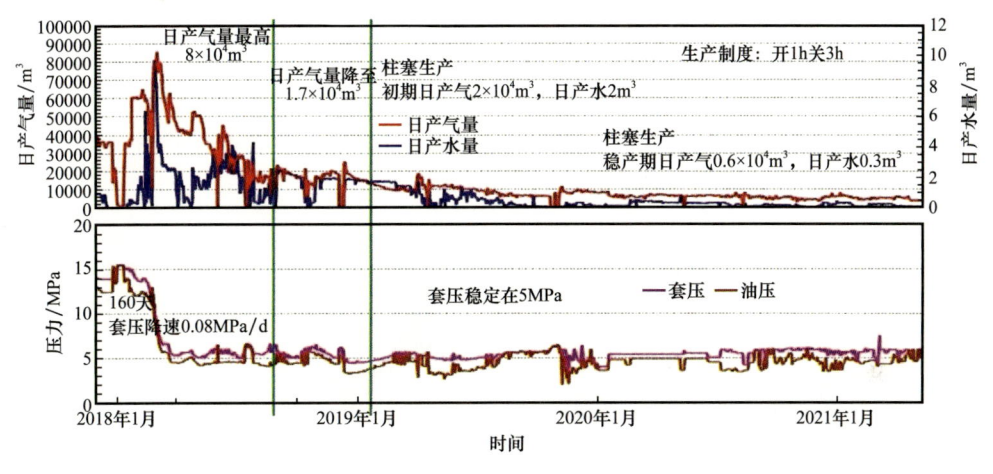

图 6-3-17　DJ28 井排采曲线

示范区自 2016 年起开始进行柱塞气举工艺试验，应用 14 井次柱塞气举工艺，其中 10 口柱塞井正常生产，累计恢复产气量 $1104\times10^4\mathrm{m}^3$（表 6-3-20）。

表 6-3-20　柱塞气举工艺试验情况统计

序号	井号	时间	油套压差 /MPa 试验前	试验后	日产气量 /m³ 试验前	试验后	日产水量 /m³ 试验前	试验后
1	DJ28	2018-08-24	1.6	0.1	17000	18500	0.64	1.75
2	DJ8-1AX2	2018-11-15	2.2	0	3000	15700	0.23	0.52
3	DJ1-7X6	2018-11-30	4.4	3.5	200	5700	0	1.00
4	DJ6-1X5	2019-05-10	4.2	1.0	8600	9000	0.19	0.59
5	DJ8-2AX2	2019-06-18	1.3	0.6	5600	7800	0.12	0.39
6	DJ9-1X6	2019-06-20	1.0	1.6	7100	7400	0.27	0.17
7	DJ8-1A	2019-06-29	0.8	1.2	4100	12000	0.04	0.01
8	DJ3-1	2019-09-06	3.6	3.4	800	1100	0	0
9	DJ8-2BX6	2019-10-16	7.1	1.0	1300	5200	0	3.57
10	DJ2-2AX2	2019-11-04	4.2	2.2	1700	4100	0	0

3）优选管柱工艺

（1）工艺原理：优选管柱排水采气工艺技术主要是根据气井的生产和产水情况，优选出不同直径的生产管柱，通过降低井筒的临界携液流量，减少气流的滑脱损失，充分利用气井自身能量以提高气井携液能力的一种排水采气方法。

如图 6-3-18 和图 6-3-19 所示，气井投产初期，气井流入满足流出，配产达到临界携液流量，气井处于稳定流动状态（蓝色区域）；生产管柱尺寸较大，临界携液流量较高，配产达不到要求，气井处于不稳定流动状态（黄色区域）；若地层压力较高，可以连续不稳定携液生产，实现稳定生产；若积液继续发生，产量继续降至绿色区域，气井将停喷。

（2）工艺适用条件：产气量大于 3000m³/d 的自然间喷井、连续生产井；气水比大于 250m³/m³；井底有一定积液量且积液速度较快的井。

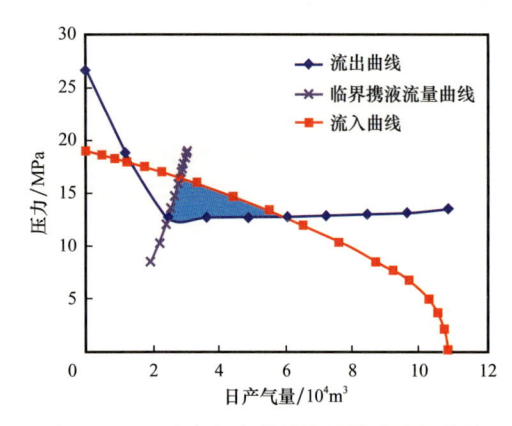

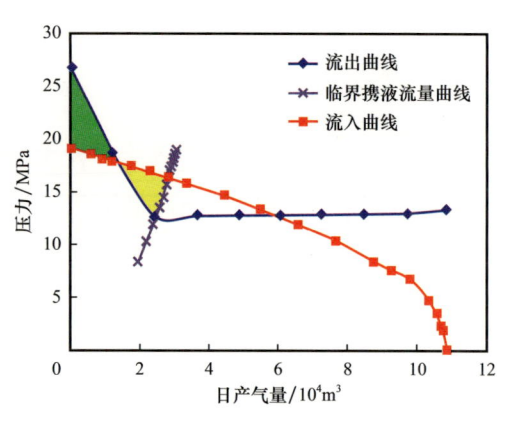

图 6-3-18　稳定生产井的临界携液流量曲线和流入、流出动态曲线

图 6-3-19　不稳定生产井的临界携液流量曲线和流入、流出动态曲线

（3）优化采气管柱选择。

随着地层压力的降低，气井流入、流出的协调产气量逐渐降低；管柱直径的优选需要考虑地层压力和临界携液流量，实现较长时间的连续、稳定携液生产；气井产能一定时，管柱的直径越小，需要的井底压力越高（刘淼，2015）。

根据示范区地质条件，以气层深度为 2000m、天然气相对密度为 0.570 建立井筒模型，应用李闵模型公式计算气井临界携液流量，计算在井口压力为 12～3MPa 时，48.3mm、50.8mm、60.3mm、73.0mm 和 88.9mm 5 种尺寸油管的临界携液流量（表 6-3-21）。

表 6-3-21　不同井口流压、不同油管尺寸的临界携液流量

井口压力 /MPa	不同油管临界流量 /（10⁴m³/d）				
	ϕ48.3mm 油管	ϕ50.8mm 连续油管	ϕ60.3mm 油管	ϕ73.0mm 油管	ϕ88.9mm 油管
12	1.04	1.32	1.61	2.40	3.60
8	0.86	1.05	1.32	1.97	2.96
3	0.53	0.69	0.82	1.22	1.83

从表 6-3-18 可以看出，在相同的井口压力下，油管内径越小，其临界携液流量越低，油管携液能力越强；在油管尺寸一定时，井口压力越高，临界携液流量越大，油管携液能力越低。

根据该区块前期试采经验和气田勘探开发实践，结合不同油管直径对产气量、携液量、油管冲蚀、强度校核等分析，为节约建井成本，对于原井管柱为 ϕ48.3mm、ϕ60.3mm、ϕ73.0mm 的气井，可以直接作为生产管柱；对于光套管压裂后原井无油管，需要新下入油管，推荐使用 ϕ50.8mm 连续油管和 ϕ60mm 外加厚油管作为生产管柱。

（4）下入深度：若使用原井压裂管柱作为生产管柱，油管下深为原管柱深度；若需要新下入生产管柱或更换油管，为方便进行气井动态监测，根据气田生产经验，直井/丛式井油管下入气层顶部以上 10~15m；水平井连续管下至稳斜段，距水平段 20~50m，可有效避免压裂砂返吐后进入连续管及堵塞器回堵等问题。

（5）下入时机：结合示范区产建情况，煤系地层天然气均需要压裂和压裂液的返排，对于产气量较高的气井，排液后即可投产，同时为满足带压作业要求，下入 ϕ50.8mm 连续油管作为生产管柱。在试气排液过程中，需要进行通井、冲砂、钻塞等作业时，气井套压较低或落零，可下入 ϕ60mm 外加厚油管作为生产管柱，节约带压作业费用。

（6）应用效果。

通过优选管柱，使用小管径油管作为生产管柱，增强气井携液能力，对处于低产阶段的 I 类、II 类井，工艺的有效期较长；日常管理工作量少，但一次成本投入高，对于产量递减快、波动较大的气井，工艺有效期短，经济效益较差。同时，对于长期停产或产水量较大的井，下入生产管柱后，可以配合泡沫助排、制氮气举等工艺，将井筒已有积液排出，实现气井复产。截至 2021 年 8 月，区块共使用 28 口井，措施有效井数 24 口。以 DJ6-2X5 井为例，该井产层位于山 2^3 亚段，2017 年 9 月 16 日投产，日产气 $1.9 \times 10^4 m^3$，在投产初期油套压差较大，日产水 $2.8m^3$，表现出井下积液特征。下入 ϕ50.8mm 连续油管作为生产管柱，气井油套压差由 3MPa 减小至 0.3MPa，积液明显消除，说明该井速度管柱工艺排液效果较好（图 6-3-20）。

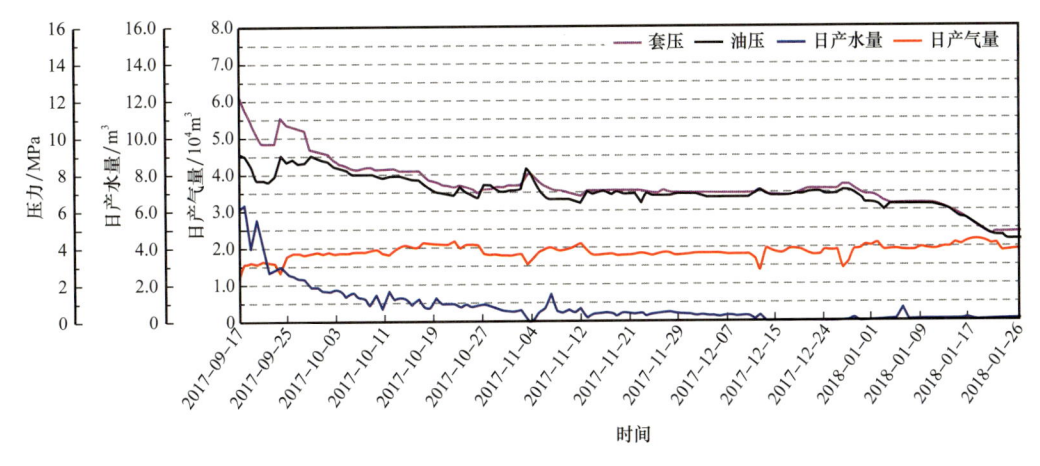

图 6-3-20 DJ6-2X5 井不同生产通道的流出动态曲线

3. 天然气水合物防治工艺

天然气水合物是采气过程中经常遇到的一个重要问题，其在油管中生成后会造成油管堵塞，降低井口压力，影响气井产量，严重的会堵塞油管，造成气井停产。气井在生产过程中，通常可采用控制井口油压、井下节流、地面节流井口加温、添加化学抑制剂等方法，防止天然气水合物的生成。

1）井下节流技术

（1）工艺原理：井下节流工艺是在气井井下放置一定规格的节流器，以实现井筒内节流降压，同时节流后的气体在井下吸收地热恢复温度，有效避免水合物生成。井下节流工艺可充分利用地热能量，防止天然气水合物形成，减少井口加热和甲醇的注入。形成实用新型专利《一种井下节流、压力测试装置》（方惠军等，2018）。

（2）现场应用效果：示范区主要使用卡瓦式节流器（图6-3-21），主要由打捞颈、芯轴、卡瓦、胶筒、气嘴、密封弹簧等组成，节流器依靠卡瓦坐封、胶筒膨胀密封完成投放；卡瓦解封，胶筒收缩完成打捞。

现场应用发现，节流器存在以下3方面问题：

① 井下节流器投放后存在无法打捞的风险，影响气井调产。统计示范区井下节流器投捞情况，节流器投放作业115井次，3井次未成功，成功率达97.4%；打捞作业112井次，24井次未成功，成功率为76.8%；因节流器打捞未成功，导致该部分气井产气量无法调整，造成井下复杂。

② 节流器在井下坐封，导致井下管柱存在节流，影响气井的正常排液和泡沫排水采气工艺效果，同时节流器限制柱塞气举排水采气工艺的应用，易造成井底积液。

③ 统计区块节流器的使用情况，如图6-3-22所示，有670.8%的节流器在仅投放两年之内打捞出井筒，对气井的作用时间比较短。

目前示范区已经暂停井下节流器的使用，改为地面节流井口加热工艺。

2）地面节流工艺

（1）工艺原理：地面节流工艺是将节流气嘴放置在地面的一种节流技术。其简化井下管柱结构，节流位于地面，可以方便进行产气量的调节，同时消除因节流器投捞造成的井内复杂的风险。

（2）设备的橇装化设计：地面节流工艺易导致节流后气体温度下降，存在冻堵的风险，井场需要配备加热装置或注醇设备，增加气井投资、管理工作量。

根据示范区气井生产规律，投产初期油压、产气量高，井口节流温度降低较大，生产水合物风险高；随着套压下降，节流后温度降低减小，生产水合物风险减小；生产后期，套压继续下降，无水合物生产的风险，对地面节流后的加热装置设计成橇装的形式，后期随产量下降，不再需要加热设备时，可将加热设备拆除，并重复利用，减少运行成本。

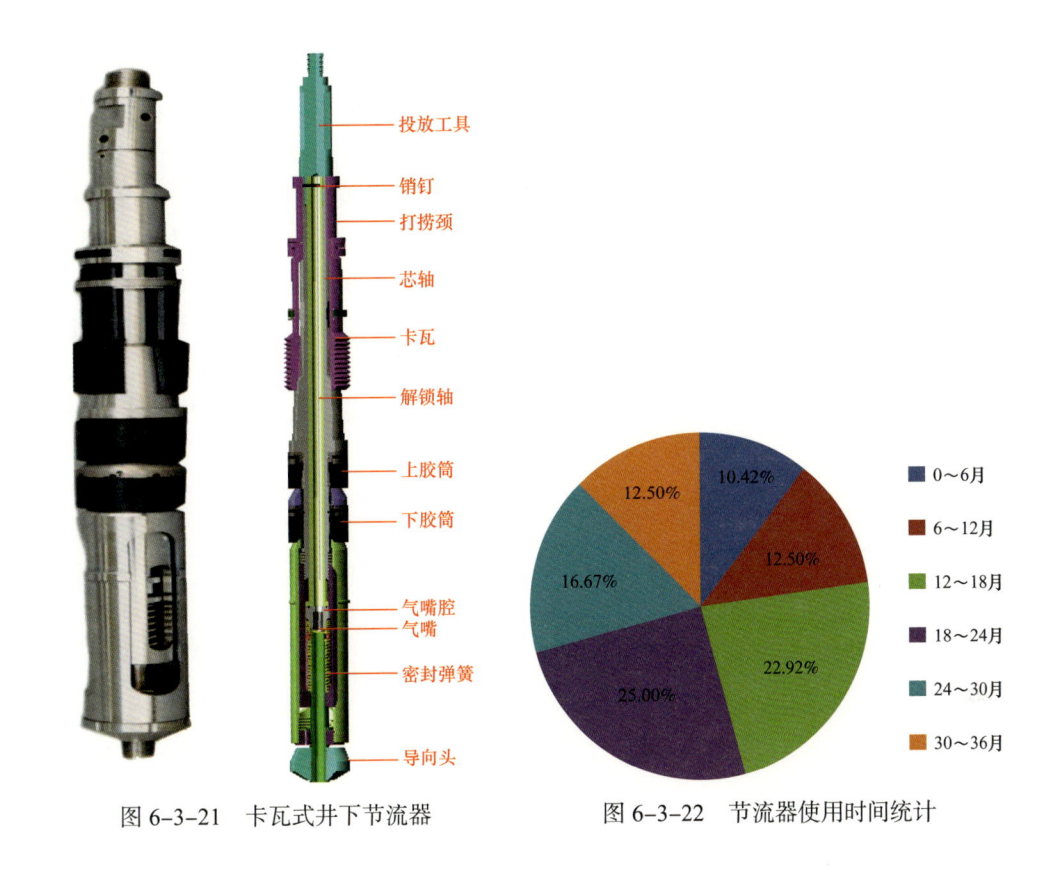

图 6-3-21　卡瓦式井下节流器　　　　图 6-3-22　节流器使用时间统计

第四节　应 用 成 效

通过开展"深层煤层气、煤系地层天然气生产优化技术研究",完善并形成了适用于示范区的生产优化技术,包括深层煤层气、煤系地层天然气的排采制度与采气工艺优化技术,为鄂尔多斯东缘煤层气和煤系地层天然气开发技术持续优化和完善提供支持。

在深层煤层气定量化排采制度和采气工艺方面,结合深层煤层气游离气含量高、投产后见套压早、临界解吸压力高、产气上产快等生产特点,将憋套压阶段与产气上升阶段合并,突出对压裂后放喷阶段的排液控制,优化形成未见气、初始产气、产气上升、产气稳定与产气衰减5个排采阶段,并制订以井底流压、套压、日产气量为参数的定量化控制方案,形成深层煤层气"5321"定量化排采制度。形成了深层煤层气有杆泵排采与配套"防偏磨、防气锁、防腐防垢、防喷"工艺,解决了深层煤层气管杆偏磨、泵效低、井控等方面问题,且水平井可下泵至82°井斜段,提高降液能力,排采初期直井日产气量可达5000m³,水平井可达11000m³,表现出较好的生产效果。

在煤系地层天然气产能评价、生产制度优化和采气工艺方面,针对示范区低压、低孔隙度、低渗透、储层非均质性强等地质特征,在常规产能试井的基础上,优化形成适合该区的新井"一点法"产能经验公式、产能系数α和基于绝对无阻流量、放喷排液压力恢复的投产初期配产方法,实现气井压裂改造后的快速投产。将投产气井划分成上产

- 313 -

稳产期和递减期两个阶段进行制度优化，在上产稳产期利用压降速率法，实施阶梯配产，在递减期利用采气指示曲线法，获得合理生产压差，优化生产制度；通过采用多种配产方法相互验证，生产过程中动态优化配产，保障了气井稳产，示范区井均生产 3.8 年，日产能力 $63.5\times10^4\mathrm{m}^3$，平均年产能综合递减速率为 11.8%，井均累计产气量为 $1690\times10^4\mathrm{m}^3$，各项指标达到方案设计要求。针对示范区煤系地层天然气井生产初期压力高、下降快、稳产时间短、气井产能低、携液能力差等特点，气井没有明显稳产期，气井进入积液阶段比较快，引入、改进、形成适合该区的"积液判断""以泡沫助排为主，柱塞气举和优选管柱为辅排水采气"等技术系列，有效支撑示范区日产气 $150\times10^4\mathrm{m}^3$ 的产能建设，累计产气量达 $28.25\times10^4\mathrm{m}^3$，为大力提升油气勘探开发力度拓展了战略发展方向。

参 考 文 献

白斌，邹才能，朱如凯，等，2012. 川西南部须二段致密砂岩储层构造裂缝特征及其形成期次[J]. 地质学报，86（11）：1841-1846.

蔡道钢，唐寒冰，胡贵远，等，2020. 高压气举阀研制[J]. 钻采工艺，43（1）：73-76.

曹代勇，姚征，李靖，2014. 煤系非常规天然气评价研究现状与发展趋势[J]. 煤炭科学技术，42（1）：89-92.

陈斌，1996. 一种通过围岩开采煤层气的方案[J]. 中国煤层气（1）：54-55.

陈刚，李五忠，2011. 鄂尔多斯盆地深部煤层气吸附能力的影响因素及规律[J]. 天然气工业，31（10）：47-49.

陈欢，李紫晗，曹砚锋，等，2018. 临兴致密气井井筒积液动态模拟分析[J]. 岩性油气藏，30（2）：154-160.

陈军，王先兵，刘松，等，2017. 恶性井漏治理现状及展望[J]. 石油化工应用，36（6）：12-16.

陈勉，陈治喜，黄荣樽，1995. 大斜度井水压裂缝起裂研究[J]. 石油大学学报（自然科学版），19（2）：30-34.

陈建军，翁定为，2017. 中石油非常规储层水平井压裂技术进展[J]. 天然气工业，37（9）：79-84.

陈治喜，陈勉，金衍，1997. 岩石断裂韧性与声波速度相关性的试验研究[J]. 石油钻采工艺，19（5）：56-60，75.

陈治喜，陈勉，金衍，等，1997. 水压致裂法测定岩石的断裂韧性[J]. 岩石力学与工程学报，16（1）：59-64.

戴金星，倪云燕，吴小奇，2012. 中国致密砂岩气及在勘探开发上的重要意义[J]. 石油勘探与开发，39（3）：257-264.

邸世祥，1991. 中国碎屑岩储集层的孔隙结构[M]. 西安：西北大学出版社.

丁文龙，王兴华，胡秋嘉，等，2015. 致密砂岩储层裂缝研究进展[J]. 地球科学进展，30（7）：737-750.

董建刚，范晓敏，2006. 致密砂岩孔隙度计算方法[J]. 吉林大学学报（地球科学版），36（S1）：198-201.

樊爱萍，赵娟，杨仁超，等，2011. 苏里格气田东二区山1段、盒8段储层孔隙结构特征[J]. 天然气地球科学，22（3）：482-487.

范玉光，杨恒林，付利，等，2020. 川渝地区水平井卡钻类型与防治措施研究[J]. 西部探矿工程，32（3）：87-90，93.

方惠军，马勇，陈胜，等，2018. 一种井下节流、压力测试装置：CN201720532321.5[P]. 2018-02-02.

方惠军，徐小虎，宋绪琴，等，2020. 一种测井仪：CN201811110687.9[P]. 2020-03-31.

冯春梅，2021. 煤层气井排采制度分析——以古交煤层气田为例[J]. 华北自然资源（4）：51-53.

符礼，杨兴福，2013. 低固相聚合物钻井液在煤层气水平井中的应用[J]. 中国石油和化工标准与质量，33（7）：181.

高帅，曾联波，马世忠，等，2015. 致密砂岩储层不同方向构造裂缝定量预测[J]. 天然气地球科学，26（3）：427-434.

郭涛，2014. 煤层酸化提高煤岩渗透率的可行性研究［J］. 煤炭科学技术，42（S1）：137-138.

郭庆时，刘丹丹，2010. 抽油杆扶正器专用材料的研究与进展［J］. 工程塑料应用，38（12）：81-83.

韩金良，苗强，刘新伟，等，2020a. 一种自愈合凝胶堵漏材料的愈合堵漏性能评价方法：CN201911149067.0［P］. 2020-03-06.

韩金良，孙金声，陈刚，等，2020b. 一种有机/无机复合内刚外柔凝胶堵漏剂及其制备方法：CN202010129439.X［P］. 2020-06-02.

韩金良，孙金声，杨干，等，2020c. 一种延迟膨胀凝胶堵漏材料延迟膨胀性能及堵漏性能的评价方法：CN202010129448.9［P］. 2020-06-09.

韩金良，辛江，陈刚，等，2020d. 一种柔性凝胶颗粒堵漏剂的应用浓度和应用粒径的优选方法：CN201911242457.2［P］. 2020-04-03.

何鸿铭，刘新福，郝忠献，等，2020. 大斜度井排采泵柱塞磨损模型及其可靠性预测［J］. 青岛理工大学学报，41（6）：73-80.

何志平，2007. 抽油杆扶正器的改进与应用［J］. 石油矿场机械，36（7）：78-81.

胡强法，吕维平，谭多鸿，等，2020. 集束管两气共采生产管柱：CN202010933046.4［P］. 2020-11-20.

胡尊敬，卢云霄，李勇，等，2020. 固定式气举阀排水工艺在页岩气井的应用［J］. 化工管理（35）：107-108.

纪宏博，蒋建乐，2008. 基于层次分析法的坍塌卡钻风险预测［J］. 石油天然气学报，30（3）：314-316，452.

琚宜文，颜志丰，李锋，等，2011. 我国煤层气与页岩气富集特征与开采技术的共性与差异性［C］// 叶建平，傅小康，李五忠. 2011年煤层气学术研讨会论文集，北京：地质出版社：470-477.

李梦，陈磊，鲍文辉，等，2021. 非常规多目标储层压裂液适应性研究［J］. 石油化工应用，40（6）：72-75.

李伟，白英睿，李雨桐，等，2021. 钻井液堵漏材料研究及应用现状与堵漏技术对策［J］. 科学技术与工程，21（12）：4733-4743.

李雪，赵志红，荣军委，2012. 水力压裂裂缝微地震监测测试技术与应用［J］. 油气井测试，21（3）：43-45，77.

李贵红，吴信波，刘钰辉，等，2020. 沁水潘庄煤层气井全生命周期产气规律与效果［J］. 煤炭学报，45（S2）：894-903.

李曙光，王成旺，贾振福，等，2020. 一种深层煤层气井的清洁压裂液及其制备方法和应用：CN201911366222.4［P］. 2020-05-05.

李五忠，陈刚，孙斌，等，2011. 大宁—吉县地区煤层气成藏条件及富集规律［J］. 天然气地球科学，22（2）：352-360.

李勇明，李崇喜，郭建春，2007. 砂岩气藏压裂裂缝高度影响因素分析［J］. 石油天然气学报，29（2）：87-90，150.

李志勇，彭辅军，朱雄军，等，2009. 抽油杆法向应力产生机理及偏磨防治措施效果［J］. 西部探矿工程，21（4）：73-75.

李忠城，唐书恒，王晓锋，等，2011. 沁水盆地煤层气井产出水化学特征与产能关系研究［J］. 中国矿业大学学报，40（3）：424-429.

梁斌，谭先红，焦松杰，等，2018. 东海低孔低渗气田气井压裂投产后"一点法"产能方程［J］. 油气井测试，27（2）：73-78.

梁冰，石迎爽，孙维吉，等，2016. 中国煤系"三气"成藏特征及共采可能性［J］. 石油勘探与开发，41（1）：167-173.

凌云，李宪文，慕立俊，等，2014. 苏里格气田致密砂岩气藏压裂技术新进展［J］. 天然气工业，34（11）：66-72.

刘博，徐刚，杨光，等，2017. 煤层气水力压裂微地震监测技术在鄂尔多斯盆地东部M地区的应用［J］. 测井技术，41（6）：708-712.

刘畅，张琴，庞国印，等，2013. 致密砂岩储层孔隙度定量预测——以鄂尔多斯盆地姬塬地区长8油层组为例［J］. 岩性油气藏，25（5）：70-75.

刘欢，尹俊禄，王博涛，2017. 水平井体积压裂簇间距优化方法［J］. 天然气勘探与开发，40（2）：63-68.

刘森，2015. 速度管柱工艺合理管径优选方法研究［J］. 化学工程与装备（2）：81-84.

刘丙生，周旭，张冰洋，等，2006. 有杆泵井管杆材料电化学腐蚀行为实验研究［J］. 润滑与密封（6）：45-46.

刘川庆，夏飞，耿昊，等，2020. 油管传输定向定面射孔管柱：CN201811124729.4［P］. 2020-04-03.

刘甲方，刘春全，艾志久，等，2008. 浅谈大位移井下套管技术的现状与发展［J］. 石油矿场机械（4）：17-20.

刘林玉，王震亮，高潮，2008. 真实砂岩微观模型在鄂尔多斯盆地泾川地区长8砂岩微观非均质性研究中的应用［J］. 地学前缘，15（1）：80-84.

刘茂森，付建红，白璟，2016. 页岩气双二维水平井轨迹优化设计与应用［J］. 特种油气藏，23（2）：147-150，158.

刘平国，段文益，周忠城，等，2017. 连续管作业机滚筒液压传动系统方案设计［J］. 石油矿场机械，46（1）：22-25.

路艳军，杨兆中，Shelepov V V，等，2018. 煤岩体积压裂脆性评价研究［J］. 油气藏评价与开发，8（1）：64-70.

罗顺社，魏炜，魏新善，等，2013. 致密砂岩储层微观结构表征及发展趋势［J］. 石油天然气学报，35（9）：5-10.

吕维平，朱峰，张正，等，2020. 集束管穿越式井口悬挂装置及地面悬挂装置：CN20201093071.2［P］. 2020-11-20.

吕维平，朱峰，辛永安，等，2020. 集束管井口多通道分流装置：CN202010933047.9［P］. 2020-11-17.

吕玉民，汤达祯，许浩，2013. 韩城地区煤储层孔渗应力敏感性及其差异［J］. 煤田地质与勘探（6）：31-34.

马卫国，杨新冰，张利华，等，2009. 抽油杆管偏磨成因及解决措施研究综述［J］. 石油矿场机械，38（1）：22-26.

孟艳军，汤达祯，许浩，2010. 煤层气产能潜力模糊数学评价研究——以河东煤田柳林矿区为例［J］. 中国煤炭地质，22（6）：17-20.

聂志宏，巢海燕，刘莹，等，2018.鄂尔多斯盆地东缘深部煤层气生产特征及开发对策——以大宁—吉县区块为例［J］.煤炭学报，43（6）：1738-1746.

宁碧，王睿，葛岢岢，等，2016.气井柱塞气举排液工艺参数优化设计方法及软件［J］.中国石油和化工（4）：59-61.

屈平，申瑞臣，袁进平，等，2007.煤储层的应力敏感性理论研究［J］.石油钻探技术（5）：68-71.

饶孟余，张遂安，商昌盛，2007.提高我国煤层气采收率的主要技术分析［J］.中国煤层气，4（2）：12-16.

邵茂华，曹鼎洪，邹春雷，2014.裂缝监测技术在水平井中的应用［J］.内蒙古石油化工，40（3）：97-100.

申瑞臣，田中兰，乔磊，等，2017.煤层气钻井完井工程技术［M］.北京：石油工业出版社.

沈琛，梁北援，李宗田，2009.微破裂向量扫描技术原理［J］.石油学报，30（5）：744-748.

师伟，张胜林，申芳，等，2017.一种煤层气井排采管柱结构：CN201620739149.6［P］.2017-05-17.

时培忠，2021.大偏移距水平井轨迹设计方法研究［J］.云南化工，48（3）：144-145，162.

孙桀，谢发勤，田伟，等，2009.油管钢的CO_2和H_2S腐蚀及防护技术研究进展［J］.石油矿场机械，38（5）：55-61.

孙贺东，孟广仁，曹雯，等，2020.气井产能评价二项式压力法、压力平方法的适用条件［J］.天然气工业，40（1）：69-75.

孙金声，白英睿，程荣超，等，2021.裂缝性恶性井漏地层堵漏技术研究进展与展望［J］.石油勘探与开发，48（3）：630-638.

孙金声，赵震，白英睿，等，2020.智能自愈合凝胶研究进展及在钻井液领域的应用前景［J］.石油学报，41（12）：1706-1718.

唐书恒，朱宝存，颜志丰，2011.地应力对煤层气井水力压裂裂缝发育的影响［J］.煤炭学报，36（1）：65-69.

王飞，张永浩，边会媛，2016.致密砂岩孔渗及声波时差参数压力敏感性试验研究［J］.国外测井技术（1）：28-32.

王磊，杨世刚，刘宏，等，2012.微破裂向量扫描技术在压裂监测中的应用［J］.石油物探，51（6）：613-619，537.

王林，马金良，苏凤瑞，等，2012.北美页岩气工厂化压裂技术［J］.钻采工艺，35（6）：48-50，10.

王创业，韩军，陈胜，等，2020.井内电缆承载工具：2018110575412［P］202-03-17.

王维波，周瑶琪，春兰，2012.地面微地震监测SET震源定位特性研究［J］.中国石油大学学报（自然科学版），36（5）：45-50，55.

王治中，邓金根，赵振峰，等，2006.井下微地震裂缝监测设计及压裂效果评价［J］.大庆石油地质与开发，25（6）：76-78.

魏虎超，封蓉，张亮，2020.煤系多气合采层间干扰特征数值模拟研究［C］//《2020油气田勘探与开发国际会议论文集》编委会.2020油气田勘探与开发国际会议论文集，成都.

徐剑平，2011.裂缝监测方法研究及应用实例［J］.科学技术与工程，11（11）：2575-2577，2581.

闫霞，徐凤银，聂志宏，等，2021. 深部微构造特征及其对煤层气高产"甜点区"的控制——以鄂尔多斯盆地东缘大吉地区为例［J］. 煤炭学报，46（8）：2426-2439.

杨荣锋，王清臣，2011."憋漏反吐"技术在沉砂卡钻处理中的应用［J］. 钻采工艺，34（5）：112-113.

杨晓刚，张伟，张晓龙，2021. 大容量连续油管滚筒的研究［J］. 机械制造，59（6）：25-29.

张杰，2016. 低固相钻井液在煤田钻探施工中的应用［J］. 中国煤炭地质，28（9）：70-72.

张越，于姣姣，吴晓丹，等，2021. 高产煤层气井合理自喷阶段划分方法研究［J］. 中国石油和化工标准与质量，41（12）：144-145.

张广清，周大伟，窦金明，等，2019. 天然裂缝群与地应力差作用下水力裂缝扩展试验［J］. 中国石油大学学报，43（5）：157-162.

张红亮，王文君，陈真，2019. 苏里格气田南部区块泡沫排水工艺技术探讨［J］. 科技经济导刊，27（10）：67.

张美玲，董传雷，蔺建华，2017. 地应力分层技术在压裂设计优化中的应用［J］. 地质力学学报，23（3）：467-474.

张晓芳，白钢，周家驹，2002. 油管旋转器的研制与应用［J］. 石油机械，30（3）：41-43.

张兴良，田景春，王峰，等，2014. 致密砂岩储层成岩作用特征与孔隙演化定量评价——以鄂尔多斯盆地高桥地区二叠系下石盒子组盒8段为例［J］. 石油与天然气地质，35（2）：212-217.

赵金洲，许文俊，李勇明，等，2016. 低渗透油气藏水平井分段多簇压裂簇间距优化新方法［J］. 天然气工业，36（10）：63-69.

赵兴龙，汤达祯，张岩，2021. 延川南煤层气田深部煤层气藏排采制度的建立与优化［J］. 煤炭科学技术，49（6）：251-257

赵彦超，郭振华，2006. 大牛地气田致密砂岩气层的异常高孔隙带特征与成因［J］. 天然气工业，26（11）：62-65.

赵彦超，吴春萍，吴东平，2003. 致密砂岩气层的测井评价——以鄂尔多斯盆地大牛地山西组一段气田为例［J］. 地质科技情报，22（4）：65-70.

赵阳升，杨栋，胡耀青，等，2001. 低渗透煤储层煤层气开采有效技术途径的研究［J］. 煤炭学报，26（5）：455-458.

赵争光，秦月霜，杨瑞召，2014. 地面微地震监测致密砂岩储层水力裂缝［J］. 地球物理学进展，29（5）：2136-2139.

郑佳奎，熊彪，郝建强，等，2010. 山前挤压构造区裂缝及地应力测井评价方法——以吐哈盆地柯柯亚地区为例［J］. 吐哈油气，（2）：245-250.

周芳芳，林亮，刘峰，等，2021. 排采连续性对煤层气开采的影响［J］. 辽宁石油化工大学学报，41（4）：46-51.

朱峰，吕维平，辛永安，等，2020. 集束管井口割管对接内通道连接装置：CN202010932723.0［P］. 2020-11-17.

朱森，2019. 基于气举的煤层气与致密气两气合采技术研究［D］. 青岛：中国石油大学（华东）.

朱庆忠，常颜荣，方国庆，等，2010. 微破裂四维影像油藏精细监测技术及其应用［J］. 石油科技论坛，29（1）：40-43，72.

Dalkey N, Helmer O, 1963. An experimental application of the Delphi method to the use of experts [J]. Management science, 9 (3): 458-467.

Olson T, Hobbs B, Brooks R., 2002. Paying off for tom brown in White River Dom Field's tight sandstone, deep coals [J]. The American Oil and Gas Reports, 10: 67-75.

Saaty R W, 1987. The analytic hierarchy process—what it is and how it is used [J]. Mathematical Modelling, 9 (3): 161-176.

Spivey J P, 2008. Method for characterizing and forecasting performance of wells in multilayer reservoirs having commingled production: US11224414 [P]. 2008-05-06.